应用型本科 电子及通信工程专业“十二五”规划教材

嵌入式系统原理及应用
（基于 Cortex－A8 处理器）

主　编　唐永锋

参　编　白秋产　季仁东

居勇峰　杨定礼

西安电子科技大学出版社

内 容 简 介

全书共5章，分别对嵌入式系统的组成结构和典型应用、Cortex-A8处理器的体系结构、指令系统、嵌入式系统的开发流程、智能家居系统的设计进行了详细讲解，还提供了S5PV210驱动仿真调试、Linux及Android等嵌入式操作系统的实验例程。

本书内容丰富、案例实用、层次清晰、叙述详尽，方便教学与自学，可作为高等院校电气、电子信息类专业嵌入式系统课程的教材，也可作为工程技术人员进行嵌入式系统开发与应用的参考书。

图书在版编目(CIP)数据

嵌入式系统原理及应用：基于 Cortex-A8 **处理器**/唐永锋主编. —西安：
西安电子科技大学出版社，2016.9
应用型本科电子及通信工程专业"十二五"规划教材
ISBN 978-7-5606-4221-5

Ⅰ. ① 嵌…　Ⅱ. ① 唐…　Ⅲ. ① 微处理器—系统设计—高等学校—教材
Ⅳ. ① TP332

中国版本图书馆CIP数据核字(2016)第208709号

策　　划　马晓娟
责任编辑　马晓娟　杨　薇
出版发行　西安电子科技大学出版社(西安市太白南路2号)
电　　话　(029)88242885　88201467　　邮　　编　710071
网　　址　www.xduph.com　　电子邮箱　xdupfxb001@163.com
经　　销　新华书店
印刷单位　陕西华沐印刷科技有限责任公司
版　　次　2016年9月第1版　2016年9月第1次印刷
开　　本　787毫米×1092毫米　1/16　印张　21.25
字　　数　505千字
印　　数　1～3000册
定　　价　38.00元
ISBN 978-7-5606-4221-5/TP
XDUP　4513001-1

应用型本科 电子及通信工程专业系列教材
编审专家委员会名单

前　言

"嵌入式系统"一般指非 PC 系统，有计算机功能但又不称之为计算机的设备或器材。目前，嵌入式系统已经渗透到我们生活中的每个角落，如工业、服务业、消费电子业……

本书是针对应用型本科学生编写的一本教材，全书共分 5 章。

第 1 章嵌入式系统概论，主要介绍了嵌入式系统的定义、特点，并详细介绍了嵌入式系统的软硬件组成、典型应用、发展趋势，嵌入式相关开发岗位需求与岗位职责，嵌入式系统的学习方法等。

第 2 章 ARM 体系结构，介绍了常用嵌入式微处理器的类型与性能指标，着重介绍了 ARM9 典型内核 ARM920T 和 Cortex－A 典型内核，并介绍了 ARM 处理器的体系结构，包括精简指令集和流水线技术、工作状态及运行模式、寄存器组织、异常处理、数据类型及存储模式等。

第 3 章 ARM 指令系统，介绍了 ARM 指令特点、ARM 指令格式与条件码、寻址方式，详细介绍了 ARM 指令集、Thumb 指令集，并举例分析了 ARM 汇编语言和 C 语言程序设计及相互调用方法。

第 4 章嵌入式系统设计，介绍了嵌入式系统的开发流程，包括交叉编译器、开发环境的构建、调试工具、软件调试方法等，并详细介绍了智能家居模块和监控系统设计。

第 5 章嵌入式系统实验，结合 ARM Cortex－A8 嵌入式系统教学实验平台和物联网实训模块的实验例程，介绍了无操作系统的 GPIO 控制 LED、串口通信、键盘输入等 S5PV210 驱动仿真调试实验，BootLoader、Linux 内核移植、Linux 下 Qt 图形界面等 Linux 操作系统实验，Android 的编译环境和开发环境搭建、设备驱动程序和应用程序开发。

嵌入式系统课程具有很强的实践与应用性，本书编写时通过若干典型的嵌入式产品举例，力图让学生了解嵌入式系统的软硬件组成结构、最新应用和发展趋势，培养学生对嵌入式系统的学习兴趣和探索欲。同时，通过介绍目前嵌入式硬件工程师、软件工程师、Linux/Android 系统开发等相关岗位职责与招聘要求，让学生意识到不仅要掌握主流嵌入式微处理器的结构与原理，还要掌握至少一种嵌入式操作系统的操作，激励学生努力学习、积极参与实践和竞赛。书中通过智能家居系统的设计，让学生掌握嵌入式系统软硬件开发流程并至少参与开发一个嵌入式软件项目。Cortex－A8 嵌入式系统教学实验平台和物联网实训模块的实验例程，则有助于读者掌握无操作系统的 S5PV210 驱动仿真调试方法及在 Linux/Android 操作系统平台下的应用程序开发。

本书参考学时 48 学时，建议理论教学 40 学时，实验教学 8 学时，或者 32＋16 学时，可以根据专业和培养计划的要求适当调整，但建议保证实验环节的时间，授课时也要引用各典型案例增进教学效果。同时操作系统的操作内容，可在学生的嵌入式系统技能训练、电子应用软件实习、专业综合实训等实践环节中作为实习内容练习。

本书由唐永锋主编，白秋产、季仁东、居勇峰、杨定礼参编。淮阴工学院电子信息工程卓越班学生朱鹏、梅佳、吴召娣、顾闯等同学完成了初稿的校对工作，初稿已在11级和12级电子信息工程、电子科学与技术、自动化等专业本科和化工自动化研究领域的研究生中试用，师生普遍反映实用性强，教学效果好。本书在编写过程中，得到了武汉创维特公司和北京博创公司提供的教学平台、实验例程和案例支持，在此一并表示感谢。同时向书中引用文献的作者和科技论坛网站表示崇高的敬意和诚挚的感谢。感谢西安电子科技大学出版社领导和编辑的大力支持，使得本书得以出版发行。

本书内容丰富、案例实用、层次清晰、叙述详尽，方便教学与自学，可作为高等院校电子信息工程、电子科学与技术、电气自动化、通信工程、计算机科学与技术、机械电子、交通管理等专业嵌入式系统教学的教材，也可作为全国大学生电子设计竞赛、全国信息技术应用水平大赛、全国计算机三级嵌入式系统开发技术、四级嵌入式系统开发工程师考试等的培训教材以及工程技术人员进行嵌入式系统开发与应用的参考书。书中提供了大量实验操作内容，在理论知识学习的同时提高学生的实践操作能力。

由于时间仓促和编者水平有限，书中难免有不足之处，敬请读者批评指正，不胜感谢。读者的建议可以发送到邮箱 tyf1982@hyit.edu.cn 与作者联系，以期进一步完善。

编者

2016年6月

目 录

第 1 章 嵌入式系统概论 …… 1
1.1 嵌入式系统的概念 …… 1
1.2 嵌入式系统的组成 …… 3
1.2.1 硬件层 …… 3
1.2.2 中间层 …… 13
1.2.3 软件层 …… 14
1.2.4 功能层 …… 22
1.3 嵌入式系统的应用 …… 22
1.3.1 农业水文环境监测 …… 23
1.3.2 智慧农业物流 …… 25
1.3.3 移动支付 …… 39
1.3.4 智慧旅游导航 …… 30
1.3.5 人机交互与多点触控 …… 31
1.3.6 物联网 …… 32
1.3.7 信息安全 …… 34
1.3.8 无人驾驶汽车 …… 35
1.3.9 生物识别 …… 38
1.3.10 智能机器人 …… 42
1.3.11 虚拟现实与增强现实 …… 53
1.4 嵌入式系统的职业需求 …… 59
1.5 嵌入式系统的学习方法 …… 63
习题 …… 65
第 2 章 ARM 体系结构 …… 67
2.1 常用嵌入式处理器芯片 …… 67
2.1.1 ARM 处理器内核版本 …… 68
2.1.2 处理器性能指标 …… 70
2.1.3 ARM 处理器内核类型 …… 71
2.1.4 ARM9 典型内核 …… 84
2.1.5 ARM11 典型内核 …… 88
2.1.6 Cortex-M 典型内核 …… 91
2.1.7 Cortex-A 典型内核 …… 94
2.1.8 Cortex-R 典型内核 …… 99
2.1.9 ARM 芯片选择原则 …… 99
2.2 ARM 处理器体系结构 …… 101
2.2.1 精简指令集 …… 101
2.2.2 流水线技术 …… 102
2.2.3 ARM 处理器的工作状态 …… 105
2.2.4 ARM 处理器的运行模式 …… 106
2.2.5 寄存器组织 …… 107
2.2.6 异常处理 …… 113
2.2.7 数据类型及存储模式 …… 116
习题 …… 118
第 3 章 ARM 指令系统 …… 121
3.1 ARM 指令概述 …… 121
3.1.1 ARM 指令特点 …… 121
3.1.2 ARM 指令格式与条件码 …… 122
3.1.3 ARM 指令的寻址方式 …… 125
3.2 ARM 指令集 …… 128
3.2.1 数据处理指令 …… 128
3.2.2 存储器访问指令 …… 130
3.2.3 分支指令 …… 133
3.2.4 协处理器指令 …… 134
3.2.5 程序状态寄存器访问指令 …… 136
3.2.6 杂项指令 …… 137
3.3 Thumb 及 Thumb-2 指令集 …… 138
3.3.1 Thumb 指令集 …… 139
3.3.2 Thumb-2 指令集 …… 141
3.4 ARM 汇编语言程序设计 …… 142
3.4.1 ARM 汇编伪指令 …… 143
3.4.2 汇编语言程序举例分析 …… 148

3.5 ARM C语言程序设计 …………………… 151
3.5.1 嵌入式C语言程序设计规范 …… 151
3.5.2 C语言与汇编语言混合编程 …… 155
习题…………………………………………………… 163
第4章 嵌入式系统设计 …………………… 165
4.1 嵌入式系统开发流程 …………………… 165
4.1.1 嵌入式系统开发 …………………… 165
4.1.2 嵌入式系统硬件设计 ……………… 166
4.1.3 嵌入式系统软件设计 ……………… 167
4.1.4 开发调试工具 ……………………… 169
4.1.5 软件测试 …………………………… 173
4.2 智能家居模块设计 ……………………… 177
4.2.1 智能家居系统发展现状 ………… 178
4.2.2 环境检测传感器模块设计 ……… 182
4.2.3 智能窗帘控制模块 ………………… 191
4.2.4 智能报警模块 ……………………… 191
4.2.5 智能家居控制系统产品 ………… 192
习题…………………………………………………… 202
第5章 嵌入式系统实验 …………………… 203
5.1 Cortex-A8处理器硬件电路 ………… 203
5.1.1 S5PV210芯片软硬件资源 ……… 204
5.1.2 CVT-S5PV210教学平台 ……… 204
5.2 Eclipse集成开发环境 ………………… 215
5.2.1 Eclipse开发环境的安装 ………… 217
5.2.2 Eclipse的调试方法 ……………… 220
5.2.3 Eclipse调试工程过程 …………… 222
5.3 S5PV210驱动仿真调试实验 ………… 224
5.3.1 GPIO控制LED实验 …………… 224
5.3.2 步进电机控制实验 ……………… 232
5.3.3 串口通信实验 ……………………… 236
5.4 嵌入式Linux系统实验 ……………… 252
5.4.1 BootLoader实验 ………………… 252
5.4.2 Linux内核移植实验 …………… 259
5.4.3 Linux操作系统实验 …………… 262
5.4.4 Linux下图形界面Qt实验 ……… 294
5.5 Android系统实验 …………………… 303
5.5.1 Android系统编译环境搭建 …… 306
5.5.2 Android系统开发环境搭建 …… 308
5.5.3 Android系统应用程序开发 …… 316
5.5.4 Android设备驱动程序开发 …… 320
习题…………………………………………………… 324
习题解答……………………………………………… 325
附录 start.s启动程序 ………………………… 328
参考文献……………………………………………… 331

第1章　嵌入式系统概论

本章主要介绍嵌入式系统的定义、特点，嵌入式系统的软硬件组成、典型应用、发展趋势，嵌入式相关开发岗位需求与岗位职责，嵌入式系统学习方法等。

学习目标

※ 熟悉嵌入式系统的定义、特点、硬件和软件的组成结构等。

※ 通过若干典型的嵌入式产品举例，让学生们了解嵌入式系统的应用以及发展趋势。

※ 了解嵌入式硬件工程师、软件工程师、安卓系统开发等岗位职责与招聘要求。

学海聆听

真正的科学精神，是要从正确的批评和自我批评发展出来的。真正的科学成果，是要经得起事实考验的。有了这样双重的保障，我们就可以放心大胆地去做，不会自掘妄自尊大的陷阱。

——李四光

1.1　嵌入式系统的概念

嵌入式计算机系统的出现，是现代计算机发展史上的里程碑事件。嵌入式系统诞生于微型计算机时代，与通用计算机的发展道路完全不同，其形成了独立的单芯片的技术发展道路。由于嵌入式系统的诞生，现代计算机领域中出现了通用计算机与嵌入式计算机两大分支。不可兼顾的技术要求，形成了两大分支的独立发展道路：通用计算机按照高速、海量的技术要求发展；嵌入式计算机系统则按满足对象系统嵌入式智能化控制的要求发展。由于独立的分工发展，从20世纪90年代开始，现代计算机的两大分支都得到了迅猛的发展。

经过几十年的发展，嵌入式系统已经在很大程度改变了人们的生活、工作和娱乐方式，而且这些改变还在继续。即使不可见，嵌入式系统也无处不在。事实上，几乎所有带有一点“智能”的家电（如全自动洗衣机、数字电视机顶盒、智能电饼铛、智能电饭煲等）都是嵌入式系统的应用范例。

1. 嵌入式系统的定义

嵌入式系统（Embedded System）是嵌入式计算机系统的简称，它有以下几种定义。

1) IEEE（国际电气和电子工程师协会）的定义

嵌入式系统是“控制、监视或者辅助设备、机器和车间运行的装置”（原文为 Devices used to control, monitor or assist the operation of equipment, machinery or plants），它通常执行特定的功能，以微处理器与周边构成核心，具有严格的时序与稳定度要求，全自动

操作循环

2）国内普遍采用的定义

嵌入式系统是以应用为中心，以计算机技术为基础，软件硬件可裁剪，适用于应用系统的对功能、可靠性、成本、体积、功耗有严格要求的专用计算机系统。

3）根据嵌入式系统特点给出的定义

北京航空航天大学何立民教授对嵌入式系统给出的定义是：嵌入到对象体系中的专用计算机系统。按照这一定义，嵌入式系统有三个基本特点，即“嵌入性”、“专用性”与“计算机”。

“嵌入性”由早期微型机时代的嵌入式计算机应用而来，专指计算机嵌入到对象体系中，实现对象体系的智能控制。当嵌入式系统变成一个独立应用产品时，可将嵌入性理解为内部嵌有微处理器或计算机。

“专用性”是指在满足对象控制要求及环境要求下的软硬件裁剪性。也即嵌入式系统的软、硬件配置必须依据嵌入对象的要求，满足应用系统的功能、可靠性、成本、体积等要求，设计成专用的嵌入式应用系统。

“计算机”是对象系统智能化控制的根本保证。随着单片机向 MCU、SoC 发展，片内计算机外围电路、接口电路、控制单元日益增多，“专用计算机系统”演变成为“内含微处理器”的现代电子系统。与传统的电子系统相比较，现代电子系统由于内含微处理器，能实现对象系统的计算机智能化控制。

2. 物联网视角下的嵌入式系统

如果把物联网比作人体，传感器就相当于人的眼睛、鼻子、皮肤等感官，网络就好比是用来传递信息的神经系统，嵌入式系统则是人的大脑，用于分类处理信息并控制系统的运作。这个比喻形象地描述了嵌入式系统在物联网行业应用中的位置与作用。在物联网的风潮下，嵌入式系统将具备联网的能力，网络技术的串联，使嵌入式系统不再是独立运作，而是通过通信技术串联成更大的智能系统，且拥有数据分析能力。为使传统嵌入式系统成为智能型系统，高效能微处理器、联网功能及操作系统将扮演重要角色，因此包括英特尔、微软等厂商皆有新的产品计划，以应对智能系统的发展所需。

所谓的智能型嵌入式系统应具备四个关键元素，具体如下：

(1) 高效率、高效能的运算。嵌入式处理器须内置各种输入/输出(I/O)功能，能进行智能服务程序的处理、安全防护、实时分析、服务管理及设备管理等，亦即要达到高运算的处理能力，处理器效能须进一步提升。

(2) 各种智能设备的连接。这包括整合与弹性的支持能力，涵盖广域、区域、个人及近场网络，支持移动或固定式布建、服务供应、设备资源供应、远程设备启动与管理等。例如可通过手势与语音操作的智能电视(Smart TV)，其具备很强的交互功能。

(3) 传感器的数据输入。传感器的数据输入包含环境感知的低功耗技术。传感器数据包括地点、环境状况、生命特征及其他情境参数。举例来说，微软重点推广的智能型嵌入式系统则是从 Kinect 的体感技术出发，再由分析传感器与摄影机收集信息，让嵌入式系统可做出最正确的反应。微软提出的远程医疗系统，由摄影镜头与传感器捕捉人体的动作，再通过嵌入式系统处理器与 DSP 的分析，即可精准判断动作是否正确。包括正在发展的虚拟试衣间，以及可判断路人的特性、根据特性播放最适合的广告的数字电子广告牌与互动信息站，都是体感技术为嵌入式系统创造的新的应用商机。

（4）智能型嵌入式系统的软件须涵盖安全防护、管理、随插即执行的互通性、自动供应设备/应用/服务等资源。智能型嵌入式系统若无众多应用软件的配合，就无法真正落实智能化的需求，尤其是自我管理软件更为重要，其可让智能型嵌入式系统自行检测设备的温度、运作状况等，第一时间通过通信技术回传至中控中心，由后端控制人员分析状况后，决定处理的方式，这样可提升工厂自动化效能，并节省维修成本的支出。

智能型嵌入式系统发展的日益蓬勃，也吸引了智能型系统各部件从业者积极抢进市场，并全力迎接智能型嵌入式系统带来的新挑战。未来几年，在智能型嵌入式产品市场中，包括销售端点系统(POS)、交互式信息站、数字电子广告牌、医疗照顾、游戏等将有可观的发展。另外，物联网将智能型嵌入式系统连接到云端，亦将促进嵌入式系统的进一步发展。

中国工程院院士倪光南认为，嵌入式系统顺应了电子信息产业的最新发展需求。仅以目前十分热门的云计算为例，其云终端便属于嵌入式系统。物联网的终端也是如此。事实上，作为新一代信息技术的三大代表，物联网、云计算和移动互联网的核心组成部分，都包含了大量嵌入式系统。嵌入式系统涉及的范围十分广泛，不仅涉及软硬件，还包括精密机械、通信组网等。这就要求在相关人才的培养中，要注重对其综合素质的提升。

1.2 嵌入式系统的组成

一个嵌入式系统装置一般都由嵌入式计算机系统和执行装置组成，如图1-1所示。嵌入式计算机系统是整个嵌入式系统的核心，由硬件层、中间层、软件层和功能层组成。执行装置也称为被控对象，它可以接受嵌入式计算机系统发出的控制命令，执行所规定的操作或任务。执行装置可以很简单，如手机上的一个微小型的电机，当手机处于震动接收状态时打开；也可以很复杂，如SONY智能机器狗，上面集成了多个微小型控制电机和多种传感器，从而可以执行各种复杂的动作和感受各种状态信息。

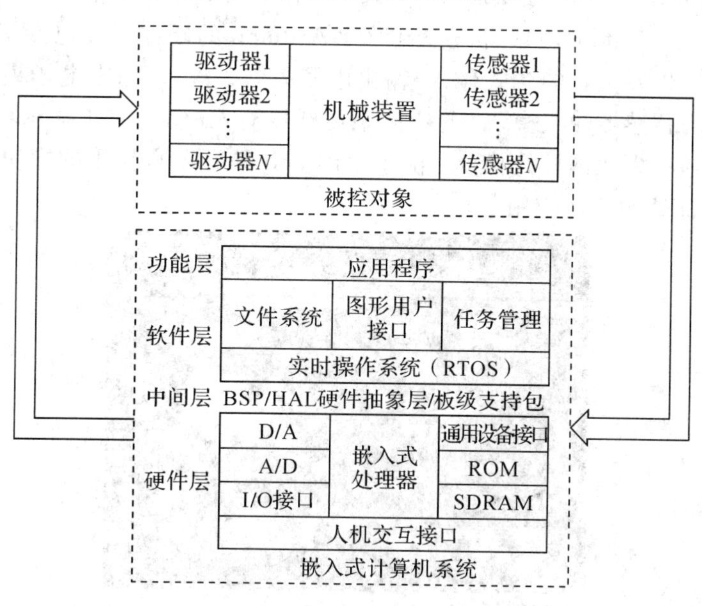

图1-1 嵌入式系统的组成

1.2.1 硬件层

硬件层中包含嵌入式处理器、存储器(RAM、ROM、Flash 等)、通用设备接口和 I/O 接口等。在一片嵌入式处理器基础上添加电源电路、时钟电路和存储器电路，就构成了一个嵌入式核心控制模块，其中操作系统和应用程序都可以固化在 ROM 中。

1. 嵌入式处理器

嵌入式系统硬件层的核心是嵌入式处理器，嵌入式处理器与通用 CPU 最大的不同在于嵌入式处理器大多工作在为特定用户群所专门设计的系统中，它将通用 CPU 许多由板卡完成的任务集成在芯片内部，从而有利于嵌入式系统在设计时趋于小型化，同时还具有很高的效率和可靠性。

嵌入式处理器有各种不同的体系，即使在同一体系中也可能具有不同的时钟频率和数据总线宽度，或集成了不同的外设和接口。嵌入式处理器按照实现功能，可分为以下五类。

1) 嵌入式微控制器(Micro Controller Unit，MCU)

嵌入式微控制器一般以某一种微处理器内核为核心，芯片内部集成 ROM/EPROM、RAM、总线、定时/计数器、WatchDog、I/O、串行口、脉宽调制输出、A/D、D/A、Flash RAM、E^2PROM 等各种必要功能和外设。为适应不同的应用需求，一个系列的单片机具有多种衍生品种，每种衍生产品的处理器内核都是一样的，不同的是存储器和外设的配置及封装，这样可以使单片机最大限度地匹配应用需求，从而减少功耗和成本。

嵌入式微控制器是目前嵌入式系统工业的主流，品种和数量最多，其中比较有代表性的通用系列包括 8051、STC80C/S51、P51XA、MCS-251、MCS-96/196/296、MC68HC05/11/12/16、68300 等。特别值得注意的是，近年来提供 x86 微处理器的著名厂商 AMD 公司，将 Am186CC/CH/CU 等嵌入式处理器称之为 Micro Controller，Motorola 公司把以 PowerPC 为基础的 PPC505 和 PPC555 亦列入单片机行列，TI 公司将其 TMS320C2XXX 系列 DSP 作为 MCU 进行推广，ARM Cortex-M 系列近年来也已被归为 MCU 系列。

图 1-2 所示为 Arduino 单片机开发套件。Arduino 的硬件平台包括基于 AVR 单片机的主控制电路板，以及大量的各式输入/输出电子模块。输入/输出电子模块包括：开关输入模块、温度压力传感器输入模块、超声测距传感器输入模块、各类显示输出模块、电机控制模块等，甚至还有以太网接入模块。由于 Arduino 具有丰富易用的模块，目前已经在各类机电创新设计比赛中广泛应用。

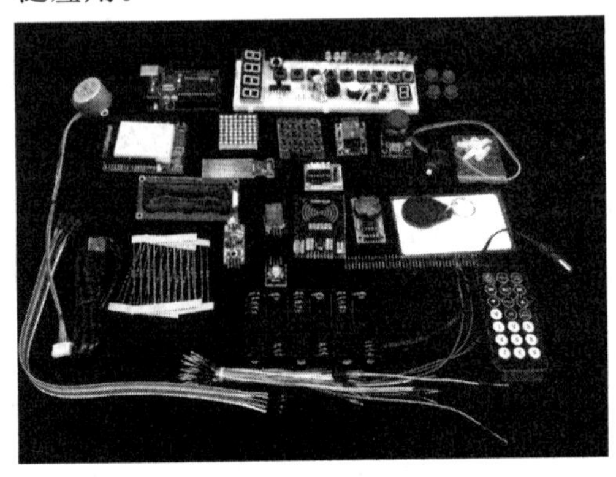

图 1-2　Arduino 单片机开发套件

2）嵌入式微处理器(Micro Processor Unit，MPU)

嵌入式微处理器的基础是通用计算机中的 CPU。在应用中，将微处理器装配在专门设计的电路板上，只保留和嵌入式应用有关的母板功能，去除其他冗余功能部分，这样可以大幅度减小系统体积和功耗。为了满足嵌入式应用的特殊要求，嵌入式微处理器虽然在功能上和标准微处理器基本是一样的，但在工作温度、抗电磁干扰、可靠性等方面一般都做了各种增强。

嵌入式微处理器具有体积小、重量轻、成本低、可靠性高的优点，但是在电路板上必须要有 ROM、RAM、总线接口、各种外设等器件，从而降低了系统的可靠性，技术保密性也较差。嵌入式处理器目前主要有 Am186/88、PowerPC、68000、MIPS、ARM 系列等。

图 1-3 所示为三星公司工业级微处理器 S3C2440 的最小系统，其主频 400 MHz，标准存储器配置采用 64M×8bit NAND Flash(K9F1208)。

图 1-4 所示为三星公司出产的基于 Cortex-A8 的 S5PV210 处理器。

图 1-3　三星公司 S3C2440 的最小系统

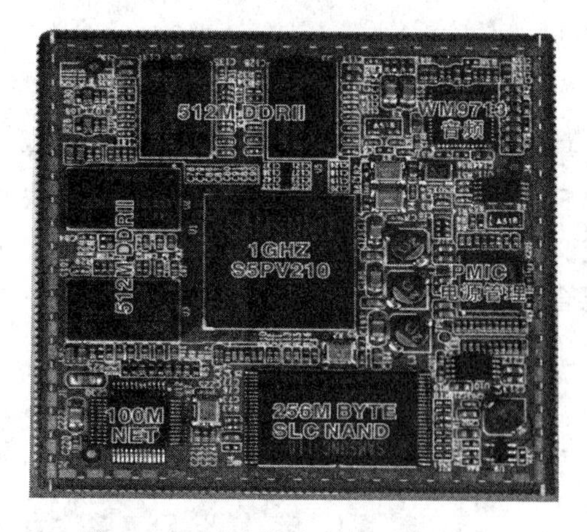

图 1-4　三星公司 S5PV210 处理器

3）嵌入式数字信号处理器(Digital Signal Processor，DSP)

DSP 对系统结构和指令进行了特殊设计，使其适合于执行 DSP 算法，编译效率较高，指令执行速度也较高。在数字滤波、FFT、谱分析等方面，DSP 算法正在大量进入嵌入式领域，DSP 应用正从在通用单片机中以普通指令实现 DSP 功能，过渡到采用嵌入式 DSP。

嵌入式 DSP 有两个发展来源，一是 DSP 经过单片化、EMC 改造、增加片上外设成为嵌入式 DSP，TI 的 TMS320C2000/C5000 等属于此范畴；二是在通用单片机、ARM 或 SoC 中增加 DSP 协处理器，例如 Intel 的 MCS-296、Infineon(Siemens)的 TriCore 和 TI OMAP4、OMAP5。推动嵌入式 DSP 发展的另一个因素是嵌入式系统的智能化，例如各种带有智能逻辑的消费类产品、生物信息识别终端、带有加解密算法的键盘、ADSL 接入、实时语音压解系统、虚拟现实显示等。这类智能化算法一般运算量都较大，特别是向量运算、指针线性寻址等较多，而这些正是 DSP 的长处所在。

嵌入式 DSP 比较有代表性的产品是 TI 公司的 TMS320 系列和 Motorola 的 DSP56000 系列。TMS320 系列处理器包括用于控制的 C2000 系列、移动通信的 C5000 系列以及性能更高的 C6000 和 C8000 系列。图 1-5 所示为一 DSP5509 开发板，是市面上性价比较高的 TMS320VC5509A 开发板，适用于数字图像、语音、网络、测控等领域。

图 1-5　DSP5509 开发板

4) 嵌入式片上系统(System on Chip, SoC)

SoC 设计技术始于 20 世纪 90 年代中期，Dataquest 定义 SoC 为包含处理器(DSP 数字信号处理器)、存储器(DRAM 动态随机存储器)和片上逻辑(Logic 逻辑、MPEG 视频图像编码标准)的集成电路。随着 RF 电路模块和数模混合信号模块集成在单一芯片中，SoC 的定义在不断地完善，现在的 SoC 中包含一个或多个处理器、存储器、模拟电路模块、数模混合信号模块以及片上可编程逻辑。从应用开发的角度来看，SoC 主要是指在单芯片上集成了微电子应用产品所需的所有功能的系统，如图 1-6 所示。

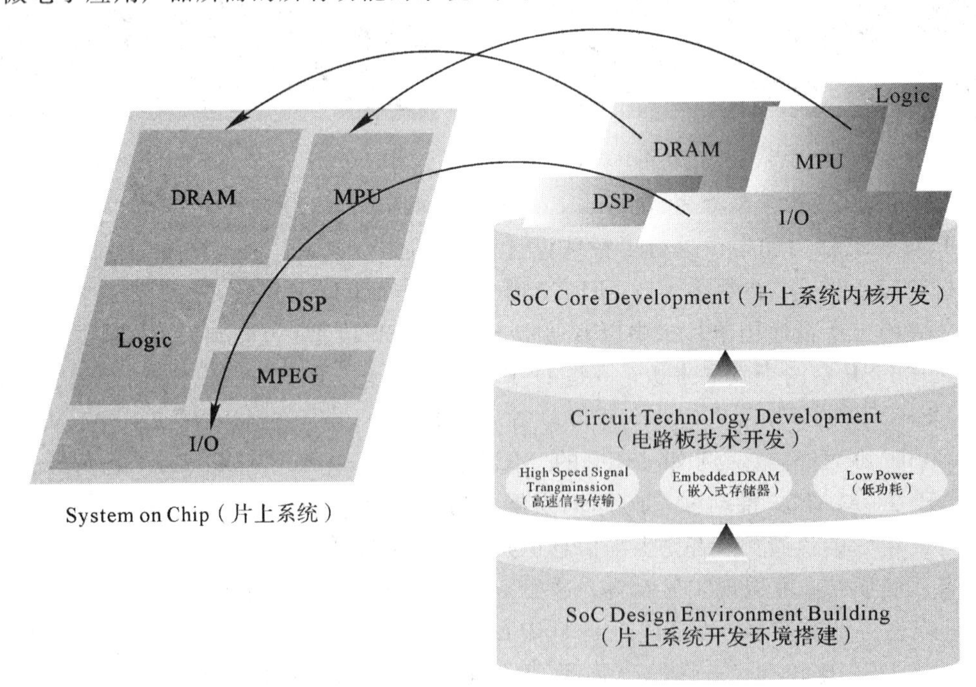

图 1-6　SoC 示意图

各种通用处理器内核将作为 SoC 设计公司的标准库，和许多其他嵌入式系统外设一样，成为 VLSI 设计中一种标准的器件，用标准的 VHDL 等语言描述，存储在器件库中。

用户只需定义出其整个应用系统，仿真通过后就可以将设计图交给半导体工厂制作样品。这样除个别无法集成的器件以外，整个嵌入式系统大部分均可集成到一块或几块芯片中去，应用系统电路板将变得很简洁，对于减小体积和功耗，提高可靠性非常有利。

从使用角度来看，SoC有三种类型：专用集成电路ASIC(Application Specific IC)、可编程SoC(System on Programmable Chip)和OEM(Original Equipment Manufacturer)型SoC。随着SoC应用的不断普及，市场需要更加广泛的SoC设计。SoC提供商不仅必须拓展系统内部设计能力，而且要直接开发和交付SoC设计套件和方法给客户。因此，SoC设计逐渐向可编程SoC方向发展。目前已有几家IC提供商提供可编程SoC，其中比较著名的三个公司是：Atmel、Xilinx和Altera。SoC有通用x86系列(如日本矽统科技的SiS550)、英飞凌科技的TriCore、ARM系列(如TI OMAP4、OMAP5)、Echelon和Motorola联合研制的Neuron芯片、MIPS系列(如Au1500)和类指令系列(如Motorola M3 Core)等。国内研制开发的SoC主要基于后两者，如中科院计算所中科SoC(基于龙芯核，兼容MIPSⅢ指令集)、北大众志(定义少许特殊指令)、方舟2号(自定义指令集)、国芯C3 Core(继承M3 Core)等。

从全球角度来讲，国内SoC应用水平还处于成长阶段，但就国内企业具体需求而言，SoC市场却也在高速增长着。赛迪顾问在《2012—2013年中国信息安全产品市场研究年度报告》中也印证了这一点，2012年国内SoC市场规模达到了4.76亿元，比2011年增长了22.7%。开发拥有自主知识产权的处理器核、核心IP和总线架构，同时又保证兼容性(集成第三方IP)，将使我国SoC发展得具有更强的竞争力，从而带动国内IC产业在深度、广度方向共同发展。

5）多核处理器

多核处理器将两个或多个CPU核封装在一个芯片内部，可节省大量的晶体管和封装成本，同时还能显著提高处理器的性能。移动处理器从单核到双核再从四核到八核，再到今天的十核，仅仅花了不过五六年的时间。

由于手机结构空间的局限性，限制了散热技术的应用，导致手机没有办法像PC一样尽可能地提高处理器单核的主频和性能，因为PC上基本上不存在结构空间限制，散热问题也有多种处理办法和方式。正是这种差异化导致手机厂商和芯片厂商在设计手机处理器芯片的时候必须要尝试各种架构、技术与工艺，以达到最好的平衡效果，因此，手机和芯片厂商开始考虑往多核心方向发展。

如2015年联发科发布的Helio X20十核处理器可以满足高性能和低功耗的需求。Helio X20的十个处理器核心可以随意调用和搭配，从而达到性能和功耗的最合理利用。

2. 存储器

嵌入式系统需要存储器来存放和执行代码。内置存储器分为片内存储器(在处理器芯片内部)和片外存储器(安装在电路板上)。扩充存储器通常做成可插拔的形式，需要时才插入宿主设备使用。嵌入式系统的存储器包含Cache、主存和辅助存储器。

1）存储器主要技术指标

(1) 容量：存储1位二进制数的最小单位为位(bit)，存储器的容量通常用字节(Byte或B，1 Byte＝8 bit)表示。更大的容量单位有1B、1KB、1MB、1GB、1TB、1PB、1EB、1ZB、1YB等。对于内存来说，相邻两级容量单位之间的进率为$2^{10}=1024$；对于外存(磁盘、U

盘、Flash 存储卡)来说，这些相邻两级容量单位之间的进率为 1000。

存储容量可用如下公式表示：内存容量＝单元总数×数据位数/单元。

例如一个存储芯片容量为 4096×8＝32 KB，说明它有 8 条数据线，地址线的条数为 m＝lb4096＝12。再如 NAND Flash 存储器容量为 256M×8 位/128M×16 位＝2 GB。

(2) 存取时间：指的是从启动一次存储器操作到完成该操作所用时间。现在存储器芯片的工作速度很快，一般以 ns 为单位。

(3) 内存宽度：亦称存储总线宽度，即 CPU 或 I/O 一次访存可存取的数据位数或字节数。存取宽度由编址方式决定。内存带宽的确定方式为：B 表示带宽、F 表于存储器时钟频率、D 表示存储器数据总线位数，则带宽 $B=F\times D/8$。

例如，常见 133 MHz 的 SDRAM 内存的带宽：133 MHz×64 bit/8＝1064 MB/s。

2) *存储器层次结构*

如图 1－7 所示，存储器层次结构中心思想是位于上层的更快更小的存储设备作为位于下层更大更慢的存储设备的缓存。从上至下，设备读取速度变得更慢，容量更大，价格更低。寄存器在这个层次模型的最顶端，其运行速率和 CPU 是一个数量级的。

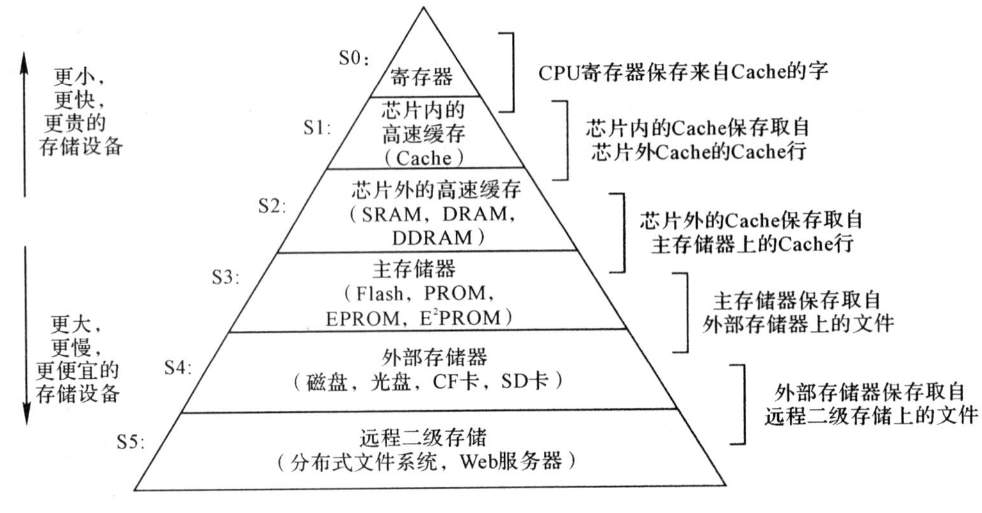

图 1－7　存储器层次结构

(1) Cache。Cache 是一种容量小、速度快的存储器阵列，它位于主存和嵌入式微处理器内核之间，存放的是最近一段时间微处理器使用最多的程序代码和数据。在需要进行数据读取操作时，微处理器尽可能地从 Cache 中读取数据，这样大大改善了系统的性能，提高了微处理器和主存之间的数据传输速率。Cache 的主要目标就是减小存储器(如主存和辅助存储器)给微处理器内核造成的存储器访问瓶颈，使处理速度更快，实时性更强。在嵌入式系统中 Cache 全部集成在嵌入式微处理器内，可分为数据 Cache、指令 Cache 和混合 Cache，Cache 的大小依不同处理器而定。一般中高档的嵌入式微处理器才会把 Cache 集成进去。

(2) 主存。主存是嵌入式微处理器能直接访问的寄存器，用来存放系统和用户的程序及数据。它可以位于微处理器的内部或外部，其容量根据具体的应用而定，一般片内存储器容量小，速度快，片外存储器容量大。

常用作主存的存储器有以下两类：

- ROM类：NOR Flash(闪存)、E^2PROM(电可擦除可编程只读存储器)等。
- RAM类：SRAM(静态随机存储器，速度高，体积大，成本高，无需刷新，片上用)、DRAM(动态随机存储器，速度低，体积小，成本低，需刷新，片外用)和SDRAM(同步动态随机存储器)等。

E^2PROM(Electrically Erasable Programmable ROM)是一种可以电擦除可编程的只读存储器，可以在线改写和擦除信息，无需紫外线照射，而且可以多次擦除和编程。

SDRAM不具有掉电保持数据的特点，但其存取速度高于Flash存储器，且具有读写的属性，因此SDRAM在系统中主要用作程序的运行空间、数据及堆栈区。当系统启动时，CPU首先从复位地址0x00处读取代码，在完成系统初始化后，程序代码一般调入SDRAM中运行，以提高系统的运行速度，同时系统及用户堆栈、运行数据也都放在SDRAM中。

Flash已经成为了目前最成功、最流行的一种固态内存，与E^2PROM相比读写速度快，与SRAM相比具有非易失以及价廉等优势。基于NOR和NAND结构的闪存是现在市场上两种主要的非易失闪存技术。Intel于1988年首先开发出NOR Flash技术，彻底改变了原先由EPROM和E^2PROM一统天下的局面。紧接着，1989年东芝公司发表了NAND Flash技术(后将该技术无偿转让给韩国三星公司)，强调降低每比特的成本，使其具有更高的性能，并且像磁盘一样可以通过接口轻松升级。

NOR型与NAND型闪存的区别很大，NOR型闪存更像内存，有独立的地址线和数据线，但价格比较贵，容量比较小，常见的NOR Flash ROM为128 KB～16 MB，适合频繁随机读写的场合，通常用于存储程序代码并直接在芯片内运行，程序代码不需要复制到RAM中再执行的场合，用作嵌入式系统的启动代码芯片，如手机、掌上电脑中。而NAND型更像硬盘，地址线和数据线是共用的I/O线，类似硬盘的所有信息都通过一条硬盘线传送，与NOR型闪存相比成本要低一些，而容量在8 MB～4 GB或更高。因此，NAND型闪存主要用来存储资料，常用的闪存产品如U盘、闪存盘、数码存储卡都是用NAND型闪存。

图1-8所示为三星K9K2G08U0M-YCB0，256 MB×8位/128 MB×16位=2 GB容量的NAND Flash。

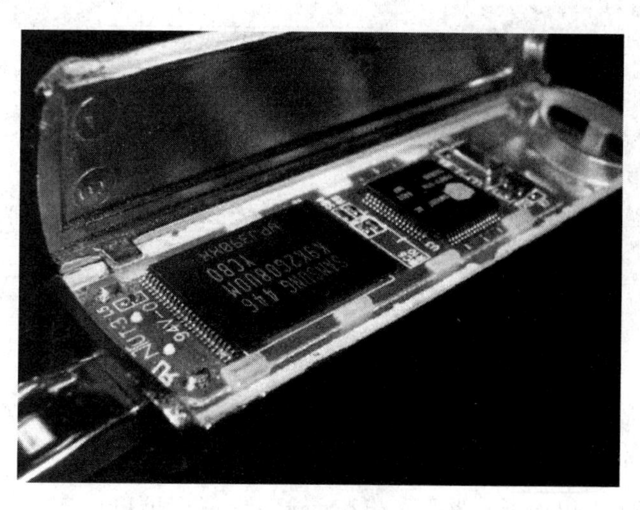

图1-8　Flash存储器

(3) 辅助存储器。辅助存储器用来存放大数据量的程序代码或信息，它的容量大，但读取速度与主存相比就慢的很多，用来长期保存用户的信息。嵌入式系统中常用的外存有：硬盘、NAND Flash、CF 卡、MMC 卡和 SD 卡等。

① CF 卡。CF 卡(Compact Flash Card)于 1994 年首次由 SanDisk(闪迪)公司生产并制定了相关规范。虽然最初 CF 卡是采用 Flash Memory 的存储卡，但随着 CF 卡的发展，各种采用 CF 卡规格的非 Flash Memory 卡也开始出现，应用于多种 I/O 以及接口设备。CF 卡同时支持 3.3 V 和 5 V 的电压，任何一张 CF 卡都可以在这两种电压下工作，这使得它具有广阔的使用范围。CF 存储卡把 Flash Memory 存储模块与控制器结合在一起，这样使用 CF 卡的外部设备就可以做得比较简单，而且不同的 CF 卡都可以用单一的机构来读写，不用担心兼容性问题，特别是 CF 卡升级换代时也可以保证旧设备的兼容性。CF 卡联盟总部在加拿大，其成员有权免费得到 CF 卡、CF 商标和 CF 技术详情。CF 卡联盟成员包括 3COM、佳能、柯达、惠普、日立、IBM、松下、摩托罗拉、NEC、SanDisk、爱普生等 120 多家公司。而且其中的主要数码相机生产研发厂商已经成立了一个专门组织，从事于 CF 产品的开发。

② MMC 卡。MMC 卡(Multimedia Card)称为"多媒体卡"，是一种快闪存储器卡标准。MMC 卡于 1997 年由西门子及 SanDisk 共同开发，早期为基于 Intel NOR 快闪记忆技术的记忆卡。MMC 卡大小与一张邮票差不多，约为 24 mm×32 mm×1.5 mm。1998 年 1 月，十四家公司联合成立了 MMC 协会，现在已经有超过 84 个成员。目前 MMC 卡的容量高达 2 GB，发展目标主要是针对数码影像、音乐、手机、PDA、电子书、玩具等产品，MMC 也是把存储单元和控制器一同做到了卡上，智能的控制器使得 MMC 能保证兼容性和灵活性。

如图 1-9 所示，在 Protues 软件中可进行 MMC 卡的数据读写操作。MMC 被设计作为一种低成本的数据平台和通信介质，接口成本低于 0.5 美元，它的接口设计非常简单，只有 7 针，其中电源供应是 3 针，数据操作只用 3 针的串行总线即可(SPI 模式再加上 1 针用于选择芯片)。用手机格式化 MMC 以后，MMC 就会自动出现下面 6 个目录：images、mp3、sounds、videos、sysetm 和 others。

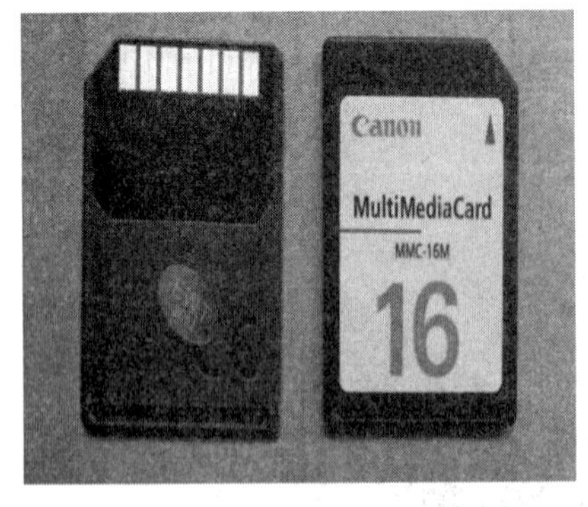

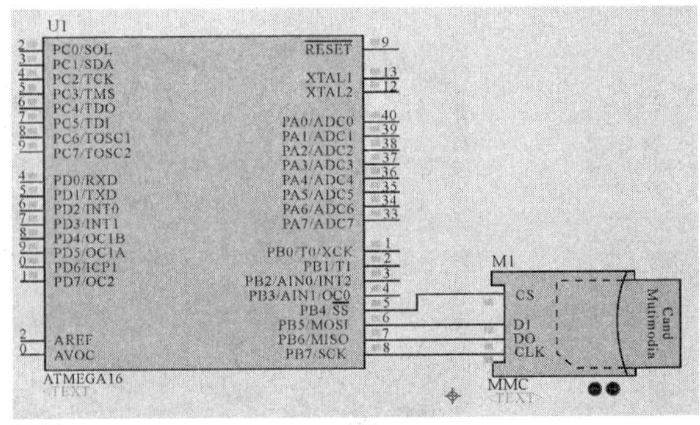

图 1-9　MMC 卡电路连接方式

③ SD 卡。SD 卡(Secure Digital Memory Card)称为安全数码卡，是在 MMC 卡的基础上开发研制的一款具有大容量、高性能、安全性好等特点的多功能存储卡。其具有比较高的数据传送速度。SD 卡由松下电器、东芝和 SanDisk 联合推出，于 1999 年 8 月首次发布。2000 年 2 月成立了 SD 协会，成员公司超过 90 个。

如图1-10、表1-1所示，SD接口采用9芯的接口(CLK为时钟线，CMD为命令/响应线，DAT0～DAT3为双向数据传输线，VDD、Vss1和Vss2为电源和地线)，除了保留MMC的7针外，还在两边多加了2针作为数据线；采用了NAND型Flash Memory，平均数据传输率能达到2 MB/S。SD卡系统支持SD和SPI方式两种通信协议。

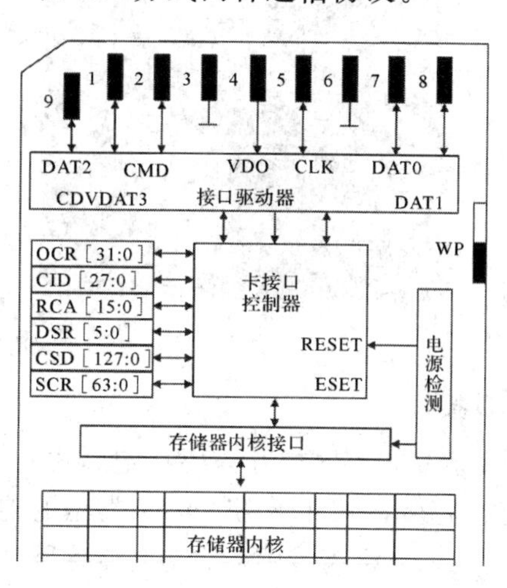

图1-10　SD卡结构

表1-1　SD卡引脚定义

引脚	SD模式			SPI模式		
	名称	类型	描述	名称	类型	描述
1	CD/DAT3	I/O/PP	卡检测/数据线[bit 3]	CS	I	片选信号
2	CMD	PP	命令/响应	DI	I	数据输入
3	Vss1	S	接地	Vss	S	接地
4	VDD	S	电源电压	VDD	S	电源电压
5	CLK	I	时钟	SCLK	I	时钟
6	Vss2	S	接地	Vss2	S	接地
7	DAT0	I/O/PP	数据线[bit 0]	DO	O/PP	数据输出
8	DAT1	I/O/PP	数据线[bit 1]	RSV		
9	DAT2	I/O/PP	数据线[bit 2]	RSV		
5	CLK	I	时钟	SCLK	I	时钟

④ SIM卡。在手机中使用的SIM卡(用户身份识别模块)是一个装有微处理器的芯片卡，它的内部有5个模块，并且每个模块都对应一个功能：微处理器CPU(8位)、程序存储器ROM(3～8 KB)、工作存储器RAM(6～16 KB)、数据存储器E^2PROM(128～256 KB)和串行通信单元。SIM卡的供电分为5 V(1998年前发行)、5 V与3 V兼容、3 V、1.8 V等，当然这些卡必须与相应的手机配合使用，即手机产生的SIM卡供电电压与该SIM卡所

需的电压相匹配。SIM 卡插入手机后，电源端口提供电源给 SIM 卡内各模块。

如图 1 - 11 所示，SIM 卡在与手机连接时，最少需要 5 个连接线：电源(Vcc)、时钟(CLK)、数据 I/O 接口(I/O)、复位(RESET)、接地端(GND)。

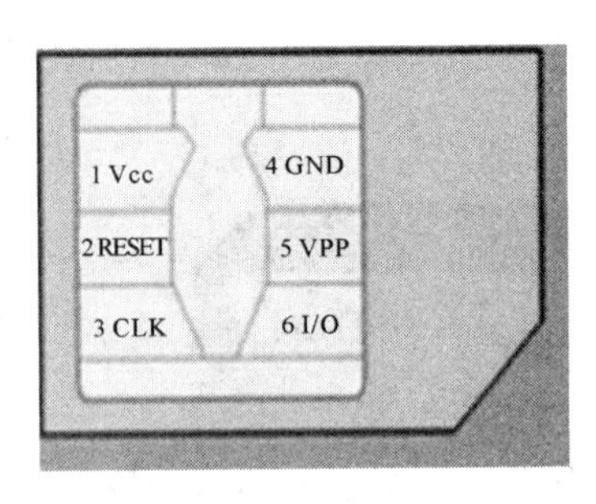

图 1 - 11　SIM 卡类型及引脚

3. I/O 接口

嵌入式系统和外界交互需要一定形式的通用设备接口，这些接口用于连接按键、键盘、触摸屏、液晶显示器、打印机、各种类型的传感器(压力传感器、温湿度传感器、重量传感器、运动传感器、距离传感器、光电传感器、红外传感器、电压电流传感器和生物传感器)和各种伺服执行机构(继电器、微电机、步进电机、直流电机)等，外设通过和片外其他设备或传感器的连接来实现微处理器的输入/输出功能。

如图 1 - 12 所示，目前嵌入式系统中常用的 I/O 接口有以下几种。

(1) 通用串行总线式接口：USB2.0、USB3.0、IEEE1394、以太网接口、SPI(串行外围设备接口)等。

(2) 异步串行接口：RS - 232 - C、RS - 485 接口。

(3) 视频信号接口：VGA 视频输出接口、HDMI 高清晰度多媒体接口等。

(4) 工业总线接口：CAN(局域网控制器)总线接口、1553B 总线接口(广泛应用于当代的运输机和相当数量的民航客机以及军用飞机、航空上)等。

(5) 无线接口：IrDA(红外线接口)、超带宽(UWB)接口、蓝牙接口、ZigBee 接口、Wi - Fi接口等。

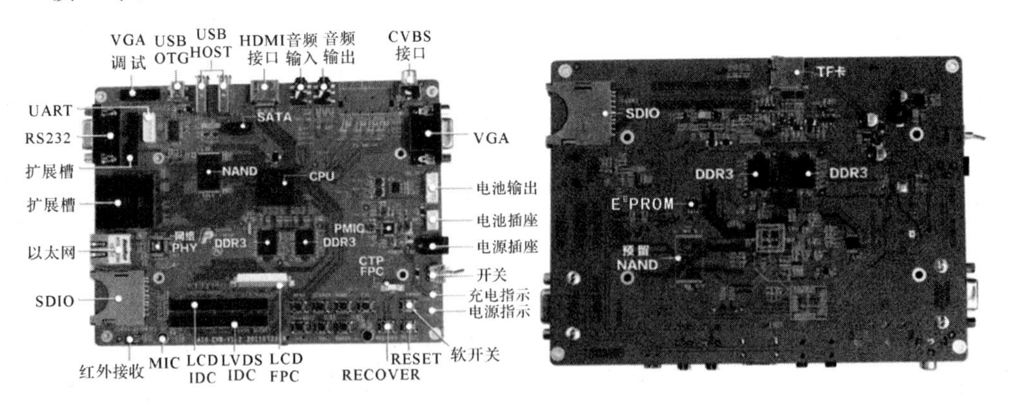

图 1 - 12　Mali400+Cortex - A8 开发板

4. 数据总线

数据总线(Data Bus)简称总线，它是嵌入式系统各组件之间进行数据传输的一个传输通路，它由传输线和控制电路组成。数据总线是 CPU、内存、输入、输出设备传递信息的公用通道，主机的各个部件通过总线相连接，外部设备通过相应的接口电路再与总线相连接，从而形成了嵌入式硬件系统。

嵌入式系统常用的总线有内部总线和外部总线两种。

(1) 内部总线：如 AMBA 总线、I^2C 总线、SPI 总线、UART 总线、PC104 工业控制总线。

(2) 外部总线：USB、CAN、LIN 总线(低成本的串行通信网络，用于实现汽车中的分布式电子系统控制)、Flex Ray 总线(可作为汽车内部网络的主干网络)、GPIB 总线(通用接口，将示波器等仪器采集到的数据导入电脑中)等。

1.2.2 中间层

一些低端嵌入式系统的软件很简单，它们不需要操作系统，只需要配置一个监控系统、若干设备驱动程序和事件处理程序即可。系统工作时，它不断地重复运行监控程序，若发现有外部事件发生，就通过中断服务程序去执行相应的事件处理程序。高端嵌入式系统的软件配置则比较复杂，包含板级支持包、操作系统、应用软件等。

在硬件层与软件层之间为中间层，也称为硬件抽象层(Hardware Abstract Layer，HAL)或板级支持包(Board Support Package，BSP)，它将系统上层软件与底层硬件分离开来，使系统的底层驱动程序与硬件无关，上层软件开发人员无需关心底层硬件的具体情况，根据 BSP 层提供的接口即可进行开发。该层一般包含相关底层硬件的初始化、数据的输入/输出操作和硬件设备的配置功能。

BSP 最早由风河公司提出，在 VxWorks 操作系统中，所有与特定电路板上硬件相关的功能都集成在一个所谓板级支持包的库里。BSP 库为所有的硬件功能板提供相同的软件界面，包括硬件初始化、中断的产生与处理、硬件时钟和定时器管理、本地存储空间和总线存储空间映射、存储容量管理等。BSP 实际上是一些汇编程序和 C 语言代码相结合的操作系统底层软件，操作系统的上层代码通过 BSP 访问硬件，BSP 的功能和特点与 PC 主板上的 BIOS 差不多，都位于底层。

一个完整的 BSP 需要完成两部分工作：嵌入式系统的硬件初始化以及硬件相关的设备驱动程序的初始化。

1. 嵌入式系统硬件初始化

嵌入式硬件系统初始化过程可以分为 3 个主要环节，按照自底向上、从硬件到软件的次序依次为：片级初始化、板级初始化和系统级初始化。

(1) 片级初始化完成嵌入式微处理器的初始化，包括设置嵌入式微处理器的核心寄存器和控制寄存器、嵌入式微处理器核心工作模式和嵌入式微处理器的局部总线模式等。片级初始化把嵌入式微处理器从上电时的默认状态逐步设置成系统所要求的工作状态。这是一个纯硬件的初始化过程。

(2) 板级初始化完成嵌入式微处理器以外的其他硬件设备的初始化。另外，还需设置某些软件的数据结构和参数，为随后的系统级初始化和应用程序的运行建立硬件和软件环境。这是一个同时包含软硬件两部分在内的初始化过程。

(3) 系统级初始化以软件初始化为主，主要进行操作系统的初始化。

BSP 将对嵌入式微处理器的控制权转交给嵌入式操作系统，由操作系统完成余下的初始化操作，包含加载和初始化与硬件无关的设备驱动程序，建立系统内存区，加载并初始化其他系统软件模块，如网络系统、文件系统等。最后，操作系统创建应用程序环境，并将控制权交给应用程序的入口。

2. 硬件相关的设备驱动程序的初始化

硬件相关的设备驱动程序的初始化通常是一个从高到低的过程。尽管 BSP 中包含硬件相关的设备驱动程序，但是这些设备驱动程序通常不直接由 BSP 使用，而是在系统初始化过程中由 BSP 将它们与操作系统中通用的设备驱动程序关联起来，并在随后的应用中由通用的设备驱动程序调用，实现对硬件设备的操作。

1.2.3 软件层

软件层由实时多任务操作系统(Real Time Operation System，RTOS)、文件系统、图形用户接口(Graphic User Interface，GUI)/、网络系统及通用组件模块组成。RTOS 是嵌入式应用软件的基础和开发平台。

1. 嵌入式操作系统

嵌入式操作系统(Embedded Operating System，EOS)是指用于嵌入式系统的操作系统。嵌入式操作系统是一种用途广泛的系统软件，通常包括与硬件相关的底层驱动软件、系统内核、设备驱动接口、通信协议、图形界面、标准化浏览器等。嵌入式操作系统负责嵌入式系统的全部软、硬件资源的分配、任务调度，控制、协调并发活动。它必须体现其所在系统的特征，能够通过装卸某些模块来达到系统所要求的功能。

嵌入式操作系统除了具备任务管理(任务优先级、任务同步与互斥、多任务调度等)、存储器管理(分配存储空间、内存保护、地址映射、虚拟存储等)、设备管理(缓冲管理、设备分配、设备驱动、虚拟设备等)、文件处理(文件的存储、检索、分类等)、用户接口(程序接口、命令行接口、图形接口)等功能外，还具有如下特点：

(1) 强实时性。大多数嵌入式操作系统都是实时系统，而且多是强实时多任务系统，如 μC/OS-Ⅱ、VxWorks 等。

(2) 支持开放性和可伸缩性的体系结构，具有可裁剪性。嵌入式操作系统的组件具有可装卸性，系统的体系结构具有可伸缩性。

(3) 紧凑性。嵌入式操作系统有别于一般的计算机处理系统，它不具备像硬盘那样大容量的存储介质，而大多数使用 Flash 作为存储介质，即运行在有限的内存中，不能使用虚拟内存，中断的使用也受到限制，因此要求嵌入式操作系统必须结构紧凑、体积微小。

(4) 提供统一的设备驱动接口。

(5) 提供操作方便、简单、友好的图形用户接口和界面(GUI)。

(6) 支持 TCP/IP 协议及其他协议，提供 TCP、UDP、IP、PPP 协议支持及统一的 MAC 访问层接口，提供强大的网络功能。

(7) 强稳定性和弱交互性。嵌入式系统一旦开始运行就不需要用户过多的干预，嵌入式操作系统的用户接口通过系统的调用命令向用户程序提供服务。

(8) 嵌入式操作系统和应用软件被固化在嵌入式系统计算机的 ROM 中。

(9) 具有良好的硬件适应性，即良好的可移植性。

嵌入式操作系统有近百种，典型的有嵌入式 Linux、μC/OS-Ⅱ/Ⅲ、Windows Embedded Compact、VxWorks、QNX（汽车行业垄断地位）、Palm OS、Nucleus、JavaOS、ITRON、LynxOS、OS-9、FreeRTOS、RTEMS、Maemo、Meego、MontaVista Linux 等。

1）μC/OS-Ⅱ/Ⅲ

μC/OS 系列是内核用 ANSII 的 C 语言编写的、源代码开放的、可移植、可固化、可裁剪的抢占式实时多任务嵌入式操作系统。μC/OS 诞生于 1992 年，是针对 68HC11 CPU 开发的，μC/OS-Ⅱ V2.0 诞生于 1998 年，μC/OS-Ⅱ V2.52 诞生于 2002 年。针对这 3 个版本的实时内核，创始人 Jean J. Labrosse 先生出版了 3 本书，分别为《μC/OS The RealTime Kernel》、《Micro C/OS-Ⅱ The RealTime Kernel》和《Micro C/OS-Ⅱ The RealTime Kernel(2nd ed)》。其中，第 2 本和第 3 本书都有对应的中文译著。μC/OS-Ⅲ诞生于 2009 年，于 2011 年 8 月公开源代码。

（1）μC/OS-Ⅱ。μC/OS-Ⅱ主要针对 8/16 位 CPU 开发，其任务调度策略基于任务的优先级，总是运行处于就绪态的优先级最高的任务。在 μC/OS-Ⅱ中，每个任务都有一个唯一的优先级。μC/OS-Ⅱ V2.8 之前的版本最多支持 64 个优先级，从 V2.8 开始最多可支持 255 个优先级。

μC/OS-Ⅱ的核心是任务调度算法。任务调度算法的目标就是快速找出其中优先级最高的处于就绪态的任务。为了做到这一点，μC/OS-Ⅱ巧妙地采用了查表法。在查表过程中，μC/OS-Ⅱ需要快速找出 1 个 8 位数的第一个非零位的位置，这是通过 1 个由 256 个元素构成的查找表 OSUnMapTbl[]实现的。该查找表记录了每一个 8 位数的第一个非零位的位置。通过这种巧妙的查表算法，不论有多少个任务处于就绪态，都能在很短的、确定的时间内找出其中优先级最高的那个就绪任务。如今，很多新的 CPU 都有一条计算前导零指令（CLZ）或功能类似的指令，比如 32 位 PowerPC 处理器的 CLZ 指令、Freescale S12X 双核微控制器中的协处理器 XGATE 的 Bit Field Find First One 指令等。对于有这类硬件指令的 CPU，无需再使用 μC/OS-Ⅱ中的查表算法，可以直接利用这类指令优化任务调度算法。

μC/OS-Ⅱ已经在世界范围内得到广泛应用，包括手机、路由器、集线器、不间断电源、飞行器、医疗设备及工业控制。总的来说，μC/OS-Ⅱ是一个非常容易学习、结构简单、功能完备和实时性很强的嵌入式操作系统内核，适合于各种嵌入式应用以及大专院校教学和科研。

（2）μC/OS-Ⅲ。相比 μC/OS-Ⅱ，μC/OS-Ⅲ做了很多完善，比如改进了任务调度方法、改进了时钟节拍管理机制、增加了中断处理任务、允许向任务直接发信号或消息、增加了时间戳功能、支持内核觉察式调试等。

μC/OS-Ⅲ在功能上得到了全面的扩展和提升，相较于 μC/OS-Ⅱ最多支持 255 个任务，μC/OS-Ⅲ可以支持任意数目的任务，实际任务数目仅受 CPU 所能使用的存储空间的限制。μC/OS-Ⅲ可以支持任意数目的信号量、事件标志组、消息队列、存储块等内核对象，而且为了避免在程序编译过程中出现资源不够的问题，允许用户在程序运行中动态配置内核资源。μC/OS-Ⅱ允许挂起某个任务，但挂起操作不可以嵌套，而 μC/OS-Ⅲ允许嵌套挂起，嵌套挂起最深可达 250 层。μC/OS-Ⅲ增加了一个时钟节拍任务来做延时处理和超时判断。通过在任务级代码完成时钟节拍服务，能极大地减少中断延迟时间。而且，μC/OS-Ⅲ还使用哈希散列表机制，进一步降低了延时处理和超时判断的开销，提高了系统的实时性。

除了功能上的扩展和提升，μC/OS-Ⅲ还增加了一些新功能。μC/OS-Ⅲ增加了时间片轮转调度，允许多个任务有相同的优先级。当多个优先级相同的任务同时就绪并且所属优先级高于其他所有就绪任务时，μC/OS-Ⅲ轮转调度这些任务，让每个任务运行一段用户指定的时间长度。

μC/OS-Ⅲ允许中断或任务直接给另一个任务发信号或消息。在实际应用中，很多情况下，编程人员知道该向哪个任务发信号或消息，这时就可以使用μC/OS-Ⅲ的这种新功能来向目标任务直接发信号或消息，从而避免创建和使用诸如信号量或消息队列等内核对象作为中介，提高信号或消息发送的效率。μC/OS-Ⅲ增加了时间戳功能，可以给信号或消息打上时间戳，从而允许用户获取某个事件发生的时刻，以及信号或消息传递到目标任务所耗费的时间等。另外，μC/OS-Ⅲ的设计能方便地按照CPU架构优化，特别是其数据类型可按照CPU能适应的最佳位数宽度修改，以适应8/16/32位的CPU。关键算法可采用汇编编程，以发挥一些有特殊指令的CPU的优势，如很多CPU有读改写指令，可方便实现存储器访问的原子操作；有的CPU有计算前导零指令，可用来快速查找任务就绪表。

μC/OS-Ⅲ增加了中断处理任务，可以把内核对象的处理工作都放到任务级代码中完成，从而允许通过给调度器上锁的方式实现临界段代码的保护，这样就使内核关中断的时钟周期几乎为零。μC/OS-Ⅲ内置了对系统性能进行测试的代码，能够检测每个任务的执行时间、堆栈使用情况、每个任务运行的次数、CPU利用率、关闭中断和给调度器上锁的时间等。μC/OS-Ⅲ还支持内核觉察式调试，可以以友好的方式对μC/OS-Ⅲ的变量、数据结构进行检查和显示，并且带有μC/Probe调试工具，可在程序运行过程中察看和修改变量。

2) 嵌入式 Linux

Linux是一套免费使用和自由传播的类UNIX操作系统，于1991年10月第一次正式向外公布，它是基于POSIX(Portable Operating System Interface of UNIX，可移植操作系统接口)和UNIX的多用户、多任务、支持多线程和多CPU的操作系统。它能运行主要的UNIX工具软件、应用程序和网络协议，支持32位和64位硬件。Linux继承了UNIX以网络为核心的设计思想，是一个性能稳定的多用户网络操作系统。Linux以高效性和灵活性著称，模块化的设计结构，使得它既能在价格昂贵的工作站上运行，也能够在廉价的PC机上实现全部的UNIX特性，具有多任务、多用户的能力。Linux是在GNU公共许可权限下免费获得的，Linux操作系统软件包不仅包括完整的Linux操作系统，而且还包括了文本编辑器、高级语言编译器等应用软件，另外还带有多个窗口管理器的X-Windows图形用户界面，可使用窗口、图标和菜单对系统进行操作。

图1-13所示为Linux操作界面，Linux以字符操作界面为主，区别于图形化的Windows，两者的操作方式不同，但在组织结构上有一定的相通之处，如文件都是以目录的形式组织的，所不同的是Windows中有多个目录树，而Linux中只有一个目录树。在Windows操作系统下安装Linux操作系统，需要先安装虚拟机，这对系统的硬件要求比较高，并且很耗时，不太适合在教室多媒体机器上安装。

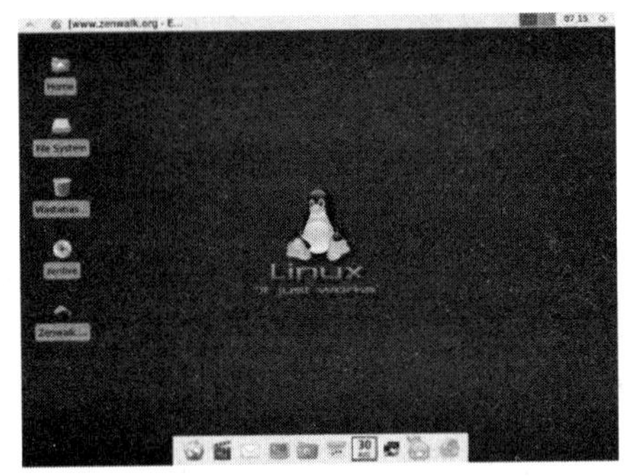

图1-13　Linux操作界面

（1）μCLinux。μCLinux 是从 Linux 2.0/2.4 内核派生而来，其内核二进制映像文件小于 512 KB，是适合于没有 MMU（内存管理单元）的微处理器芯片的操作系统，如 ARM CPU 系列中的 ARM7TDMI、ARM940T 等产品使用 Linux 操作系统时，只能用 μCLinux，当然 μCLinux 也支持 Motorola Dragonball、Coldfire 等其他中低端嵌入式处理器。同标准的 Linux 相比，μClinux 的内核非常小，但继承了 Linux 操作系统的主要特性，包括良好的稳定性和移植性、强大的网络功能、出色的文件系统支持、标准丰富的 API，以及 TCP/IP 网络协议等。μClinux 可移植性很强，用户通过重新配置、编译内核，可方便移植到多种处理器计算平台，已成功应用于路由器、机顶盒、PDA 等领域。

（2）商用嵌入式 Linux。商用嵌入式 Linux 版本是针对嵌入式处理器的，如 ARM 所优化设计的、支持各种半导体厂家的评估板和主要的设备驱动。商用嵌入式 Linux 包含了文件系统、应用、实时性扩展和技术支持培训服务。Linux 由于开源，所以具备可定制性，因此衍生了许多发行版。Ubuntu 和 Fedora 算是其中对新手比较友好的两个发行版，其安装较为简单，用户群多，有问题可搜索出相关的信息或者找前辈解决。相关的 Linux 操作系统软件可参考 https://linux.cn/article-4130-1.html 或 http://www.linuxdiyf.com/进行网上下载学习、开发。

Fedora 由 Fedora Project 社区开发、红帽公司赞助，目标是创建一套新颖、多功能并且自由和开源的操作系统。Fedora 基于 Red Hat Linux，在 Red Hat Linux 终止发行后，红帽公司计划以 Fedora 来取代 Red Hat Linux 在个人领域的应用，而另外发行的 Red Hat Enterprise Linux（Red Hat 企业版 Linux，RHEL）则取代 Red Hat Linux 在商业应用的领域。

目前 Fedora 最新的稳定版本是 Fedora 22，已于 2015 年 5 月 26 日发布。

Ubuntu（优班图、乌班图）是基于 Linux 的免费开源桌面 PC 操作系统，支持 X86、64 位和 PowerPC 架构。Ubuntu 的目标在于为一般用户提供一个最新的、同时又相当稳定的主要由自由软件构建而成的操作系统。Ubuntu 具有庞大的社区力量，用户可以方便地从社区获得帮助，最新版本为 Ubuntu 15.4（2015 年 4 月发布）。2013 年 1 月，Ubuntu 正式发布面向智能手机的移动操作系统。2014 年 2 月，Canonical 公司于北京中关村召开了 Ubuntu 智能手机发布会，正式宣布 Ubuntu 与国产手机厂商魅族合作推出 Ubuntu 版 MX3 手机。Ubuntu 用户众多，以桌面系统所著称，适于刚刚接触 Linux 的初学者。相关文件可在 http://archive.canonical.com/dists/网站上下载更新。

（3）国产 Linux 操作系统。国产嵌入式操作系统或是基于国外操作系统进行二次开发完成的，如红旗 Linux（公司破产被收并）、StartOS（Linux 桌面操作系统）、μTenux（大连悠龙软件科技有限公司的团队进行维护开发的开源免费的嵌入式实时操作系统）、RT-thread（由中国开源社区主导开发的开源实时操作系统）等；或是自主开发的，如 Hopen OS（北京凯思昊鹏软件公司自主研发的国产嵌入式操作系统——女娲）、Delta OS（成都电子科技大学嵌入式实时教研室和北京科银京成技术有限公司联合研制开发的全中文的嵌入式操作系统——道系统）等。

3）QNX

QNX 是业界公认的 x86 平台上最好的嵌入式实时操作系统之一。它具有独一无二的微内核实时平台，建立在微内核和完全地址空间保护基础之上，实时、稳定、可靠，已经完成 PowerPC、MIPS、ARM 等内核的移植，成为在国内广泛应用的嵌入式实时操作系统。虽然 QNX 本身并不属于 UNIX，但由于其提供了 POSIX 的支持，使得多数传统 UNIX 程序在微量修改(甚至不需修改)后即可在 QNX 上面编译与运行。

QNX 主要是用于开发汽车、通信设备所使用的操作系统。QNX 在车用市场占有率达到 75%，目前全球有超过 230 种车型使用 QNX 系统，包括哈曼贝克、德尔福、大陆、通用电装、爱信等知名汽车电子平台都是在 QNX 系统上搭建的。除汽车领域之外，QNX 的最大客户订单来源于思科系统，其中高端路由设备几乎全部采用 QNX 操作系统，因此网络通信也成为了 QNX 第二大应用领域。此外，QNX 与通用电气、阿尔斯通、西门子、洛克希德·马丁和 NASA 等公司都有着紧密合作，在轨道交通、医疗器械、智能电网及航空航天中，都发挥着积极的作用。

QNX 的优点有：

(1) 运行速度快，超过其他常见的操作系统。

(2) 系统非常安全。QNX 上没有计算机病毒，这是和 Linux 一样的，所以 QNX RTP 不存在被病毒破坏资料的危险。

(3) QNX 的用户管理相当出色，不输入正确的密码完全无法进入计算机系统中。

(4) QNX 的网页浏览器“Voyager”浏览网页的速度极快。

(5) QNX 是免费的操作系统，可以在网上下载安装使用，其使用和操作也十分容易。

2013 年美国消费电子展上，展出了一台使用 QNX 操作系统的宾利概念车，如图 1-14 所示。QNX 宾利配备了一台与 Tesla 车上相仿的超大彩色触摸屏幕，以及全 LCD 显示仪表盘。中控触摸屏全部在驾驶者的可触范围之内，驾驶者可通过触碰不同图标实现所需功能。其中还包含各种语音、视频、文字互动功能，比如类似 FaceTime 的视频通话功能(停车时使用)，而导航系统也会在仪表盘中作出显示。

图 1-14　QNX 宾利概念车

4) Windows Embedded Compact

Windows Embedded Compact(即 Windows CE)，是微软公司的一个开放的、可升级的 32 位大型嵌入式操作系统，是基于掌上型电脑类的电子设备操作系统，其图形用户界面相当出色。Windows CE 是所有源代码全部由微软自行开发的嵌入式操作系统，其操作界面虽来源于 Windows 95/98，但 Windows CE 是基于 Win32 API 重新开发的、新型的信息设备平台。Windows CE具有模块化、结构化、基于Win32应用程序接口和与处理器无关等特点。Windows CE不仅继承了传统的Windows图形界面，并且在Windows CE平台上可以使用Windows 95/98上的编程工具(如Visual Basic、Visual C++等)、使用同样的函数、使用同样的界面风格，使绝大多数的应用软件只需简单的修改和移植就可以在Windows CE平台上继续使用。

在2010年6月的台北COMPUTEX展会上，微软正式公布了其嵌入式产品线最新的一员Windows Embedded Compact 7。Windows Embedded Compact 7采用新的安全架构，确保只有被信任的软件可以在系统中运行；支持UDF 2.5文件系统、802.11i (WPA2)及802.11e (QoS) 等无线规格及多重Radio support；支持x86、ARM、SH4、MIPS等各种处理器；提供新的Cellcore components使系统在移动电话网络中更容易创建数据链接及激活通话。在开发环境上，如图1-15所示，微软也提供兼容于.NET Framework的开发元件——.NET Compact Framework，让正在学习.NET或已拥有.NET程序开发技术的开发人员能迅速而顺利地在搭载Windows CE .NET系统的设备上开发应用程序。

图1-15　基于Windows CE.NET的测量仪器

Windows CE并非是专为单一装置设计的，所以微软为旗下采用Windows CE操作系统的产品大致分为三条产品线，桌面PC机或服务器使用的操作系统(Win7、Win8、Win10)、专门用于移动设备的嵌入式操作系统(Windows Mobile6.5、Windows Phone7、Windows Phone8等)和适用于各种嵌入式产品的嵌入式操作系统(WinCE6.0、Windows Embedded Compact 7、Windows Embedded Compact 8)。

5) VxWorks

VxWorks操作系统是美国WindRiver(风河)公司于1983年设计开发的一种嵌入式实时操作系统，Tornado是风河公司推出的一套实时操作系统开发环境，类似Microsoft Visual C，但是提供了更丰富的调试、仿真环境和工具。凭借良好的持续发展能力、高性能的内核以及友好的用户开发环境，VxWorks在嵌入式实时操作系统领域占据一席之地。它以其良好的可靠性和卓越的实时性被广泛地应用在通信、军事、航空、航天等高精尖技术及实时性要求极高的领域中，如卫星通信、军事演习、弹道制导、飞机导航等。在美国的

F-16、FA-18 战斗机、B-2 隐形轰炸机和爱国者导弹上，甚至连 1997 年 4 月在火星表面登陆的火星探路者上都使用到了 VxWorks。

该系统是全球使用最广泛的实时操作系统，已有超过 15 亿套设备搭载了 VxWorks。VxWorks 提供了一个实用例程的扩展集，包括中断处理、看门狗定时器、消息登录、内存分配、字符扫描、线缓冲和环缓冲管理、链表管理和 ANSI C 标准。2014 年 4 月推出的新款 VxWorks 7 使用 VxWorks 微内核(仅 20 KB)与标准内核，其模块结构及新功能都有利于客户快速推出即用物联网设备，不仅可以缩短上市时间，而且可以降低研发成本。对于有高级图形要求的客户来说，VxWorks 7 的现有图形平台具备高效开放的视频图库、硬件辅助显卡和 Tilcon 图形设计工具。因此 VxWorks 7 被称为物联网实时操作系统。

6) 嵌入式操作系统选择的原则

事实上，每个嵌入式操作系统都有其相对比较适用的领域，在开发时可参考以下原则：

(1) 操作系统本身所提供的开发工具。

(2) 操作系统向硬件接口移植的难度。

(3) 操作系统的内存要求。

(4) 开发人员是否熟悉此操作系统及其提供的系统 API。

(5) 操作系统是否提供硬件的驱动程序，如网卡驱动程序等。

(6) 操作系统是否具有可裁剪性。

(7) 操作系统的实时性能。

表 1-2 对 μCLinux、Windows Embedded Compact、VxWorks、μC/OS-Ⅱ这 4 种常用的嵌入式操作系统进行了比较。

其中，在任务调度上，μCLinux 采用实时进程先来先服务，普通进程时间片轮转；Windows Embedded Compact 和 VxWorks 采用基于优先级抢占式调度，时间片轮转调度；μC/OS-Ⅱ采用基于固定优先级抢占式调度。

在中断处理方面，μCLinux 的中断管理分为顶半处理和底半处理，在顶半处理中，仅进行必要的、非常少的、速度快的处理，其余为底半处理；Windows Embedded Compact 的中断管理分为运行于核心态的中断服务程序 ISR 与运行于用户态的中断服务线程 IST 两部分；VxWorks 采用中断管理与普通任务分别在不同栈中处理的中断处理机制，使得中断只会引发一些关键寄存器的存储，而不会导致任务的上下文切换，从而极大地缩短了中断延时，所有中断服务程序使用相同的中断堆栈，必须分配足够大的中断堆栈空间；μC/OS-Ⅱ中断处理比较简单，一个中断向量上只能挂一个中断服务子程序 ISR，而且用户代码必须在 ISR 中完成。ISR 需要做的事情越多，中断延时也就越长，内核支持的最大嵌套深度为 255。

在文件系统方面，μCLinux 继承了 Linux 完善的文件系统性能，内存占用少，但是不支持动态擦写保存，对于系统需要动态保存的数据须采用虚拟 RAM 盘/JFFS 的方法进行处理；Windows Embedded Compact 与桌面 Win7 不同，无分区概念、所有文件系统被放在根目录下，支持 FAT、FATFS 等文件系统；VxWorks 在文件系统与设备驱动系统之间使用一种标准的 I/O 操作接口，且支持 MS-DOS、RT-11、RFS、CD-ROM、RAW 等文件系统；μC/OS-Ⅱ面向中小型应用，系统本身并没有提供对文件系统的支持，但具有很好的扩展性能，如果需要也可自行加入文件系统的内容。

表 1-2　4 种常用嵌入式操作系统的比较

指标	μCLinux	Windows Embedded Compact	VxWorks	μC/OS-Ⅱ
优先级数量	140 级	256 级	256 级	64 级
优先级变化	动态	动态	动态	动态
多任务支持	支持	支持	支持	支持
任务数量	无限制	256	256	64
时间确定性	否	是	是	是
同步方法	信号量	信号量、互斥信号量、事件标志、临界区	信号量、互斥信号量、事件标志	信号量、互斥信号量、事件标志
通信量	信息队列、共享内存、管道	信息队列、共享内存	信息队列、共享内存、管道	信息队列、邮箱
避免优先级反转机制	不支持	优先级继承	优先级继承	优先级置顶
MMU 支持	不支持	支持	支持	不支持
管理方式	实存储器	虚拟存储器	虚拟存储器	实存储器
存储保护	无	有	有	无
分配方式	静态或连续页分配，非连续	静态或连续动态分配	静态或连续动态分配	静态或连续动态分配
CPU 位数	16～64 位	16～64 位	16～64 位	8～32 位
存储容量	最少 512 KB 的 RAM、1 MB 的 ROM/Flash	一般内核编译后要占几十 MB	几十 KB～几百 KB 的 RAM 和 ROM	最少 2KB 的 ROM、4KB 的 RAM
移植过程	复杂、较困难	容易、成本高	容易、成本高	简单
互操作性	很强	较强	较强	很弱
实时性	弱实时	弱实时	强实时	强实时
开发环境	非集成	集成	集成	非集成
源代码开放	100%开放	部分开放	不开放	100%开放
使用授权	免费使用	商用授权	商用授权	免费
技术支持	资源丰富	规范	规范	资源较丰富
开发难度	很难	很容易	很容易	较难

2. 嵌入式文件系统

嵌入式文件系统与通用操作系统的文件系统不完全相同，主要提供文件存储、检索和更新等功能，一般不提供保护和加密等安全机制。嵌入式文件系统通常支持 FAT32、

JFFS2、YAFFS 等几种标准的文件系统，一些嵌入式文件系统还支持自定义的实时文件系统，可以根据系统的要求选择所需的文件系统，选择所需的存储介质，配置可同时打开的最大文件数等。同时，嵌入式文件系统可以方便地挂接不同存储设备的驱动程序，支持多种存储设备。

嵌入式文件系统以系统调用和命令方式提供文件的各种操作，如设置、修改对文件和目录的存取权限，提供建立、修改、改变和删除目录等服务，提供创建、打开、读写、关闭和撤销文件等服务。

3. 图形用户接口

图形用户接口(GUI)使用户可以通过窗口、菜单、按键等方式来方便地操作计算机或者嵌入式系统。嵌入式 GUI 与 PC 上的 GUI 有着明显的不同，嵌入式系统的 GUI 要求具有轻型、占用资源少、高性能、高可靠性、便于移植、可配置等特点。

实现嵌入式系统中的图形界面一般采用下面的几种方法：

(1) 针对特定的图形设备输出接口，自行开发相应的功能函数。

(2) 购买针对特定嵌入式系统的图形中间软件包。

(3) 采用源码开放的嵌入式 GUI 系统或产品。

开源软件技术是国际软件行业的主旋律，目前任何一款商业软件都能找到其对应的开源替代软件，并且开源软件的市场份额也是日益增长。下面以占核心地位的基础软件为例来说明开源软件的市场份额。

- 操作系统：Linux 占有 35%的市场份额，其中红帽 Linux 在其中占有率超过 85%。
- 数据库：以 MySQL 为代表的开源数据库占有超过 10%的市场份额。
- 中间件：红帽 JBoss 应用服务器超过 30%的市场份额。
- Web 服务器：Apache 占有 80%以上市场份额，微软公司仅占有 20%的市场份额。

开源本身具有的更多的创新性、更好的延展性、更高的性价比和更稳定、更安全等优点顺应了市场发展的潮流，是未来企业真正具备核心竞争力，创造企业价值的朝阳型业务。

1.2.4 功能层

功能层即应用软件层，由基于实时系统开发的应用程序组成，用来实现对被控对象的控制功能。功能层是要面对被控对象和用户，为方便用户操作，往往需要提供一个友好的人机界面。应用层设计通常需求人才量大，入门相对容易，注重客户需求和业务逻辑；对算法的要求相对来说不高，主要编程语言为 Java、Qt、数据库、VC 等。

对于一些复杂的系统，在系统设计的初期阶段就要对系统的需求进行分析，确定系统的功能，然后将系统的功能映射到整个系统的硬件、软件和执行装置的设计过程中，称为系统的功能实现。

1.3 嵌入式系统的应用

嵌入式系统的应用领域十分广阔，各种各样的嵌入式产品和系统在应用数量上远远超出通用计算机，随着网络技术、智能手机、无人机、无人驾驶、可穿戴设备、智能家居、智慧城市等相关产业、技术产品的创新应用及需求不断涌现，嵌入式系统、基础芯片、各类传感器及软件的应用越来越深入和广泛。尤其是近年来，智能硬件铺天盖地地出现，让人们彻底改变了过去对嵌入式系统应用的认识。

表1-3所示是部分嵌入式产品的软硬件组成。

表1-3　部分嵌入式产品的软硬件组成

产品名称	产品特性参数
智能电表	功能全防窃电，芯片MAXQ3180(专用的电气参数测量前端，采集并计算多相负载的多相电压、电流、功率、能量等参数和功率品质参数)、AVR单片机ATmega64L和意法半导体STM32F107，C监控程序
道路信号灯控制器	路口信号灯多个相位控制信号，处理器LPC2478，操作系统μC/OS-Ⅱ
电梯控制器	CAN总线，模糊控制，处理器S3C2410A，操作系统嵌入式Linux
汽车行驶记录仪	记录刹车、主光灯、左右转向灯、机油压力、制动气压和手制动8个开关状态量以及水温和行驶速度2个模拟量，USB数据存储，处理器AT91RM9200，操作系统Linux
校园卡系统	采用双界面CPU卡和读卡器作为人机交互界面，系统包括：网络平台、管理服务平台、应用平台，与银行系统及学校原有应用系统衔接
网络机顶盒(小米盒子)	多媒体数据库的一个控制终端，处理器：Amlogic S812 Cortex-A9，GPU：Mali-450MP6，安卓4.4.2系统，支持无线局域网：2.4GHz/5GHz 802.11a/b/g/n/ac，支持蓝牙遥控器和小米手机遥控
机载雷达	具有大吞吐量雷达信号数据处理能力，处理器：芯片PowerPC8548、FPGA芯片XC5VLX330T、ADI的TS201 DSP处理器，操作系统：VxWorks

1.3.1　农业水文环境监测

农业环境监测是指间断或连续地测定农业环境中污染物质的浓度，观察、分析其变化对农业环境的影响的一项工作。通过对土壤、农用水、农田大气及农作物的例行监测，掌握农业环境质量状况及变化趋势；通过农业环境污染的事故性监测，为污染事故的调查处理提供科学依据；通过对农业环境污染源的监视性监测，防止造成农业环境污染，督促对污染源进行治理。

一般来说，具体的检测项目应根据所在地区已知的或预计可能出现的污染物质和环境的特定情况来决定，为了评定测定结果和估计污染扩散情况，还必须测定一些气象或水文参数。农田大气监测的项目一般包括灰尘(即降尘和飘尘)、二氧化硫、氮氧化物、氟化物、臭氧、酸性降雨等；水质监测的项目一般包括温度、pH值、浑浊度、导电率、悬浮物、溶解氧、生化耗氧量、化学耗氧量、总氮、总磷、某些有机毒物、重金属毒物和卫生指标等；土壤和植物的监测内容包括有毒的金属化合物、非金属无机物和有机物等；农畜水产品的监测内容包括重金属、农药、亚硝酸盐、黄曲霉素、有机化合物等。

我国对于江河水文的监测非常重视，在原有的水位监测点的基础上，各地的水文监测站纷纷建立了一些无人值守的水文监测点，以监测更广范围的水文和水利情况，包括水流速度、水面高度、水质、流量、潮位、降水量等参数。通过建立综合水文监测系统，每隔一段时间就可对全流域的水文信息进行一次收集，及时准确地掌握流域水文情况；在汛期，对各地的雨量和水位的涨落趋势进行准确定位，为防汛决策提供了可靠的资料和依据，使有关部门能及时采取对策，化解险情。

图 1-16 所示为洪涝灾害控制系统。在实际应用中，将 ZigBee 技术与 GPRS/CDMA 结合起来，根据监测区域监测设备的不同分布，来灵活地构建监测数据传输无线网络。ZigBee 无线监测网络主要由分布在监测区域的各种水位计、雨量计和闸位计组成，各测量单位都配备有低成本的 ZigBee 远端节点用于无线上传数据；监测区域内也按照距离的需要分布有数个 ZigBee 路由节点，组成了无线 ZigBee 网络，所有的水文数据都可以通过这一网络上传到 ZigBee 中心节点，其覆盖范围可以无限地扩展。终端采集的数据通过 GPRS/CDMA 无线网络或 ADSL 技术送到水文水利监测管理中心。这种系统没有距离限制，且无需网络规划，几乎不需要维护。

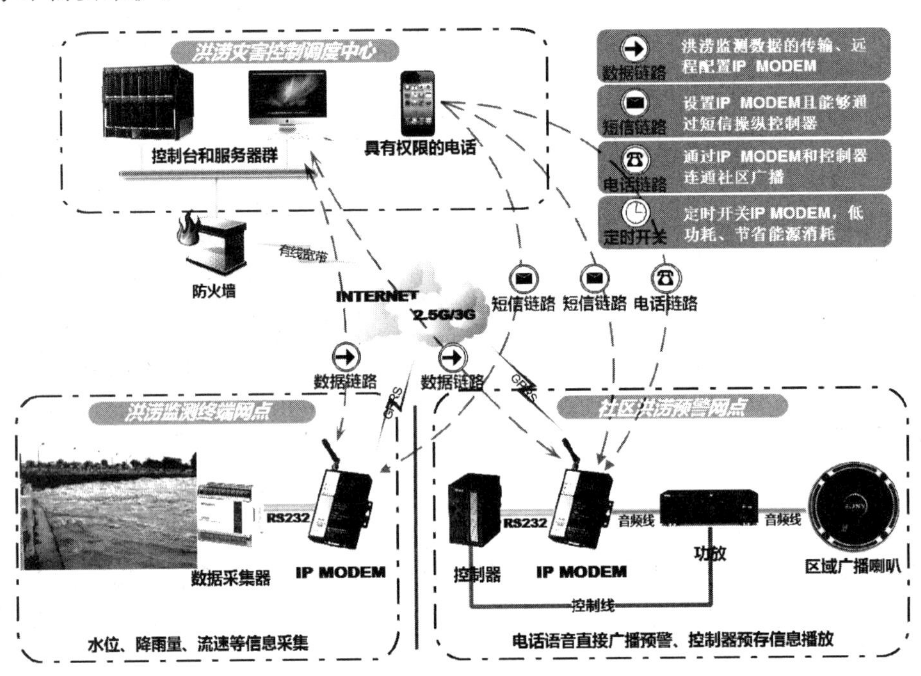

图 1-16　洪涝灾害控制系统

洪泽湖是中国第四大淡水湖，也是淮河流域最大的湖泊型水库。它地处苏北平原中部的西侧，承泄淮河上中游 15.8 万 km^2 的来水。洪泽湖属浅水型、过水性湖泊，夏季时洪泽湖水量最为充沛，换水频率高。监测中发现，洪泽湖平均水温为 22.0℃，5 月—9 月期间平均水温为 24.1℃～30.4℃，适宜藻类的生长。在部分入湖河口的局部区域，受入湖河水营养物质影响，这些局部水域在出现不利气象条件时，诱发蓝藻可能性加大。此外，洪泽湖总体水质较差，主要超标物质为总磷、总氮等营养物质，一旦上游集中排污，水体富营养化指数将有所增加，此时若遇到不利气象、水文条件时，也可能导致蓝藻水华集中暴发。刘远书、曹鹏飞曾在《水利规划与设计》期刊发表的《论南水北调东线洪泽湖蓝藻暴发的可能性》一文中指出，在洪泽湖已布设 11 个采样监测站点，分别是：韩桥、西顺河、蒋坝、淮安北、淮安西、溧河洼、临淮、宿迁南、宿迁北、高湖、成子湖，2011 年 3 月—2012 年 10 月每月采样一次，共采样20次，比较好地检测了湖区水文环境。

淮阴师范学院姜晓剑博士项目“洪泽湖水环境遥感监测与水华预警研究中心”建成后，中心将应用遥感技术，开展洪泽湖地区流域尺度的水资源遥感调查和水环境遥感监测研究，为洪泽湖水质动态监测与蓝藻暴发预警提供技术支持。同时为“农业面源污染控制技术”这一特色研究方向提供了重要的平台支撑，进一步凸显了江苏省洪泽湖重点实验室、生物学和生态学一级学科的特色与优势。

淮阴工学院付丽辉博士开展的“基于嵌入式系统的洪泽湖水产养殖污染环境的远程数据采集与监测”项目中，针对洪泽湖污染事件频发且对水产养殖业已经造成重大损失的现状，提出了一种专门针对洪泽湖水产养殖污染环境的数据采集及监测系统。该系统主要利用嵌入式S3C2410及MAX197芯片实现对多通道污染信息的数据采集与监测，可以根据不同模拟通道的特点，通过MAX197的控制字、不同的信号输入范围和采样模式，实现多样化采样方式和不同量程的数据采集。另外，在有效采集由污染检测传感器测得的多路污染信号之后，系统能够将各水质原始资料数据封装并通过GPRS模块发送给上位机或中心服务器进行后续的处理分析，从而满足了水质数据实时监测要求，实现对污染参数的自动监测。整个系统的成本低、功耗低，具有较高的实用性和可靠性，将会成为洪泽湖水产养殖污染环境数据采集与监测的一种有效手段。

淮阴工学院电子信息工程学院在研的“洪泽湖水环境遥感遥测及3D成像信息处理”项目组，为了及时掌握蓝藻演变情况，在洪泽湖建立起人工现场观测、实验室分析、自动在线监测、卫星遥感、视频监控及计算机模拟相结合的水华监测与预警系统，加强对水华的监测和预警预报工作。

目前，我国黄海海域青岛市沿海的海水水华监测、无锡太湖水华灾害监测、洞庭湖湖区保护体系、钱塘江浪潮监测预警机制纷纷建立起来。随着国人环保意识的加强，与大气、水质监测相关的设备与技术必将取得进一步的改进与开发。

1.3.2 智慧农业物流

农业耕作是一项特殊、复杂、独立的工作，同时也是人类社会最重要的工作，它关系到全人类的健康和整个生态系统的循环。随着人们对食品安全意识的提高，越来越多不同层次的消费者对农产品的安全、健康、质量保障等方面的需求也在不断增加。基于国家检测标准的食品安全已经不能满足人们的需求；第三方认证也仅仅是流程的认证，无法时刻监督生产现场；消费者更为企业绑架市场行为感到愤慨(例如三鹿奶粉)；在信用缺失的大环境下，人们对社会控制失去了信心。这一切迫使人们寻求一条安全级别更高的食品安全解决方法。

1. 农产品追溯体系

在农产品物流追溯体系建设中，追溯技术成为形成技术性贸易壁垒的关键要素。欧盟、美国和日本等发达国家都已建立了比较完善的农产品物流追溯体系，实现了“从田间到餐桌”的全程质量安全管理，欧盟、美国、日本采用国际物品编码协会开发的全球统一标识系统(EAN-UCC)对牛肉产品、水果、蔬菜和水产品等进行跟踪与追溯，欧盟甚至将采用EAN-UCC系统对食品进行跟踪与追溯的方法称为UN/ECE(联合国欧洲经济委员会)追溯标准。在信息采集和传递方面，欧盟、美国和日本广泛采用条码技术、电子标签技术和射频识别技术等，利用全球卫星定位系统等物联网技术实现信息即时交换和通信，基本实现了识别、定位、跟踪、监控和管理的智能化，整体追溯技术走在世界前列。

农产品追溯体系可分为以下结构：

(1) 在食品加工企业把农产品原材料入库时，读取二维码，取得农产品原产地、生产者、种苗基因、生产台账(饲料、农药、化肥等)以及日期和期限等信息，在生产中按照生产配方，对各个批次进行称重、分包，粘贴二维码，开始指示加工，并生成生产原始数据，使得产品、原材料追踪成为可能，并提供数据库查询，向消费者公布产品的原材料信息，随时应对质疑，保证有效溯源的控制和召回。

RFID(Radio Frequency Identification，射频识别)射电码可追溯养殖与加工业的疫病与污染，杜绝滥用药和超标使用添加剂，改变以往对食品质量安全管理只侧重于生产后的控制，而忽视生产中预防控制的现象，完善食品加工技术规程、卫生规范以及生产中认证的标准，农盟保障体系特别规定了种苗耳标标准，弥补种苗基因回溯的缺失。

(2) 数据中心设立可视的关键监测节点(包括种植养殖场节点、生产与加工线节点、仓储与配送节点、消费节点等)，并实现各节点的数据采集和连接，实现企业内部生产过程的安全控制和流通环节追溯的对接。

(3) 管理平台由中间件支撑，连接硬件和应用程序，实现不同节点上的各种 RFID 设备与软件协同运行(包括信息传递、解译数据、安全性、数据广播、错误恢复、定位网络资源、找出符合成本的路径、消息与要求的优先次序等服务)，以便操纵控制 RFID 读写设备按照预定的方式工作，保证不同读写设备之间配合协调；并按照一定规则过滤数据，筛除冗余。

中国 2009 年 2 月公布的《食品安全法》中，第 35～39 条非常明确地规定了食用农产品包括食品原料、食品添加剂及食品相关产品的生产者、加工者以及采购者，应当建立生产记录制度、进货查验记录制度和出厂检验记录制度，相关记录保存期限不得少于 2 年，初步建立了中国的食用农产品追溯制度。但在具体实施过程中，中国农产品的物流追溯体系建设却相对比较缓慢，目前在政府主导下，仅在部分大中型城市对部分农产品如肉类、果蔬类进行了试点，尚未在全国范围加以推广，中国农产品物流追溯体系建设仍任重而道远。

2. 冷链物流

近几年来，随着网络和科技的发展，在农超对接的模式外，又创新出富有个性和特色的“互联网＋菜篮子”新模式，包括国内的天猫、京东、苏宁易购、一号店、亚马逊等综合电商平台，顺丰优选等物流电商，中粮我买网、光明菜管家等食品供应商，本来生活、甫田网、优菜网等垂直电商，沱沱工社、多利农庄等农场直销，华润万家、永辉超市、大润发、苏宁超市、麦德龙等线下超市，微商等社区生鲜配送。“食行生鲜”作为社区生鲜直投站，已在上海布点超过 70 个，而“强丰”、“易厨时代”为代表的自动售菜和生鲜智能柜，则将菜市场浓缩为自动售菜点，产销对接减少中间环节，做到平价实惠、让利于民。

但是目前很多生鲜电商都处于亏本经营状态，主要的原因就是由于不恰当的运输方式等因素导致水果、蔬菜等食品在运输途中发生腐烂变质或损坏，致使客户对生鲜食品质量满意度不高，进而导致需求降低。如能在农产品运输过程中引入一站式冷链物流服务，可最大限度减少果蔬运输过程中的损耗。我国果蔬、肉类、水产品进入冷链系统的比重只有 5%、15%、23%，在欧美日本等发达国家，农产品进入冷链流通的比重在 95%以上，因此农产品冷链物流增长空间巨大。针对乳制品、肉制品、农产品、冷饮等食品，如何使其在装卸、运输、存储等环节都始终保持在最佳的低温状态下，一直是制冷业孜孜追求的方向。随着冷链物流在国家战略的主导推动下，物联IT业、商用电器、车辆制造业等纷纷涉足、开拓市场。

图1-17所示为冷链物流监控示意图。采用RFID、GPS、GPRS、3G等物联网技术，实现从生产、物流到销售的全过程智能化监控，是目前冷链物流的发展方向。

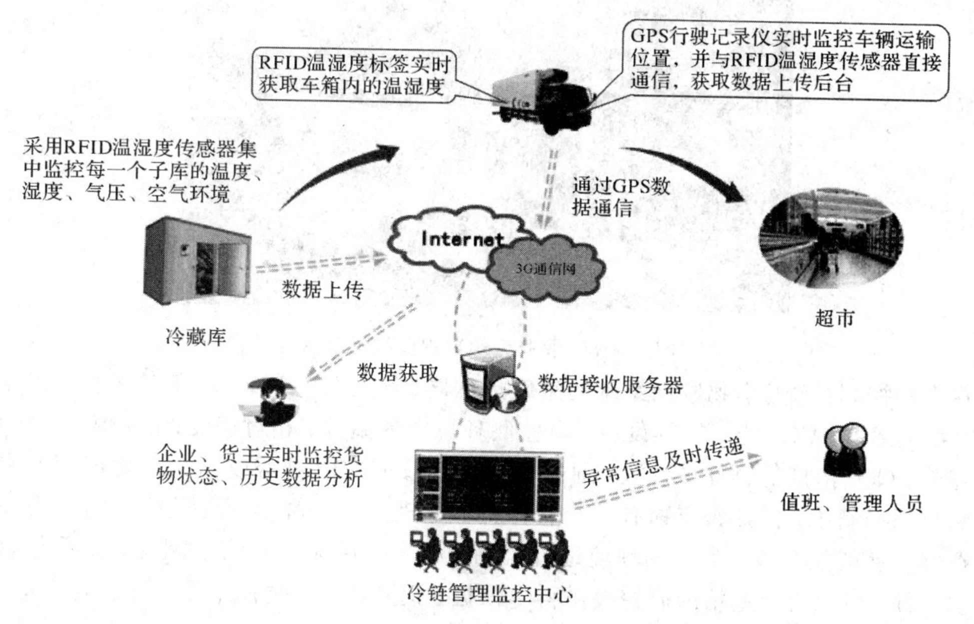

图1-17　冷链物流监控示意图

冷藏车是随着冷冻技术的需求发展起来的一种特种专用车辆，中型车将有很大部分被轻型、微型和重型车所取代，采用液氮、二氧化碳、储冷板等新型制冷方式的新能源冷藏车会越来越受欢迎。随着环保要求的提高，采用新的无氟材料和新的生产工艺所生产的新型无氟冷藏车将有广阔的市场前景。不少大型商用车企业，如一汽解放、东风商用车、北汽福田等制定了扩大商用车细分市场的专用车战略，纷纷涉足冷藏车行业。他们看中的不仅是冷藏车较高的利润空间，还有冷藏车良好的市场前景。

要想充分利用冷库资源来推动冷链物流的发展，必须首先对整个冷库链进行整合，要大力建造和改进新型冷库，使用在冷链物流上的冷库真正起到冷链环节作用，而不只是冷藏作用，其次要将冷链物流所涉及的生产、运输、销售、经济和技术性等各种问题集中起来考虑，通过相互协作、信息及资源共享实现食品冷链各物流环节的无缝对接，以达到保障食品安全、提高食品物流效率和降低物流成本的目标。

3. 智慧农业

温室，又称玻璃温室或暖房，是专门用来种植植物的建筑物，因太阳发出的电磁辐射而加热，使温室内的植物、泥土、空气等变暖。传统温室与智能温室的最大差异在于前者只以简单设备提供遮蔽户外环境、隔绝天然灾害、减少病虫害入侵的功能，对于温室内环境状态的维护、作物的成长照料，仍旧需要派员定时定点地进行巡视作业；采用智能应用的温室大棚后，可根据农民自订的设定值，来自动地启停洒水器、遮阳网、保温帘、循环风扇等装置，以确保温室始终处于最适栽种的状态，找出最省时省力的工作模式。除此之外，物联网架构出的智能温室，还可提供远距管理的网络应用，将不同区域农地资讯汇集于总管理处，农民可远程即时监控温室现场情况。用 1～18 为农业大棚远程监控示意图。

图 1－18　农业大棚远程监控示意图

在大棚控制系统中，物联网系统的温度传感器、湿度传感器、pH 值传感器、离子传感器、生物传感器、CO_2 传感器等设备，可监测环境中的温度、相对湿度、pH 值、光照强度、土壤养分、CO_2 浓度等物理量参数，通过各种仪器仪表实时显示或作为自动控制的参变量参与到自动控制中，保证农作物有一个良好的、适宜的生长环境。远程控制的实现使技术人员在办公室就能对多个大棚的环境进行监测控制。采用无线网络来测量，获得作物生长的最佳条件，可以为温室精准调控提供科学依据，达到增产、改善品质、调节生长周期、提高经济效益的目的。

图 1－19 所示为无线传感网在自动化农业大棚中的应用，它具有以下特点：

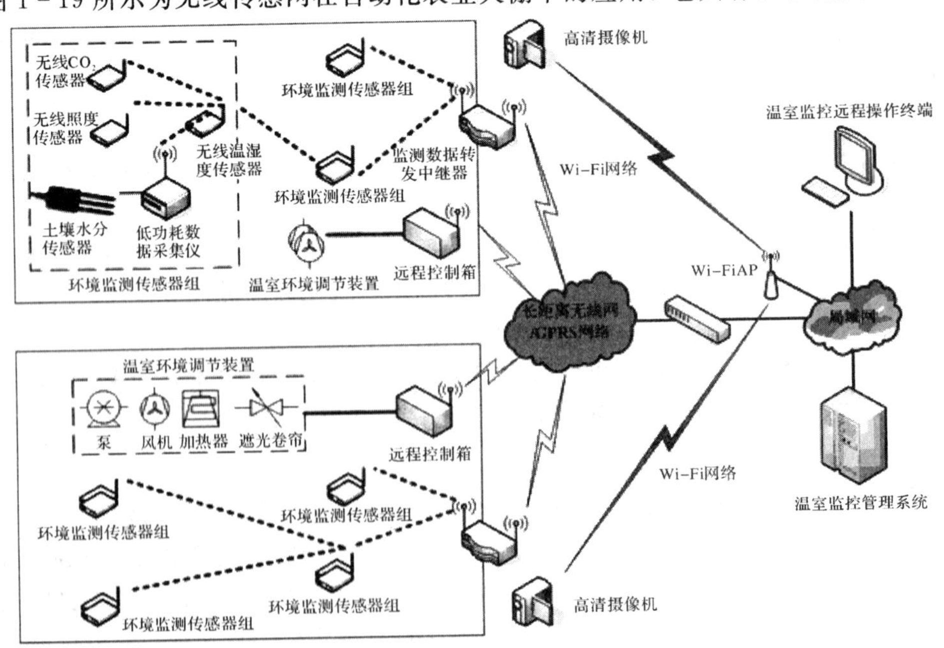

图 1－19　自动化农业大棚

（1）在线实时 24 小时连续地采集和记录监测点位的温度、湿度、风速、二氧化碳、光照、空气洁净度、供电电压电流等各项参数情况，以数字、图形和图像等多种方式进行实时显示和记录存储监测信息，监测点位可扩充多达上千个点。

（2）可设定各监控点位的温湿度报警限值，当出现被监控点位数据异常时可自动发出报警信号，报警方式包括：现场多媒体声光报警、网络客户端报警、电话语音报警、手机短信息报警等。

（3）ZigBee＋GPRS 的传输方式，即节省成本，又增加了传输距离。

（4）温湿度监控软件采用标准 Windows 全中文图形界面，实时显示、记录各监测点的温湿度值和曲线变化，统计温湿度数据的历史数据、最大值、最小值及平均值，累积数据，报警画面。

（5）高清视频监控系统能够使管理者在任何地方，都可以通过电脑上网或手机登录查看大棚景象。

（6）可根据采集信息智能无线控制设备的启停。包括根据空气湿度控制微喷水泵的启动；根据土壤水分控制滴灌水泵的开启；根据光照强度控制遮阳网或卷帘机的开启；根据空气温度控制风机、水幕水泵、加热管等设备的启停；根据气体浓度控制 CO_2 发生器、O_3 发生器的启停等。

（7）系统设计时预留有接口，可随时增减硬软件设备，系统只要做少量的改动即可，可以在很短的时间内完成，可根据政策和法规的改变随时增加新的内容。

（8）设备改进、检修过程中及检修完成后，均不需要停止或重新启动机房监控系统。

1.3.3　移动支付

在网络支付、移动支付等新兴支付技术的推动下，全球范围内掀起了无纸化交易的热潮，高速增长的非现金支付正对现金支付形成加速替代之势，一场从“现金到零现金”转变的革命正在全球范围内扩展开来。移动支付的技术创新在支付行业内成为亮点，二维码支付、声波支付、生物识别技术、Apple Pay 等都在加速发展。在支付技术的支撑下，移动支付操作更为简洁，客户体验大幅提升，移动支付正在不断加载着更多的增值性金融服务。移动支付供应商还通过优惠券和忠诚度奖励计划，吸引着更多的消费者加入这个行列。这些都成为推动移动支付繁荣发展的重要因素。移动支付的发展及应用将成为未来互联网金融的重要入口和服务支持。移动互联网的发展为手机钱包、基于移动社交平台的投资理财等移动金融发展提供了契机，实现 O2O(Online to Offline，线上到线下)各个环节的链接。

图 1－20 所示，常见于车站、商场、学校、医院、餐饮场所的食品、药品销售除可选用纸币、银行卡外，还可选用支付宝等支付手段。支付宝医疗支付已在我国某些医院采用，还有网络或手机预约、挂号、支付、取检验单等服务。

截至 2015 年 4 月底，移动医疗服务与产品提供商京颐股份旗下的趣医网已经上线 800 家医院，计划 2015 年年底上线医院突破 2000 家。2015 年 1 月，微信团队公布的微信智慧医疗显示，全国已有近 100 家医院上线微信全流程就诊，超过 1200 家医院支持微信挂号。

从目前移动医疗的几类盈利模式来看，交易类的靠卖产品获得利润，包括智能硬件、医疗器械以及线上销售药品等；第二类是广告，例如 39 健康、寻医问药等，通过积累用户流量提升广告价值；第三类是增值业务，目前最典型企业是春雨医生，提供一对一的问诊服务，向用户收费。目前，医保支付尚未实现线上实时结算，从目前的医疗费用来看，50%为医保、40%为个人，剩下是商业保险等。即使是支付宝与医院对接，对于医保用户也只能是垫付返还，时间滞后也很难促动用户进行线上支付。由于异地就医无法实现医保结算，因此移动支付在医保用户中推动较难。

图 1－20　支付宝支付的使用

1.3.4　智慧旅游导航

普适计算技术是与嵌入式系统密切关联的一门计算学科。它强调计算设备的小型化、低成本、网络化，人机交互着重依赖“自然”的交互方式，而不仅仅依赖命令行、图形界面交互。普适计算的目的是建立一个充满计算和通信能力的环境，同时使这个环境与人们逐渐地融合在一起。在这个融合空间中人们可以随时随地、透明地获得数字化服务。在普适计算环境下，整个世界是一个网络的世界，数不清的、为不同目的服务的计算和通信设备都连接在网络中，在不同的服务环境中自由移动。普适计算技术最重要的两个特征是间断连接与轻量计算。

经过十多年的发展，普适计算技术在中国逐步实用化和产业化。我国在十八大之后也开始发展智能物联网，普适计算在我国应用将越来越广泛。目前国内已经出现了多种普适计算应用系统的前期研究成果。例如，“基于普适计算的智能家居系统”、“旅游景点个性化导航及服务”等。图 1－21 所示为江苏天目湖山水园导航与服务系统，不仅方便游客，也能大幅度地提高园区旅游层次，进行科学的人流监测与分流，促进商业增收。

图 1－21　江苏天目湖山水园导航与服务系统

2015 年 8 月，国办发[2015]62 号文《国务院办公厅关于进一步促进旅游投资和消费的若干意见》指出，要大力推动新型城镇化建设与现代旅游产业发展有机结合，到 2020 年建设一批集观光、休闲、度假、养生、购物等功能于一体的全国特色旅游城镇和特色景观旅游名镇。鼓励企业开展旅游装备自主创新研发，按规定享受国家鼓励科技创新政策。积极发展“互联网+旅游”，积极推动在线旅游平台企业发展壮大，整合上下游及平行企业的资源、要素和技术，形成旅游业新生态圈，推动“互联网+旅游”跨产业融合。支持有条件的旅游企业进行互联网金融探索，打造在线旅游企业第三方支付平台，拓宽移动支付在旅游业的普及应用，推动境外消费退税便捷化。加强与互联网公司、金融企业合作，发行实名制国民旅游卡，落实法定优惠政策，实行特惠商户折扣。放宽在线度假租赁、旅游网络购物、在线旅游租车平台等新业态的准入许可和经营许可制度。到 2020 年，全国 4A 级以上景区和智慧乡村旅游试点单位实现免费 Wi-Fi(无线局域网)、智能导游、电子讲解、在线预订、信息推送等功能全覆盖，在全国打造 1 万家智慧景区和智慧旅游乡村。

1.3.5　人机交互与多点触控

触控技术，用手指代替了键盘、鼠标，是目前最普遍的人机交互方式，既显示出了最大的人性化，又在特定的场合减少了鼠标、键盘所占的空间。目前，银行取款机、医院、图书馆、展览馆等服务行业的大厅都采用触摸屏，还有支持触摸屏的手机、MP4、数码相机。但是这些已经存在的触控屏幕都是单点触控，也可以说是电阻式触控，主要是只能识别和支持每次一个手指的触控、点击。多点触控(Multi-touch)技术指的是允许计算机用户同时通过多个手指来控制图形界面的一种技术，用户可通过双手进行单点触摸，也可以以单击、双击、平移、按压、滚动以及旋转等不同手势触摸屏幕，实现随心所欲地操控，从而更好更全面地了解对象的相关特征(文字、录像、图片、卫片、三维模拟等信息)。

多点触控技术始于 1982 年由多伦多大学发明的感应食指指压的多点触控屏幕。同年贝尔实验室发表了首份探讨触控技术的学术文献。1984 年，贝尔实验室研制出一种能够以多于一只手控制改变画面的触屏。同时上述多伦多大学的一组开发人员终止了相关硬件技术的研发，把研发方向转移至软件及界面上，期望能接续贝尔实验室的研发工作。1991 年此项技控取得重大突破，研制出一种名为数码桌面的触屏技术，容许使用者同时以多个指头触控及拉动触屏内的影像。1999 年，约翰埃利亚斯和鲁尼韦斯特曼生产了多点触控产品——经过多年维持专利的 iGesture 板和多点触控键盘。2006 年，Siggraph 大会上，纽约大学的 Jefferson Y Han 教授向众人演示最新成果，其领导研发的新型触摸屏可由双手同时操作，并且支持多人同时操作。利用该技术，Jefferson Y Han 在 36 英寸×27 英寸大小的屏幕上，同时利用多只手指(拇指似乎还无法感应到)，在屏幕上画出了好几根线条。与普通的触摸屏技术所不同的是，它同时可以有多个触摸热点得到响应，而且响应时间非常短(小于 0.1 秒)。

如图 1-22 所示，多点触控的任务可以分解为两个方面的工作，一是同时采集多点信号，二是对每路信号的意义进行判断，也就是所谓的手势识别。用过 iPhone 的用户，都会知道多点触摸是一个既有用又好玩的东西：浏览网页时经常要放大某部分区域才能看清楚，看图片时同样非常有用。很多人以为多点触摸仅限于放大缩小功能。其实，放大缩小只是多点触摸的实际应用样例之一。有了多点触摸技术，如何应用就可以通过无限想象来无限扩展。程序员可以把多点触摸应用到很多方面，从一定程度上改变或者创新出更多的操作方式来。典型的应用是，将在硬玻璃上弹琴变为现实。另一个典型的例子是苹果手机上的 PS 模拟器，通过多点触摸技术，实现了同时进行方向键和其他按钮的组合输入。就字面而言，就是支持一个以上的触摸输入，除了 iPhone 之外，Surface 也是一个典型的产品。

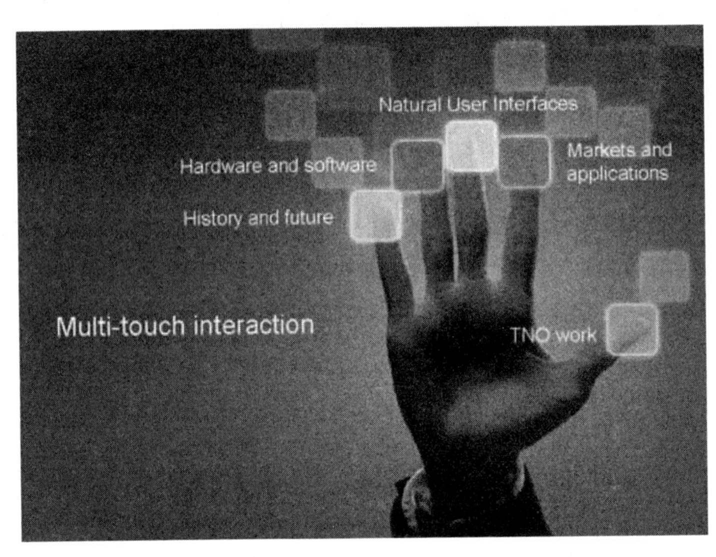

图 1-22　多点触摸技术

多点触控技术分很多为种，但以下列 4 种较成熟。

(1) LLP(Laser Light Plane)技术，主要运用红外激光设备把红外线投影到屏幕上。当屏幕被阻挡时，红外线便会反射，而屏幕下的摄影机则会捕捉反射去向。再经系统分析，便可作出反应。

(2) FTIR(Frustrated Total Internal Reflection)技术，会在屏幕的夹层中加入 LED 光线，当用户按下屏幕时，便会使夹层的光线造成不同的反射效果，感应器接收光线变化而捕捉用户的施力点，从而作出反应。

(3) ToughtLight 技术，运用投影的方法，把红外线投影到屏幕上。

(4) Optical Touch 技术，它在屏幕顶部的两端，分别设有一个镜头，来接收用户的手势改变和触点的位置。经计算后转为坐标，再作出反应。

1.3.6　物联网

物联网(Lnternet of Things，IoT)是物物相连的互联网。它有两层意思：其一，物联网的核心和基础仍然是互联网，是在互联网基础上延伸和扩展的网络；其二，其用户端延伸和扩展到了任何物品与物品之间，物品与物品之间进行信息交换和通信，也就是物物相息。物联网通过智能感知、识别技术与普适计算等通信感知技术，被广泛应用于网络的融合中，也因此被称为继计算机、互联网之后世界信息产业发展的第三次浪潮。物联网是互联网的应用拓展，与其说物联网是网络，不如说物联网是业务和应用。因此，应用创新是物联网发展的核心，以用户体验为核心的创新是物联网发展的灵魂。

2009 年 8 月，温家宝“感知中国”的讲话把我国物联网领域的研究和应用开发推向了高潮，无锡市率先建立了“感知中国”研究中心，中国科学院、运营商、多所大学在无锡建立了物联网研究院，无锡市江南大学还建立了全国首家实体物联网工厂学院。自温总理提出“感知中国”以来，物联网被正式列为国家五大新兴战略性产业之一，写入“政府工作报告”，物联网在中国受到了全社会极大的关注，其受关注程度是在美国、欧盟以及其他各国不可比拟的。物联网的概念从此成为一个“中国制造”的概念，它的覆盖范围与时俱进，已经超越了 1999 年 Ashton 教授和 2005 年 ITU 报告所指的范围，物联网已被贴上“中国式”标签。截至 2010 年，发改委、工信部等部委会同有关部门，在新一代信息技术方面展开研究，以形成支持新一代信息技术的一些新政策措施，从而推动我国经济的发展。

随着无线传感网络技术的发展，最近几年又产生了车联网的概念。车联网(Internet of Vehicles)是由车辆位置、速度和路线等信息构成的巨大交互网络。通过 GPS、RFID、传感器、摄像头图像处理等装置，车辆可以完成自身环境和状态信息的采集；通过互联网技术，所有的车辆可以将自身的各种信息传输汇聚到中央处理器；通过计算机技术，这些大量车辆的信息可以被分析和处理，从而计算出不同车辆的最佳路线、及时汇报路况和安排信号灯周期。

如图 1－23 所示为物联网拓扑结构，可分为感知层、网络层和应用层。从现阶段物联网的主要应用方向来看，智能家居、智能交通、远程医疗、智能校园等都有安防产品应用的情况，甚至许多应用就是通过传统的安防产品实现。

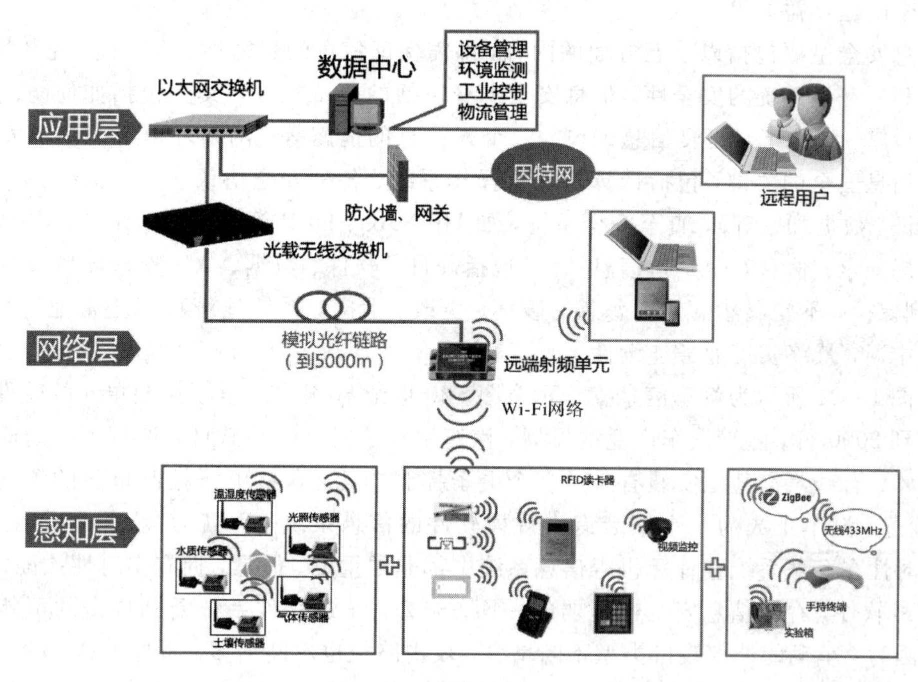

图 1－23　物联网拓扑结构

例如智能交通领域，目前物联网主要应用是车辆缴费，而车流管理以及汽车违规管理，都是通过安防系统的视频监控系统实现的。现阶段，视频监控在智能交通应用中处于主要地位，物联网只是辅助，但是未来的趋势是，随着车联网的普及，物联网将会在智能交通中逐渐占据主要地位，而视频监控转换为重要的辅助角色。

例如无锡物联网产业研究院起草的机场围界传感器网络防入侵系统技术要求、面向大型建筑节能监控的传感器网络系统技术要求等两项行业应用规范获工信部批准正式立项。其实质也是报警系统周界防范，不同的是前端产品制造采用了新技术以及新材料而已，报警事件的处理还是需要报警中心系统来实现。

淮阴工学院计算机与软件工程学院设计了一种基于 RFID 技术的校园管理系统，并对其中的关键技术进行了设计研究。完成了实验室的实验和测试之后，在 2014 年上半年构建了一个包含考勤、教务、消费、门禁等管理模块的整体系统。经过专家的鉴定，确认 RFID 技术在这个大学的智能校园管理系统中发挥了重要作用，有效提高了学校的信息化程度。

1.3.7 信息安全

随着互联网渗透进国民经济的各行各业，互联网设备“接入点”范围的不断扩大，传统的边界防护概念已经被改变；而且随着移动互联的推动，智能终端正在改变着人们生活的一切，所有的企业都面临着向互联网企业的转型和升级，用户隐私安全更加受到威胁，信息安全已经成为所有人最关心的问题。知识产权、个人信息、机密资料的失窃带来了巨大的经济损失和非经济损失，骚扰电话，中奖短信，保险储蓄引起的金融诈骗、恐吓，公司机密材料失窃，Facebook 论坛，优衣库事件，网上银行及快递公司等涌现的用户信息泄漏，手机丢失导致绑定账户信息泄漏，诸如明星、教授、老年人、学生、家长都在受害者之列，信息安全问题日益突出。

信息安全主要包括以下五方面的内容，即需保证信息的保密性、真实性、完整性、未授权拷贝和所寄生系统的安全性。信息安全本身包括的范围很大，其中包括如何防范商业企业机密泄露、青少年对不良信息的浏览、个人信息的泄露等。网络环境下的信息安全体系是保证信息安全的关键，包括计算机安全操作系统、各种安全协议、安全机制(数字签名、消息认证、数据加密等)，直至安全系统，如 UniNAC、DLP 等，只要存在安全漏洞便可以威胁全局安全。信息安全是指信息系统(包括硬件、软件、数据、人、物理环境及其基础设施)受到保护，不受偶然的或者恶意的破坏、更改、泄露，系统连续可靠正常地运行，信息服务不中断，最终实现业务连续性。

如图 1 - 24 所示为汽车信息安全示意图。20 世纪 80 年代，电子控制单元的软件源代码行数不到 2000 行。随着汽车产业的发展，汽车中开始嵌入各种软件，汽车不断地应用大量信息技术。有些汽车甚至安装有 100 多个电子控制单元，这些电子控制单元的源代码接近 1000 万行，汽车正成为一个安装有大规模软件的信息系统，称其为“软件集成器”并不为过。实时性在车载系统和计算机等信息系统中都非常重要。但是，拥有实时性认证、通信功能的车载软件，存在信息安全性脆弱的一面。未来，车载软件系统受到攻击的可能性越来越大。因为，车辆的外部接口类型不断增多，攻击路径也不断增多。具体而言，除了车载诊断系统、充电控制接口之外，如今的汽车还具有与智能手机、平板电脑之间的互联功能等。经由互联网的外部攻击让汽车控制系统误操作，这种电影中才有的惊险画面，已然成为现实。近年来，汽车中不断嵌入各种软件，提高了信息化水平，但随之而来的信息安全问题也日益突出。

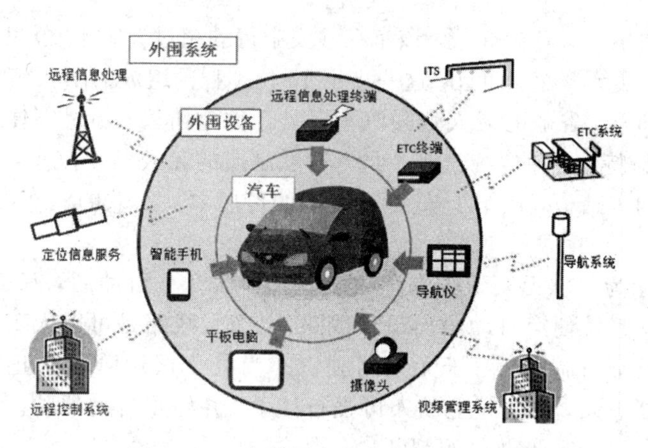

图1-24　车联网中的汽车信息安全

苹果公司2014年7月首次承认，通过此前未公开的技术，苹果员工可以从iPhone手机提取用户个人深层数据，包括短信信息、联系人列表以及照片等，这再次暴露出大数据时代隐私保证存在巨大漏洞。棱镜门等安全事件的出现，使国外操作系统的安全性遭到质疑。新版的《国家安全法》和《网络安全法(草案)》的出台，体现出信息安全已经成为国家战略安全的重点，受重视程度也愈来愈高。目前，政府部门正在推动国产化替代工程。

中国在信息安全技术方面的起点还较低，中国只有几十所高等院校开设信息安全专业，信息安全专业以计算机学科为依托，以信息安全学为核心，以国家信息安全战略为导向，引导学生进行研究性学习、主动实践、前沿探索和科技创新，坚持科学研究与人才培养相结合，注重实践能力和信息安全系统能力相结合，致力于培养信息安全基础深厚、在信息安全系统设计、研究及开发等方面具有较强创新能力并适应信息安全发展态势的复合型人才。信息安全专业主要研究信息加密、信息传输、信息安全体系建设，开设了计算机网络安全管理、数字鉴别及认证系统、网络安全检测与防范技术、防火墙技术、病毒机制与防护技术、网络安全协议与标准等课程。虽然我国红客水平很高，但各大中企业需要更多日常维护、加密、防御网络攻击、防窃密、网站恢复等专业技术人才，因此，我国目前信息安全技术人才奇缺。

1.3.8　无人驾驶汽车

无人驾驶汽车是利用车载传感器来感知车辆周围环境，并根据感知所获得的道路、车辆位置和障碍物信息，控制车辆的转向和速度，从而使车辆能够安全、可靠地在道路上行驶。汽车无人驾驶集自动控制、体系结构、人工智能、视觉计算等众多技术于一体，是计算机科学、模式识别和智能控制技术高度发展的产物，也是衡量一个国家科研实力和工业水平的一个重要标志，在国防和国民经济领域具有广阔的应用前景。

1. 谷歌无人驾驶汽车

从20世纪70年代开始，美国、英国、德国、法国、日本等发达国家开始进行无人驾驶汽车的研究，在可行性和实用化方面都取得了突破性的进展。2005年，斯坦福大学人工智能实验室的主任塞巴斯蒂安·特龙(谷歌工程师和谷歌街景地图服务的创造者之一)，领导一个由斯坦福学生和教师组成的团队设计出了斯坦利机器人汽车，该车在由美国国防部高级研究计划局举办的第二届挑战大赛中夺冠，该车在沙漠中行驶超过 212.43 公里，因此赢得了由五角大楼颁发的 200 万美元奖金。而且，这一支由 15 位工程师组成的团队继续投身于此项目。

如图 1 - 25 所示，谷歌的无人驾驶汽车还处于原型阶段，不过即便如此，它依旧展示出了与众不同的创新特性。和传统汽车不同，谷歌制造的无人驾驶汽车，没有方向盘，没有加速踏板，也没有刹车踏板，汽车上安装了大量的传感器，谷歌的汽车控制系统将会做出驾驶动作。

图 1 - 26 所示为谷歌无人驾驶汽车仪表盘。谷歌汽车启动后，只需在笔记本电脑上搜索并设置目的地，系统便会自动给出最佳线路。当然，线路是可以人工调整的，以避开一些突发情况，如道路临时施工。由于无人驾驶汽车尚处于试用阶段，正、副驾驶位置都需有人。如遇系统判断失误，驾驶座上的人可强行接手，并停止自动驾驶。而副驾驶人员则需用笔记本电脑监控、记录系统做出的判断。

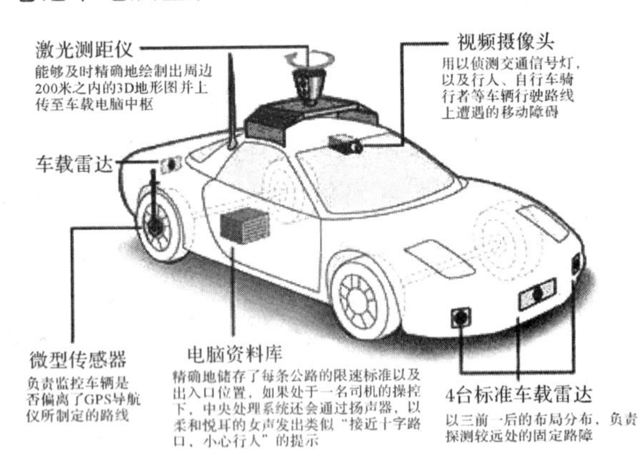

图 1 - 25　谷歌无人驾驶汽车

图 1 - 26　谷歌无人驾驶汽车仪表盘

整个系统的核心是车顶上的激光测距仪(Vclodyne 64 - beam)。该设备在高速旋转时向周围发射 64 束激光，激光碰到周围的物体并返回，便可计算出车体与周边物体的距离。计算机系统再根据这些距离数据描绘出精细的 3D 地形图(如图 1 - 27 所示)，然后跟高分辨率地图相结合，生成不同的数据模型供车载计算机系统使用。

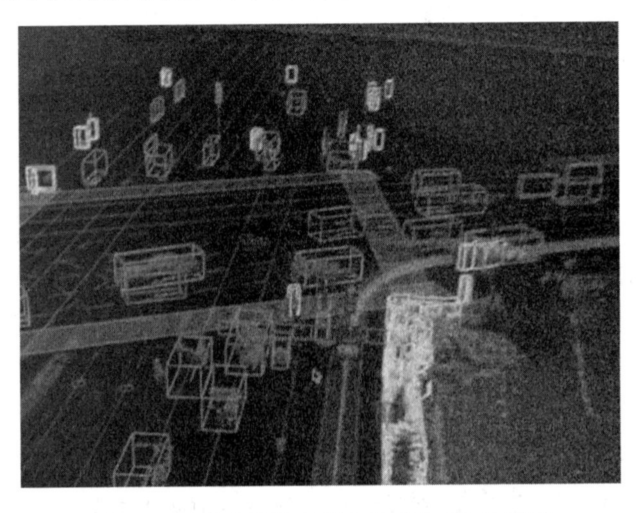

图 1 - 27　无人驾驶系统描绘出的 3D 地形图

此外，在汽车的前后保险杠上有四个雷达，用于探测周边情况。后视镜附近有一个摄像机，以监测红绿灯情况。还有一个GPS、一个惯性测试单元、一个车轮编码器，用来确定车辆位置，跟踪其运动情况。车身内部也有一系列的感应器。通过感应器，车辆可以清晰“看到”周围物体，清楚掌握它们的大小、距离，时刻对周围环境保持360度无死角关注。它绝不会因为疲劳、醉酒而分散注意力。

所有上述设备采集到的数据都将输入车载计算机，并由Google开发的这套无人驾驶系统在极短的时间内做出判断：是该加速、刹车还是转向。

目前Google的试驾车队有8辆无人驾驶汽车，累计已行驶30万公里，行驶路途包括都市、高速路和山路，到目前为止仅与其他社会车辆发生过两次碰撞，其中一次是非常小的事故——完全在驾驶员的可控范围内。虽然内华达州已经给无人驾驶汽车颁发了牌照，但Google预计，无人驾驶汽车最快也要到2018年才能投入商用。

2. 澳大利亚无人驾驶列车

如图1-28所示，2013年澳大利亚悉尼西北铁路宣布将使用无人驾驶火车，同时全球第二大铁矿石出口商力拓公司已经在皮尔巴拉矿区拥有5辆无人驾驶的铁矿石运输卡车，大部分火车将被换成无人驾驶列车，大幅度地降低运输成本，增大运输容量。

图1-28 无人驾驶列车

3. 国产无人驾驶汽车

中国交通事故率是美国的两倍多，而且汽车总量高速增长，车祸几率可能进一步攀升。此外，中国人口密度高，无人汽车可以适应更窄的街道及无红绿灯和路灯的环境，这可以降低能源消耗，为政府节省万亿元的开支。而且，无人驾驶车也属于中国政府重点支持的7大行业之一，中国研究人员已经在该领域取得了长足的进步。如果引入并完善无人驾驶车的系统的话，还可以将这一系统出口到其他国家和地区。

中国从20世纪80年代开始进行无人驾驶汽车的研究，国防科技大学在1992年成功研制出中国第一辆真正意义上的无人驾驶汽车。2005年，国内首辆城市无人驾驶汽车在上海交通大学研制成功。国防科技大学自主研制的红旗HQ3无人车，2011年7月14日从京珠高速公路长沙杨梓冲收费站出发，历时3小时22分钟到达武汉。实验中，无人车自主超车67次，途遇复杂天气，部分路段有雾，在咸宁还遭逢降雨，首次完成了从长沙到武汉286公里的高速全程无人驾驶实验，创造了中国自主研制的无人车在复杂交通状况下自主驾驶的新纪录，标志着中国无人车在复杂环境识别、智能行为决策和控制等方面实现了新的技术突破，达到世界先进水平。

专家预测，无人驾驶汽车实现将分四个阶段：

(1) 车内和车上安装的摄像头能帮助驾驶员看到车后情况和盲区。

(2) 摄像监控系统给驾驶员提供驾驶建议，如驾驶员希望改道而正好有车在其盲区，那么可以通过方向盘震动来提醒驾驶员检查盲区情况。

(3) 摄像监控系统为驾驶员做出决策。改道时盲区有车的情况下，驾驶员必须大角度转向，以避让车辆。

(4) 真正的无人驾驶，如无人机、自动导航泊车系统。

1.3.9 生物识别

目前已出现多种识别技术与应用，如虹膜识别、语音识别、指纹识别、人脸识别可用于重点实验室、银行金融机构、文物博物馆、罪犯认证或其他涉密防盗场所、领域，二维码识别用于书籍、货物等通过射频手段扫描、管理与监控，微信扫描二维码参与节目互动，车牌识别用于还原监控现场，疲劳驾驶识别用于及时提醒驾驶员安全驾驶。

1. 人脸识别系统

人脸识别系统现在广泛应用于银行系统。比如在自助终端打印个人信用报告时，就采用了“人脸识别”刷脸技术。另外，人脸识别系统还广泛应用于公安、海关、边防等领域。比如，采用动态人脸识别技术开发的特殊卡口快速自动化通关系统、铁路局人票证合一验证、公安局千万级证件照搜索、动态人脸识别考勤系统等。另外，博物馆可以采用动态人脸识别技术，对进入博物馆的人员进行人脸比对并统计出现频率，以防盗贼踩点。

深圳实验中学采用校园人脸识别门禁系统，进行师生宿舍进出管理，既方便又安全，受到师生、管理人员的好评，基于人脸识别的校园门禁系统工作原理如图 1-29 所示。

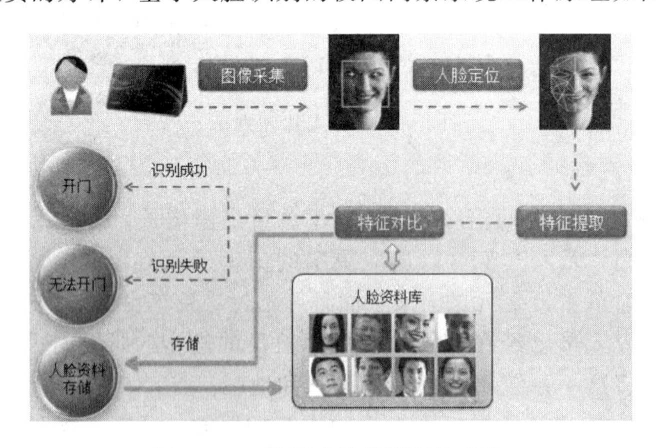

图 1-29 校园人脸识别门禁系统

2015 年我国自主研发的首台 ATM 机日前正式发布，这也是全球第一台具有人脸识别功能的 ATM 机。这款 ATM 机由清华大学与梓昆科技(中国)股份有限公司等联合研发，可与银行、公安等系统联网，持卡人只能从自己的银行卡中取款，他人银行卡即使知道密码也不能取钱。它在多国货币(包括塑料币)的识别、鉴伪、全图像分析、冠字号识别、处理速度等核心指标上实现了超越，性能比同类相关产品提高 20%。

2015 年 8 月，捷通华声灵云人脸识别技术接入灵云平台。灵云人脸识别技术，采用最新深度学习算法，并引入国际领先的多模型融合技术，具备“一对一确认”与“多选一辨别”功能，可对人脸五官定位并对性别、表情、年龄、肤色、姿态等人脸属性进行分析，同时提供人脸查询和身份数据库管理，在实际应用与测试中取得了优异的识别效果。软件平台可在 www.hcicloud.com 下载。

2. 语音识别

语音识别技术就是让机器通过识别和理解过程把语音信号转变为相应的文本或命令的高技术，也就是让机器听懂人类的语音。但要真正建立辨识率高的语音辨识程序组，却是非常困难而专业的，世界各地的学者们也还在努力研究最好的方式。专家学者们研究出许多破解这个问题的方法，如傅立叶转换、倒频谱参数等，使目前的语音辨识系统已达到一个可被大众所接受的程度，并且辨识度愈来愈高。

在现阶段，语音技术主要用于电子商务、客户服务和教育培训等领域，它对于节省人力、时间，提高工作效率将起到明显的作用。能实现自动翻译的语音识别系统目前也正在研究、完善之中，如百度语音识别、云知声等。在移动互联网领域，越来越多的产品加入了智能语音识别技术。而该技术可应用于智能终端、可穿戴设备、车载导航、智能家居、教学考评、智能教具、民族文化传播等，在两三年内将会彻底改变当前的人机交互方式。

如图 1-30 所示，一个完整的语音识别系统可大致分为三部分：

(1) 语音特征提取：其目的是从语音波形中提取出随时间变化的语音特征序列。

(2) 声学模型与模式匹配(识别算法)：声学模型是识别系统的底层模型，并且是语音识别系统中最关键的一部分。声学模型通常由获取的语音特征通过训练产生，目的是为每个发音建立发音模板。在识别时将未知的语音特征同声学模型(模式)进行匹配与比较，计算未知语音的特征矢量序列和每个发音模板之间的距离。声学模型的设计和语言发音特点密切相关。声学模型单元大小(字发音模型、半音节模型或音素模型)对语音训练数据量大小、系统识别率，以及灵活性有较大影响。

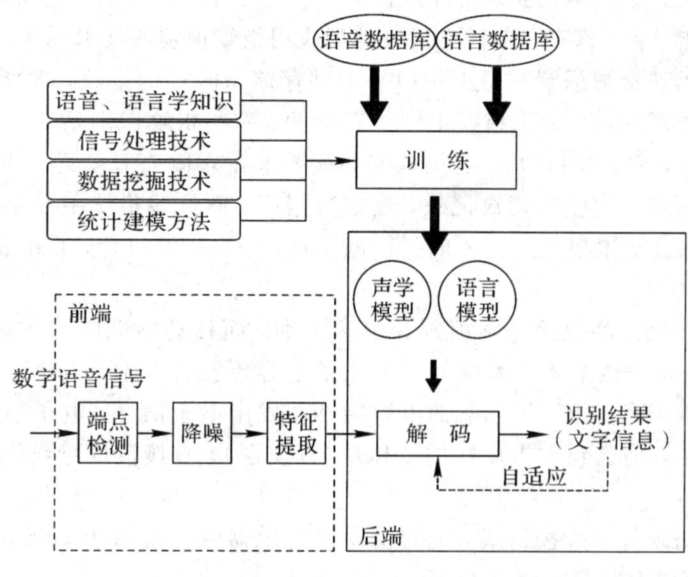

图 1-30　语音识别过程

(3) 语义理解：计算机对识别结果进行语法、语义分析，以便做出相应的反应。这通常是通过语言模型来实现。对于小词表语音识别系统，往往不需要语言处理部分。

在我国语音处理研究机构中，中科院自动化所研制的非特定人、连续语音听写系统和汉语语音人机对话系统，其准确率和系统响应率均可达 90%以上；中科院声学研究所、科大讯飞、北京理工大学模式识别研究所、清华大学语音芯片实验室、上海交通大学信号处理与系统研究所、北京大学软件与微电子学院、科大讯飞、百度语音等都是行业熟知的研究应用机构。

上海交大电子信息与电气工程学院计算机系"东方学者"特聘教授俞凯带领的智能语音技术联合实验室进行了一系列移动互联网大数据时代的产学研联合项目，他们研发的认知型人机对话系统技术，将机械式的语音识别推广到智能人机对话，使得人们在车载、家居等各种真实的复杂场景中，可以顺畅自由地使用语音，随时随地与能够理解自然语言的智能交互机器人进行对话交流，完成任务。这种具有适应和思考能力的人机口语对话系统，已经不再是传统的语音识别，而是一个人性化的"语音机器人"。

格兰仕在广东顺德发布了全球首台中文智能语音"G＋滴嘀"滚筒洗衣机。这款变频智能滚筒洗衣机能实现人机对话，能用多种方言跟人聊天洗衣服，能提供多种洗涤程序，完全满足实用性强的用户需求。

3. 指纹识别

指纹是指人的手指末端正面皮肤上凸凹不平产生的纹线。纹线有规律的排列形成不同的纹型。纹线的起点、终点、结合点和分叉点，称为指纹的细节特征点。指纹识别即指通过比较不同指纹的细节特征点来进行鉴别。由于每个人的指纹不同，就是同一人的十指之间，指纹也有明显区别，因此指纹可用于身份鉴定。

指纹识别系统是一个典型的模式识别系统，包括指纹图像获取、处理、特征提取和比对等模块。指纹识别技术是目前最成熟且价格便宜的生物特征识别技术。目前来说指纹识别的技术应用最为广泛，我们不仅在门禁、考勤系统中可以看到指纹识别技术的身影，市场上还有更多指纹识别的应用：如指纹键盘锁、指纹 U 盘、带有指纹识别系统的电子钱包、笔记本电脑、智能手机、汽车、银行支付等都可应用指纹识别的技术。

美国奥兰多的迪斯尼乐园在每一张门票中都存储了游客的指纹，即便票丢了，也能轻松凭借指纹重新办理。为了加强指纹识别的安全性，一些指纹识别系统要求输入十根手指的指纹，提高安全系数。"911"后，美国国安局就要求在入境关卡设置十指指纹扫描器，外国游客入境时必须留下完整的指纹记录，建立数据库。而这些指纹主要是用来和以往恐怖袭击事发地、恐怖分子聚集地所留下的指纹做比对，一旦指纹符合，系统就会发出警报。

1) 指纹识别原理

主流的指纹识别产品包括光学识别和电容识别，而移动终端应用较多的是电容识别。如图 1-31 所示，新一代的指纹系统大都采用了电容传感器技术，采用小信号创建山脉状指纹图像的半导体设备。指纹识别器的电容传感器发出电子信号，电子信号将穿过手指的表面和死性皮肤层，而达到手指皮肤的活体层(真皮层)，直接读取指纹图案，从而大大提高了系统的安全性。

电容识别分为划擦式和按压式，电容滑动式传感器由三星 Galaxy S5、HTC One Max 所导入，电容按压式传感器已被苹果 iPhone 6 采用。

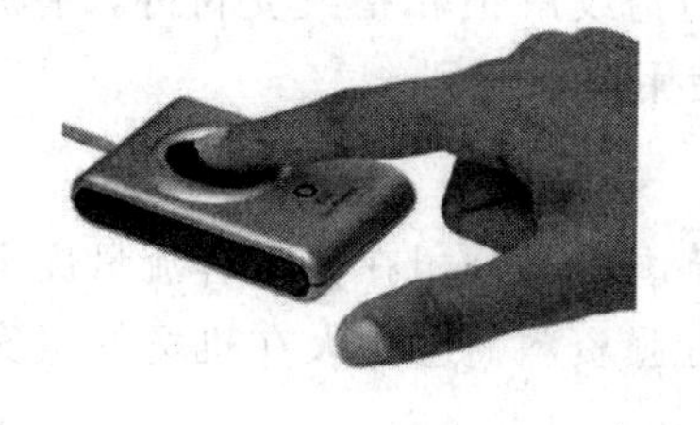

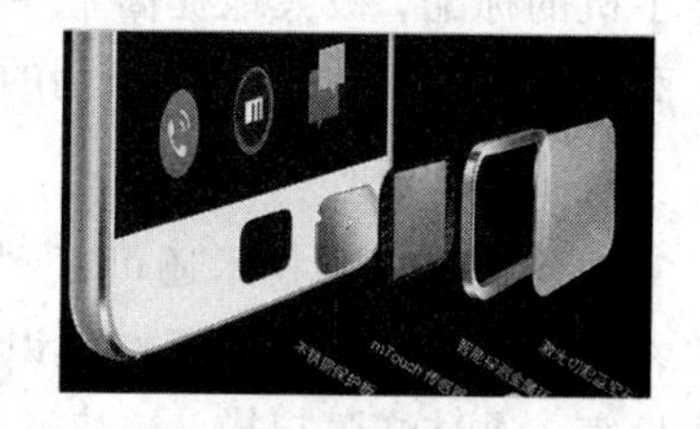

图 1-31　指纹识别应用产品

按压式电容触控需要实体的触控按键，苹果的 Home 按键的设计就是典型的按压式技术。其 Home 按键由内而外主要由 4 个部分构成：蓝宝石玻璃、不锈钢检测环、Touch ID 传感器和轻触开关。蓝宝石的作用是充当 Touch ID 传感器的保护层，由于硅传感器的阵列中电流很微弱，保护层又不能太厚，通过将蓝宝石和传感器封装在一起，这些单元可以比以往更加贴近。并且封装结构可以保护传感器芯片和保护层。不锈钢驱动环是充当传感器和人体手指建立联系的中介，人体手指是导体，一旦接触 Home 键，需要立即激活传感器，金属检测环能够测量到电容而判断是否接触人体，同时将这一部分电流传递到传感器上。

高通的超声波 3D 指纹识别技术，则是解决了产品必须配置实体按键的弊端。手机生产商可以将传感器和设备融为一体，而不必将指纹识别单元单独做成一个按钮这种形式。这种超声波甚至可以透过屏幕来检测用户的指纹，因此是未来指纹识别集成化发展的一种解决方案。

2）指纹识别市场

主流的按压式指纹识别技术中，传感器的成本和研发是关键，其中控制传感器芯片的 IC 驱动是核心。目前指纹识别传感器主要由 Authentek（苹果收购）、Validity（Synaptics 收购）、FPC 呈现三足鼎立态势。苹果通过并购取得 Authentek 核心专利成功推广 iPhone 5S 之后，便持续借由与晶圆厂合作提升工艺良品率、缩小芯片尺寸、降低生产成本、强化蓝宝石硬度等，以追求更好的产品性价比。Synaptics 则善用自身的触控芯片技术领先地位，于取得 Validity 指纹识别技术资源后，规划推出触控＋指纹传感集成方案，借此提升产品附加价值，并集结非苹果阵营的智能手机业者，进而与 iPhone、iPad、MacBook 系列产品抗衡。相较上述两大电容按压式传感器大厂，FPC 则提供电容滑动式传感器给诸多日系与亚太智能手机业者，并获得微软 Win8.1 OS 支持，而近来崛起的中国智能手机品牌业者，也规划在下阶段在 Android 平台智能手机导入 FPC 指纹识别技术。

目前市场对于传感器芯片的 IC 设计的投入很大，有很多厂商都在该领域积极发力，国内指纹识别相关公司主要集中在长三角地区，芯片设计公司如昆山锐微芯盛微电子科技有限公司、杭州晟元芯片技术有限公司、江苏恒成高科信息科技有限公司等；芯片封测公司如晶方科技、西钛微电子（华天科技收购）等；在制作领域，中芯国际具有很大的潜力。中芯国际向全球客户提供 0.35 微米到 45/40 纳米芯片代工与技术服务，在该过程中积累了大量的技术优势，预期在日后的指纹识别大潮中，具有强大的能量。

在电容传感指纹识别领域中，划擦式的指纹识别传感器价格较为便宜，仅 1～2 美元，而触控式指纹识别传感器价格则相对较高，大约在 3～8 美元这一区间。苹果的整体指纹系统成本也不会超过 15 美元，为了大面积的应用，还会进一步降低这种系统的成本，预计会缩减至 10 美元之内的范围。伴随着指纹识别方案的逐渐成熟，指纹识别功能逐渐成为了智能手机的标配，极大地提高了手机的安全性能。除了常规的指纹解锁和指纹支付外，手机厂商也在不断地丰富指纹识别的应用场景，为人们的日常使用提供便利。

4. 虹膜识别

现代生物识别技术还可以利用虹膜进行身份鉴定。像英国航空公司在伦敦客流量庞大的希斯罗机场，就采用了虹膜识别技术，存储了老顾客的虹膜资料。这些人在机场的贵宾休息室，通过虹膜扫描，被快速识别，可以享受相应的服务。

人的虹膜到两岁左右就发育成熟，以后都维持这种稳定状态，除非眼部的外科手术，以及大脑受到重创，大部分情况下，虹膜是终身不变的。虹膜之间相同的概率比其他生物识别相同的概率还要低，识别的准确度非常高。

虹膜技术还被应用到一些寻人平台，那些被拐卖的、走失的儿童的虹膜及 DNA 只要与数据库中的进行比对，就能识别他们的真实身份，找到他们的父母。

1.3.10 智能机器人

自从 1939 年美国纽约世博会上，西屋电气公司家用机器人 Elektro 展出之后，机器人一直是世博会的常客。与当年那个用电缆控制，可以行走，会说 77 个字，可以抽烟的“男性”相比，2014 年上海世博会上机器人的“智商”明显高出许多。世博会期间，37 台“海宝”机器人成为了世博园区里的大明星，他们向世博参观者提供各种特色服务，其中包括信息咨询、迎宾服务、交谈互动和提供拍摄服务等。沪上生态家展馆四楼老年公寓里的机器人一直都在忙着冲咖啡、接电话、打扫卫生、陪老人聊天；震旦馆的机器人跳起了古典群舞；法国巴黎大区馆的仿真机器人吉祥物“NAO”不仅能说会跳、还会打太极拳，而且其身上密集的传感器、摄像头和麦克风令它拥有高度的人工智能，可用于教育孩子、监护老人等复杂工作；上海世博会上，NAO 负责游客的迎来送往，并用中、英、法三种语言与人交流。

如图 1－32 所示，可以想象未来的生活场景，负责搬运的机器人不仅能够快速移动和自主规避障碍物，还能识别人的面孔，通过眼神、语言以及形体动作直接与医护人员、病人进行交流；娱乐型机器人则可以在主人的爱抚下完成从出生到幼儿、少年期的成长过程。保姆型机器人穿梭于疗养院、医院阂庭，成为上千名孤独老人、自闭孩童的亲密伙伴；那些残疾人也不会因为失去行动能力而懊恼，因为机器人可以帮助他们走路、抓取食物。

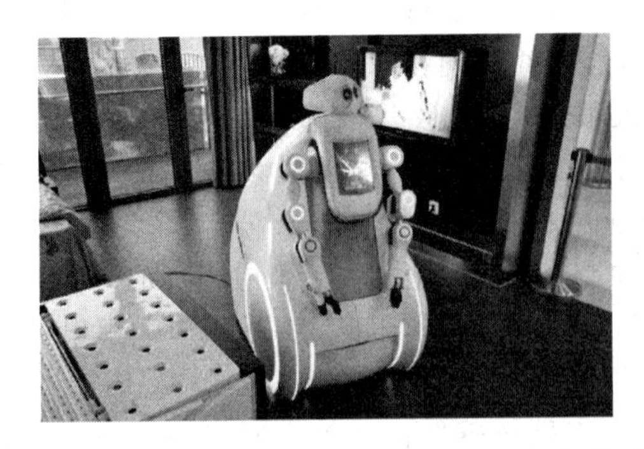

图 1－32　上海世博会上的机器人

1. 工业机器人

2015 年 5 月，《中国制造 2025》规划正式发布，这一纲领性文件主动适应制造业发展潮流，推动制造大国向制造强国转变，其核心就是“智造”。广东省发布的《广东省智能制造发展规划(2015—2025)》，提出要全面提升智能制造创新能力，推进制造过程智能化升级改造。《规划》中明确将大力发展机器人产业，并实施“机器人应用”计划。2013 年起，东莞市政府决定每年拿出 2 亿元鼓励企业“机器换人”。

“机器换人”并非不要人，人的灵活性和变化性是目前工业机器人无法比拟的，而是让机器代替人做简单、重复、作业环境差的工作，工人则摇身一变成为操作机器的人，工作由繁重的体力劳动变得轻松、体面，因此未来传统的制造业更需要高技能的和复合型的产业工人，工厂的用工需求也将提高。

如图 1-33 所示为 2014 中国国际机器人展览会展出的汽车流水线上的工业机器人。国内的机器人企业所拥有的核心技术并不多，大多引进国外先进零件后重新系统集成。

图 1-33　汽车流水线上的工业机器人

广工大研究院的成员企业 2014 年与日本两家企业签了两个大单，并且会陆续与库卡、ABB 等国际知名机器人企业开展合作。为搭建机器人供需平台，广工大研究院还举办了多场工业机器人应用创新对接会。据说还将办机器人学院，培养这方面的人才。

2015 年 8 月 4 日，美的宣布与日本安川电机合作成立两家机器人合资公司，生产服务机器人和工业机器人。目前，瑞士 ABB、日本发那科公司、日本安川电机、德国库卡机器人并称为机器人领域的“四大家族”。中国机器人产业联盟数据显示，这些巨头占据中国机器人产业 70%以上的市场份额，几乎垄断机器人制造、焊接等高端领域。

如图 1-34 所示为北京博创科技公司提供的基于视觉的工业机器人实验平台，主要由以下四大部分组成：

(1) 工业机器人平台。培训实验平台采用日系机器人的典型代表 MOTOMAN MH3F 多功能通用机器人作为操作平台，其末端负载为 3 kg，最大水平伸长长度为 532 mm，垂直伸长长度为 804 mm，重复定位精度为±0.03 mm。

(2) 传送带。传送带选用 HD300 W 变频调速传送带。皮带宽 300 mm，长 1500 mm，高 700 mm。

(3) 视觉识别系统。视觉识别系统选用 Basler 高速彩色 GIGE Vision 摄像头。

(4) 其他部分包括：机器人底座、载物台、模型回收箱、传送带托盘、储物柜等。

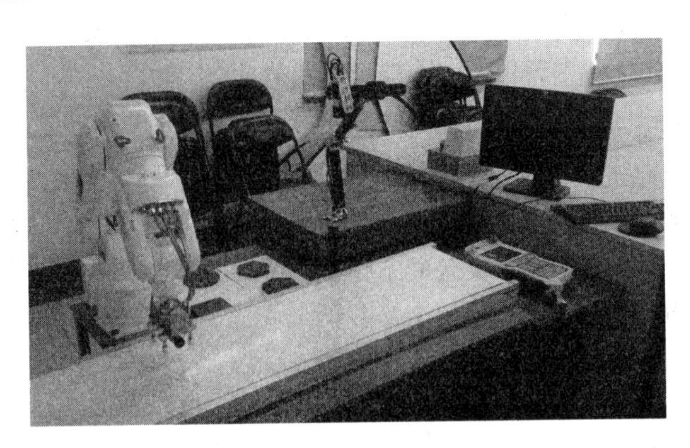

图 1-34　基于视觉的工业机器人实验平台

2. 医用机器人

机器人技术应用于微创手术，可拓展微创手术医生的操作能力，改善医生的工作模式，规范手术操作，提高手术质量，对微创手术发展具有重要意义。

2014 年 3 月 26 日、3 月 31 日、4 月 2 日，中南大学湘雅三医院在国内率先采用“妙手 S”机器人，先后为三位患者进行了胃穿孔修补术和阑尾切除术。这回，医生只需坐在操作台前便可实施手术。手术过程顺利，患者术后恢复良好。

微创外科手术机器人在国内实施临床手术尚属空白。美国研发的“达芬奇机器人手术系统”作为世界上第一个外科手术机器人目前在普通外科、心脏外科、泌尿外科、妇产科等领域开展了手术，并形成垄断。国内引进一台约需人民币 2000 万元，手术耗材等十分昂贵，手术费用相对高昂。如果我国自产的高精医用机器人能稳定推向市场，将有助于降低同类产品的价格与维护成本，具有广泛的应用前景和重大的经济意义、社会意义。

如图 1-35 所示为我国天津大学自主研发的“妙手 S”手术机器人。机器手臂的虚拟力触觉反馈能力能够将手术过程中患者的触觉传递给操作医生，随时调整、制定精确的手术方案。医生只需要通过计算机遥控，就能进行需要多人才能完成的手术。

图 1-35　天津大学“妙手 S”手术机器人在医院手术现场

与第一代开腹开胸手术和第二代腔镜微创手术相比较，机器人手术拥有以下优势：

（1）直视三维立体高清图像，使得手术视野更加清晰。

（2）仿真手腕器械有7个自由度，将大大提高手术操作的精细和准确度。

（3）手术操作者可采用坐姿，利于完成长时间、复杂的手术。手术机器人外科手术将成为微创手术领域新的发展方向和外科手术治疗疾病的首选方法。

3. 排爆机器人

2014年11月2日，北京警方在特警总队驻地展示了即将承担本次APEC“排爆”任务的高科技机器人。如图1-36所示，此款型号为F6A的排爆机器人是在2008年奥运会前引进的，可以在复杂地形环境下代替特警队员进行排爆工作。这一排爆机器人配备有一个主摄像头，一个负责监控前端器械手臂抓取危险品的摄像头，以及在机器人前端下方负责实时监测前进路线的摄像头。此机器人主要用于转移可疑爆炸物品，并有与它配合的X射线检测装置对可疑爆炸物进行检查扫描。特警可以对机器人实行有线和无线两种控制模式，这样可以进一步保证操控者的安全。机器人下方装有四个主轮和两条履带，用以保证机器人完成爬楼、爬梯等技术动作。

图1-36　APEC“排爆”机器人

4. 变电站智能巡检机器人

对变电站电气设备进行定期巡视，迅速获得变电设备的状态信息并及时发现变电设备的缺陷和隐患，是保障变电站的安全稳定运行的关键。当今智能电网的建设推进了变电站无人化的发展进程，利用变电站自动巡检机器人取代人工对变电设备状态进行检测是一种便捷、可靠和经济的技术手段。

如图1-37所示，巡检机器人的控制器由微处理器核心模块、无线通信模块、输入输出模块、驱动模块和电源模块组成。机器人采用RFID定位、多传感器融合导航系统。首先在变电站地面上安装磁条，配合机器人本体通过摄像头实现导航。为了使机器人能够确定所处的位置，在线上每隔一定的距离(例如10～20 m)安装RFID标签，机器人本体通过携带的读写器读取RFID标签，从而实现机器人本体的定位。

巡检机器人携带着红外线热像仪、可见光摄像机等检测装置，能通过导航定位，按规划的最优路径对室外高压设备进行自主或遥控巡视，然后将画面、参数等信息实时传输回后台，若识别出设备异常发热、外观异常、部件损伤、渗漏油、有附着物等问题，就能及时报告，通知人员前往修理。此外，机器人还可接入变电站的固定视频监测点，覆盖一些观测死角。技术人员还可通过对比每次检测数据的变化，预防故障的出现。

图 1 - 37　智能电网巡检机器人

在控制室一端，工作人员能够看到机器人采集的视频图像和红外图像，以便及时了解设备的工作状况；工作人员可以通过各种操作面板上的按钮对机器人本体及其所携带的检测设备进行远程控制。还可以通过机器人本体携带的就地控制手柄进行操控，一旦远程控制失灵，就切换到就地，由控制手柄对机器人进行控制，从而保证机器人运动的可靠性。

5. 仿人机器人

仿人机器人是指具有两手、两足、头部和躯干等人类外形特征，能用双足进行移动并实现其他类人功能的人形机器人。从上个世纪 70 年代起，研究人员开始对双足步行机器人进行研究，至上个世纪 90 年代前后，仿人机器人的研究取得标志性的成果，从一般性的拟人行走发展到全方位的拟人。

不管机器人在外表上与人类如何相似，一旦揭去它们的外衣，你所能看到的不过是一堆堆杂乱的电线，与我们的体内环境毫无相似之处可言。欧洲的一组科学家正致力于缩小机器人与人类之间的这种差距。他们研制的防人机器人原型能够高度模拟人类的身体结构。在这种仿人机器人体内，有一副由热塑性聚合物打造的骨架，与每一块肌肉相对应的传动装置以及类似肌腱的线路。欧洲科学家的目标是研制出与人类更为接近的机器人，能够像人类一样与环境发生相互作用并作出反应。仿人机器人研究在很多方面已经取得了突破，如关键机械单元、基本行走能力、整体运动、动态视觉等，但是离我们理想中的要求还相去甚远，还需要在仿人机器人的思维和学习能力、与环境的交互、躯体结构和四肢运动、体系结构等方面进行更进一步的研究。

中国在仿人机器人的研究方面起步较晚，国防科技大学、哈尔滨工业大学是国内研究仿人机器人起步较早的单位。近年来，我国在仿人形机器人方面做了大量研究，并取得了很多成果。比如长沙国防科技大学研制成的双足步行机器人，北京航空航天大学研制成的多指灵巧手，北京理工大学研制的仿人机器人“汇童”，哈尔滨工业大学、清华大学、上海交通大学、上海大学、北京科技大学、中科院沈阳自动化所等也在这方面做了大量深入的工作。如图 1 - 38 为我国两所高校研制的仿人机器人。

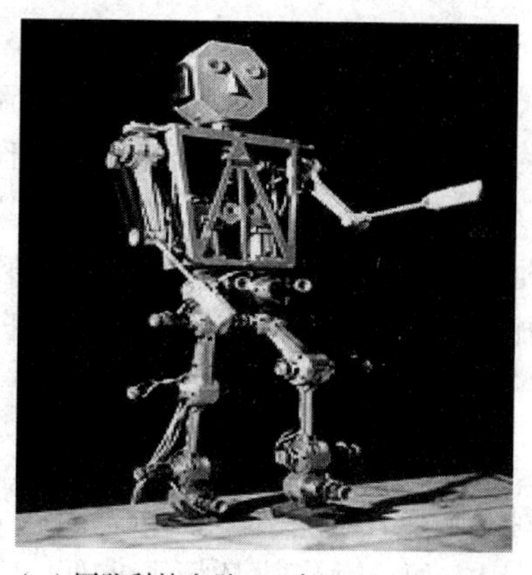

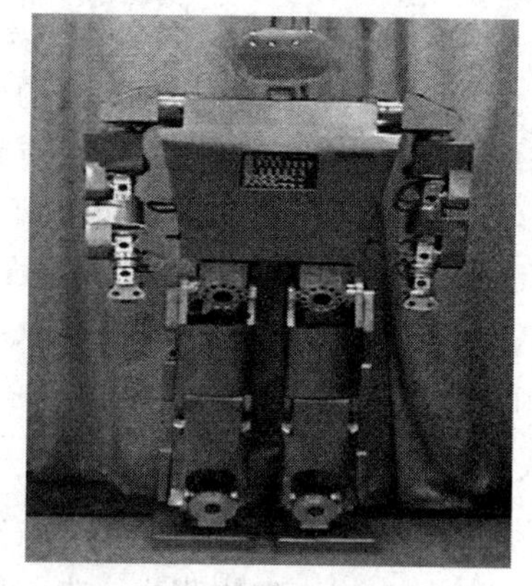

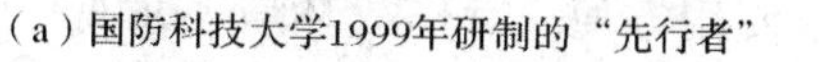

（a）国防科技大学1999年研制的“先行者”　　（b）北京理工大学2002年研制的“汇童”

图 1－38　我国高校研究设计的仿人机器人

(1) 双足步行机器人研究是一个很诱人的研究课题，而且难度很大。日本开展双足步行机器人研究已有 30 多年的历史，研制出了许多可以静态、动态稳定行走的双足步行机器人。在国家 863 计划、国家自然科学基金和湖南省的支持下，长沙国防科技大学于 1988 年 2 月研制成功了六关节平面运动型双足步行机器人，随后于 1990 年又先后研制成功了十关节、十二关节的空间运动型机器人系统，并实现了平地前进、后退，左右侧行，左右转弯，上下台阶，上下斜坡和跨越障碍等人类所具备的基本行走功能。在十二关节的空间运动机构上，实现了每秒钟两步的前进及左右动态行走功能。经过十年攻关，国防科技大学研制成功我国第一台仿人型机器人“先行者”，实现了机器人技术的重大突破。“先行者”有人一样的身躯、头颅、眼睛、双臂和双足，有一定的语言功能，可以动态步行。

(2) 人类与动物相比，除了拥有理性的思维能力、准确的语言表达能力外，拥有一双灵巧的手也是人类的骄傲。正因如此，让机器人也拥有一双灵巧的手成了许多科研人员的目标。在张启先院士的主持下，北京航空航天大学机器人研究所于 80 年代末开始灵巧手的研究与开发，最初研究出来的 BH－1 型灵巧手功能相对简单，但填补了当时国内空白。在随后的几年中又不断改进，目前的 BH－4 型灵巧手为拟人型 4 指 16 自由度手，其自由度接近人手。手指设计为 4 个自由度结构，其关节由包括直流伺服电机、行星减速器和光码盘在内的电机单元驱动。光码盘用于测量电机轴相对转角，关节轴绝对转角由电位计测量。考虑下一步研究的需要，手指指端设计成能方便地接入力传感器。

灵巧手已能灵巧地抓持和操作不同材质、不同形状的物体。它配在机器人手臂上充当灵巧末端执行器可扩大机器人的作业范围，完成复杂的装配、搬运等操作。灵巧手可以在计算机的控制下用手指灵巧地弹奏简单的乐曲；研究人员佩带具有多个传感器的数据手套后，可以通过数据手套中手指的动作，利用计算机网络通信，对灵巧手进行距离控制操作，比如远距离遥控机器人灵巧手抓物、倒水等；灵巧手在航空航天、医疗护理等方面也有应用前景。

(3) 北京理工大学 2002 年和 2005 年分别研制出第一代仿人机器人 BHR－1 和第二代仿人机器人 BHR－2(汇童)。“汇童”是具有视觉、语音对话、力觉、平衡觉等功能的仿人机器人，具有自主知识产权，而且在国际上首次实现了模仿太极拳、刀术等人类复杂动作，是在仿人机器人复杂动作设计与控制技术上的突破。

仿人机器人不仅是一个国家高科技综合水平的重要标志，也在人类生产、生活中有着广泛的用途。由于仿人机器人具有人类的外观特征，因而可以适应人类的生活和工作环境，代替人类完成各种作业。它不仅可以在有辐射、粉尘、有毒的环境中代替人们作业，而且可以在康复医学上形成动力型假肢，协助瘫痪病人实现行走的梦想。将来它可以在医疗、生物技术、教育、救灾、海洋开发、机器维修、交通运输、农林水产等多个领域得到广泛应用。目前，我国仿人机器人研究与世界先进水平相比还有差距，我国科技工作者正在为赶超世界先进水平而努力奋斗。

6. 无人机

无人机是一种以无线电遥控或由自身程序控制为主的不载人飞机。和载人飞机相比，无人机的优点比较突出，它体积小、造价低、使用方便、对作战环境要求低、隐蔽性好，速度不受限制。最主要的是它不需要驾驶员，不会造成人员伤亡。无人机上装有光学、红外或者雷达等侦察装置，因此，国家海洋局使用无人机对我国全部管辖海域实施监测，它可以第一时间清晰地看到有无别国军舰进入我领海海域，以及出动多少艘军舰，或者有无别国人员登岛活动等。侦察到的情况可以实时传送，通过分析能看出是什么舰船、什么型号等详细的信息。

无人机的炙手可热，主要是其背后日益增大的市场需求——用于航拍、监控、农业及运输领域等，这直接带动该市场的急速增长。目前无人机市场分为三级，军用、民用、消费，消费级别无人机被业内称为“高级玩具”，又分为可以实现航拍和不能航拍的，目前普通玩家对航拍功能的需求也逐渐走高。

1）无人机研究现状

目前无人机的发展很快，除了有无人侦察机外，还有无人作战飞机、无人直升机、无人飞艇等大大小小不同类型。目前全球民用无人机已形成约 1000 亿美元的市场规模，国内民用无人机需求将在未来 20 年达到 460 亿元。我国高校也于近十年来展开了无人机的研究，如北京航空航天大学无人机所、西北工业大学(可实现无人机旋翼在飞行之中能够停转，编队航行，曾参加阅兵仪式)、南京航空航天大学(等离子体无人飞行器，解决了无人机气动翼型绕流高压作用方面的问题)、成都飞机设计研究所(611)、沈阳飞机设计研究所(601)、洪都航空工业集团公司(320)、航天科工集团第三研究院(海鹰集团)、航天科技集团第十一研究院(航天气动院)等研究机构。

西北工业大学无人机特种技术重点实验室、无人机系统国家工程研究中心有无人机总体优化技术、无人机系统综合控制技术、无人机起降技术和无人机综合性能测试与验证技术四大研究方向。建成的综合性能测试平台、射频测试验证平台及动态仿真平台多项功能与指标均已达到国际先进水平。

上海交通大学“智能交通与无人机应用研究中心”成立于 2011 年 9 月，依托上海交通大学海洋工程国家重点实验室平台协同上海交通大学国际航运系和交通研究中心力量，致力于开拓以无人驾驶飞机和各种微型移动式检测仪器为手段的交通信息采集、城市环境以及海洋环境监控等领域的研究。

2015 年 9 月 3 日在我国抗日 70 周年大阅兵上，无人机都是以卡车搭载的方式通过天安门的。目前还没有哪个国家的无人机以编队形式从空中参加阅兵。因为无人机的密集编队技术很难实现，到目前为止，各国的无人机编队技术尚处于验证和试验阶段，现役无人机不具备密集编队能力。早在20世纪60年代，国外就开始研究无人机编队技术。但目前，尚未应用于服役的无人机上。相对于单架无人机飞行，无人机编队飞行复杂得多，需要突破一系列关键技术：

(1) 编队飞行控制技术涉及比较复杂的控制理论。

(2) 无人机之间的位置检测与防撞技术。针对密集编队队形，需要更精确的导航定位信息。目前无人机广泛采用GPS与惯性导航结合的组合导航技术，使得无人机的飞行精度大约控制在10米左右，而密集编队则需要达到分米级的技术。如果进一步提高精度，就要采用差分GPS、雷达、视觉传感器等技术。当无人机受到扰动或处于转弯机动过程中，特别是高速无人机，有发生碰撞的危险，如何做好防撞，也是无人机编队飞行的关键问题。

(3) 无人机编队需要解决信息交互问题。编队飞行中既有无人机之间的通信，也有无人机与地面站之间的通信。如何协调好这之间的交互也是一个大问题。

(4) 无人机编队还涉及航迹规划、队形初始编成、编队队形策略、无人机失效时队形的重构、密集编队飞行的空气动力影响等一系列问题。

通过近些年的研究验证，各国也都在无人机编队技术上实现了一些突破。例如，2012年，美国国防高级研究计划局完成了两架改进型“全球鹰”无人机的近距编队飞行测试工作，以验证该型无人机的空中自主互助加油技术。2014年，法国达索公司公布的视频表明，一架“神经元”无人机成功实现与有人驾驶的“阵风”战斗机和一架公务机编队飞行。

中国在无人机编队技术方面并不落后。西北工业大学以及北京航空航天大学都进行过相关的研究和试验。其实验均表明，能够确保无人机在30米内的密集编队飞行。2014年11月举行的首届军事训练器材和先进技术展上展出的一种无人直升机，能够实现三机编队飞行。在编队飞行中，各无人直升机具有一定的自主性，即使在受到外界干扰时，也可以利用飞行控制技术精确操纵无人直升机编队飞行或实现队形自由变换。2015年年初，央视曾报道称，“翼龙”无人机实现了首次编队飞行。

2) 民用无人机

香港科技大学电子与计算机工程学系毕业的中国学生汪韬和朋友2006年以筹集到的200万元港币在深圳市成立了大疆创新公司。现在，大疆已成为世界领先的无人机企业，占据了全球小型多旋翼无人机七成市场，这家公司如今已有1000多名员工，最近3年的销售额成长79倍，跻身全球销售额增速最快的公司行列。2015年8月6日，深圳无人机初创公司大疆创新性地正式推出了Phantom 3系列的新品无人机，如图1-39所示，本款无人机增加了waypoint巡航、定点360转圈和飞行跟拍等。

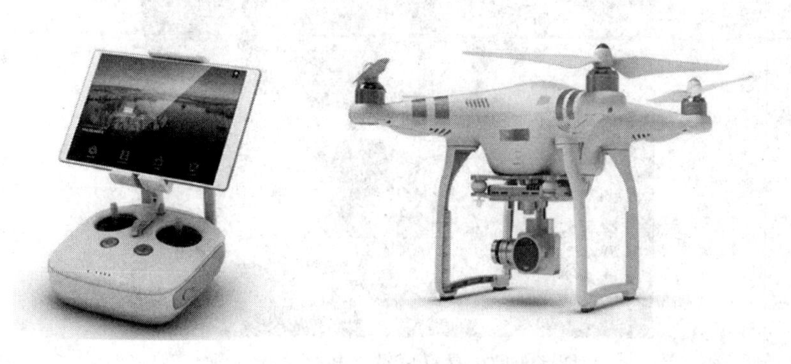

图1-39　新一代大疆无人机遥控器和无人机

据统计，2015 年前五个月，从深圳出口的无人机占全国总量的 99.9%，但其中 95%以上来自深圳企业大疆公司，剩下的基本来自深圳企业一电科技。艾迈斯电子是国内第一家做无人机配件(接线、插口)的公司，工厂已有 15 年无人机配件生产经验。原本从事玩具航模生产的深圳麦劲电子有限公司，也在投入数百万元的研发经费后首次发布了无人机产品；原本从事智能手表、平板电脑制造的深圳市索沃思数码有限公司，在 2016 年上半年发布了其新产品；原本给无人机厂家提供飞控(飞行控制系统)的深圳星图智控也在 2015 年年底开始生产无人机整机。

如图 1-40 所示，由西南科大学生创业成立的一家公司正在进行送餐无人机研发，学生先电话订餐，确定宿舍楼后，快餐店便用无人机送达至宿舍楼顶，只需要点击电脑，外卖就能从天而降。这验证了一句话：没有做不到的，只有想不到的。这样开发出来的产品既实用又能极大地促进开发人员的科研热情和创新能力。

图 1-40　高校大学生研制无人机送餐

7. 服务机器人

2015 年 6 月 18 日，阿里巴巴集团在日本宣布，联合富士康向日本软银集团旗下机器人控股子公司分别战略注资约 7.3 亿元。阿里巴巴、富士康将分别持有其 20%股份，软银则持有 60%股份。目前，法国公司 SBRH 拥有全球首个具有感情的机器人产品 Pepper，此前只用于研发，预计之后 Pepper 将面向普通消费者发售，售价约合 1 万元，首批 1000 台。如图 1-41 所示为具有感情的机器人 Pepper。

图 1-41　具有感情的机器人 Pepper

2012年起，中国一些餐厅就已经采用机器人削面、机器人包饺子了，至于送餐，更是最基本的服务。这两年，餐饮行业一直是高新技术的"实验场"。自2015年1月以来，中国大陆地区已经有超过15个城市出现了"机器人餐厅"。其中，仅2015年5月和6月，就先后有10个城市出现"机器人餐厅"。图1-42所示为一家餐厅中正在工作的餐饮机器人。

图1-42　餐饮机器人

和机器人Pepper相比，这些餐饮机器人颜值和智商都不高，但是很实用，能送餐、会跳舞、会炒菜。在天津发现者厨房机器人公司，工人通过触控屏操作，机器人就会按选择炒菜。工作人员选择"素炒菜花"之后，机器人开始工作，液化气自动打火，加热，右侧调料喷嘴自动喷油。然后机器人先后将手中配好的葱姜、西红柿和菜花依次倒入锅中。锅中铲子自动翻菜，滋滋的油烟伴着香气不断升腾，被上方的抽油烟机抽走。几分钟后，香喷喷的素炒菜花出锅了。现在餐厅通常使用的送餐机器人，身高1.5米，可运送15公斤重的物体。它们脸部闪烁的表情和声音，都是按程序设定好的。店里铺设了磁性轨道，就是送菜的路线。每个餐桌前也有感应点，根据座位编号，机器人能准确地把饭菜送到餐桌前，到达指定座位后，它会停下来，直到顾客拿走饭菜。

8. 我国机器人产业现状及展望

2013年我国机器人销售规模高达3.65万台，同比增长41%，占全球销量的20.5%，2014年我国工业机器人销售量达5.7万台，同比增长55%，约占全球销量的四分之一，连续两年成为世界第一大机器人市场。但是，在我国工业机器人需求呈现井喷态势的情况下，我国工业机器人产业却大而不强，2014年我国自主品牌机器人销量为1.6万台，但主要集中在三轴、四轴的中低端机器人，高端机器人主要依赖进口。以工业机器人为例，目前我国精密减速机、控制器、伺服系统以及高性能驱动器等机器人核心零部件大部分依赖进口，而这些零部件占到整体生产成本的70%以上。其中，精密减速器75%的份额被日本垄断，国内高价购买占到生产成本的45%，而在日本仅为25%，我国采购核心零部件的成本就已经高于国外同款机器人的整体售价，因此在高端机器人市场上根本无法与国外品牌竞争。

在此情况下，《中国制造2025》将高档数控机床和机器人作为大力推动的重点领域之一。该计划明确了我国未来十年机器人产业的发展重点主要为两个方向：一是开发工业机器人本体和关键零部件系列化产品，推动工业机器人产业化及应用，满足我国制造业转型升级的迫切需求；二是突破智能机器人关键技术，开发一批智能机器人，积极应对新一轮科技革命和产业变革的挑战。

截至2014年底，据统计有70余家上市公司并购或者投资了机器人、智能自动化项目，目前已有五六百家企业研发生产机器人，中国机器人相关企业的数量甚至超过了4000家。科学技术部副部长曹健林还表示，中国做机器人的企业除了沈阳自动化所等专业化研究所走出来的一些中型企业以外，基本没有大企业，绝大部分都是大众创业、万众创新发展起来的小企业。而且，当前我国大量中小机器人企业存在野蛮生长、盲目扩张现象，带有投机性质的试水者多，扎实投入者少；在技术开发上模仿者众，突破创新者少，并且主要扎堆于中低端，缺少核心技术。我国九成机器人企业规模在1亿元以下，有业内人士预计未来五年，他们中的95%将面临洗牌。

我国机器人产业"十三五"发展规划将于2015年11月底完成。工信部之前出台的《关于推进工业机器人产业发展的指导意见》明确了我国机器人产业的具体发展目标，即培育3至5家具有国际竞争力的龙头企业和8至10个配套产业集群；工业机器人行业和企业的技术创新能力和国际竞争能力明显增强，高端产品市场占有率提高到45%以上。

尽管全球各地的制造业所面临的挑战各不相同，像是积极呼吁制造业者回流本土的美国，却有着劳工薪资偏高的问题；欧洲企业虽然可在临近的东欧或土耳其设厂，但也面临着技术劳工短缺的困境；而中国过去因为有人力资源丰沛与土地取得容易等优势吸引了国外各大厂商纷纷进驻设厂，也在全球打响了"世界工厂"的名号，但随着劳动成本逐年攀升，以及缺工潮年年上演，再加上既要兼顾品质与产能，又要快速因应市场变化，种种问题均让制造业倍感辛苦。工业机器人的智能应用是解决这些问题的妙方，目前许多制造业也确实都想导入机器人解决方案，但由于像是汽车、食品、3C电子产品、半导体等产业的各自需求差异大，因此需要能深入了解控制技术的合作伙伴来解决迥异的问题。

9. 高校机器人比赛开展情况

当前，机器人比赛在我国高校甚至北京中小学都在如火如荼地开展。教育部教育装备研究与发展中心组织召开了全国机器人教育联盟筹备会议，拟成立教育机器人企业联盟，将全国范围内的生产教育机器人的厂家和企业联合起来，就机器人教育目标、学科规划与建设、产品标准化等问题逐步达成共识。深圳、哈尔滨、河北、北京等地的高校也开始与企业合作，引导大学生进入机器人研发产业。机器人大赛鼓励学生将知识运用于实践，激发学生的创新精神、团队合作精神及卓越的创造力，出色地营造了勇于探索、积极创新的氛围，深受广大师生的喜爱。

中国机器人大赛暨RoboCup(机器人世界杯)公开赛是中国最具影响力、最权威的机器人技术大赛、学术大会和博览盛会。从1999年开始至今，每年举办一次，迄今已经连续举行了17届。2015年7月28日至31日，由中国自动化学会机器人竞赛工作委员会、RoboCup中国委员会主办的2015年中国机器人工程类项目选拔赛在淮阴工学院举行，来自全国171所学校和单位的1052支代表队近4000人参赛。图1-43为2015年中国机器人大赛暨RoboCup公开赛比赛现场。大赛分为大学/成人组和中小学/青少年组。大赛进行了机器人搬运工程、机器人竞技工程、生物医学工程机器人、室内飞行机器人、物联机器人创新创意、仿人搏击(ROBO-ONE机器人搏击)等项目的比赛。淮阴工学院参赛学生的冥王星机器人搬运工程、轻盈四号机器人竞技工程、物联之星机器人、轻盈二号机器人、YGQ机器人等斩获大奖。这些比赛激发了高校师生的科技兴趣、创新意识，提升了动手实践能力。

机器人比赛具体包括分析竞赛题目、设计解决方案、选用配件搭建智能机器人模型、编写程序、反复不断地调试程序、优化程序和机器人结构，从而使机器人能够完成挑战赛的任务。要想完成任务，就必须在互联网上搜集资料、向专家请教、到图书馆查阅资料以及与其他伙伴交流、探讨等，这同时也是一个面对实际问题、解决困难、克服障碍的过程。因此，学生除了学到了机器人相关知识之外，还能够在沟通能力、动手能力、创新思维等方面得到一定的锻炼。当学生具备了逻辑思维能力和良好的动手能力之后，借助这些机器人平台，可以方便地进行新的设计，完成各种发明创造。

图1-43　2015中国机器人大赛暨RoboCup公开赛比赛现场

中国科学院院士、中国自动化学会副理事长吴宏鑫教授、天津大学博导李伟勉励大学生：“作为大学生，要学好基础，没有基础，他的创新是很难的。大学生一定要有创新意识，要勇于创新。”

1.3.11　虚拟现实与增强现实

虚拟现实和增强现实，已经成为科技行业的一个热点领域。

1. 头盔式显示器

头盔式显示器是最早的虚拟现实显示器，利用头盔显示器将人对外界的视觉、听觉封闭，引导用户产生一种身在虚拟环境中的感觉。其显示原理是左右眼屏幕分别显示左右眼的图像，人眼获取这种带有差异的信息后在脑海中产生立体感。头盔显示器作为虚拟现实的显示设备，具有小巧和封闭性强的特点，在军事训练、虚拟驾驶、虚拟城市等项目中具有广泛的应用。

虚拟现实眼镜相关的研究早在十几年前就已经开始了。在Oculus Rift问世之前，这类设备往往不是售价昂贵就是性能不足，难以带来逼真的虚拟现实。目前，虚拟现实类产品已有Oculus Rift、Google Project Glass、HTC Vive和索尼Project Morpheus等。亚马逊2014年年中推出的裸眼3D手机、国内的Takee（钛客）全息3D手机等，也是虚拟现实类产品的一种延伸。此类产品将会越来越丰富，但目前最大的问题是应用场景和可消费的内容的缺乏。

1）谷歌眼镜

谷歌眼镜（Google Project Glass）是由谷歌公司于2012年4月发布的一款“拓展现实”眼镜，它具有和智能手机一样的功能，可以通过声音控制拍照、视频通话和辨明方向，以及上网冲浪、处理文字信息和电子邮件等。

如图 1 - 44 所示，谷歌眼镜主要结构包括：在眼镜前方悬置的一台 500 万像素摄像头和一个位于镜框右侧的宽条状的处理器装置，镜片上配备了一个头戴式微型显示屏，它可以将数据投射到用户右眼上方的小屏幕上。还有一条可横置于鼻梁上方的平行鼻托和鼻垫感应器，鼻托可调整，以适应不同脸型。在鼻托里植入了电池，它能够辨识眼镜是否被佩戴。电池可以支持一天的正常使用，充电可以用 Micro USB 接口或者专门设计的充电器。谷歌眼镜是采用根据环境声音在屏幕上显示距离和方向，在两块目镜上分别显示地图和导航信息技术的产品。在重量上 Google Project Glass 只有几十克，内存为 682 MB，使用的操作系统是 Android 4.0.4，所使用的 CPU 为 TI 生产的 OMAP 4430 处理器。音响系统采用骨导传感器。网络连接支持蓝牙和 Wi - Fi。总存储容量为 16 GB，与 Google Cloud 同步。配套的 My Glass 应用需要 Android 4.0.3 或者更高的系统版本；My Glass 应用需要打开 GPS 和短信发送功能。除 Wi - Fi 模块外，还内置有包括陀螺仪、加速计在内的传感器来识别出人脑袋的运动方向和角度。

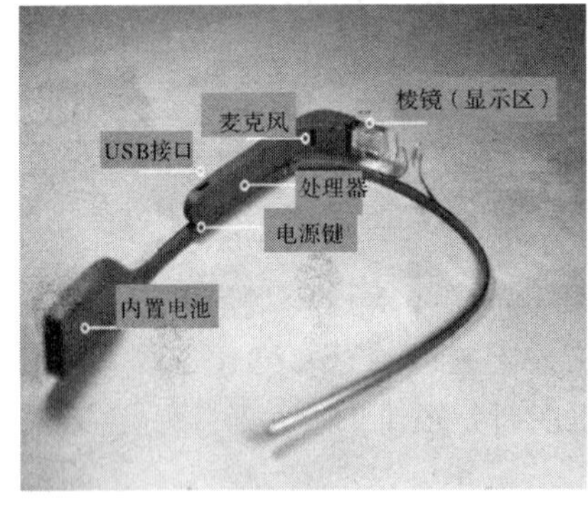

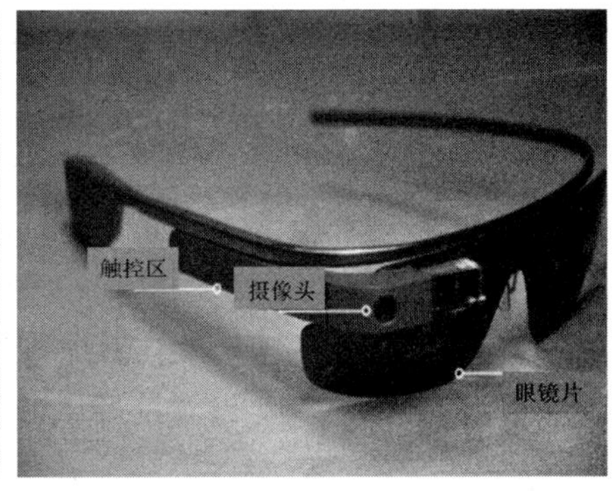

图 1 - 44　谷歌眼镜

如图 1 - 45 所示，谷歌眼镜是通过一个内部的微型投影仪和外部的半透明棱镜，将图像投射在人体视网膜上，投影仪用以显示数据，摄像头用来拍摄视频与图像，存储传输模块用于存储与输出数据，而操控设备可通过语音、触控和自动三种模式控制。

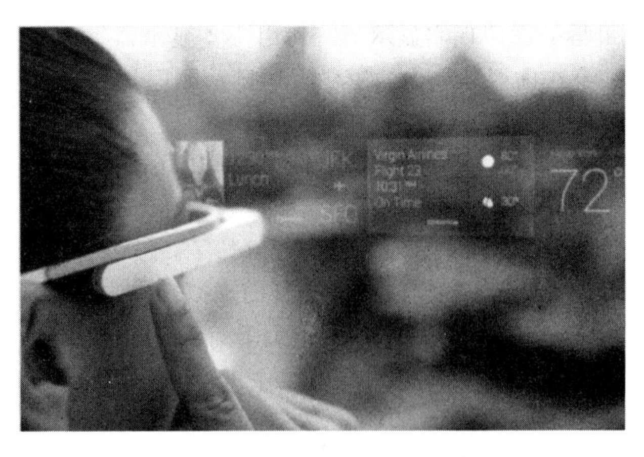

图 1 - 45　谷歌眼镜显示效果演示

2014 年 9 月 18 日，西安市西京消化病医院消化六科主任郭学刚教授利用谷歌眼镜成功完成一例疑难病例远程查房会诊，这是国内首次将谷歌眼镜技术用于临床医学远程查房。

2）Oculus Rift

与同样被广泛关注的谷歌眼镜不同，Oculus Rift 是一款虚拟现实(VR)的头戴式显示器。2012 年 8 月，该项目登陆 Kickstarter 众筹网站。筹资近 250 万美元，首轮融资达 1600 万美元。2014 年 3 月 26 日，Facebook 宣布将以约 20 亿美元的总价收购沉浸式虚拟现实技术公司 Oculus VR。Facebook 对 Oculus 的收购使得 Oculus 拥有了充足的资金支持，这使 Oculus Rift 达到真正的民用级别的进程进一步加快。Oculus 公司已在开发者中建立起良好声誉，截至 2014 年 3 月，Oculus Rift 的开发工具已收到超过 7.5 万份订单。

如图 1－46 所示，Rift 代表着虚拟现实技术与机器人技术的融合。Oculus Rift 不仅能够应用在游戏领域，也有越来越多的软件厂商开始为其开发应用，让它能够应用在更多的领域，比如配合立体摄像机以及高速云台系统，戴着 Rift 的用户可以远程操作机器人身临其境地感受另一个地方机器人所感受的世界，这将大幅提升远程作业、远程办公等应用的体验，可用于建筑设计、教育和治疗自闭症、恐惧症、创伤后应激障碍等领域。Oculus Rift 曾被美国军方使用，对士兵进行训练。

图 1－46　Rift 代表的虚拟现实技术与机器人技术的融合

如 1－47 所示，Rift 的眼镜部分包含了 LCD 面板以及带有 3 轴陀螺仪、3 轴加速计和 3 轴磁罗盘的 9 自由度传感器 PCB。其中图中上半部分采用了一块由台湾生产的 1280×800 7 英寸的 LED 背光 LCD。面板本身则通过图中那些细线与控制盒连接。通过其中使用的芯片（HX8851）可以得知，该信号线为 LVDS，电脑输出的 HDMI/DVI 信号应该已经在控制盒中完成了转换。Rift 采用了 MPU6000 的陀螺仪/加速计集成芯片。该芯片内置了 3 轴的陀螺仪和加速计，并且使用 SPI 总线对外输出数据，完全可以实现官方宣称的 1000 Hz的采样速率。而画面上方黄色的芯片为 Honeywell 的 HMC5883 的 3 轴电子罗盘。在工作中，陀螺仪和加速计将用于感知自身的俯仰角和翻滚角信息，并配合电子罗盘得到人的水平朝向角度。图 1－47(a)中央红色的芯片是一块主频为 72 MHz 的 32 位 ARM 处理器——STM32F103C8。该芯片负责采集各传感器的数据，之后进行必要的数据融合和滤波，并将处理好的姿态信息发送给 PC 机。

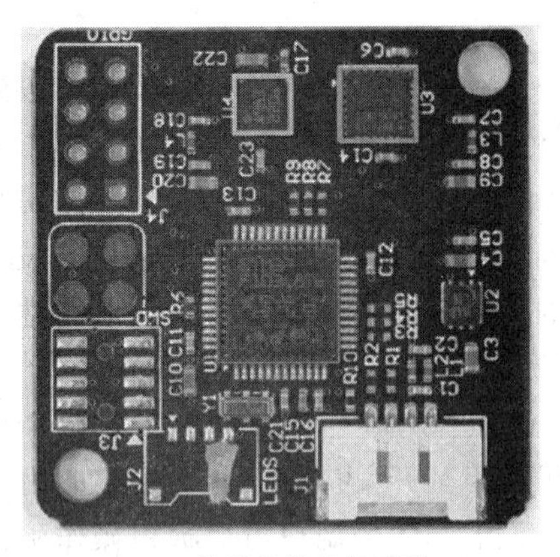

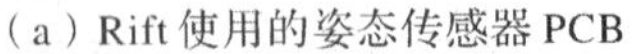

(a) Rift使用的姿态传感器PCB

(b) 控制盒的PCB

图 1 - 47　虚拟现实眼镜的内部构造

相比 Rift 的眼镜部分，控制盒的构造就显得更为简单。内部基本部件负责将 HDMI/DVI 信号转化为直接驱动 LCD 的 LVDS 信号，并且负责稳压和对姿态传感器信号的转接传输工作。图 1 - 47(b)中红色芯片为视频信号接口芯片。对于 Windows 下的开发，SDK 中包含 Visual Studio 2010 的工程文件，可以很容易地编译出官方 Demo 以及另外两个应用案例。

3) 索尼 PS4

2014 年 3 月 8 日，索尼在举行的游戏开发者大会上展示了支持 PS4 的虚拟现实头盔，如图 1 - 48 所示。若要走向大众，虚拟现实技术必须具备四个条件：真正的全新游戏体验、热门的游戏作品、可接受的价格和良好的市场宣传。

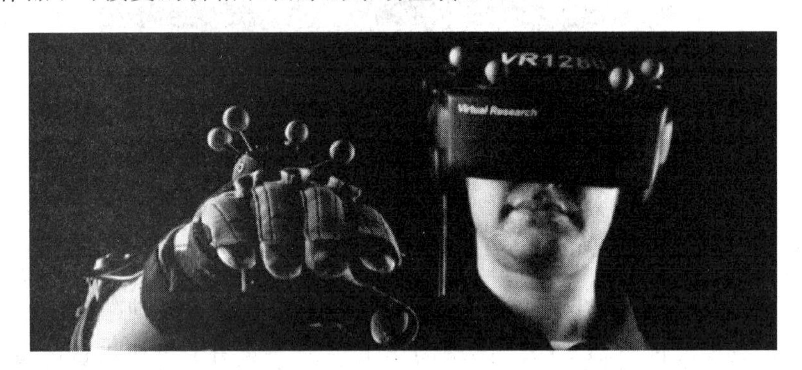

图 1 - 48　索尼 PS4 可穿戴虚拟现实设备

4) 三星 Gear VR

三星携手 Oculus VR 推出最新版本的虚拟现实头盔 Gear VR，产品售价 99 美元，需与 Galaxy 系列智能手机配套使用。具体来说，完整的一副 Gear VR 包括一个触控板、一个后置按钮以及可监测加速和陀螺仪位置的运动传感器，用户可通过 Micro USB 接口将其与手机相连。与上一代的 Innovator 相比，全新的 Gear VR 首先“瘦了身”——减重 22%，其次在佩戴体验方面变得更加舒适。在内容方面，Gear VR 也没能打破当前软件弱于硬件开发的局面，但是合作方 Oculus VR 已同 21 世纪福克斯、狮门影业等公司建立伙伴关系，计划率先将电影推向 Gear VR，届时将有许多电影技术首次出现在 Gear VR 设备中。

5）英伟达开发VR头盔显示器

电脑显示器厂家NVIDIA(英伟达)也在申请专利，暗示其在利用内置的处理器、内存芯片和图形处理器开发VR头盔显示器。英伟达虚拟现实头盔显示器将为每只眼睛配置一个显示屏以及6个传感器：2个指向前，2个指向后，2个指向左和右。前面和侧面的摄像头有助于映射用户周围的三维空间，底部的摄像头将专门用于姿势追踪，使用户能利用手臂玩游戏。除上述内部元器件外，专利文件描述的虚拟现实头盔显示器还包含有一个无线网络适配器，据推测无线网络适配器能提供PC头盔显示器串流服务，支持GRID英伟达专有云串流服务。这款设备还能将其显示屏上的内容投射到外置显示器，可以用于电子竞技比赛和展会等活动中。

2. 意念控制

人类大脑在运作过程中会产生脑波微量电流，不管是属于正常状态的α波，还是属于亢奋状态的β波，大脑都会产生不同的脑波波长与微量电流，目前医学也普遍把脑波当作检测生理状态的一种数据，如脑电波轮椅、脑电波记忆仪等。

发展到21世纪，市场上已出现很多脑电波意念控制游戏，如图1-49所示的美泰意念控制小球游戏、用脑电波玩耍的意念方舟等。

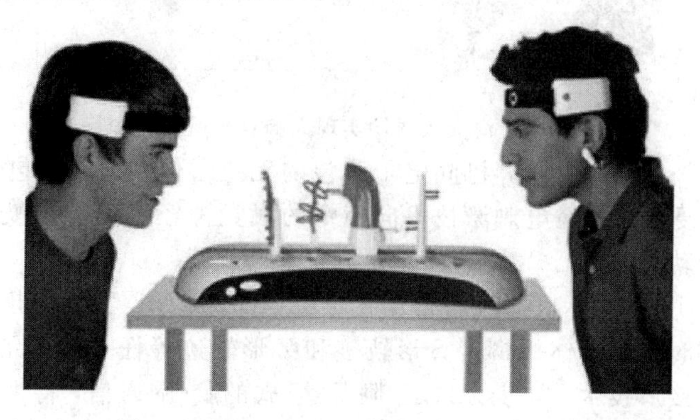

图1-49 Mind Flex(美泰)意念控制游戏

1）浙江大学的猴子利用意念控制机械手实验

2012年，浙江大学就通过微型芯片实现了猴子利用意念控制机械手。为了完成这项实验，科研人员必须先在一只猴子的大脑运动皮层，植入两块4 mm×4 mm芯片(96个电极)，这两块芯片与200多个神经元相连接，用来感受来自神经细胞的脉冲。而芯片的另一头连接着一台计算机，它实时记录着这只猴子一举一动发出的神经信号。

科研人员再运用计算机信息技术成功提取并破译猴子大脑关于抓、勾、握、捏四种手势的神经信号，使猴子的“意念”能直接控制外部机械手。

需要注意的是：和克隆技术类似，将芯片植入动物甚至人的大脑这种实验，都必须经过相关部门的审核。比如，浙大的这项实验就需要通过动物伦理委员会的论证和批准。将来人类可通过大脑讯息，直接和个人计算机的操作系统及软件交互交流，不用鼠标和键盘便可开启程序和在计算机上撰写笔记。相关技术将来更可发展为“大脑网络”(brainnet)，让人类以大脑讯息直接与计算机沟通。

2）上海交通大学进行的人类大脑意念遥控活体蟑螂实验

2015年上海交通大学机械与动力工程学院硕士研究生李广晔在导师张定国的指导下，

成功利用人类的大脑意念遥控活体蟑螂。如图 1－50 所示，这只蟑螂在人脑的指挥下，竟然完成了 S 形轨迹和 Z 形轨迹等任务。该研究建立起了人脑与蟑螂大脑的功能性“脑-脑接口”，把人脑信号发送到了蟑螂大脑，实现了人脑对蟑螂运动的远程无线控制。控制者头部佩戴便携式无线脑电采集设备，控制者根据视觉反馈和视觉刺激，脑部产生方向控制意图；计算机程序解码脑电信号，识别控制者的控制意图，控制意图转换为控制指令后无线发送到蟑螂的电子背包接收器；蟑螂脑部的触角神经被植入了电刺激的微电极，这样就制作出了一个可控的活体“机器动物”。

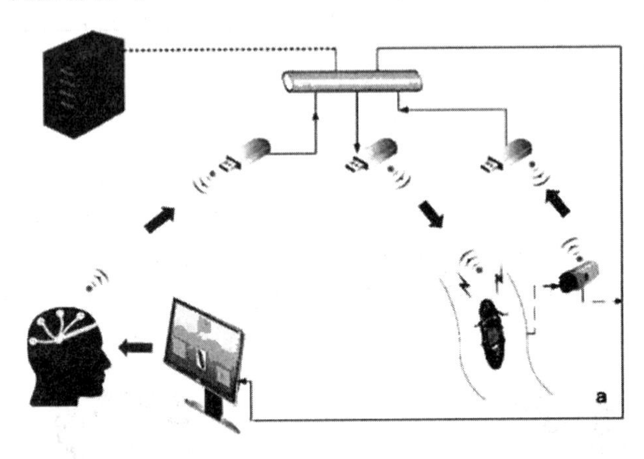

图 1－50　上海交大成功实现人脑意念遥控蟑螂行动

利用蓝牙通信技术，建立计算机同电子背包的无线通信，电子背包可接收来自控制者大脑的指令，通过侵入式神经电刺激技术向蟑螂的触觉神经发送特定模式的电脉冲，进而实现人脑对蟑螂运动的控制。

该成果获得 2015 年国际机器人与自动化学会(IEEERAS)学生视频竞赛第二名。这项研究实现了人脑实时控制活体蟑螂走 S 形轨迹和 Z 形轨迹等任务。研究者指出，此项技术拓展了传统的脑机接口技术，初步尝试了“阿凡达”式的脑-脑通信，将来亦可用于现实中复杂地形侦查、排险等操作，还为“脑联网”的兴起储备技术奠定基础。据悉，研究者近期还将继续改进控制模式，实现多人协同控制多只蟑螂竞赛模式演示。

3) 天津大学的非侵入式脑控仿人机器人

在中央电视台制作的大型纪录片《互联网时代》第十集中，有若干片断专门讲述机器人的意念控制。目前世界许多大学和研究机构都开始从事脑控机器人技术的研究，而在该集纪录片中仅介绍了三所大学的研究成果，其中包括美国匹斯堡大学的芯片植入式意念控制机械手臂、明尼苏达州立大学非侵入式的意念控制飞行器和中国天津大学非侵入式的脑控仿人机器人。人类在脑科学研究方面有许多成果，能否将它与机器人的研制结合起来，使机器人的研发取得革命性的突破，是当今科学家们思考的问题。人脑与机器人结合的研究不同于传统的脑机接口技术，因为要考虑到机器人的运动特性和环境反馈，具有更大的挑战性，其研究难度在于神经科学研究不是用一、两个数学公式就能描述清楚的，而是必须基于复杂的科学试验平台。更为重要的是，它还需与认知心理学、生命科学等多种学科的相互结合。

天津大学李伟教授课题组从 2011 年开始，课题组艰难攻关，搭建起世界上最完整的脑控机器人平台之一。相比于已有的仿人机器人意念控制平台，如美国的华盛顿大学、德国的比勒菲尔德大学和韩国的科学技术学院 KAIST 等，课题组搭建的平台在软硬件系统架构上更为完整，并具有很强的可扩展性。他们在平台上实现了利用脑电信号对机器人的速度和行为组合策略的控制，并且利用该平台进行了脑控仿人机器人在密集障碍物环境中导航、在未知环境中巡航和遥控监测等多项实验，课题组的这些实验代表了当前国际水平。

1.4　嵌入式系统的职业需求

参考华清远见 2013—2014 年嵌入式人才需求及现状调查报告，对相关数据进行分析。

1. 从事嵌入式开发工作的现状

(1) 入门起点较高，所用到的技术往往都有一定难度，要求软硬件基础扎实，特别是操作系统及软件功底要深。市场上需要的嵌入式人才必须具备 C 语言编程经验、嵌入式操作系统(如嵌入式 Linux)经验、内核裁剪经验、驱动程序开发经验。

(2) 嵌入式开发企业数量要远少于计算机应用类企业，特别是从事嵌入式的小企业数量较多(小企业要搞自己的产品创业)，知名大公司较少(进行嵌入式开发的大公司主要有 Intel、Motorola、TI、Philip、Samsung、SONY、Futjtum、Bell - Alcatel、意法半导体、Microtek、研华、华为、中兴通信等制造类企业)。这些企业的习惯思维方式是到电子、通信等偏硬专业找人，因为必须得懂硬件才能开发出操作系统和应用软件。

(3) 有少数公司经常要硕士以上的嵌入式人才，主要是因为进行嵌入式开发难度较高。但大多数公司也并无此要求，只要有经验即可，所以在大学期间应多跟老师学做一些科研项目，既积累了开发经验，又提升了个人综合能力和就业竞争力。

(4) 嵌入式开发人才稀缺，薪金高。据了解，初入门的嵌入式开发人员年薪一般都能达到 4～7 万元，有 3 年以上经验的人员年薪都在 10 万元以上，有 10 年工作经验的高级嵌入式工程师年薪在 30 万元以上。不仅薪水不菲，嵌入式人才的工作环境与发展前景较其他行业也有很大的优势。

2. 部分公司招聘和岗位要求

现在电子信息行业涌现大量嵌入式开发人员的招聘岗位，下面仅列举智联招聘网站部分招聘信息，以供学生实习、求职参考，激励学生积极学习、努力实践。

1) 南京能迪电气技术有限公司

岗位名称：嵌入式硬件工程师

岗位职责：

(1) 负责公司硬件方案设计、芯片选型、产品开发和验证工作。

(2) 负责原理图及 PCB 板设计、调试。

(3) 编写与工作相关文档，并纳入公司测试库。

招聘要求：

(1) 计算机、自动化、测控技术与仪器等电子信息类相关专业，大专及以上学历。

(2) 熟悉数字电路、模拟电路等知识，熟悉各种常用元器件。

(3) 熟练使用 PROTEL99SE、DXP 等 PCB 排版软件者优先。

(4) 有 ARM、FPGA、DSP 相关硬件设计经验者优先。

(5) 有产品开发经验者优先。

2) 南京雨巢网络有限公司

岗位名称：嵌入式开发工程师

岗位职责：

(1) 为智能家居硬件产品移植、裁剪、定制 Android 操作系统。

(2) 开发 ARM 系统硬件设备驱动及应用。

招聘要求：

(1) 计算机/通信/自动化等相关专业的本科毕业生。

(2) 熟悉 ARM 硬件架构、Wi-Fi 及以太网络的硬件工作原理。

(3) 熟练掌握 C/C++程序开发，有 Android 环境下的 NDK 开发经验更佳。

(4) 拥有 Android、Java 开发经验者优先。

3) 无锡安邦电气有限公司

岗位名称：嵌入式系统开发工程师

岗位职责：

(1) 道路交通信号控制机的软件开发。

(2) 道路交通产品电子控制设备的开发。

招聘要求：

(1) 电子、自动化、通信类专业，研究生学历或优秀的本科生。

(2) 有扎实的 C 语言、模拟电路、数字电路、电路分析等基础。

(3) 熟悉嵌入式 ARM 控制技术及嵌入式软件的编写。

(4) 熟悉道路交通控制理论、交通流设置、相位配置，了解交通信号控制机架构的优先考虑。

(5) 喜爱嵌入式技术，能够潜心研究各种技术问题。

4) 南京普杰物联网技术有限公司

岗位名称：高级嵌入式软件工程师(智慧酒店)

岗位职责：

(1) 负责智慧酒店系列产品嵌入式软件的设计、开发、调试及存档。

(2) 负责同硬件、服务器、手机客户端等模块的接口设计及联调。

招聘要求：

(1) 计算机、电子等专业专科以上学历，3 年及以上嵌入式开发经验。

(2) 熟悉嵌入式体系结构和嵌入式操作系统(μC/OS、Linux)。

(3) 精通 C 语言，精通设备驱动程序的测试与调试，能独立写驱动程序。

(4) 熟悉 Socket、TCP/UDP 等网络通信开发。

(5) 熟悉 ARM、Cortex M3、Cortex M0、MSP430 等硬件体系架构及应用开发。

(6) 有 ZigBee、Bluetooth、433M 射频等无线通信开发经验者优先。

(7) 独立工作能力强，具备团队合作精神。

(8) 责任心强，能够承受一定的压力。

(9) 对智慧酒店、智能硬件、大数据有浓厚兴趣。

5）科沃斯机器人有限公司

岗位名称：软件开发——嵌入式应用

岗位职责：

（1）负责公司嵌入式产品应用端的功能以及系统的设计开发，满足用户需求。

（2）负责公司嵌入式产品的维护工作，解决各类相关问题。

（3）负责编制和项目相关的技术文档。

（4）配合其他部门的相关工作，确保部门沟通顺畅。

招聘要求：

（1）计算机及电子信息相关专业本科及以上学历。

（2）精通 C/C++开发语言，熟悉交叉编译环境。

（3）3 年以上 C/C++嵌入式平台开发经验。

（4）熟悉多线程、多进程通信方式。

（5）熟悉 Qt 开发者优先考虑。

（6）熟悉 Linux 下 ALSA、V4L2 应用开发者优先考虑。

（7）具有嵌入式 Android 应用开发经验者优先考虑。

3. 嵌入式开发未来可选择的发展方向

总结起来，嵌入式系统开发的发展方向有以下几个领域。

1）物联网

物联网在国际上又称为传感网，这是继计算机、互联网与移动通信网之后的又一次信息产业浪潮。世界上的万事万物，小到手表、钥匙，大到汽车、楼房，只要嵌入一个微型感应芯片，就能把它变得智能化。有人预测，如果物联网全部构成，其产业要比互联网大 30 倍，物联网将会成为下一个万亿元级的通信业务。

技术需要：Linux 操作体系、ARM、C/C++、Linux 体系移植、Linux 体系定制、驱动程序、网络、传感器、数据中心、通信。

2）智能家居

随着家里智能设备的增加，大家迫切需要一种便携的，可以远距离、智能化地操控家居设备的方法。智能家居经过计算机技术、网络技术、通信技术，将家里的智能设备经过有线或无线网络，或其他的无线通信方法连接在一起，造就一个愈加智能的家居设备的操控中心，然后达到智能、便捷的意图。

技术需要：操作体系、网络、通信、ARM、C/C++、体系移植、体系裁剪、驱动程序、传感器、操控中心、服务器、数据采集、数据库。

3）云计算

关于云计算目前有很多种定义方式，云计算支持用户在任意位置、使用各种终端获取应用服务。所请求的资源来自“云”，而不是固定的有形的实体；应用在“云”中某处运行，但实际上用户无需了解，也不用担心应用运行的具体位置；只需要一台笔记本或者一部手机，就可以通过网络服务来实现我们需要的一切。云计算已经应用到越来越多的领域中，且将发挥越来越重要的作用。

技术需要：虚拟化技术、分布式数据存储技术、大规模数据管理、信息安全、云计算平台管理等。

4）车联网

车联网(Internet of Vehicles)是由车辆位置、速度和路线等信息构成的巨大交互网络。通过 GPS、RFID、传感器、摄像头图像处理等装置，车辆可以完成自身环境和状态信息的采集；通过互联网技术，所有的车辆可以将自身的各种信息传输汇聚到中央处理器；通过计算机技术，这些大量的车辆信息可以被分析和处理，从而计算出不同车辆的最佳路线，便于及时汇报路况和安排信号灯周期。

技术需要：操作系统、C/C＋＋、ARM、体系移植、体系定制、网络、通信、传感器、数据中心、驱动程序。

5）智能物流

随着电商爆发式的发展，物流行业也随之崛起。智能物流就是将条形码、射频识别技术、传感器、全球定位系统等先进的物联网技术，通过信息处理和网络通信技术平台广泛应用于物流业运输、仓储、配送、包装、装卸等基本活动环节，实现货物运输过程的自动化运作和高效率优化管理，提高物流行业的服务水平，降低成本，减少自然资源和社会资源消耗。

技术需要：操作系统、通信、传感器、网络、ARM、C/C＋＋、体系移植、体系裁剪、数据库。

6）智慧城市

当前，全球信息技术呈加速发展趋势，信息技术在国民经济中的地位日益突出，信息资源也日益成为重要的生产要素。智慧城市正是在充分整合、挖掘、利用信息技术与信息资源的基础上，汇聚人类的智慧，赋予物以智能，从而实现对城市各领域的精确化管理，实现对城市资源的集约化利用。

技术需要：操作系统、传感器、ARM、网络、通信、数据采集、数据库、C/C＋＋、驱动程序。

7）智能医疗

智能医疗是通过打造健康档案区域医疗信息平台，利用最先进的物联网技术，实现患者与医务人员、医疗机构、医疗设备之间的互动，逐步达到信息化。在不久的将来医疗行业将融入更多人工智慧、传感技术等高科技，使医疗服务走向真正意义的智能化，推动医疗事业的繁荣发展。在中国新医改的大背景下，智能医疗正在走进寻常百姓的生活。

技术需要：无线网技术、条码 RFID、物联网技术、移动计算技术、数据融合技术等。

8）可穿戴设备

三星、LG、SONY 等厂商推出智能手表产品，苹果的 Apple Watch 也已推出。在国内市场，Inwatch、土曼、果壳电子的智能手表也在继续更新换代，思路也更加成熟，比如果壳电子开始重新定义产品的设计，将表盘改为圆形。

技术需要：基于数据的医疗、个性化的可穿戴设备、教练服务、基于手势的界面、身份验证等。

每年全球 PC 的出货量大约是几亿台，手机大约十几亿台，而所有的嵌入式系统设备每年的出货量大约为一百多亿台。如此大的一个舞台，对于嵌入式从业者或即将进入这个行业的人来说绝对是一个不可错过的好机会。时下，基于市场的需求，越来越多的企业投入到智能硬件、软件的开发工作中来。相对于市场来说，从高校刚毕业的电气、电子、通信、自动化、计算机专业的学生，无论从经验还是能力上均与企业需求还有很大的距离。

1.5　嵌入式系统的学习方法

十余年前，ARM的优势已得到广泛认可，并被广泛引入到大学专业教学当中。目前，低端ARM替代8/16位MCU已成定局，高端ARM已开始进入物联网、车联网、智能家居、云计算领域。对于企业而言，嵌入式开发越来越朝着敏捷开发、专业操作的方向发展。国内也逐步涌现出一些专门定制开发电子产品，进行嵌入式软件外包的专业开发公司。对于企业而言，随时关注智能硬件的发展尤其重要，尤其是ARM、FPGA、MCU、SoC的结构、工艺、速度正在经历着不断的变革。未来的几年内，随着信息化、智能化、网络化的发展，嵌入式系统技术也将获得广阔的发展空间。社会、企业需要大量具有嵌入式电路硬件设计、软件开发、系统测试综合能力和相关行业背景的大学本科及研究生人才资源。

1. 嵌入式系统学习建议

嵌入式学习不仅仅是学习几项技术，而是构建你的知识体系，从C语言、数据结构开始，到ARM处理器、汇编程序、Linux内核、接口驱动等，嵌入式学习宜从软件入手，从应用层编程到操作系统移植、硬件平台设计为好。

淮阴工学院电子信息工程学院教师指导学生进行虚拟实验室教学，组建翔宇学院，充分调动、组织、培训学生专业技能，激发学生学习兴趣，显著提升了学生的动手动脑能力，积极鼓励学生参加嵌入式系统设计相关课题研究与竞赛，如博创杯、浙江求是嵌入式设计大赛、飞思卡尔智能小车、全国信息技术应用水平大赛、全国和江苏省电子设计大赛等科技创新比赛，参加全国计算机三级嵌入式系统开发技术、四级嵌入式系统开发工程师考试。

对于ARM嵌入式开发的入门者，给出如下入门学习建议：

(1) 做一个最小系统板。如果从没有做过ARM嵌入式开发，建议一开始不要贪大求全，想把所有的应用都做好，因为ARM的启动方式和DSP或单片机有所不同，往往会遇到各种问题，所以建议先布一个仅有Flash、SRAM或SDRAM、CPU、JTAG、电源和复位信号的小系统板，留出扩展接口，先使最小系统能够正常运行。

(2) 写启动代码。根据硬件地址先写一个能够启动的小代码，包括以下部分：初始化端口，屏蔽中断，把程序拷贝到SRAM中；完成代码的重映射；配置中断句柄，连接到C语言入口。在示例程序当中，BootLoader会有很多东西，但是不要被这些复杂的程序所困扰，因为你不是做开发板的，你的任务就是做段小程序，让你的应用程序能够运行下去。

(3) 仔细研究你所用的芯片的资料。尽管ARM在内核上兼容，但每家芯片都有自己的特色，编写程序时必须考虑这些问题。这一步切记不能有依赖心理，总想拿别人的示例程序修改，结果往往越改越乱。

(4) 多看一些操作系统程序。ARM嵌入式开发的应用开放源代码的程序很多，要想提高自己，就要多看别人的程序，Linux、Android、μC/OS-Ⅱ等这些都是很好的源代码。

(5) 如果是做硬件，每个厂家基本上都有针对该芯片的DEMO板原理图。先将原理图消化，之后做设计时，就能对资源的分配心中有数。器件的数据手册一定要好好消化。

(6) 如果做软件，最好对操作系统的原理要有所了解，对于做硬件出身的人，要想做ARM 嵌入式开发，则需要多下功夫。

2. 嵌入式系统教学建议

针对目前嵌入式教学中概念多、难点多、更新快和实践性强的特点，及学时少、学生操作机会少、理论理解难等问题，可采取如下方法：

(1) 联想对比教学法：结合微机原理、单片机原理等课程理解三种处理器的应用领域、堆栈类型、寄存器结构、汇编程序等；结合 C 语言程序设计，讲解嵌入式 C 语言编程及优化方法；结合 EDA 技术，讲解 ARM 处理器的硬件电路组成与设计；结合物联网技术讲解嵌入式系统与蓝牙、Wi-Fi、射频、ZigBee 等接口的结合应用；结合虚拟现实、机器人等现实应用产品，讲解机器视觉、人工智能、可穿戴设备等技术研究；结合嵌入式相关岗位招聘要求，让学生知道应该学习与掌握哪些嵌入式系统相关知识与技术。

(2) 项目驱动的案例教学法：充分利用现有嵌入式设计大赛及企业、教师科研项目作为案例库，在教学实践中，教师可以选择一个实际工程项目为对象，从项目的构思、设计、实施、运作上进行分析，让学生通过团队合作来完成项目设计、项目实践和项目的总结报告。由此来激发学生的学习、动手兴趣，引导学生深层次思考，提高教师教学质量和学生学习效果。

(3) 软硬件互补教学法：对于难以理解的硬件或软件知识点，通过结合相应的软件或硬件知识来阐述，使复杂问题简单化，抽象概念具体化，不仅讲理论，更要用事实说话，使用开发软件和调试工具仿真验证。

(4) 增强创新意识和实践能力：嵌入式系统是一门注重实践的课程，教师应鼓励学生购买小的开发板和利用现有的实验设备，通过验证、设计和综合、创新等实验内容，使学生掌握嵌入式系统开发环境和开发工具、开发流程，理解嵌入式基础理论、操作系统的裁剪以及程序的设计开发。教师应不断了解社会对嵌入式专业人才的具体技能需求及专业前沿领域的最新技术，从而有的放矢地去指导学生从事实验、科研的技术研发。并不断通过技术培训、进企业实训来提高教师的业务能力、思考和解决实际问题的能力，才能达到完善自身专业知识的目的，才能有效地为学生的学习提供指导。

嵌入式课程依附于相关应用领域，涉及很多学科，其鲜明的特点在于硬件和软件的结合上(如从点亮一个发光二极管 LED 开始)。应坚持的教学理念是：兴趣最重要，结合实际应用产品的图片、视频介绍引发学生关注；简化细节学习，重视概念讲解；简化汇编代码学习，课堂程序讲解选择视频、上机调试演示等多种手段，重视应用能力培养；合理分配课时，重视硬件设计能力的培养，从小板子做起；创造条件，加大实践环节时间，如开设电子应用软件实习、嵌入式技能训练、专业综合实训等实践环节，着力培养学生动手实践能力；千方百计地提升学生的专业含金量和就业竞争力，为下届学生创造先进的榜样和模板、起到课程在专业建设方面的示范带动作用。

图 1-51 为"博创杯"全国大学生嵌入式设计大赛作品展示，只要大学生有兴趣积极参与，一定能提高自己的设计、创新、动手能力，提升专业就业竞争力。

图1-51　“博创杯”全国大学生嵌入式设计大赛作品展示

习　题

1. 嵌入式系统是一类特殊的计算机系统。下列产品中不属于嵌入式系统的是______。

A. 智能电饭煲　　B. 小米盒子　　C. “天河二号”计算机系统　　D. POS机

2. 关于嵌入式系统的硬件组成，以下说法正确的是________。

A. 嵌入式处理器内部通常有内置存储器

B. 嵌入式计算机包括嵌入式处理器和外部设备

C. 存储器是嵌入式硬件的核心

D. 嵌入式系统硬件不包括输入/输出接口

3. 下面关于微控制器的叙述中，错误的是________。

A. 微控制器将整个计算机硬件的大部分甚至全部电路集成在一块芯片中

B. 微控制器品种和数量最多，在过程控制、机电一体化产品、智能仪器仪表、家用电器、计算机网络及通信等方面得到了广泛应用

C. 微控制器的英文缩写是 MCU

D. 8 位的微控制器现在已基本淘汰

4. 嵌入式系统由硬件和软件部分构成，以下________不属于嵌入式系统软件。

A. 系统内核　　B. 驱动程序

C. FPGA 编程软件　　D. 嵌入式中间件

5. 片上系统(SoC)也称为系统级芯片，下面关于 SoC 的叙述中错误的是________。

A. SoC 芯片中只有一个 CPU 或 DSP

B. SoC 芯片可以分为通用 SoC 芯片和专用 SoC 的芯片两大类

C. 专用 SoC 芯片可分为定制的嵌入式处理芯片和现场可编程嵌入式处理芯片两类

D. FPGA 芯片可以反复地编程、擦除、使用，在较短时间内就可完成电路的输入、编译、优化、仿真，直至芯片的制作

6. 数码相机是嵌入式系统的典型应用之一。下面关于数码相机的叙述中，错误的是________。

A. 它由前端和后端两部分组成，前端负责数字图像获取，后端负责数字图像的处理

B. 后端通常是以嵌入式 DSP 作为核心的 SoC 芯片，DSP 用于完成数字图像处理

C. 负责进行数码相机操作控制(如镜头变焦、快门控制等)的是一个 32 位的 MCU

D. 高端数码相机配置有实时操作系统和图像处理软件

7. 每种嵌入式操作系统都有自身的特点以吸引相关用户，下列说法错误的是________。

A. 嵌入式 Linux 提供了完善的网络技术支持

B. μCLinux 是专门为没有 MMU 的 ARM 芯片开发的

C. μC/OS-Ⅱ操作系统是一种实时操作系统(RTOS)

D. Win CE 提供完全开放的源代码

8. 试述嵌入式系统的定义及软硬件组成结构。

9. Flash Memory 是近年来发展迅速的内存，很多嵌入式文件系统都基于其构建。Flash Memory 主要由哪两种技术实现？它们的应用范围分别是什么？

10. 熟悉你的手机配置，了解其处理器芯片、操作系统、数据线接口、内存卡及 SIM 卡类型及容量、系统安装软件文件组成等。

11. 平时多看搜狐、360、新浪、中关村、奇酷网、麦动网等主页的科技新闻，了解最新嵌入式系统发展趋势与产品评测，如智能手环、智能眼镜等可穿戴设备、车联网、智能家居、智慧城市、云计算、无人驾驶汽车、无人机、意念机器人等。

第 2 章 ARM 体系结构

嵌入式系统硬件层的核心是嵌入式微处理器，嵌入式微处理器有各种不同的体系，即使在同一体系中也可能具有不同的时钟频率和数据总线宽度，或集成了不同的外设和接口。据不完全统计，目前全世界嵌入式微处理器已经超过 1000 多种，体系结构有 30 多个系列，其中主流的体系有 ARM、MIPS、PowerPC 等。嵌入式微处理器的选择是根据具体的应用而决定的。

英国 ARM 公司的 CPU 凭借功耗较低、成本均衡、架构灵活等特性及特有的 16/32 位双指令集，已成为移动通信、手持计算、多媒体数字消费等嵌入式解决方案的 RISC 标准，占领了绝大多数移动市场的份额，平板电脑也大多采用 ARM 处理器。

学习目标

※ 熟悉 ARM 微处理器体系结构，ARM 支持的数据类型和存储模式，寄存器组织。

※ 掌握 ARM 微处理器的工作状态和运行模式，ARM 微处理器的异常。

学海聆听

零星的时间，如果能敏捷地加以利用，可成为完整的时间。所谓“积土成山”是也，失去一日甚易，欲得回已无途。

——卡耐基

2.1 常用嵌入式处理器芯片

据统计，在嵌入式微处理器市场占有率上，ARM 处理器占市场的 79.5%，MIPS 处理器占市场的 13.9%，SUN 公司的 microSPARC 处理器占市场的 3.1%，IBM 的 PowerPC 处理器占市场的 2.8%，其他处理器占市场的 0.8%。

第一片 ARM 处理器是 1985 年 4 月由位于英国剑桥的 Acorn Computer 公司开发出来的。1990 年 11 月 Advanced RISC Machines Limited 成立，即 ARM 公司，当时公司只有 12 人，初创时期的 ARM 没有商业经验、没有管理经验，当然也没有世界标准这种愿景，运营资金紧张，工程师人心惶惶，最后 ARM 决定自己不生产芯片，转而以授权的方式将芯片设计方案转让给其他公司，即“Partnership”开放模式，公司在 1993 年实现盈利，1998 年纳斯达克和伦敦证券交易所两地上市，同年基于 ARM 架构的芯片出货达 5000 万片。进入 2000 年，受益于手机以及其他电子产品的迅速普及，ARM 系列芯片呈爆炸性增长，2001 年 11 月出货量累积突破十亿片，2011 年基于 ARM 系列芯片单年出货 79 亿片，年营收 4.92 亿英镑(合 7.85 亿美元)，净利润 1.13 亿英镑。发展到现在，ARM 公司在全球拥有超过 1700

名员工，到目前为止已销售了超过150亿枚基于ARM的芯片。

ARM微处理器及技术的应用几乎已经深入到各个领域，如16/32位的高低端工业控制领域、85%以上的无线通信设备、语音及视频处理、数字音频播放器、数字机顶盒和体感游戏机、数码相机、打印机和32位SIM智能卡等成像和安全产品都使用了ARM技术。

如图2-1所示为ARM公司的商业模式，即生态链。ARM公司的成功除了其卓越的芯片设计技术以外，还源于其创新的商业模式：提供技术许可的知识产权，而不是制造和销售实际的半导体芯片。ARM将其芯片设计技术(内核、体系扩展、微处理器和系统芯片方案)授权给Intel、Samsung、TI、高通、意法半导体等半导体制造商，这些厂商拿到ARM内核以后，再设计外围的各种控制器，和ARM核整合成一块SoC芯片，也就是我们看到的市面上的各种芯片，作为用户，我们也许不知道我们使用的是ARM芯片，但是我们可能天天都在感受着ARM芯片带给我们的智能体验。ARM公司正是因为没有自己生产芯片，省去了IC制造的巨额成本，因此可以专注于处理器内核设计本身，ARM处理器内核不但性能卓越而且升级速度很快，以适应市场的变化。由于所有的ARM芯片都采用一个通用的处理器架构，所以相同的软件可以在所有产品中运行，这正是ARM最大的优势，采用ARM芯片无疑可以有效缩短应用程序开发与测试的时间，也降低了研发费用。

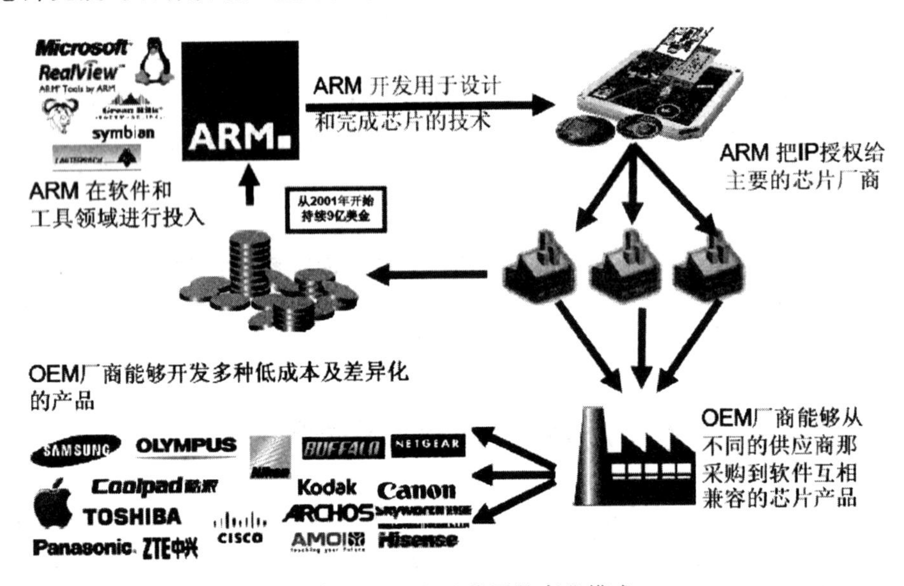

图2-1 ARM公司的商业模式

在高性能的32位嵌入式片上系统设计中，几乎都是以ARM作为处理器核。ARM处理器核作为基本处理单元，根据发展需求还集成了与处理器核密切相关的功能模块，如Cache存储器和存储器管理(MMU)硬件。基于ARM的处理器核简称ARM核，核并不是芯片，ARM核与其他部件如RAM、ROM、片内外设组合在一起才能构成现实的芯片。

2.1.1 ARM处理器内核版本

ARM架构自诞生至今，已经发生了很大的演变，至今已定义了8种不同的版本。ARM处理器核使用的体系结构如表2-1所示。

表 2-1 ARM 内核采用的体系结构版本

ARM 内核名称		体系结构
ARM1		ARMv1
ARM2		ARMv2
ARM3		ARMv2a
ARM6，ARM7		ARMv3
Strong ARM，ARM8		ARMv4
ARM7TDMI，ARM710T，ARM9TDMI，ARM920T		ARMv4T
ARM9E-S		ARMv5
ARM10TDMI，ARM1020E，XScale		ARMv5TE
ARM11，ARM1176JZ-S		ARMv6
Cortex-M	Cortex-M0，Cortex-M1	ARMv6-M
	Cortex-M3，Cortex-M4	ARMv7-M
Cortex-R 系列	Cortex-R4/R5/R7	ARMv7-R
Cortex-A 系列	Cortex-A5/A7/A8/A9/A15	ARMv7-A
Cortex-A50 系列	Cortex-A53/A57/A72	ARMv8-A

v7 版架构：ARM 体系架构 v7 是 2005 年发布的。它使用了能够带来更高性能、功耗效率和代码密度的 Thumb-2 技术。它首次采用了强大的信号处理扩展集，对 H.264 和 MP3 等媒体编解码提供加速。Cortex-M3 处理器采用的就是 v7 版的架构。

v8 版架构：ARMv8 是在 32 位 ARM 架构上进行开发的，将被首先用于对扩展虚拟地址和 64 位数据处理技术有更高要求的产品领域，如企业应用、高档消费电子产品。ARMv8 架构包含两个执行状态：AArch64 和 AArch32。AArch64 执行状态是针对 64 位处理技术，引入了一个全新指令集 A64；而 AArch32 执行状态将兼容现有的 32 位 ARM 指令集。目前的 ARMv7 架构的主要特性都将在 ARMv8 架构中得以保留或进一步拓展，如 TrustZone 安全执行环境、虚拟化及 NEON(高级 SIMD)等关键技术特性。

配合 ARMv8 架构的推出，ARM 正在努力确保一个强大的设计生态系统来支持 64 位指令集。ARM 的主要合作伙伴已经能够获得支持 ARMv8 架构的 ARM 编译器和快速模型。在新架构的支持下，一系列开源操作系统、应用程序和第三方工具的开发已经在开展中。

如图 2-2 所示为最新几种版本的 ARM 架构图，从中可以看到新加功能。

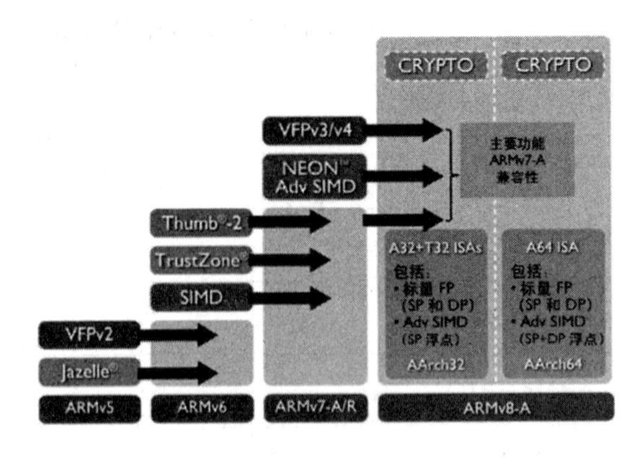

图 2-2 ARM 架构图

2.1.2 处理器性能指标

如图 2-3 所示，描述处理器时会采用下列技术指标。

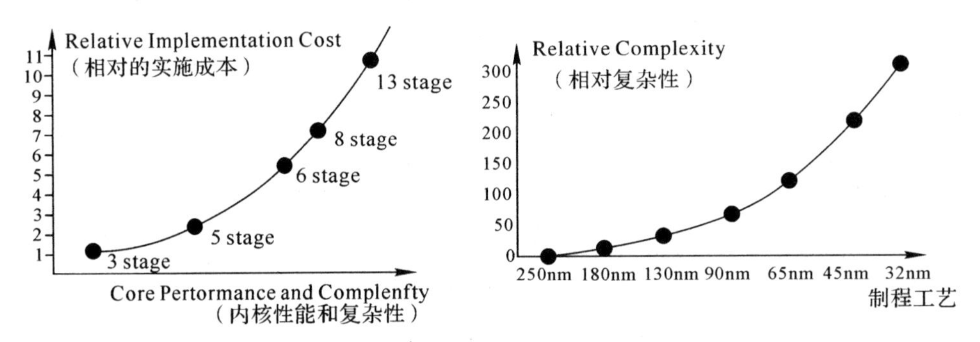

图 2-3 ARM 体系结构的流水线结构、制程工艺

(1) CPU 的主频。即 CPU 内核工作的时钟频率，如主频为 1.3 GHz。CPU 的主频不代表 CPU 的速度，但高频的 CPU 使程序运行更快并节省电量。

(2) 制程工艺。“45 nm”即 45 纳米(45×10^{-9}米)，指的是生产芯片时的精度，数字越小，精度越高，工艺也就越先进。在同样的材料中可以制造更多的电子元件，连接线也更细，CPU 的集成度自然更高，功耗也会随之变得更小。

(3) 流水线。“13 stage”指的是 13 级流水线技术(13 stage pipeline)，通过多个功能部件并行工作来缩短程序执行时间，提高处理器的效率和吞吐率。

(4) 功耗。许多嵌入式 ARM 处理器的系统都是采用电池供电的方式，系统的功耗不仅仅取决于处理器，具体芯片设计和集成到芯片内部的外围模块也将影响片上能量的消耗，8 位或 16 位微处理器的功耗水平为 0.25～2.5 mW/MHz，新型的低功耗 CPU 甚至可以在低于 1.8 V 的电压下工作，不同的 CPU 在睡眠模式下的电流消耗是 1～50 μA。

(5) 工作速度 MIPS。ARM 公司一般用 DMIPS/MHz 来标称 ARM 核心的性能。DMIPS 是 Dhrystone Million Instructions executed Per Second 的缩写，反映核心的整数计算能力。一个处理器达到 2000 DMIPS 的性能是指这个处理器测整数计算能力为(2000×100 万)条指令/秒。MFLOPS 是 Million Floating - point Operations Per Second 的缩写，主要用于测浮点计算能力。

2.1.3　ARM 处理器内核类型

常见的 ARM 处理器内核如表 2-2 所示，表中列出了目前各种处理器生产厂家及型号。

表 2-2　ARM 处理器内核列表

类型	ARM 架构	型　号
应用处理器	Cortex-A5	炬力 ATM7025/7029
		高通 Snapdragon 200
		InfoTMIC iMAPx820/iMAPx15
		Telechips TCC892x
	Cortex-A7	全志 A20/A31s/A31
		海思 K3V3
		Leadcore LC1813
		联发科 MT6572/6589/6589T/6589M/8125/6599
		高通 Snapdragon 400
		三星 Exynos 5410
	Cortex-A8	全志 A10/A13/A10s
		苹果 A4
		飞思卡尔 i. MX5x
		瑞芯微电子 RK290x/RK291x
		三星 Exynos 3110/S5PC110/S5PV210
		德州仪器 OMAP 3
		ZiiLABS ZMS-08
	Cortex-A9	晶晨半导体 AML8726
		苹果 A5/A5X
		飞思卡尔 i. MX6x
		海思 K3V2/K3V2T/K3V2E
		联发苹果 A7 (Cyclone)科 MT6575/6577
		Nvidia Tegra 2/3/4i
		Nufront NuSmart 2816M/NS115/NS115M
		瑞萨 EMMA EV2
		瑞芯微电子 RK292x/RK30xx/RK31xx
		三星 Exynos 4
		意法爱立信 NovaThor
		Telechips TCC8803
		德州仪器 OMAP 4
		VIA 威信科电 WM88x0/89x0
		VIA Elite-E1000
		ZiiLABS ZMS-20，ZMS-40
	Cortex-A15	海思 K3V3
		联发科 MT6599
		Nvidia Tegra 4
		三星 Exynos 5
		德州仪器 OMAP 5

续表一

类型	ARM 架构	型 号
应用处理器	ARMv7 - A compatible	苹果 A6/A6X(Swift)
		高通 Snapdragon S1/S2/S3(Scorpion)
		高通 Snapdragon S4 Plus/S4 Pro (Krait)
		高通 Snapdragon 600/800(Krait 300/400)
	ARMv8 - A compatible	苹果 A7(Cyclone)
实时微控制器	Cortex - R4F	德州仪器 RM4, TMS570
	Cortex - R5F	Scaleo OLEA
微控制器	Cortex - M0	Energy Micro EFM32 Zero
		NXP LPC1100, LPC1200
		STMicroelectronics STM32 F0
	Cortex - M0+	Freescale Kinetis L
		NXP LPC800
	Cortex - M1	Actel FPGAs
		Altera FPGAs
		Xilinx FPGAs
	Cortex - M3	Actel SmartFusion, SmartFusion 2
		Atmel AT91SAM3
		Cypress PSoC 5
		Energy Micro EFM32 Tiny, Gecko, Leopard, Giant
		Fujitsu FM3
		NXP LPC1300, LPC1700, LPC1800
		Silicon Labs Precision32
		STMicroelectronics STM32 F1, F2, L1, W
		Texas Instruments F28, LM3, TMS470, OMAP 4
		Toshiba TX03
	Cortex - M4	Atmel AT91SAM4
		Freescale Kinetis K
		Texas Instruments OMAP 5
	Cortex - M4F	Energy Micro EFM32 Wonder
		Freescale Kinetis K
		Infineon XMC4000
		NXP LPC4000, LPC4300
		STMicroelectronics STM32 F3, F4
		Texas Instruments LM4F

续表二

类型	ARM架构	型　号
传统处理器（Classic Processors）	ARM7	Atmel AT91SAM7，AT91CAP7，AT91M，AT91R
		NXP LPC2100，LPC2200，LPC2300，LPC2400
		STMicroelectronics STR7
	ARMv4 compatible	Digital Equipment Corporation（StrongARM）
	ARM9	Atmel AT91SAM9，AT91CAP9
		Freescale i. MX1x，i. MX2x
		Rockchip RK27xx/RK28xx
		NXP LPC2900，LPC3100，LPC3200，LH7A
		ST - Ericsson Nomadik STn881x
		STMicroelectronics STR9
		Texas Instruments OMAP 1，AM1x
		VIA WonderMedia WM8505/8650
		ZiiLABS ZMS - 05
	ARMv5 compatible	Digital Equipment Corporation(XScale)
		Marvell(Sheeva、Feroceon、Jolteon、Mohawk)
	ARM11	Freescale i. MX3x
		Infotmic IMAPX210/220
		Nvidia Tegra APX，6xx
		Qualcomm MSM7000，Snapdragon S1
		ST - Ericsson Nomadik STn882x
		TI OMAP 2
		VIA WonderMedia WM87x0
	ARMv6 compatible	Mindspeed Comcerto 1000

1. ARM7系列

ARM7体系结构具有三级流水线、空间统一的指令与数据Cache、平均功耗为0.6 mW/MHz、时钟速度为66 MHz、每条指令平均执行1.9个时钟周期等特性。其中的ARM710、ARM720和ARM740为内带Cache的ARM核。ARM7指令集同Thumb指令集扩展组合在一起，可以减少内存容量和系统成本，同时，它还利用嵌入式ICE调试技术来简化系统设计，并用一个DSP增强扩展来改进性能。

ARM7 体系结构是小型、快速、低能耗、集成式的 RISC 内核结构。该产品的典型用途是数字蜂窝电话和硬盘驱动器等，目前主流的 ARM7 内核是 ARM7TDMI、ARM7TDMI - S、带有高速缓存处理器宏单元的 ARM720T 和扩充了 Jazelle 的 ARM7EJ - S 等。

ARM7 系列广泛应用于多媒体和嵌入式设备，包括互联网设备、网络和调制解调器设备，以及移动电话、PDA 等无线设备。典型的 ARM7 处理器有思智浦公司的 LPC2000 系列微控制器、Samsung 公司的 S3C44BOX 与 S3C4510 处理器、Atmel 公司的 AT91FR40162 系列处理器、Cirrus 公司的 EP73xx 系列等。

2. ARM9 系列

ARM9 处理器采用 ARMv4T 哈佛体系结构。这种体系结构由于程序和数据存储器在两个分开的物理空间中，因而取指和执行能完全重叠。ARM9 采用五级流水处理及分离的 Cache 结构，平均功耗为 0.7 mW/MHz。时钟速度为 120～200 MHz，每条指令平均执行 1.5 个时钟周期。ARM9 处理器同时也配备 Thumb 指令扩展、调试和哈佛总线。在生产工艺相同的情况下，ARM9 处理器的性能是 ARM7TDMI 处理器的两倍之多。常用于无线设备、仪器仪表、联网设备、机顶盒设备、高端打印机及数码相机应用中。

目前主流的 ARM9 内核是 ARM920T、ARM922T、ARM940。相关的处理器芯片有 Samsung 公司的 S3C2410、S3C2510 和 Cirrus 公司的 EP93xx 系列等。ARM9E 内核是在 ARM9 内核的基础上增加了紧密耦合存储器 TCM 及 DSP 部分。主流的 ARM9E 内核是 ARM926EJ - S、ARM946E - S、ARM966E - S 等。

应用案例：TI OMAP 1710。诺基亚 N73、诺基亚 E65、三星 SGH - i600 等手机采用的都是该处理器，米尔科技的 MYS - SAM9X5 系列工控开发板也采用了该处理器。

3. ARM11 系列

ARM11 处理器系列可以在使用 130 nm 工艺技术、小至 2.2 mm^2 芯片面积和低至 0.24 mW/MHz 的前提下达到高达 500 MHz 的性能表现。ARM11 处理器系列以众多消费产品市场为目标，推出了许多新的技术，包括针对媒体处理的 SIMD，用以提高安全性能的 TrustZone 技术，智能能源管理(IEM)，以及需要非常高的、可升级的超过 2600 Dhrystone 2.1 MIPS 性能的系统多处理技术。

ARM11 系列包括了 ARM11MPCore 处理器、ARM1176 处理器、ARM1156 处理器、ARM1136 处理器，它们是基于 ARMv6 架构，分别针对不同应用领域。ARM11 MPCore 使用多核处理器结构，可实现从 1 个内核到 4 个内核的多核可扩展性，从而使具有单个宏的简单系统设计可以集成高达单个内核的 4 倍的性能。Cortex - A5 处理器是 ARM11MPCore 的相关后续产品。ARM1176 处理器主要应用在智能手机、数字电视和电子阅读器中，在这些领域得到广泛部署，它可提供媒体和浏览器功能、安全计算环境，在低成本设计的情况下性能高达 1 GHz。

应用案例：高通 MSM7225(HTC G8)、MSM7227(HTC G6、三星 S5830、索尼爱立信 X8 等)、Tegra APX 2500、博通 BCM2727(诺基亚 N8)、博通 BCM2763(诺基亚 PureView 808)、Telechip 8902(平板电脑)。

4. SecureCore 系列

SecurCore 系列处理器提供了基于高性能的 32 位 RISC 技术的安全解决方案，该系列处理器具有体积小、功耗低、代码密度大和性能高等特点。最为特别的就是该系列处理器提供了安全解决方案的支持。采用软内核技术，以提供最大限度的灵活性，以及防止外部对其进行扫描探测，提供面向智能卡的和低成本的存储保护单元 MPU，可以灵活地集成用户自己的安全特性和其他的协处理器，目前有包括 SC100、SC110、SC200、SC210 四种产品。

5. StrongARM 系列和 XScale 系列

在 PDA 领域，Intel 的 StrongARM 和 XScale 处理器占据举足轻重的地位，这两者在架构上都属于 ARM 体系，相当于 ARM 的一套实际应用方案。它是 Intel 公司基于 ARMv5TE 处理器发展出的产品，当年 ARM 推出嵌入式核心之后，DEC 公司获得许可并在此基础上开发出增强版的 StrongARM 处理器，后来 DEC 公司被康柏收购，而 StrongARM 核心则被 Intel 买走，属于该体系的 SA1110 处理器被长时间用于 Pocket PC 中(PDA 中的一种，采用 Windows CE 操作系统)。不过，SA1100 的集成度较低，许多功能都必须借助第三方芯片实现，而且存在一些老掉牙的过时接口和派不上用场的功能，Intel 在接手之后对其进行改进，并在 2002 年 2 月份正式推出基于 StrongARM 的下一代架构——XScale。

在指令集结构上，XScale 仍然属于 ARM 的“v5TE”体系，与 ARM9、10 系列内核相同，但它拥有与众不同的 7 级流水线，除了无法直接支持 Java 解码和 v6 SIMD 指令集外，各项性能参数与 ARM11 核心都比较接近。再结合 Intel 在半导体制造领域的技术优势，XScale 获得了极大的性能提升，它的最高频率可达到 1 GHz，并保持 ARM 体系一贯的低功耗特性。加上丰富的软件支持、强大的扩展能力和附属功能，以及 Intel 在业界的巨大影响力，XScale 被广泛应用于 Pocket PC 和 Palm 平台的 PDA 产品中，成为该领域的事实主宰者。Intel 已推出 PXA25x、PXA26x 和 PXA27x 三代 XScale 架构的嵌入式处理器。

从 2006 年开始，英特尔公司便开始逐渐清理通信芯片业务。当时，英特尔公司把手机芯片业务以 6 亿美元的价格转让给了 Marvell 科技公司。Marvell 推出 PXA3xx 系列，采用新一代的 XScale 架构，其中 PXA320 最高主频为 806 MHz。

6. MIPS 处理器

MIPS 科技公司是全球第二大半导体设计 IP(知识产权)公司和全球第一大模拟 IP 公司。MIPS 技术公司则是一家设计制造高性能、高档次及嵌入式 32 位和 64 位处理器的厂商。MIPS 的意思“无内部互锁流水级的微处理器”(Microprocessor without Interlocked Piped Stages)，其机制是尽量利用软件办法避免流水线中的数据相关问题。它最早是在 20 世纪 80 年代初期由斯坦福(Stanford)大学 Hennessy 教授领导的研究小组研制出来的。

在通用方面，MIPS R 系列微处理器用于构建 SGI 的高性能工作站、服务器和超级计算机系统。在嵌入式方面，MIPS K 系列微处理器是目前仅次于 ARM 的用得最多的处理器之一(1999 年以前 MIPS 是世界上用得最多的处理器)，其应用领域覆盖游戏机、路由器、激光打印机、掌上电脑等各个方面。如 Linksys 的宽带设备、索尼的数字电视和娱乐系统、先锋的 DVD 刻录设备、摩托罗拉的数字机顶盒、思科的网络路由器、Microchip 的 32 位微控制器和惠普的激光打印机。

MIPS 的商业模式和 ARM 相似，也是研发处理器内核，将知识产权授权给其他公司。

我们非常熟悉的国产处理器厂商龙芯就是获得 MIPS32 和 MIPS64 架构的授权，借此开发了龙芯 CPU。MIPS 其实是一款非常优秀的 RISC 处理器架构，在设计理念上 MIPS 强调软硬件协同提高性能，同时简化硬件设计。但是由于一些历史原因，MIPS 错过了一些比较好的发展机遇，导致现在的发展遇到一些困境。

MIPS 开展授权模式比 ARM 要晚，在中国市场的推广远不及 ARM，其生态系统的规模和完整性都不如 ARM，而且很多 MIPS 的授权厂商如 Broadcom/PMC 等都不在处理器内核上继续投入了，MIPS 内核平台的开放性不太好，导致目前 MIPS 开发工具支持不够广泛，这是开发者不愿意看到的，而支持 ARM 内核的集成开发环境(IDE)、编译器、RTOS、软件仿真器、启动/驱动代码产品也是层出不穷，可以说一条完整的设计链已经形成，进入一种良性循环，所以开发者更倾向于使用 ARM 芯片。除了 ARM 本身，高通、马维尔作为 ARM 的架构授权者都在积极推动处理器内核的研发，这一点使 MIPS 在与 ARM 的竞争中无法占到优势。

7. PowerPC

PowerPC 是由苹果(Apple)公司和 IMB 以及早期的 Motorola(现在的飞思卡尔半导体)组成的联盟(简称为 AIM)共同设计的微处理器架构，以对抗在市场上占有压倒优势的 x86 处理器。

在 2006 年之前，基于 PowerPC 架构的 CPU 一直都只能由 IBM 和 Motorola 公司生产，后来 Motorola 将其半导体部门卖给了飞思卡尔，则变成了由 IBM 和飞思卡尔生产 PowerPC 芯片。2006 年之后，IBM 和飞思卡尔才开放了 PowerPC 的授权，将 PowerPC 授权给其他厂商，其授权模式的开展比 ARM 以及 MIPS 都要晚得多，PowerPC 开放授权之后势必会有更多的厂商加入对其开发的行列，目前的嵌入式市场反映出来的趋势确实是 PowerPC 芯片凭借其出色的性能和高度整合性，正在慢慢抢占原先由 ARM 和 MIPS 占据主导地位的市场，尤其 PowerPC 在高端嵌入式设备上的应用更有着绝对的优势。

PowerPC 在中国市场也有着不错的表现，尤其是飞思卡尔还在西安设有芯片的研发中心，正在大力推广其 PowerPC 芯片的应用，估计一些高端嵌入式市场未来将会向 PowerPC 倾斜。

PowerPC 主要的应用领域包括：苹果公司生产的笔记本、图形工作站、台式机等；IBM 公司生产的服务器、工作站以及台式机等；用于军工、工控、通信、消费电子以及航天等领域的嵌入式微处理器。

综上所述，PowerPC 的高性能确实是很多高端嵌入式应用领域的首选，当然 PowerPC 芯片的价格较高，功耗也比 ARM 要大，所以手机上从来不用 PowerPC 的芯片，软件对 PowerPC 的支持也略显不够。

8. ARM Cortex 系列

目前，随着对嵌入式系统的要求越来越高，作为其核心的嵌入式微处理器的综合性能也受到日益严峻的考验，最典型的例子就是伴随 4G 网络的推广，对手机的本地处理能力要求也越来越高，现在一个高端的智能手机的处理能力几乎可以和几年前的笔记本电脑相当。为了迎合市场的需求，ARM 公司也在加紧研发他们最新的 ARM 架构，Cortex 系列就是这样的产品。

ARM Cortex 系列处理器基于 ARMv7 架构，又分为 Cortex－M、Cortex－R 和 Cortex－A 三类，ARM Cortex 系列的三款产品全都集成了 Thumb©－2 指令集，从尺寸和性能方面来看，既有少于 33000 个门电路的 Cortex－M 系列，也有高性能的 Cortex－A 系列，可满足日益增长的各种不同的市场需求，如图 2－4 所示。

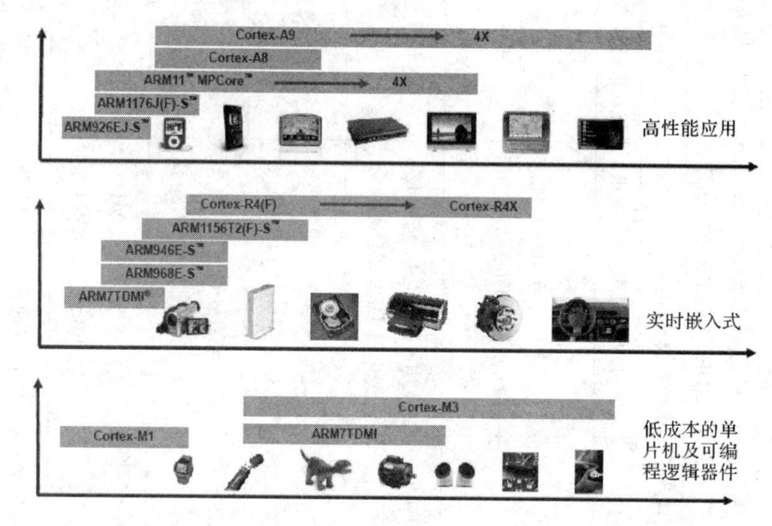

图 2－4　满足不同需求的 ARM 处理器系列

9. 高性能处理器

随着智能手机、平板电脑、网络机顶盒等电子产品的极速发展，现在的高性能处理器也应用在消费电子类产品中。

1）三星处理器

相比其他手机处理器厂商，三星不仅拥有自主研发手机处理器的核心技术，旗下的工厂还拥有自主生产手机处理器的工艺实力，完全无需像高通等厂商一样还需寻求台企台积电等第三方代工厂进行生产。虽然三星推出的手机处理器产品型号并不多，但每款处理器的性能在同级产品中均有显著的优势，包括单核时代的蜂鸟以及双核四核时代的猎户座处理器，都给用户留下了深刻的印象。

如表 2－3 所示为各款三星处理器型号及性能参数。

三星自主研发的处理器一般都是自产自销（少量供应给其他厂商，如魅族），广泛应用在三星高端智能手机或平板上。但随着三星智能手机及平板等产品在全球范围内的热销，处理器产能出现供不应求的状态，因而三星也会针对不同市场或运营商定制的需求，推出搭载其他厂商处理器的终端产品，包括搭载 TI OMAP3630 处理器的三星 I9003/I9008L 以及搭载 Tegra 2 双核处理器的三星 I9103 等产品。三星 Galaxy S 系列智能手机能够在短短几年时间，在全球范围内热销达到 6000 万部，在一定程度上三星处理器起到了至关重要的作用。三星电子不仅在手机处理器方面成绩斐然，而且在手机内存（三星存储器、现代存储器）以及显示屏（曲面屏）等关键元器件上均拥有业界领先的核心技术以及生产实力，这种全产业链整合的超强实力是其他任何竞争对手所不可匹敌的。

表 2-3 三星处理器型号及性能参数

处理器型号	制造工艺	CPU 架构和主频	GPU	内存	代表机型
S5L8900	90 nm	ARM11(413 MHz)	PowerVR MBX - Lite	eDRAM	一代 iPhone、iPhone 3G
S5PC100	65 nm	Cortex - A8(667~833 MHz)	PowerVR SGX535	LPDDR2、DDR2	iPhone 3GS
Exynos 3110	45 nm	Cortex - A8(1.2 GHz)	Powervr SGX540 (200 MHz)	32 位双通道 200MHz LPDDR、LPDDR2 或 DDR2	三星 i9000、S8500，谷歌 Nexus S，魅族 M9
Exynos 4210	45 nm	双核 Cortex - A9(1.2~1.4 GHz)	Mali - 400(266 MHz)	LPDDR2、DDR2 或 DDR3	三星 Galaxy SⅡ、Galaxy Note
Exynos 4212	32 nm	双核 Cortex - A9(1.5 GHz)	Mali - 400(440 MHz)	LPDDR2、DDR2 或 DDR3	新双核魅族 MX，Galaxy S4 Zoom
Exynos 4412	32 nm	四核 Cortex - A9 (1.4 GHz、1.6 GHz)	Mali - 400 MP4 (440 MHz)	32 位双通道 400 MHz LPDDR2、DDR2 或 DDR3	1.4GHz：Galaxy S Ⅲ，联想 K860
					1.6GHz：Galaxy Note Ⅱ，魅族 MX2
Exynos5250	32 nm	双核 Cortex - A15 (1.7~2 GHz)	Mali - T604 MP4 (533 MHz)	32 位双通道 800 MHz LPDDR3/DDR3	Galaxy Mega 6.3
Exynos 5410	28 nm	四核 Cortex - A15(1.6 GHz)+ 四核 Cortex - A7(1.25 GHz)	PowerVR SGX544 MP3(480 MHz)	32 位双通道 800 MHz LPDDR3	Galaxy S4 魅族 MX3
Exynos 5420	28 nm	四核 Cortex - A15(1.8 GHz)+ 四核 Cortex - A7(1.3 GHz)	Mali - T628 MP6 (600 MHz)	32 位双通道 933 MHz LPDDR3e	Galay Note 3
Exynos 5422	28 nm	四核 Cortex - A15(1.9~2.1 GHz)+ 四核 Cortex - A7(1.3~1.5 GHz)	Mali - T628 MP6 (533 MHz)	32 位双通道 933 MHz DDR3 或 LPDDR3	Galaxy S5(SM - G900H)
Exynos 5430	20 nm	四核 Cortex - A15(1.8 GHz)+ 四核 Cortex - A7(1.3 GHz)	Mali - T628 MP6 (600 MHz)	32 位双通道 1066 MHz LPDDR3e/DDR3	Galaxy Alpha(SM - G850F)
Exynos5433 (Exynos7)	20 nm	四核 Cortex - A57(1.9 GHz)+ 四核 Cortex - A53(1.3 GHz)	Mali - T760 MP8(700 MHz)	32 位双通道 825 MHz LPDDR3	Galay Note 4(SM - N910C)

作为三星的最大竞争对手和合作伙伴，苹果手机中的处理器多为三星为苹果手机定制或改进版。如表 2－4 所示为现有苹果手机选用的处理器。

表 2－4　苹果手机处理器

苹果手机型号	采用处理器	生产商
iPhone 4	苹果 A4 处理器＋M4 协处理器	三星位于美国德州奥斯汀市的工厂
iPhone 4S	苹果 A5 处理器＋M5 协处理器	三星位于美国德州奥斯汀市的工厂
iPhone 5	苹果 A6 处理器＋M6 协处理器	三星位于美国德州奥斯汀市的工厂
iPhone 5S	苹果 A7 处理器＋M7 协处理器	三星位于美国德州奥斯汀市的工厂
iPhone 6/Plus	苹果 A8 处理器＋M8 协处理器	4.7 寸和 5.5 寸，台积电 20 nm 制程工艺完成 60%、三星完成 40%出产量
iPhone 6S/Plus	苹果 A9 处理器＋M9 协处理器	4.7 寸和 5.5 寸，三星 14 nm 制程工艺

2014 年出产的苹果 iPhone 6/6 Plus 配备了 20 纳米第二代 64 位 A8 芯片，同时也集成了专门的 M8 运动协处理器。M8 运动协处理器会持续测量来自加速感应器、指南针、陀螺仪和全新气压计的数据，为 A8 芯片分担更多的工作量，从而提升了效能。不仅如此，这些传感器现在还具备更多功能，比如可以测量用户行走的步数、距离和海拔变化。

2015 年 9 月面世的 iPhone 6S 增加了玫瑰金外壳，以匹配 Apple Watch Edition，另外摄像头也升级到 1200 万像素，运行 2GB RAM。同时引入了 Force Touch 压感技术，配备全新 A9 处理器、2GB DDR4 内存、1200 万像素摄像头、全新机身材质。

图 2－5、图 2－6 所示为三星为 iPhone 6S 生产的 A9 芯片及其芯片介绍。

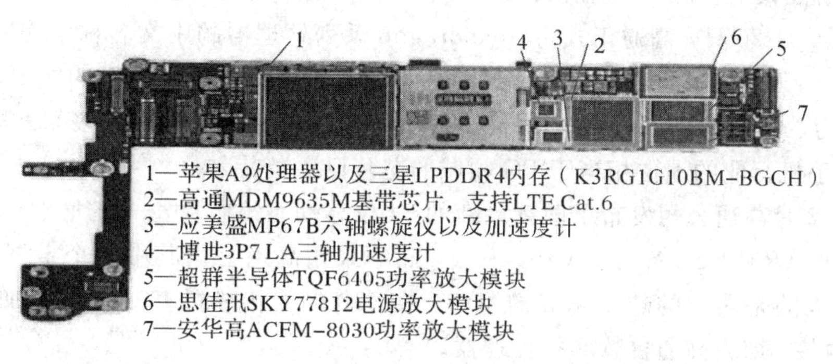

图 2－5　iPhone 6S 逻辑板正面的 IC 芯片

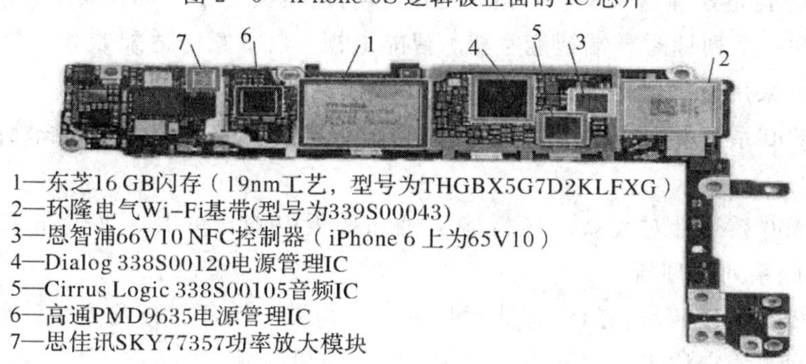

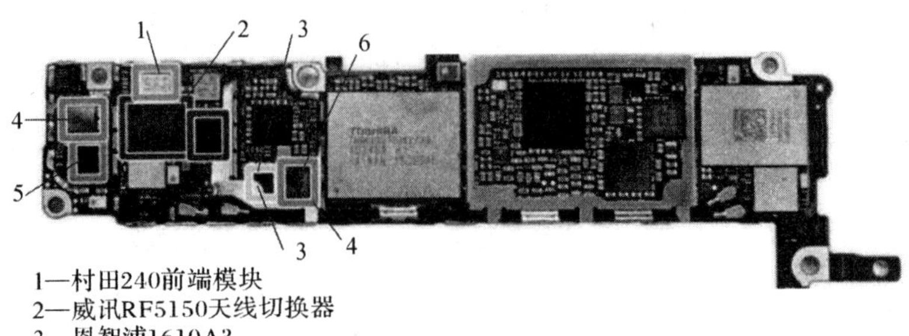

1—村田240前端模块
2—威讯RF5150天线切换器
3—恩智浦1610A3
4—Cirrus Logic 338S1285音频IC
5—德州仪器65730AOP电源管理IC
6—高通WTR3925射频收发器

图 2-6　iPhone 6S 逻辑板背部的 IC 芯片

2) 高通处理器

高通公司总部位于美国加利福尼亚州圣迭戈市，高通(Qualcomm)是一家美国的无线电通信技术研发公司，成立于 1985 年 7 月，高通公司业务涵盖技术领先的 3G、4G 芯片组、系统软件以及开发工具和产品，技术许可的授予，BREW 应用开发平台，QChat、BREW-ChatVoIP 解决方案技术，QPoint 定位解决方案，Eudora 电子邮件软件，包括双向数据通信系统、无线咨询及网络管理服务等的全面无线解决方案，MediaFLO 系统和 GSM1x 技术等。美国高通公司拥有所有 3000 多项 CDMA 及其他技术的专利及专利申请。高通已经向全球 125 家以上电信设备制造商发放了 CDMA 专利许可。

1998 年，北京邮电大学和高通公司联合成立研究中心，二十多年来取得了令人瞩目的成绩。高通公司已经将联合研发项目逐步扩大到清华大学、北京邮电大学、东南大学、上海交通大学、浙江大学、北京航空航天大学、中国科学院和香港中文大学等多所知名学府。

2012 年 2 月 20 日，高通正式将 Snapdragon 系列处理器的中文名称定为“骁龙”。高通是 HTC、索尼、诺基亚、MOTO、LG、三星等全球知名品牌智能手机的主要芯片供应商。在国内，华为、中兴、联想、小米、海信、海尔等厂商的智能手机也大多采用骁龙处理器。高通在智能手机行业的地位相当于 PC 领域的芯片巨头英特尔。

2014 年 2 月高通公司发布了两款最新的 64 位移动系统芯片——骁龙 610 和 615。骁龙 610 配备 4 个 ARM Cortex A53 CPU 内核，而不采用高通公司其中一个定制 ARM 架构。骁龙 615 采取的是典型的越多越好的策略，在 610 四个内核的基础上再增加四个 Cortex A53 CPU 内核，即为高通首款 8 核处理器。

如今全新的骁龙处理器系列将会延伸至更多的消费类电子产品。其中：

(1) 骁龙 800 系列针对高端智能手机、智能电视、数字媒体适配器和平板电脑，如高通骁龙 805、810，采用全新架构的四核芯片的新一代骁龙 820。

(2) 骁龙 600 系列针对中高端智能手机和平板电脑，如 64 位移动系统芯片——骁龙 610、615 和 620。

(3) 骁龙 400 系列针对大众市场智能手机和平板电脑，如 400 双核和 410 四核，红米 note 手机选用此系列处理器。

(4) 骁龙 200 系列针对入门级智能手机和平板电脑，如高通骁龙 210 处理器是基于 A7 架构的四核处理器，定位于 500 元左右低端 4G 入门机。

3）联发科处理器

台湾联发科技股份有限公司（以下简称“联发科”）是全球著名IC设计厂商，专注于无线通信及数字多媒体等技术领域。其提供的芯片整合系统解决方案，包含无线通信、高清数字电视、光储存、DVD及蓝光等相关产品。联发科成立于1997年，已在台湾证券交易所公开上市。总部设于中国台湾地区，并于中国大陆、印度、美国、日本、韩国、新加坡、丹麦、英国、瑞典及阿联酋等国家和地区设有销售或研发团队。

2013年11月21日，联发科发布全球首款八核芯片MT6592，酷派、TCL等国内知名手机厂商已明确采用，而华为也将采用，联发科似乎已开始切入以往被高通占领的中高端手机芯片市场。2014年2月11号，联发科发布全球首款支持4G网络的Cortex-A17架构的八核心智能手机芯片MT6595，集成Imagination Technologies最新PowerVR™ Series6 GPU。2014年2月24号，联发科在MWC大会上发布了旗下首款64位处理器——MT6732，这也是全球第三款正式发布的64位移动处理器。MT6732采用基于64位ARMv8架构的Cortex-A53核心，内建了ARM下一代图形处理器Mali-T760，并支持LTE网络。MT6732将主要面向中端市场。同时，联发科还发布了首款5合1无线SoC MT6630、MT6630单芯片（即支持双频Wi-Fi 802.11b/g/n/ac、Wi-Fi Direct/Miracast、蓝牙4.1、三频GPS/GLONASS、FM射频）。2014年2月25日，联发科又发布了拥有8核心、支持LTE网络的64位处理器——MT6752。相比MT6732，新发布的MT6752性能等方面更上一层楼，MT6752拥有8个Cortex-A53应用处理器，核心主频达到2 GHz，支持64位计算，内建ARM最新图形处理器MALI-T760，同时与MT6732针脚完美兼容。

目前，联发科智能手机的客户主要有联想、中兴、华为、波导、OPPO、金立等几家。联发科发家于山寨手机、功能机，目前除了高端产品供应商高通之外，外资厂商博通（Broadcom）和英特尔也已经进入了智能手机芯片领域。在低端市场，与联发科杀得火热的厂商还有晨星半导体（MStar）、展讯通信（Spreadtrum）和锐迪科等。

除了以上厂家之外，还有Marvell（取名美满电子科技，在上海有研发中心，继承自Intel嵌入式SoC，2008年移动第一代3G手机选用Marvell PXA920处理器）、NXP（荷兰恩智浦）、TI（美国德州仪器）、Freescale（美国飞思卡尔）、Atmel（美国爱特美尔）等公司生产的基于Cortex-M0/3/4核的低功耗、工业用途处理器，Intel（美国英特尔）公司Xscale核的PXA250/270等。

如表2-5所示为2015年手机处理器排行前十位。

表2-5 手机处理器排行前十位

单线程CPU性能排名	多线程CPU性能排名	GPU性能排名
苹果A8	三星Exynos 7420	高通骁龙810(Adreno 430@600MHz)
三星Exynos 7420	三星Exynos 5433(7410)	三星Exynos 7420(Mali-T760MP8@772MHz)
苹果A7	联发科MT6752	高通骁龙805(Adreno 420@600MHz)
三星Exynos 5433(7410)	联发科MT6595	苹果A8(PowerVR GX6450@533MHz)
高通骁龙810	高通骁龙810	三星Exynos 5433(Mali-T760MP6@600MHz)
联发科MT6595	高通骁龙805	高通骁龙801(Adreno 330@578MHz)
高通骁龙805	三星Exynos 5430(2GHz)	三星Exynos 5430(Mali-T628MP6@600MHz)
高通骁龙801	华为麒麟925	苹果A7(PowerVR G6430@450MHz)

10. 图形处理器

目前，市场上主流的图形处理器(Graphic Processing Unit，GPU)有 ARM Mali、PowerVR SGX、高通 Adreno、NVIDIA Tegra 2 四大系列，并已实现全面升级。

(1) ARM Mali 系列是 ARM 公司官方为了配合 ARM 处理器而推出的，目前 ARM Mali 硬件 IP 有 Mali-55、Mali-200、Mali-300、Mali-400 MP 和 Mali-T604 五款，Mali-400 MP 的性能是本系列中最高的，代表产品有音悦汇 W10、三星 Galaxy S2 等。

(2) PowerVR SGX 系列是由 Imagination Technologies 公司出品，目前市场上是以第五代产品为主打，即 PowerVR SGX530/535/540/543MP。SGX535 被苹果公司的 iPhone 4 和 iPad 采用；SGX540 性能更加强劲，在三星 Galaxy Tab 与魅族 M9 上采用；而 SGX543MP 作为新一代最强新品，目前已成为苹果 iPad 2(SGX543MP2/双核)和索尼 NGP (SGX543MP4/四核)的图形内核。

(3) Adreno 系列由高通公司出品，主要是用来配合 Snapdragon CPU，目前常见的产品有 Adreno200/205/220/300，而 Adreno 205 是目前的主打型号，性能和 SGX540 基本相当，同样得到了索爱、HTC 等品牌的青睐。

(4) Tegra 2 是老牌显卡厂家 NVIDIA 的力作，其集成的 GPU 型号虽然不明，但是作为实力强劲的老牌显卡厂家，性能表现的确是一流的，超越了 SGX540 和 Adreno205，在摩托罗拉 XOOM、LG G-Slate 等产品中得以广泛采用，但与新一代 SGX543MP 相比仍存在一定差距。

11. 典型的中国处理器芯片

ARM 已经与中兴、华为、东南大学、上海集成电路设计中心、中芯国际和大唐电信签订了技术授权协议，并建立了 ARM 上海研发中心。如图 2-7 所示为 ARM 公司在中国的合作伙伴。

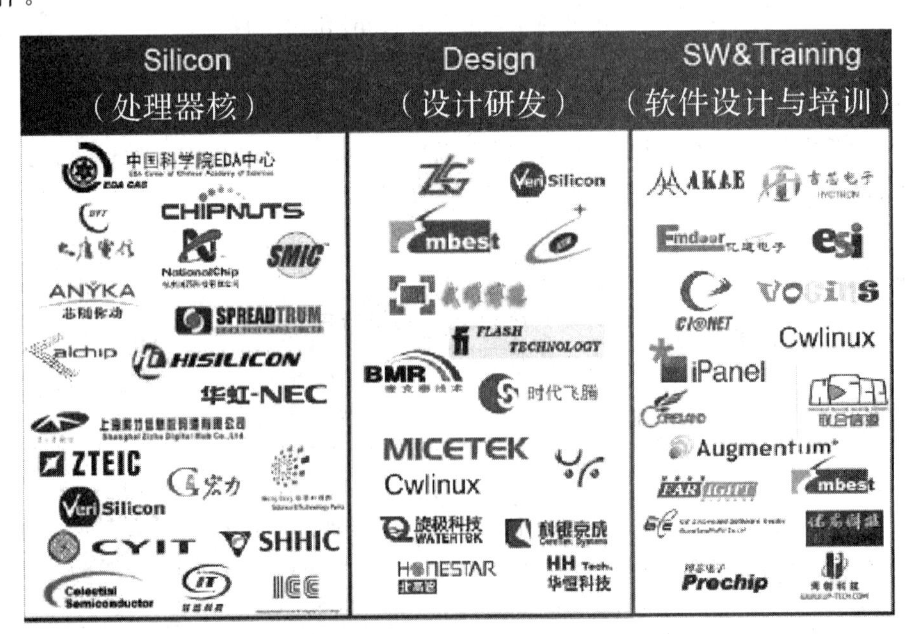

图 2-7　ARM 公司在中国的合作伙伴

我国出于国防科技信息安全或军方超级计算机安全、降低军用服务器成本等需要而依据美国Intel CPU研发了一系列国内自产的微处理器。目前国内自产的微处理器系列有以下几种。

1）龙芯处理器

龙芯是中国科学院计算所自主研发的通用CPU，采用简单指令集，类似于MIPS指令集。龙芯1号的频率为266 MHz，最早在2002年开始使用。龙芯2号的频率最高为1 GHz。龙芯3A是首款国产商用4核处理器，其工作频率为900 MHz～1 GHz。龙芯3A的峰值计算能力达到16GFLOPS。龙芯3B是首款国产商用8核处理器，主频达到1 GHz，支持向量运算加速，峰值计算能力达到128GFLOPS，具有很高的性能功耗比。2015年3月31日中国发射首枚使用“龙芯”的北斗卫星。

2）飞腾处理器

飞腾是国家自主研发的处理器，由中国电子旗下天津飞腾信息技术有限公司设计生产，目前的FT-1500A系列包括4核和16核两款产品(64位通用CPU，兼容ARMv8指令集)，基于28 nm工艺制程，具有高性能、低功耗等特点，主要是用来替代Intel中高端“至强”服务器芯片的，可广泛应用于政府办公和金融、税务等各行业信息化系统之中。

飞腾FT-1500四核处理器，主频为2 GHz，功耗是15 W，提供两个DDR3-1600存储通道，适用于构建台式终端、一体机、便携笔记本、微服务器等产品；而16核处理器主频也是2 GHz，但功耗为35 W，内置4个DDR3-1600存储通道，适用于构建网络前端接入服务器、事务处理服务器、数据库服务器等产品。

如图2-8所示，天河2号超级计算机将飞腾FT-1500处理器作为控制运算中心。

图2-8　天河2号超级计算上使用国产的飞腾FT-1500处理器

3）智桥处理器

智桥是国家自主研发的第四代交换芯片，由盛科网络(苏州)有限公司设计生产，目标是快速响应云计算、大数据、网络功能虚拟化的市场趋势，芯片具有性能优、功能强、功耗低和高可靠性、高性价比等特点。“智桥”SDN智能高密度万兆交换芯片CTC8096便是非常具有代表性的新产品。该芯片由9.4亿只晶体管构成，具有1.2T的交换容量；配备了96个10G端口、24个40G端口、4个100G端口，支持L2/L3/MPLS/OpenFlow和数据中心功能等特性集合。

4) 华为海思麒麟芯片

2014 年 6 月 6 日，华为在北京发布全球首颗八核 LTE Cat6 手机芯片海思麒麟 920。海思(成立于 2004 年 10 月，前身是创建于 1991 年的华为集成电路设计中心)K3V2 选用四核 Cortex－A9 处理器，ARMv7A 架构。

表 2－6 所示为到目前为止已有的几款华为海思麒麟芯片型号及性能参数。

表 2－6　华为海思麒麟芯片

处理器型号	制造工艺	CPU 架构	核心频率	GPU	内存	代表机型
K3V2	40 nm	四核 Cortex－A9	1.2 GHz、1.5 GHz	16 核 vivante GC4000(480MHz)	64 位双通道 500 MHz	华为 Ascend D quad，荣耀四核
Kirin 910 (K3V2＋)	28 nm	四核 Cortex－A9	1.6 GHz	Mali450 MP4	64 位 LPDDR3	华为 Mate 2，华为 P6S
Kirin 920	28 nm	四核 Cortex－A15＋四核 Cortex－A7	A15:1.7～2 GHz A7:1.3～1.6 GHz	Mali－T628	64 位 LPDDR3	华为荣耀 6
Kirin 925	28 nm	四核 Cortex－A15＋四核 Cortex－A7	1.8 GHz	Mali－T628	64 位 LPDDR3	华为 Mate 7
Kirin 928	28 nm	四核 Cortex－A15＋四核 Cortex－A7	2 GHz	Mali－T628MP4	64 位 LPDDR3	华为荣耀 6 至尊版

2013 年全球 IC 设计公司排名，华为海思以 13.55 亿美元的营收位列全球第十二位，另一家大陆公司展讯以 10.7 亿美元位居第十四。海思员工超过 5000 人，其中从事手机研发的员工超过 1500 人，是中国大陆地区最大的 IC 设计公司。成立八年来，海思手机芯片出货过亿，其中智能手机出货过千万，其余为数据卡出货。海思手机部门 2013 年起实现盈利，目前华为手机多种型号包括荣耀系列、Mate7 系列、荣耀盒子等产品在数码消费市场上大卖。

华为的发展印证了“科技是第一生产力”、“技术领先，步步领先”，引导了我国科技发展的方向。

2.1.4　ARM9 典型内核

1. S3C2410 处理器

Samsung 公司推出的 16/32 位 RISC 处理器 S3C2410A 采用了 ARM920T 内核，0.18 μm工艺的 CMOS 标准宏单元和存储器单元，为手持设备和一般类型应用提供了低价格、低功耗、高性能小型微控制器的解决方案。

如图 2－9 所示为 S3C2410 硬件逻辑结构图，图 2－10 所示为 S3C2410 最小系统电路板。

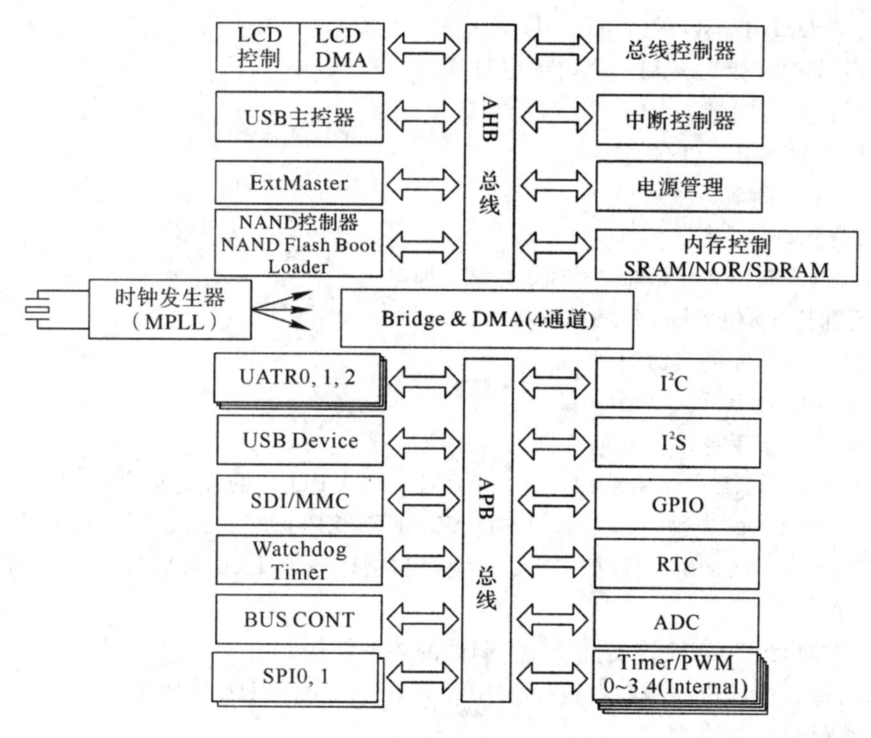

图 2-9　S3C2410 硬件逻辑结构图

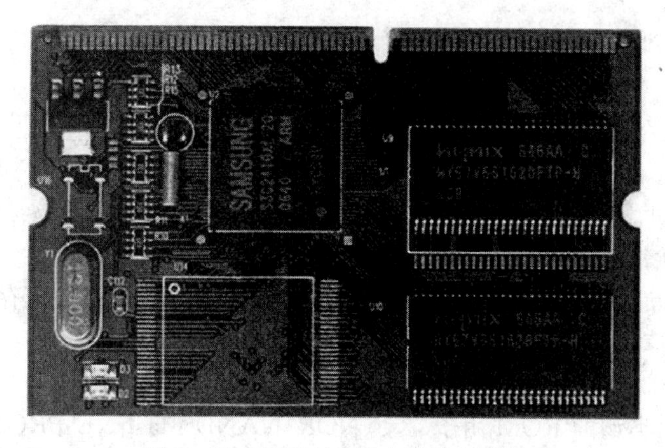

图 2-10　S3C2410 最小系统电路板

1）功能单元

（1）内部 1.8 V，存储器 3.3 V，外部 I/O 3.3 V，16 KB 数据 Cache，16 KB 指令 Cache，MMU。

（2）内置外部存储器控制器(SDRAM 控制和芯片选择逻辑)。

（3）LCD 控制器，一个 LCD 专业 DMA。

（4）4 个带外部请求线的 DMA。

（5）3 个通用异步串行端口(IrDA1.0，16B Tx FIFO and 16B Rx FIFO)，2 通道 SPI。

（6）一个多主 I^2C 总线，一个 I^2S 总线控制器。

（7）SD 主接口版本 1.0 和多媒体卡协议版本 2.11 兼容。

(8) 两个 USB Host，一个 USB Device(VER1.1)。

(9) 4 个 PWM 定时器和一个内部定时器。

(10) 看门狗定时器。

(11) 117 个通用 I/O 接口。

(12) 56 个中断源。

(13) 24 个外部中断。

(14) 电源控制模式：标准、慢速、休眠、掉电。

(15) 8 通道 10 位 ADC 和触摸屏接口。

(16) 带日历功能的实时时钟。

(17) 芯片内置 PLL。

(18) 设计用于手持设备和通用嵌入式系统。

(19) 16/32 位 RISC 体系结构，使用 ARM920T CPU 核的强大指令集。

(20) 带 MMU 的先进的体系结构支持 Win CE、EPOC32、Linux。

(21) 指令缓存(Cache)、数据缓存、写缓存和物理地址 TAG RAM，减小了对主存储器带宽和性能的影响。

(22) ARM920T CPU 核支持 ARM 调试的体系结构。

(23) 内部先进的位控制器总线(AMBA、AMBA2.0、AHB/APB)。

2) 系统管理

(1) 小端/大端支持。

(2) 地址空间：每个 Bank 128 MB(总计 1 GB)。

(3) 每个 Bank 可编程为 8/16/32 位数据总线。

(4) 一共 8 个存储器 Bank。

(5) Bank0 到 Bank6 为固定起始地址。

(6) Bank7 为可编程 Bank 起始地址和大小。

(7) 前 6 个存储器 Bank 用于 ROM、SRAM 和其他用途。

(8) 后 2 个存储器 Bank 用于 ROM、SRAM 和 SDRAM(同步随机存储器)。

(9) 支持等待信号用以扩展总线周期。

(10) 支持 SDRAM 掉电模式下的自刷新。

(11) 支持不同类型的 ROM 用于启动(NOR/NAND Flash、E^2PROM 和其他)。

3) 芯片封装

芯片封装采用 272 - FBGA 封装。

4) 型号

处理器的型号为 S3C2410A - 20、S3C2410A - 26。

二者的区别是前者主频最高为 200 MHz、后者主频最高为 266 MHz。

2. S3C2440 处理器

S3C2440A 基于 ARM920T 核心，采用 0.13 μm 的 CMOS 标准宏单元和存储器单元。低功耗、简单、精致且全静态设计、特别适合于对成本和功率敏感的应用。它采用了新的总线架构如先进微控制总线架构(AMBA)。ARM920T 实现了 MMU、AMBA 总线和哈佛结构高速缓冲体系结构。这一结构具有独立的 16 KB 指令高速缓存和 16 KB 数据高速缓存，每个都是由具有 8 字长的行(line)组成。通过提供一套完整的通用系统外设，S3C2440A 减少了整体系统成本，无需配置额外的组件。

1) S3C2440A 片上功能

(1) 1.2 V 内核供电，1.8 V/2.5 V/3.3 V 储存器供电，3.3 V 外部 I/O 供电，具备 16 KB的指令缓存和 16 KB 的数据缓存及 MMU 的微处理器。

(2) 外部存储控制器(SDRAM 控制和片选逻辑)。

(3) LCD 控制器(最大支持 4K 色 STN 和 256K 色 TFT)提供 1 通道 LCD 专用 DMA。

(4) 4 通道 DMA 并有外部请求引脚。

(5) 3 通道 UART(IrDA1.0，64 字节发送 FIFO 和 64 字节接收 FIFO)。

(6) 2 通道 SPI。

(7) 1 通道 I^2C 总线接口(支持多主机)。

(8) 1 通道 I^2S 总线音频编码器接口。

(9) AC′97 编解码器接口。

(10) 兼容 SD 主接口协议 1.0 版和 MMC 卡协议 2.11 兼容版。

(11) 2 通道 USB 主机/1 通道 USB 设备(1.1 版)。

(12) 4 通道 PWM 定时器和 1 通道内部定时器/看门狗定时器。

(13) 8 通道 10 位 ADC 和触摸屏接口。

(14) 具有日历功能的 RTC。

(15) 摄像头接口(最大支持 4096×4096 像素输入；2048×2048 像素输入支持缩放)。

(16) 130 个通用 I/O 口和 24 通道外部中断源。

(17) 具有普通、慢速、空闲和掉电模式。

(18) 具有 PLL 片上时钟发生器。

2) 体系结构

(1) 手持设备的完整系统和普通嵌入式应用。

(2) 16/32 位 RISC 体系架构和 ARM920T CPU 核心的强大的指令集。

(3) 增强型 ARM 架构 MMU 以支持 Win CE，EPOC 32 和 Linux。

(4) 指令高速缓存，数据高速缓存，写缓冲和物理地址 TAG RAM 以减少执行主存储器带宽和延迟性能的影响。

(5) ARM920T CPU 核支持 ARM 调试架构。

(6) 内部先进微控制器总线架构(AMBA)(AMBA2.0，AHB/APB)。

3) 存储器管理

(1) 支持大/小端。

(2) 地址空间：每 Bank 128 MB(总共 1 GB)。

(3) 支持可编程的每 Bank 8/16/32 位数据总线宽度。

(4) 8 个存储器 Bank。

(5) Bank0 到 Bank6 的起始地址固定。

(6) Bank7 的起始地址和大小可编程。

(7) 六个存储器 Bank 为 ROMSRAM 和其他。

(8) 两个存储器 Bank 为 ROM/SRAM/SDRAM。

(9) 所有存储器具备完整可编程访问周期。

(10) 支持外部等待信号来扩展总线周期。

(11) 支持 SDRAM 掉电时自刷新模式。

(12) 支持从各种类型 ROM 启动(NOR/NAND Flash，E^2PROM 或其他)。

(13) 支持从 NAND Flash 启动引导(BootLoader)。

(14) 4 KB 的启动内部缓冲区。

(15) 支持启动后 NAND Flash 作为存储器。

(16) 64 路指令缓存(16 KB)和数据缓存(16 KB)的组相联高速缓存。

(17) 每行 8 字长度，其中含一个有效位和两个 dirty 位。

(18) 伪随机或循环 robin 置换算法。

(19) 执行直写或回写高速缓存刷新主存储器。

(20) 写缓冲区可以保存 16 字的数据和 4 个地址。

4) 时钟和电源管理

(1) 片上 MPLL 和 UPLL。

UPLL 产生时钟运作 USB 主机/设备。

MPLL 产生时钟运作 1.3 V 下最高 400 MHz 的 MCU。

(2) 用软件可以有选择地提供时钟给各功能模块。

(3) 电源模式。

普通模式：正常运行模式。

慢速模式：无 PLL 的低频率时钟。

空闲模式：只停止 CPU 的时钟。

睡眠模式：关闭包括所有外设的核心电源。

(4) EINT[15:0]或 RTC 闹钟中断触发从睡眠模式中唤醒。

5) 中断控制器

(1) 60 个中断源(1 个看门狗定时器，5 个计数定时器，9 个 UART，24 个外部中断，4 个 DMA，2 个 RTC，2 个 ADC，1 个 I^2C，2 个 SPI，1 个 SDI，2 个 USB，1 个 LCD，1 个电池故障，1 个 NAND，2 个摄像头，1 个 AC′97)。

(2) 外部中断源中采用电平或边沿触发模式。

(3) 可编程边沿和电平的极性。

(4) 支持快速中断请求(FIQ)给非常紧急的中断请求。

6) 脉宽调制(PWM)定时器

(1) 4 通道 16 位具有 PWM 功能的定时器，1 通道 16 位基于 DMA 或基于中断运行的内部定时器。

(2) 可编程的占空比、频率和极性。

(3) 能产生死区。

(4) 支持外部时钟源。

2.1.5 ARM11 典型内核

S3C6410 是一个 16/32 位 RISC 微处理器，旨在提供一个具有成本效益、功耗低、性能高的应用处理器解决方案，可应用于智能手机、电视机顶盒等产品中。它为 2.5 G 和 3 G 通信服务提供优化的 H/W 性能，S3C6410 采用了 64/32 位内部总线架构。该 64/32 位内部总线结构由 AXI、AHB 和 APB 总线组成。它还包括许多强大的硬件加速器，像视频处理、音频处理、二维图形的显示操作和缩放及一个集成的多格式编解码器(MFC)以支持 MPEG4/H.263/H.264 的编码、译码以及 VC1 的解码。这个 H/W 编码器/解码器支持实时视频会议和 NTSC、PAL 模式的 TV 输出。

图 2-11 为 UT-S3C6410 开发板。

图 2-11　UT-S3C6410 开发板

为减少系统总成本和提高整体功能，S3C6410 包括许多硬件外设，如一个相机接口，TFT 24 位真彩色液晶显示控制器，系统管理器(电源管理等)，4 通道 UART，32 通道 DMA，4 通道定时器，通用的 I/O 端口，I^2S 总线接口，I^2C 总线接口，USB 主设备，在高速(480 MB/S)时的 USB OTG 操作，SD 主设备和高速多媒体卡接口、用于产生时钟的 PLL。

S3C6410X RISC 微处理器主要特性如下。

1) ARM Core

采用 ARM1176JZF-S 的内核，包含 16 KB 的指令数据 Cache 和 16 KB 的指令数据 TCM，ARM Core 电压为 1.1 V 的时候，可以运行到 553 MHz，在 1.2 V 的情况下，可以运行到 667 MHz。通过 AXI，AHB 和 APB 组成的 64/32 bit 内部总线和外部模块相连。

2) 电源管理

目前支持 Normal、Idle、Stop 和 Sleep 模式。Normal 是正常模式，其他模式都处于不同程度的低功耗模式下，简单来说就是还有哪些模块在工作，可以被哪些中断唤醒。Sleep 模式是最低功耗模式，可以被有限的中断唤醒。

3) TFT 液晶显示控制器

显示控制器支持 TFT 24bit LCD 屏，分辨率能支持到 1024×1024。显示输出接口支持 RGB 接口，I80 接口，BT.601 输出(YUV422 8bit)和输出给 TV Encoder 的接口。支持最多 5 个图形窗口并可进行叠加操作，从 Windows0 到 Windows4，分别支持不同的图像输入源和不同的图像格式。实际上，显示控制器可以接收来自 Carema，Frame Buffer 和其他模块的图像数据，可以对这些不同的图像进行叠加，并输出到不同的接口，比如 LCD，TV 编码器。

4) 系统外设

(1) RTC:系统掉电的时候由备份电池支持,需外接 32.768 kHz 时钟,年/月/日/时/分/秒都是 BCD 码格式。

(2) PLL:支持三个 PLL 分别是 APLL,MPLL 和 EPLL。APLL 为 ARM 提供时钟,产生 ARMCLK,MPLL 为所有和 AXI/AHB/APB 相连的模块提供时钟,产生 HCLK 和 PCLK,EPLL 为特殊的外设提供时钟,产生 SCLK。

(3) Timer/PWM:支持 5 个 32 bit Timer,其中 Timer0 和 Timer1 具有 PWM 功能,而 Timer2、3、4 没有输出管脚,为内部 Timer。

(4) WatchDog:看门狗,也可以当作 16 bit 的内部定时器。

(5) DMA:支持 4 个 DMA 控制器,每个控制器包含 8 个通道,支持 8/16/32 bit 传输,支持优先级,通道 0 优先级最高。

(6) KEYPAD:支持 8×8 键盘,与 GPIO 复用,按下和抬起都可产生中断。

5) 通信接口

(1) I^2S:用于和外接的 Audio Codec 传输音频数据。支持普通的 I^2S 双通道,也支持 5.1 通道 I^2S 传输,音频数据可以是 8/16/32 bit,采样率从 8 kHz 到 192 kHz。

(2) I^2C:支持 2 个 I^2C 控制器。

(3) UART:支持 4 个 UART 口,支持 DMA 和中断模式,UART0/1/2 还支持 IrDA 1.0 功能。UART 最高速度达 3 Mb/s。

(4) GPIO:通用 GPIO 端口,功能复用。

(5) IrDA:独立的 IrDA 控制器,兼容 IrDA1.1,支持 MIR 和 FIR 模式。

(6) SPI:支持全功能的 SPI。

(7) Modem:Modem 接口控制器,内置 8KB SRAM 用于 S3C6410 和外接 Modem 交换数据,该 SRAM 还可以为 Modem 提供 Boot 功能。

(8) USB OTG:支持 USB OTG 2.0,同时支持 Slave 和 Host 功能,最高速度 480 Mb/s。

(9) USB Host:独立的 USB Host 控制器,支持 USB Host 1.1。

(10) MMC/SD:SD/MMC 控制器,兼容 SD Host 2.0、SD Memory Card 2.0、SDIO Card 1.0 和 High-Speed MMC。

(11) PCM Audio:支持两个 PCM Audio 接口,传输单声道 16 bit 音频数据。

(12) AC97:AC97 控制器,支持独立的 PCM 立体声音频输入,单声道 MIC 输入和 PCM 立体声音频输出,通过 AC-Link 接口与 Audio Codec 相连。

6) 存储器子系统

(1) DRAM 控制器:两个片选,支持 SDRAM、DDR SDRAM、mobile SDRAM 和 mobile DDR SDRAM。每个片选最大支持 256 MB。

(2) NF 控制器:NAND Flash 控制器,支持 SLC/MLC NAND Flash,支持 512/2048byte Page 的 NAND Flash,支持 8bit NAND Flash,支持 1/4/8 bit ECC 校验,支持 NAND Flash Boot 功能。

(3) OneNAND 控制器:支持 2 个 OneNAND 控制器,可外接 16 bit OneNAND Flash,支持同步异步读取数据,支持 OneNAND Boot 功能。

(4) SROM控制器：六个片选，支持SRAM、ROM和NOR Flash，支持8/16 bit，每个片选支持128 MB。

7) 多媒体加速

(1) Camera接口：外接Camera，支持ITU-R BT.601/656 8bit标准输入。支持Zoom In功能，最大图像达4096×4096，支持Preview，在Preview时支持Rotation和Mirror功能，Preview输出图像格式可以是RGB 16/18/24Bit和YUV420/433格式，支持图像的一些特效。

(2) Multi Format Codec：视频编解码器，支持MPEG4 Simple Profile(简单类)，H.264/AVC Baseline Profile(基本档次)，H.263 P3和VC-1 Main Profile(主档次)编解码功能。支持1/2和1/4像素的运动估计，支持MPEG-4 AC/DC预测，支持H.264/AVC帧内预测，对于MPEG-4还支持可逆VLC和数据分割功能，支持码流控制(CBR或者VBR)，编解码同时进行的时候，可支持VGA 30fps。

(3) TV编码器：支持将数字视频转换成模拟的复合视频，支持N制和P制，支持Contrast(对比度)、Brightness(亮度)、Gamma等控制，支持复合视频和S端子输出。输入视频数据可以来自TV Scaler模块，该模块可以对视频数据进行处理，支持尺寸调整功能，支持RGB与YUV两个不同色彩空间的转换，输入TV Scaler模块的图像最大可以是800×2048，输出图像最大是2048×2048，输出数据给TV编码器进行编码，然后输出模拟视频。

(4) Rotator：翻转模块支持对YUV420/422和RGB565/888的数据进行硬件翻转。

(5) Post Processor：图像处理模块，类似TV Scaler模块。输入图像最大为4096×4096，输出图像最大为2048×2048，支持RGB与YUV之间的转换。

(6) JPEG Codec：支持JPEG编解码功能，最大尺寸为4096×4096。

(7) 2D GRAPHICS：2D加速，支持画点/线，位图动画功能和颜色扩展功能。

(8) 3D GRAPHICS：3D加速。

2.1.6 Cortex-M典型内核

Cortex-M系列针对对成本和功耗敏感的MCU和终端应用(如智能测量、人机接口设备、汽车和工业控制系统、大型家用电器、消费性产品和医疗器械)的混合信号设备进行过优化，在这些应用中，尤其是对于实时控制系统，低成本、低功耗、极速中断反应以及高处理效率，都是至关重要的。Cortex-M系列的处理器有Cortex-M0、Cortex-M1、Cortex-M3和最新的Cortex-M4、Cortex-M7架构。

Cortex-M系列是必须考虑不同的成本、能耗和性能的各类可兼容、易于使用的嵌入式设备(如微控制器MCU)的理想解决方案。每个处理器都针对十分广泛的嵌入式应用范围提供最佳权衡取舍。

1. Cortex-M0处理器

Cortex-M0处理器是市场上现有的最小、能耗最低、最节能的ARM处理器。该处理器能耗非常低、门数量少、代码占用空间小，使得MCU开发人员能够以8位处理器的价位，获得32位处理器的性能。超低门数还使其能够用于模拟信号设备和混合信号设备及MCU应用中，可明显节约系统成本。

2. Cortex - M3

ARM Cortex - M 系列则是为那些对开发费用非常敏感同时对性能要求不断增加的嵌入式应用(如微控制器、汽车车身控制系统和各种大型家电)所设计的，主要面向单片机领域，可以说是 51 单片机的完美替代品。

Cortex - M3 是一个 32 位处理器内核。内部的数据路径是 32 位的，寄存器是 32 位的，存储器接口也是 32 位的。CM3 采用了哈佛结构，拥有独立的指令总线和数据总线，可以让取指与数据访问并行不悖。这样一来数据访问不再占用指令总线，从而提升了性能。但是另一方面，指令总线和数据总线共享同一个存储器空间(一个统一的存储器系统)。比较复杂的应用可能需要更多的存储系统功能，为此 CM3 提供一个可选的 MPU，而且在需要的情况下也可以使用外部的 Cache。另外在 CM3 中，小端模式和大端模式都是支持的。

Cortex - M3 的速度比 ARM7 快三分之一，功耗低四分之三，并且能实现更小的芯片面积，有利于将更多功能整合在更小的芯片尺寸中。Cortex - M3 处理器结合了执行 Thumb - 2 指令的 32 位哈佛微体系结构和系统外设，包括 Nested Vec - tored 中断控制器和仲裁器总线。该技术方案在测试和实例应用中表现出较高的性能：在台积电 180 nm 工艺下，芯片性能达 1.2 MIPS/MHz，时钟频率高达 100 MHz。在工控领域，用户要求具有更快的中断速度，Cortex - M3 采用了 Tail - Chaining 中断技术，完全基于硬件进行中断处理，最多可减少 12 个时钟周期数，在实际应用中可减少 70%中断。

典型产品有 TI 的 LM53xx 系列、NXP 的 LPC1xx 系列、ST 的 STM32 系列。

基于 Cortex - M3 内核的 STM32 微处理器类型如图 2 - 12 所示。

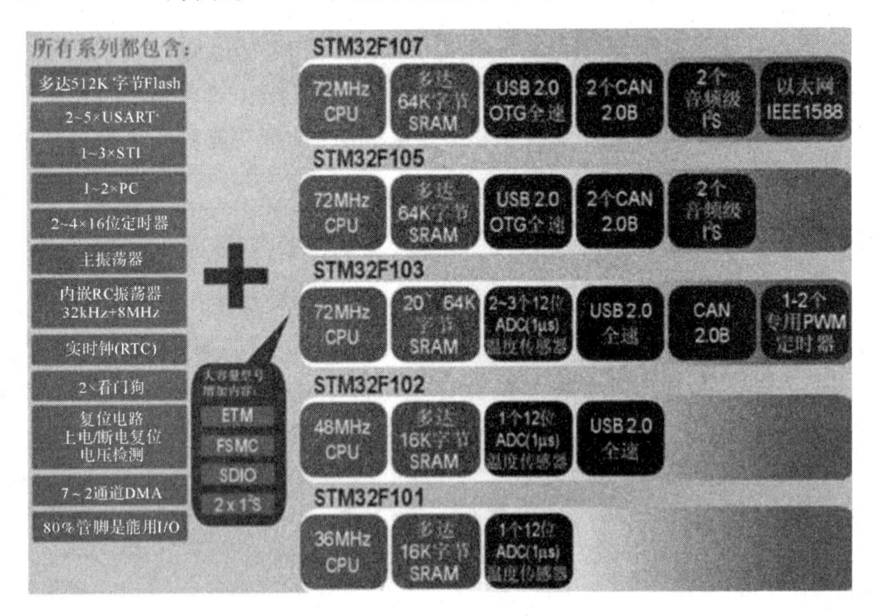

图 2 - 12　基于 Cortex - M3 内核的 STM32 微处理器类型

3. Cortex - M4

ARM Cortex™ - M4 处理器是由 ARM 专门开发的最新嵌入式处理器，在 M3 的基础上强化了运算能力，新加了浮点(FPU)、DSP、并行计算等，用以满足需要有效且易于使用的控制和信号处理功能混合的数字信号控制市场。其高效的信号处理功能与 Cortex - M 处理器系列的低功耗、低成本和易于使用的优点的组合，旨在满足专门面向电动机控制、汽车、电源管理、嵌入式音频和工业自动化市场的新兴类别的灵活解决方案。

如图 2－13 所示为 Cortex－M4 系统框图。

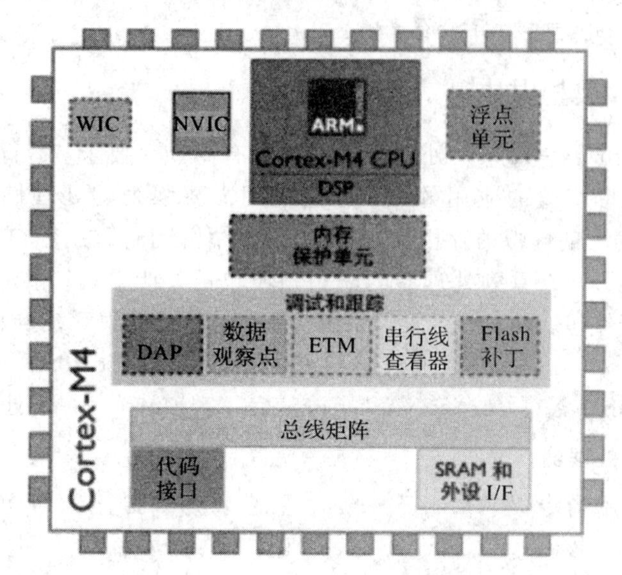

图 2－13　Cortex－M4 系统框图

现在已经有五家 MCU 半导体企业购买了 ARM Cortex－M4 的授权，包括 NXP、意法半导体、德州仪器等行业巨头。

4．Cortex－M7

2014 年，ARM 正式发布了新一代处理器“Cortex－M7”，或者更确切地说是新一代微型控制器，面向高端嵌入式市场。ARM 官方表示，Cortex－M7 的计算性能和 DSP 处理能力是现有产品的两倍，可让厂商以低成本满足高性能嵌入式应用需求，包括马达控制、工业自动化、高级音频、图像处理、联网车载应用、物联网和穿戴式设备。

Cortex－M7 的内核仍然支持 C 语言编程，完全兼容现有产品，生态系统和软件可以无缝过渡。如图 2－14 所示，Cortex－M7 架构上采用了六级流水线、超标量加分支预测设计，32 位指令集，40 nm LP 工艺下可在 400 MHz 频率上提供 2000 CoreMark 的性能，相信在 28nm Cortex－M7 MCU 到来之后，更有望突破 4000 CoreMarks。它拥有 AMBA4 AXI 互联（支持 64 位传输）和完全集成缓存（可选），可高效访问外部内存和外设。一级指令缓存 0～64KB，双路关联；一级数据缓存 0～64 KB，四路关联。指令、数据紧耦合内存（TCM）0～16 MB。以上还都可选支持 ECC。

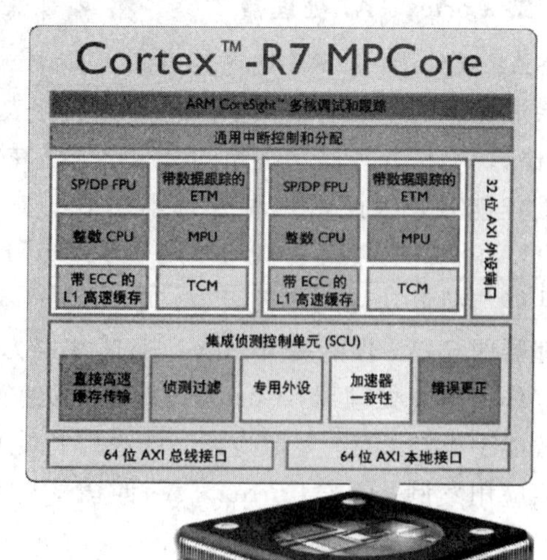

图 2－14　Cortex－M7 核系统框图

ARM 已经向 Ateml、飞思卡尔以及意法半导体等合作伙伴发放了 Cortex - M7 的授权。当然最快推出 Cortex - M7 芯片的当属意法半导体公司(ST)。ST 抢先发布 STM32 F7 高性能处理器，目前 STM32F756NG 高性能微控制器的样片仅提供给主要客户，STM32 F7 虽然性能提高了，但是能效并没有影响。

2.1.7 Cortex - A 典型内核

ARM 公司的 Cortex - A 系列处理器适用于具有高计算要求、运行复杂操作系统以及提供交互媒体和图形体验的应用领域，这些应用需要强劲的处理性能，并且需要硬件 MMU 实现完整而强大的虚拟内存机制，基本上还会配有 Java 支持，有时还要求一个安全程序执行环境。Cortex - A 系列处理器的应用领域包括智能手机、超便携的上网本或智能本、手持仪器、电子钱包、汽车信息娱乐系统、下一代数字电视系统以及金融事务处理机。

目前已有 Cortex - A72、Cortex - A57、Cortex - A53、Cortex - A17、Cortex - A15、Cortex - A12、Cortex - A9、Cortex - A8、Cortex - A7、Cortex - A5 处理器核。

1. Cortex - A5 处理器

Cortex - A5 采用指令集 ARMv7 - A，8 级整数流水线，1.57DMIPS/MHz，可选配 Neon/VFPv3，支持多核。

ARM Cortex™ - A5 是性价比最高的处理器解决方案，高性能低成本并且支持双核技术，能够向最广泛的设备提供 Internet 访问：从入门级智能手机、低成本手机和智能移动终端到普遍采用的嵌入式、消费类和工业设备。这个是未来的中低端智能手机的核心。Cortex - A5 处理器在指令以及功能方面与更高性能的 Cortex - A8、Cortex - A9 和 Cortex - A15 处理器完全兼容，一直到操作系统级别。

应用案例：高通 MSM7227A/7627A(新渴望 V、摩托罗拉 XT615、诺基亚 610、中兴 V889D、摩托罗拉 DEFY XT 等)、高通 MSM8225/8625(小辣椒双核版、华为 U8825D、天语 W806＋、innos D9、酷派 7266 等)、米尔 MYD - SAMA5D3X 系列开发板。

2. Cortex - A7 处理器

ARM Cortex - A7 处理器隶属于 Cortex - A 系列，基于 ARMv7 - A 架构，它的特点是在保证性能的基础上提供了出色的低功耗表现。Cortex - A7 处理器的体系结构和功能集与 Cortex - A15 处理器完全相同，不同之处在于，Cortex - A7 处理器的微体系结构侧重于提供最佳能效，因此这两种处理器可在 big. LITTLE(大小核切换技术，三星 Galaxy S6、HTC M9、LG G4 等手机均采用基于 big. LITTLE 的处理器)配置中协同工作，从而提供高性能与超低功耗的终极组合。单个 Cortex - A7 处理器的能源效率是 ARM Cortex - A8 处理器的 5 倍，性能提升 50%，而尺寸仅为后者的五分之一。

作为独立处理器，Cortex - A7 可以使 2013—2014 年期间低于 100 美元价格点的入门级智能手机与 2010 年 500 美元的高端智能手机相媲美。

应用案例：全志 Cortex - A7 四核平板芯片，联发科公司的 MT6589。

3. Cortex - A8 处理器

Cortex - A8 是第一款基于 ARMv7 构架的应用处理器。Cortex - A8 是 ARM 公司有史以来性能最强劲的一款处理器，主频为 600 MHz 到 1 GHz。A8 可以满足各种移动设备的需求，其功耗低于 300 毫瓦，而性能却高达 2000MIPS。Cortex－A8 也是 ARM 公司第一款超级标量处理器。在该处理器的设计当中，采用了新的技术以提高代码效率和性能，采用了专门针对多媒体和信号处理的 NEON 技术。同时，还采用了 Jazelle RCT 技术，可以支持 Java 程序的预编译与实时编译。

Cortex－A8 的系统框图如图 2－15 所示。

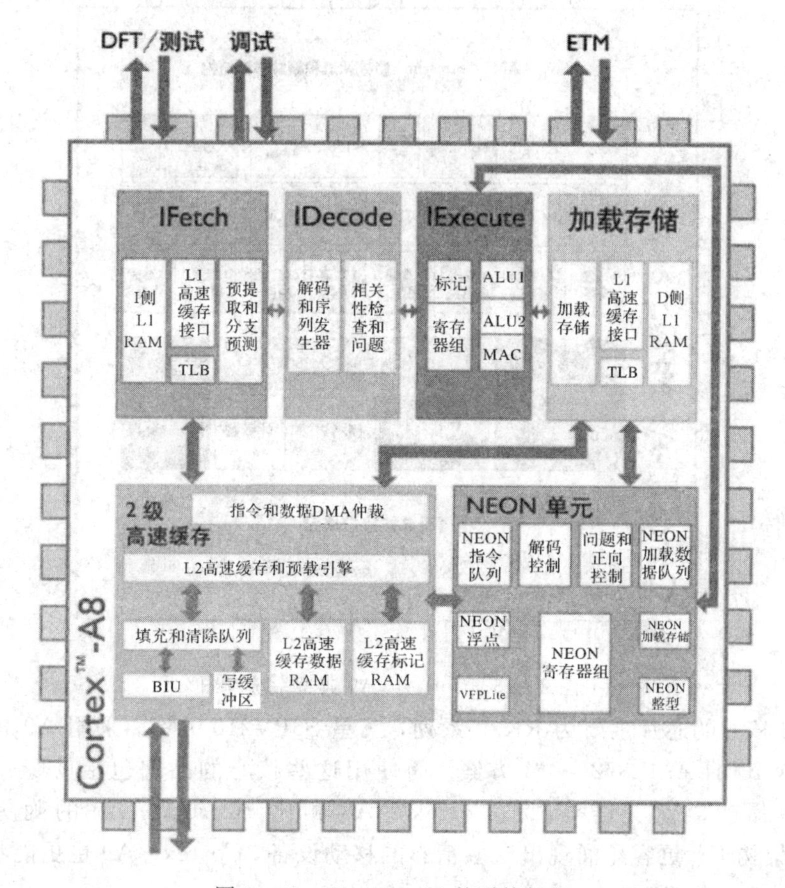

图 2－15 Cortex－A8 的系统框图

应用案例：MYS－S5PV210 开发板、TI OMAP3 系列、苹果 A4 处理器(iPhone 4)、三星 S5PC110(三星 I9000)、瑞芯微 RK2918、联发科 MT6575 等。高通的 MSM8255、MSM7230 等也可看做是 A8 的衍生版本。

4. Cortex－A9 处理器

Cortex－A9 采用指令集 ARMv7－A，8 级整数流水线，超标量双发射，乱序执行，2.5DMIPS/MHz，可选配 Neon/VFPv3，支持多核，主流双核处理器架构，脱胎于上一代的 Cortex－A8 平台，拥有更高的计算能力和更低的功耗。目前市面上的双核处理器移动便携式产品均采用 Cortex－A9 解决方案。

Cortex－A9 处理器能与其他 Cortex 系列处理器以及广受欢迎的 ARM MPCore 技术兼容，因此能够很好地延用包括操作系统/实时操作系统(OS/RTOS)、中间件及应用在内的丰富生态系统，从而减少采用全新处理器所需的成本。通过首次利用关键微体系架构方面的改进，Cortex－A9 处理器提供了具有高扩展性和高功耗效率的解决方案。利用动态长度、八级超标量结构、多事件管道及推断性乱序执行(speculative out - of - order execution),它能在频率超过 1 GHz 的设备中,在每个循环中执行多达四条指令,同时还能减少目前主流八级处理器的成本并提高效率。

如图 2 - 16 所示为 Cortex - A9 典型系统框图。

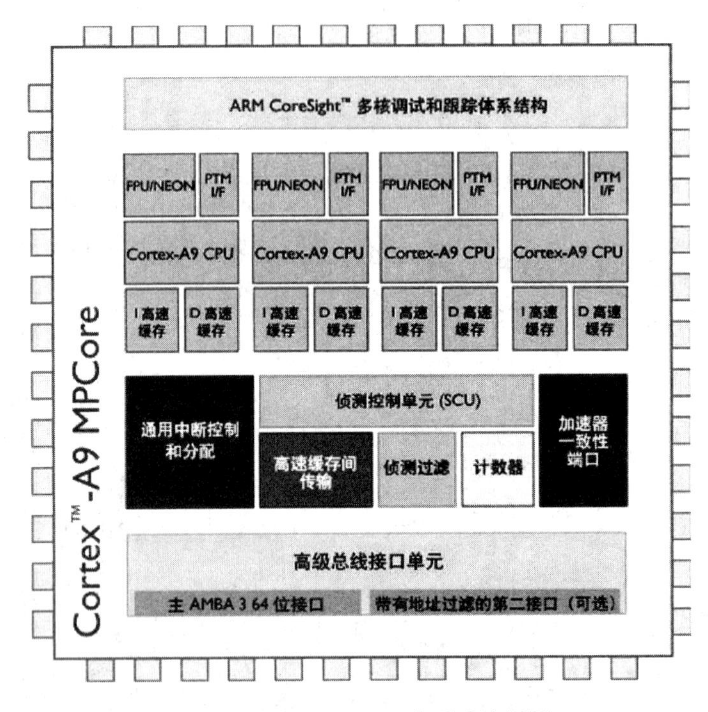

图 2 - 16　Cortex - A9 典型系统框图

采用 A8 核心的芯片主要为 RK29 系列,三星 S5PV210 方案;采用 A9 核心的芯片主要是 AMLOGIC 的 AML8726 - M 方案。而使用这些核心的品牌包括蓝魔、台电、酷比、itoos、智器、昂达以及艾诺等。和 Cortex - A8 相比,Cortex - A9 的确更快更强,在 Cortex - A9架构下,更容易涌现出众多精彩的移动设备,Cortex - A9 也更能将移动产品的用户体验提升一个台阶。

应用案例:德州仪器 OMAP 4430/4460,英伟达 Tegra 2、Tegra 3,新岸线 NS115,瑞芯微 RK3066,联发科 MT6577,三星 Exynos 4210、4412,华为 K3V2 等。另外高通 APQ8064、MSM8960,苹果 A6、A6X 等都可以看做是在 A9 架构基础上的改良版本。

5. Cortex - A12 处理器

2013 中旬,ARM 发布了全新的 Cortex - A12 处理器,在相同功耗下,Cortex - A12 的性能上比 Cortex - A9 提升了 40%,同时尺寸上也同样减小了 30%。Cortex - A12 也同样能够支持 big. LITTLE 技术,可以搭配 Cortex - A7 处理器进一步提升处理器的效能。

如图 2 - 17 所示为 Cortex - A12 系统架构图。同时 Cortex - A12 也搭载了全新的 Mali - T622绘图芯片与 Mali - V500 视频编解码 IP 解决方案,同样也是以节能为目标。这样看来,定位中端市场,低功耗小尺寸,Cortex - A12 最终必然会取代 Cortex - A9。Cortex - A12于 2014 年投放市场。

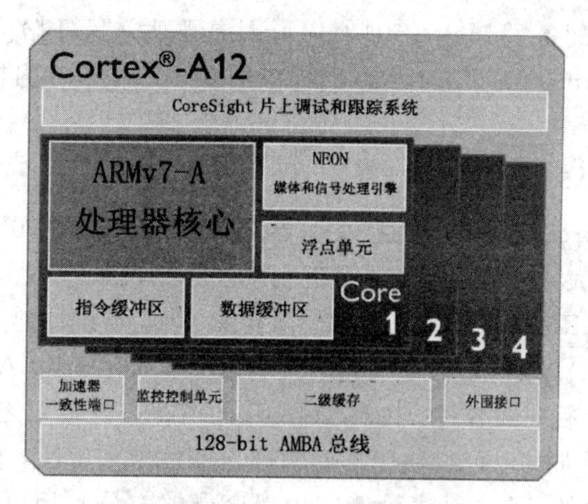

图 2－17　Cortex－A12 系统架构图

6. Cortex－A15 处理器

Cortex－A15：指令集 ARMv7－A，超标量，乱序执行，可选配 NEON/VFPv4，支持多核。ARM Cortex－A15 处理器是业界迄今为止性能最高且可授予许可的处理器。

如图 2－18 所示为 Cortex－A15 处理器系统架构。

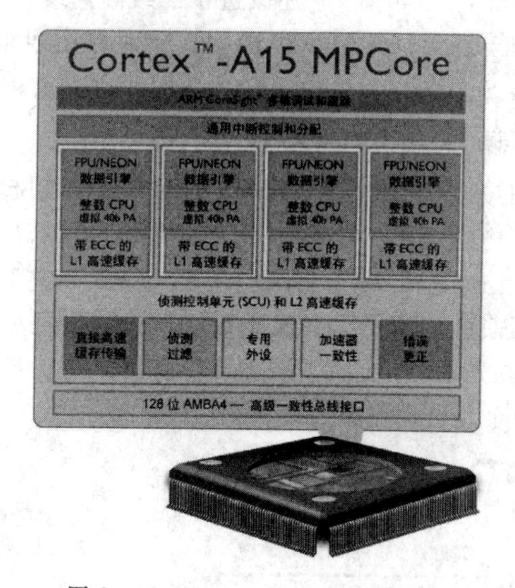

图 2－18　Cortex－A15 处理器架构

Cortex－A15 MPCore 处理器具有无序超标量管道，带有紧密耦合的低延迟 2 级高速缓存，该高速缓存的大小最高可达 4 MB。浮点和 NEON 媒体性能方面的其他改进使设备能够为消费者提供下一代用户体验，并为 Web 基础结构应用提供高性能计算。Cortex－A15 处理器可以应用在智能手机、平板电脑、移动计算、高端数字家电、服务器和无线基础结构等设备上。理论上，Cortex－A15 MPCore 处理器的移动配置所能提供的性能是当前的高级智能手机性能的五倍还多。在高级基础结构应用中，Cortex－A15 的运行速度最高可达 2.5 GHz，这将支持在不断降低功耗、散热和成本预算方面实现高度可伸缩的解决方案。

应用案例：三星 Exynos 5250。三星 Exynos 5250 芯片是首款 A15 芯片，应用在了最近发布的 Chromebook 和 Nexus 10 平板电脑上面。Exynos 5250 的频率是 1.7 GHz，采用 32

纳米的 HKMG 工艺，配备了 Mali - 604 GPU，性能强大。另外据传三星下一代 Galaxy S4 将会搭载四核版的 Exynos 5450 芯片组，同样应用 Cortex - A15 内核。另外 NVIDIA Tegra 4 会采用 A15 内核。

7. Cortex - A57、A53 处理器

Cortex - A53、Cortex - A57 两款处理器属于 Cortex - A50 系列，首次采用 64 位 ARMv8 架构，意义重大，这也是 ARM 最近刚刚发布的两款产品。

Cortex - A57 是 ARM 针对 2013 年、2014 年和 2015 年设计起点的 CPU 产品系列的旗舰级 CPU，它采用 ARMv8 - A 架构，提供 64 位功能，而且通过 Aarch32 执行状态，保持与 ARMv7 架构的完全后向兼容性。在高于 4 GB 的内存广泛使用之前，64 位并不是移动系统真正必需的，即便到那时也可以使用扩展物理寻址技术来解决，但尽早推出 64 位，可以实现更长、更顺畅的软件迁移，让高性能应用程序能够充分利用更大虚拟地址范围来运行内容创建应用程序，例如视频编辑、照片编辑和增强现实。新架构可以运行 64 位操作系统，并在操作系统上无缝混合运行 32 位和 64 位应用程序。ARMv8 架构可以实现状态之间的轻松转换。

除了 ARMv8 的架构优势之外，Cortex - A57 还提高了单个时钟周期性能，比高性能的 Cortex - A15 CPU 高出了 20%～40%。它还改进了二级高速缓存的的设计以及内存系统的其他组件，极大地提高了能效。Cortex - A57 将为移动系统提供前所未有的高能效性能水平，而借助 big. LITTLE，SoC 能以很低的平均功耗做到这一点。

8. Cortex - A72 处理器

ARM 公司正在加快芯片设计的进度，目前 Cortex - A53 刚起步，Cortex - A57 还未铺开，下一代处理器核心架构就登场了，同时发布的还有 Mali - T880 旗舰图形核心以及 CoreLink CCI - 500 核心互连技术，未来将被应用于 16 nm 工艺旗舰处理器上。

Cortex - A72 是目前基于 ARMv8 - A 架构处理器中性能最高的处理器。它再次展现了 ARM 在处理器技术上的领先地位，在提升新的性能标准之余，同时大幅降低功耗，可广泛地扩展应用于移动终端与企业自动化通信设备中。

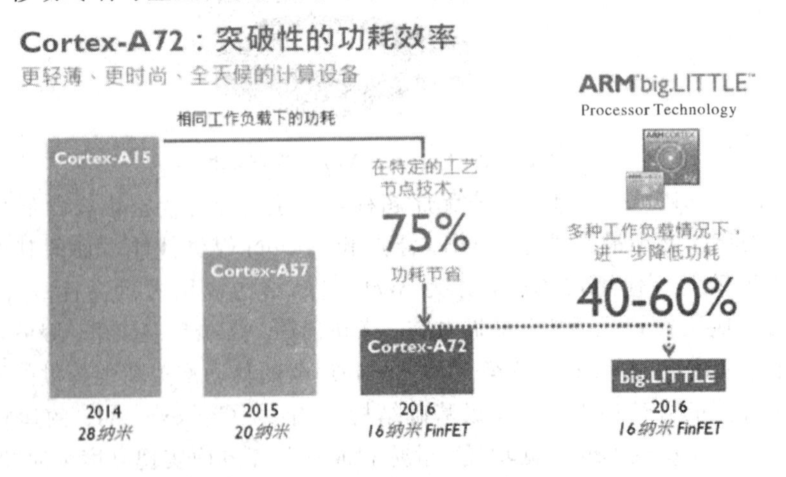

图 2 - 19　Cortex - A72 性能提升

如图 2 - 19 所示，ARM Cortex - A72 64 位架构采用 16 nm FinFET 工艺，性能是

28 nm工艺的 Cortex－A15 架构的 3.5 倍，相比目前 20 nm 的 A57 架构也几乎翻了一倍，功耗降低 75%，与 A53 组成 big. LITTLE，采用 CCI－500 互连技术，可搭配最新的 Mali－T880 GPU，已获得授权的海思、联发科、瑞芯微将在 2016 年推出产品。

2.1.8　Cortex－R 典型内核

Cortex－R 系列处理器的开发则面向深层嵌入式实时应用，对低功耗、良好的中断行为、卓越性能以及与现有平台的高兼容性这些需求进行了平衡考虑。应用领域有汽车制动系统、动力传输解决方案、机器手臂控制器、大容量存储控制器、联网和打印机等，它们使用的处理器不但要很好很强大，还要极其可靠、实时性强，对事件的反应也要极其敏捷。

目前，此系列包含 Cortex－R4、Cortex－R4F、Cortex－R5 与 Cortex－R7 多核心处理器。ARM Cortex－R 处理器支持 ARM、Thumb 和 Thumb－2 指令集。

Cortex－R4 处理器是第一个基于 ARMv7－R 体系结构的深层嵌入式实时处理器，于 2006 年 5 月投放市场，它专用于大容量深层嵌入式片上系统应用，如硬盘驱动器控制器、无线基带处理器、消费性产品、手机 MTK 平台和汽车系统的电子控制单元，它是高性能实时 SoC 的标准，取代了许多基于 ARM9 和 ARM11 处理器的设计。其中，ARM Cortex－R4 处理器是一个中端实时处理器，用于深层嵌入式系统，Cortex－R4F 处理器是一个带有浮点运算单元的 Cortex－R4 处理器。

Cortex－R5 处理器于 2010 年推出，为市场上的实时应用提供高性能解决方案，包括移动基带、汽车、大容量存储、工业和医疗市场。该处理器基于 ARMv7R 体系结构。因此，它提供了一种从 Cortex－R4 处理器向上迁移到更高性能的 Cortex－R7 处理器的简单迁移途径。基于 40 nm G 工艺，Cortex－R5 处理器可以实现以将近 1 GHz 的频率运行，此时它可提供 1500 Dhrystone MIPS 的性能。该处理器提供高度灵活且有效的双周期本地内存接口，使 SoC 设计者可以最大限度地降低系统成本和功耗。

Cortex－R5 处理器扩展了 Cortex－R4 处理器的功能集，支持在可靠的实时系统中获得更高级别的系统性能、提高效率和可靠性并加强错误管理。这些系统级功能包括高优先级的低延迟外设端口(LLPP)和加速器一致性端口(ACP)，前者用于快速外设读写，后者用于提高效率并与外部数据源达成更可靠的高速缓存一致性。

Cortex－R7 处理器是性能最高的 Cortex－R 系列处理器。它是高性能实时 SoC 的标准。Cortex－R7 处理器是为基于 65 nm 至 28 nm 的高级芯片工艺的实现而设计的，此外其设计重点在于提升能效及实时响应性、实现高级功能和简化系统设计。基于 40 nm G 工艺，Cortex－R7 处理器可以实现以超过 1 GHz 的频率运行，此时它可提供 2700 整数运算 MIPS 的性能。该处理器提供支持紧密耦合内存(TCM)本地共享内存和外设端口的灵活的本地内存系统，使 SoC 设计人员可在受限制的芯片资源内达到高标准的硬实时要求。

2.1.9　ARM 芯片选择原则

目前，嵌入式处理器芯片品种及生产厂家繁多，选择适合某个产品使用的微处理器是一项艰巨的任务。不仅要考虑许多技术因素，而且要考虑可能影响到项目成败的成本和交货时间等商业问题。选择合适的 ARM 芯片可以提高产品质量，减少开发费用和生产周期，既保证了产品的稳定性，又有利于产品升级。

ARM 芯片选择的一般原则有：性价比、内核、时钟频率、芯片内存容量、片内外围组件；工作电压、温度要求、体积封装、功耗和电源管理、价格、是否长期供货、抗干扰功能和可靠性、支持的开发环境及资源的丰富性、产品应用案例、产品成熟度、售后服务与技术支持等。考虑以上因素时，还应分出权重，哪个性能和要求最重要，采用减法原则，选择最适用的芯片。如系统要求采用 CAN 总线进行通信，就要优先选用带 CAN 总线控制器的 ARM 处理器。

在项目刚启动时，人们经常压抑不住马上动手的欲望，在系统细节出台之前就准备微处理器选型了，这当然不是正确的做法。在微控制器方面做任何决策时，硬件和软件工程师首先应设计出系统的高层结构、框图和流程图，只有到那时才能有足够的信息开始对微控制器选型进行合理的决策。此时遵循以下 10 个简单步骤可确保做出正确的选择。

(1) 制作一份要求的硬件接口清单。

利用大致的硬件框图制作出一份微控制器需要支持的所有外部接口清单。有两种常见的接口类型需要列出来。第一种是通信接口。系统中一般会使用到 USB、I^2C、SPI、UART 等外设。如果应用要求 USB 或某种形式的以太网，还需要做一个专门的备注。这些接口对微控制器需要支持多大的程序空间有很大的影响。第二种接口是数字输入和输出、模拟到数字转换、PWM 等。这两种类型接口将决定微控制器需要提供的引脚数量。

(2) 检查软件架构。

软件架构和要求将显著影响微控制器的选择。处理负担是轻是重将决定是使用 80 MHz的 DSP 还是 12 MHz 的 8051。就像硬件一样，记录下所有要求非常重要。例如，是否有算法要求浮点运算？有高频控制环路或传感器吗？此外，还要估计每个任务需要运行的时间和频度。然后推算出需要多少数量级的处理能力。运算能力的大小是确定微控制器架构和频率的最关键要求之一。

(3) 选择架构。

利用步骤 1)和步骤 2)得到的信息，一个工程师应该能够开始确定所需的架构想法。8 位架构可以支撑这个应用吗？需要用 16 位的架构吗？或者要求 32 位的 ARM 内核？在应用和要求的软件算法之间不断推敲这些问题将最终得出一个解决方案。同时要考虑系统未来的可能要求和功能扩展。只是因为目前 8 位微控制器可以胜任当前应用并不意味着你不应为未来功能扩展甚至易用性而考虑 16 位微控制器。记住，微控制器选型是一个反复的过程。你可能在这个步骤中选择了一个 16 位的器件，但在后面的步骤中发现 32 位 ARM 器件会更好。这个步骤只是让工程师有一个正确的考虑方向。

(4) 确定内存需求。

Flash 和 RAM 是任何微控制器的两个非常关键的组件。确保程序空间或变量空间的充足无疑具有最高优先级。选择一个远多于足够容量的闪存和 RAM 通常是很容易做到的。有时等到设计末尾时才发现你需要 110%的空间或者有些功能需要削减。实际上，你可以在开始时选择一个具有较大空间的器件，后面再转到同一芯片系统中空间更小些的器件。借助软件架构和应用中包含的通信外设，工程师可以估计出该应用需要多大的闪存和 RAM 空间。不要忘了预留足够空间给扩展功能和新的版本，这将解决未来可能遇到的许多问题。

(5) 开始寻找微控制器。

既然对微控制器所需功能有了更全面的考虑，现在就可以开始寻找合适的微控制器了。

首先，可试着与艾睿、安富利、富昌电子等微控制器供应商的现场应用工程师讨论你的应用和要求，通常他们会向你推荐一款技术领先又能满足要求的新器件。此外，如果你曾经用过Microchip的器件，并有丰富的使用经验，那就登录他们的网站吧。大多数芯片供应商都有一个搜索引擎，允许输入你的外设组合、I/O 和功耗要求，搜索引擎会逐渐缩小器件范围，最终找出匹配要求的器件清单来。工程师便可以在这个清单中仔细选择出最合适的一款微控制器。

(6) 检查价格和功耗约束。

到这时，选型过程应该已经得出许多潜在的候选器件了。这时应认真检查它们的功耗要求和价格。如果器件需要电池和移动设备供电，那么确保器件低功耗绝对是优先考虑的因素。如果不能满足功耗要求，那就按清单逐一向下排查，直到选出一些合适的来。同时不要忘了检查处理器的单价。虽然许多器件在大批量采购时会接近 1 美元，但如果它是极其高端或专用的处理机，那么价格可能很重要。千万不要忘了这一关键要素。

(7) 检查器件的可用性。

至此你手头就有了一份潜在器件清单，接下来需要开始检查各个器件的可用程度如何。一些重要事项需要记住，比如器件的交货期是多少？是否在多个分销商那里都有备货，或者需要 6 至 12 周的交货时间？你对可用性有什么要求？你不希望拿到一份大订单却必须干等 3 个月才能拿到货吧。接下来的问题是器件有多新，是否能够满足你的产品生命周期需要。如果你的产品生命周期是 10 年，那么你需要找到一种制造商保证在 10 年后仍在生产的器件。

(8) 选择开发套件。

选择一种新的微控制器的一个重要步骤是找到一款配套的开发套件，并学习控制器的内部工作原理。一旦工程师热衷于某种器件，他们应寻找有什么可用的开发套件。如果找不到能用的开发套件，那么这种器件很可能不是一个好的选择，工程师应该重新退回去寻找一款更好的器件。目前大多数开发套件不到 100 美元。支付比这个价格高的费用(除非这种套件能适应多种处理器模块)实在有些冤枉，换一种器件也许是更好的选择。

(9) 调查编译器和工具。

开发套件的选择基本上限制死了微控制器的选型。最后一个需要考虑的因素是可用的编译器和工具。大多数微控制器在编译器、例程代码和调试工具方面有许多选择。重要的是确保所有必要的工具都可用于这种器件。如果没有得心应手的工具，开发过程将变得异常艰难且代价高昂。

(10) 开始试验。

通常拿到开发套件的时间远早于第一个硬件原型建立的时间。要充分利用开发套件搭建测试电路、并将它们连接到微控制器。选择高风险的器件，设法让它们与开发套件一起工作。在任何情况下，早期的试验将确保你做出正确的选择，如果有必要做出改变，影响将降至最小。

2.2　ARM 处理器体系结构

2.2.1　精简指令集

嵌入式微处理器的指令系统有精简指令系统 RISC(Reduced Instruction Set Computer)和复杂指令系统 CISC(Complex Instruction Set Computer)之分。RISC 计算机的指令集中

只包含最有用的指令，确保数据通道可快速执行每一条指令，从而提高执行效率并使 CPU 硬件结构设计变得更为简单。

表 2-7 描述了 CISC 和 RISC 之间的主要区别。统计发现，在 CISC 指令集的各种指令中，大约有 20%的指令会被反复使用，占整个程序代码的 80%。而余下的 80%的指令却不经常使用，在程序设计中只占 20%。ARM 和 MIPS 内核都采用 RISC 体系结构，其简单的结构使 ARM 内核非常小，在保证高性能的前提下尽量缩小芯片的面积，并降低功耗。

表 2-7　CISC 和 RISC 之间的主要区别

指标	RISC	CISC
指令集	一个周期执行一条指令，通过简单指令的组合实现复杂操作；指令长度固定；指令条件执行从而提高指令的执行效率	指令长度不固定，执行需要多个周期
流水线	使用单周期指令，便于流水线操作执行	指令的执行需要调用微代码的一个微程序
寄存器	大量使用寄存器，数据处理指令只对寄存器进行操作，只有加载存储指令可以访问存储器，以提高指令的执行效率	用于特定目的的专用寄存器
Load/Store 结构	独立的 Load 和 Store 指令完成数据在寄存器和外部存储器之间的传输；可用加载/存储指令批量传输数据，以提高数据的传输效率	处理器能够直接处理存储器中的数据

RISC 也存在一些不足之处，如 RISC 代码密度没有 CISC 高，CISC 中的一条指令在 RISC 中有时要用一段子程序来实现；RISC 不能执行 x86 代码；RISC 给优化编译程序带来了困难。

2.2.2 流水线技术

图 2-20 所示为华硕笔记本电脑生产流水线，可以看到产品在生产中是分步骤、分工序来完成的。

图 2-20　华硕笔记本电脑生产流水线

把一条指令的执行过程划分为多个不同的阶段(称为流水线的级数)，每个阶段采用独立的硬件电路实现，则连续多条指令可以按流水线方式依次进入不同的阶段进行处理，从而提高处理器执行指令的效率。因此现代 CPU 设计方案中几乎都采用了流水线技术，所有的 ARM 处理器核都使用了流水线设计。流水线级数越高，每一级所需完成的功能越少，允许采用的处理器时钟频率越高，但处理器的结构也越复杂。

当前 ARM 内核的流水线主要有 3 级(ARM7)、5 级(ARM9)、6 级(ARM10)、7 级(如 Cortex－R4)、9 级(ARM11)、13 级(如 Cortex－A8)等不同类型。

1. 3 级指令流水线

到 ARM7 为止的 ARM 处理器使用简单的 3 级流水线，具体如下。

(1) 取指(fetch)：把指令从内存中取出，放入指令流水线，由取指部件处理。

(2) 解码(decode)：识别被执行的指令，并为下一周期准备数据通路的控制信号。在这一级，指令占有解码逻辑，不占用数据通路。

(3) 执行(execute)：执行流水线中已经被译码的指令，并将结果写回寄存器。

需要注意的是程序计数器 PC 指向正在取指的指令，并非正在执行的指令。

如图 2－21 所示，当处理器执行简单的数据处理指令时，流水线使得平均每个时钟周期能完成 1 条指令。但 1 条指令需要 3 个时钟周期来完成，因此有 3 个时钟周期的延时，但吞吐率是每个周期 1 条指令。用 6 个时钟周期执行了 6 条指令，所有操作都在寄存器中(单周期执行)，指令周期数(CPI)＝1。

Cycle (时间片)				1	2	3	4	5	6
Operation (指令)									
ADD		F	D	E					
SUB			F	D	E				
ORR				F	D	E			
AND					F	D	E		
ORR						F	D	E	
EOR							F	D	E

图 2－21　3 级流水线结构分析

2. 5 级流水线

为了得到更高的性能，需要重新考虑处理器的组织结构，有以下两种方法来实现：

(1) 提高时钟频率。时钟频率的提高，必然引起指令执行周期的缩短，所以要求简化流水线每一级的逻辑，流水线的级数就要增加。

(2) 减少每条指令的平均指令周期数，这就要求将指令与数据存储器分开、减少阻塞。

基于以上原因，较高性能的 ARM9TDMI 核使用了 5 级流水线，而且具有分开的指令与数据存储器，将指令的执行分割为 5 部分，从而可以使用更高的时钟频率，使核的 CPI 明显减少。

如图 2－22 所示，这 5 个指令执行阶段的功能如下：

(1) 取指：从指令存储器中读取指令，放入指令流水线。

(2) 解码：对指令进行解码，从通用寄存器组中读取操作数；由于寄存器组有3个读端口，大多数ARM指令能在一个时钟周期内读取其操作数。

(3) 执行：将其中的一个操作数移位，并在ALU中产生结果；如果指令是Load或Store指令，则在ALU中计算存储器的地址。

(4) 存储器访问：如果需要，则访问数据存储器；否则，ALU只是简单地缓冲一个时钟周期，以便使所有指令具有同样的流水线流程。

(5) 回写：将指令的结果写回到寄存器组，包括任何从存储器读取的数据。

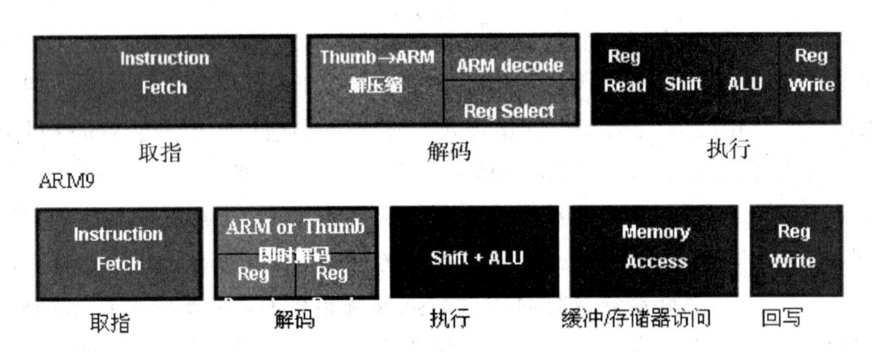

图2－22　ARM7与ARM9处理器流水线比较

3. Cortex－R4处理器的流水线

如图2－23所示，Cortex－R4处理器的流水线为8级。其特点是双发射指令流水线，含动态分支预测，执行速度达到1.6 MIPS/MHz(整数运算基准测试程序)。其中前3级是指令预取单元PFU，包括第1阶段取指，第2阶段取指和解码。

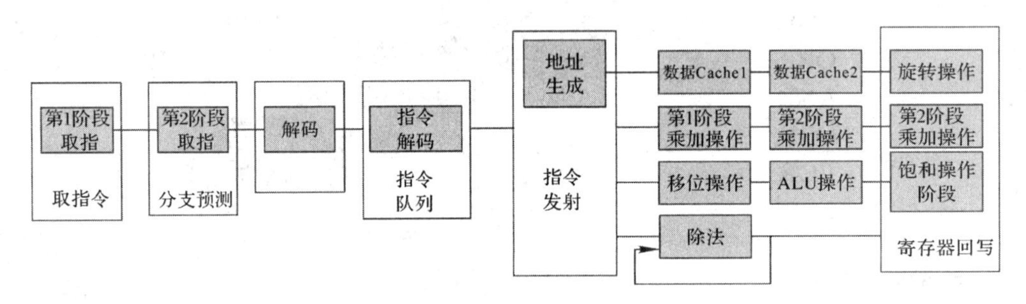

图2－23　Cortex－R4处理器的流水线

4. Cortex－A处理器流水线

Cortex－A8是ARM首款超标量CPU，双发射顺序结构，带来2.0DMIPS/MHz的效能；指令集ARMv7－A，13级整数流水线，标配10级NEON媒体流水线，通过SIMD指令集大大加强浮点性能，可以实现不少DSP的功能；不支持多核，普遍带有256 KB的L2缓存，加上600 MHz～1 GHz的高频率，相对ARM9和ARM11有显著的提升。与此同时，相对高昂的授权费用和较大的核心面积，使得Cortex－A8 SoC的成本相对较高，作为定位中高端的产品出现。

Cortex－A9的指令集是ARMv7－A，8级整数流水线，超标量双发射，乱序执行，

2.5DMIPS/MHz，可选配Neon/VFPv3，支持多核。

Cortex-A15的指令集是ARMv7-A，超标量，乱序执行，可选配NEON/VFPv4，支持多核。

5. 影响流水线性能的因素

1）互锁

在典型的程序处理过程中，经常会遇到这样的情形，即一条指令的结果被用作下一条指令的操作数，比如有如下指令序列：

```
LDR R0，[R0，#0]
ADD R0，R0，R1        ；在5级流水线上产生互锁
```

从例子中可以看出，流水线的操作产生中断，因为第1条指令的结果在第2条指令取数时还没有产生。第2条指令必须停止，直到结果产生为止。

2）跳转指令

跳转指令也会破坏流水线的行为，因为后续指令的取指步骤受到跳转目标计算的影响，因而必须推迟。但是，当跳转指令被译码时，在它被确认是跳转指令之前，后续的取指操作已经发生。这样一来，已经被预取进入流水线的指令不得不被丢弃。如果跳转目标的计算是在ALU阶段完成的，那么在得到跳转目标之前已经有两条指令按原有指令流读取。

显然，只有当所有指令都依照相似的步骤执行时，流水线的效率达到最高。如果处理器的指令非常复杂，每一条指令的行为都与下一条指令不同，那么就很难用流水线实现。

2.2.3　ARM处理器的工作状态

在ARM的体系结构中，处理器一般可以工作在3种不同的状态：ARM状态、Thumb状态及调试状态。对于Cortex-A8处理器来说，可支持ARM、Thumb、ThumbEE三种状态。

1）ARM状态

ARM状态下处理器执行32位、字对齐的ARM指令。

2）Thumb状态

Thumb状态下处理器执行16位、半字对齐的Thumb指令。在Thumb模式下，指令代码只有16位，这使得代码密度变大，占用内存空间减小，提供了比32位程序代码更佳的效能。

不过，在下面一些场合下，程序必须运行在ARM状态，这时就需要混合使用ARM和Thumb程序代码。

(1) ARM代码比Thumb代码有更快的执行速度，因此强调速度的场合使用ARM程序。

(2) ARM处理器的一些特定功能必须由ARM指令实现，其中包括PSR指令、协处理器指令、使用或禁止异常中断。

(3) 异常发生时，处理器自动进入ARM状态，进入对应的异常模式。

(4) ARM处理器总是从ARM状态开始执行。如果要在调试器中运行Thumb程序，必须先添加一个ARM程序头，然后再转换到Thumb状态，执行Thumb程序。

3）Thumb-2和ThumbEE状态

Thumb-2技术首见于ARM1156核心，于2003年发表。Thumb-2的预期目标是要

达到近乎 Thumb 的编码密度，但能表现出近乎 ARM 指令集在 32 位存储器下的性能。Thumb - 2 技术使 Thumb 成为混合(32 位和 16 位)长度指令集，使所有 ARMv7 兼容的 ARM Cortex 实现所通用的指令集。

Thumb - 2 提升了众多嵌入式应用程序的性能、能效和代码密度。该技术与现有 ARM 和 Thumb 解决方案向后兼容，同时显著扩展了 Thumb 指令集的可用功能，从而使更多应用程序从 Thumb 的同类最佳代码密度中获益。为获得性能优化的代码，Thumb - 2 技术使用少于 31% 的内存以降低系统成本，同时提供比现有高密度代码高出 38% 的性能，因此可用于延长电池寿命，或丰富产品功能集。

ThumbEE，业界称为 Jazelle RCT 技术，于 2005 年发表，首见于 Cortex - A8 处理器。ThumbEE 指令集基于 Thumb - 2，并进行了一些更改和添加，使得动态生成的代码具有更好的目标，在执行之前或在执行过程中即可在该设备上实时编译代码。ThumbEE 是专为一些语言如 Limbo、Java、C#、Perl 和 Python 设计，并能让实时编译器能够输出更小的编译码却不会影响到性能。ThumbEE 所提供的新功能，包括在每次访问指令时自动检查是否有无效指针，以及一种可以运行数组范围检查的指令，并能够分支到分类器，其包含一小部分经常调用的编码，通常用于高级语言功能的实现，例如对一个新对象做存储器配置。

4) 调试状态

处理器停机调试时进入调试状态。一般 ARM 处理器具有 ARM 状态、Thumb 状态及调试状态，而 Cortex - M3 只有 Thumb - 2 状态和调试状态。

5) ARM 和 Thumb 状态之间的切换

ARM 处理器可以在 ARM 和 Thumb 两种状态之间进行切换，状态的切换不影响处理器的模式或寄存器的内容。

(1) 当操作数寄存器 Rm 的 bit[0]为 1 时，执行 BX Rm 指令进入 Thumb 状态。

(2) 当操作数寄存器 Rm 的 bit[0]为 0 时，执行 BX Rm 指令进入 ARM 状态。

对于支持 Thumb - 2 指令集的嵌入式处理器来说，由于 Thumb - 2 具有 16/32 位指令功能，因此有了 Thumb - 2 就无需 Thumb 了，ARM 与 Thumb - 2 之间的切换方法与上述相同。

2.2.4 ARM 处理器的运行模式

ARM 体系结构一般支持 7 种运行模式，由 CPSR(程序状态寄存器)的低 5 位决定。Cortex - A8 处理器多了一种监控模式，即有 8 种工作模式，如表 2 - 8 所示。

表 2 - 8 ARM 处理器的运行模式

CPSR[4:0]	模式及对应缩写	用　途	特权模式	异常模式
10000	用户(usr)	处理器正常的程序执行状态	否	否
10001	快速中断模式(fiq)	用于高速数据传输或通道处理	是	是
10010	外部中断模式(irq)	用于通用的低优先级中断处理	是	是
10011	管理模式(svc)	操作系统使用的保护模式，复位或软件中断指令执行进入这种模式	是	是

续表

CPSR[4:0]	模式及对应缩写	用　途	特权模式	异常模式
10111	中止模式(abt)	当数据或指令预取中止时进入该模式，可用于虚拟内存及存储保护	是	是
11011	未定义模式(und)	当未定义的指令执行时进入该模式，可用于支持硬件协处理器的软件仿真(浮点、微量运算)	是	是
11111	系统模式(sys)	运行具有特权的操作系统任务	是	否
10110	监控模式(mon)	仅限安全扩展时才会使用，可以在安全模式和非安全模式下转换	是	是

CPU的模式可以简单地理解为当前CPU的工作状态，比如：当前操作系统正在执行用户程序，那么当前CPU工作在用户模式，这时网卡上有数据到达，产生了中断信号，CPU自动切换到一般中断模式下处理网卡数据(普通应用程序没有权限直接访问硬件)，处理完网卡数据，返回到用户模式下继续执行用户程序。

用户模式是最基本的工作模式，大多数程序运行在用户模式下，在此模式下应用程序不能访问一些受操作系统保护的资源，也不能改变模式，除非异常中断发生。

用户模式外的其他7种模式称为特权模式，特权模式用于服务中断或者异常，或访问保护的资源。在特权模式下可以自由地访问系统资源和改变模式。ARM核有一个输出信号(如nTRANS on ARM7TDMI，InTRANS，DnTRANS on ARM9，或被编码成HPROT或BPROT in AMBA)表明当前模式是特权模式和非特权模式，存储器控制器可以使用这些信号来控制I/O操作，使其只能在特权模式下完成。

特权模式中除系统模式、监控模式外的其他6种模式称为异常模式，它们除了可以通过在特权下的程序切换进入外，也可以由特定的异常进入。在任一时刻处理器只能在一种模式下工作，如上电启动与发生复位中断时，处理器自动切换到管理模式下运行；发生软件中断时，处理器也将自动切换到管理模式下运行；响应IRQ中断时，处理器自动切换到IRQ模式下运行；执行未定义指令时进入未定义指令中止异常模式。

2.2.5　寄存器组织

ARM9处理器共有37个32位长的寄存器，如表2-9所示，这些寄存器包括：

(1) R0～R12：均为32位通用寄存器，用于数据操作。但是注意：绝大多数16位Thumb指令只能访问R0～R7，而32位Thumb-2指令可以访问所有寄存器。

(2) 堆栈指针：堆栈指针的最低两位永远是0，这意味着堆栈总是4字节对齐的。

(3) 链接寄存器：当呼叫一个子程序时，由R14存储返回地址。

(4) 程序计数器：指向当前的程序地址，如果修改它的值，就能改变程序的执行流。

(5) 6个状态寄存器(1个CPSR、5个SPSR)，用以标识CPU的工作状态及程序的运行状态，均为32位，目前只使用了其中的一部分。

Cortex-A8处理器有40个32位长的寄存器，多了监控模式下的寄存器，如R0～

R12、R15、CPSR 通用，R13_mon、R14_mon、SPSR_mon 三个专用寄存器。

表 2-9　寄存器组织

寄存器类别	寄存器在汇编中的名称	各模式下实际访问的寄存器						
		用户	系统	管理	中止	未定义	中断	快速中断
通用寄存器和程序计数器	R0(a1)	R0						
	R1(a2)	R1						
	R2(a3)	R2						
	R3(a4)	R3						
	R4(v1)	R4						
	R5(v2)	R5						
	R6(v3)	R6						
	R7(v4)	R7						
	R8(v5)	R8						R8_fiq
	R9(SB, v6)	R9						R9_fiq
	R10(SL, v7)	R10						R10_fiq
	R11(FP, v8)	R11						R11_fiq
	R12(IP)	R12						R12_fiq
	R13(SP)	R13		R13_svc	R13_abt	R13_und	R13_irq	R13_fiq
	R14(LR)	R14		R14_svc	R14_abt	R14_und	R14_irq	R14_fiq
	R15(PC)	R15						
状态寄存器	R16(CPSR)	CPSR						
	SPSR	无		SPSR_svc	SPSP_abt	SPSP_und	SPSP_irq	SPSP_fiq

1) 通用寄存器

在汇编语言中寄存器 R0～R12 为保存数据或地址值的通用寄存器。它们是完全通用的寄存器，不会被体系结构作为特殊用途，并且可用于任何使用通用寄存器的指令。

其中 R0～R7 为未分组的寄存器，也就是说对于任何处理器模式，这些寄存器都对应于相同的 32 位物理寄存器。

寄存器 R8～R14 为分组寄存器。它们所对应的物理寄存器取决于当前的处理器模式，几乎所有允许使用通用寄存器的指令都允许使用分组寄存器。

寄存器 R8～R12 有两个分组的物理寄存器。一个用于除 FIQ 模式之外的所有寄存器模式，另一个用于 FIQ 模式。这样在发生 FIQ 中断后，可以加速 FIQ 的处理速度。

2) 特殊功能寄存器

寄存器 R13、R14 分别有 7 个分组的物理寄存器。一个用于用户和系统模式，一个用于监控模式，其余 5 个分别用于 5 种异常模式。

寄存器 R13 常作为堆栈指针(SP)。在 ARM 指令集当中，没有以特殊方式使用 R13 的指令或其他功能。但是在 Thumb 指令集中存在使用 R13 的指令。

R14 为链接寄存器(LR)，在结构上有两个特殊功能：

(1) 在每种模式下，模式自身的 R14 版本用于保存子程序返回地址。R14 寄存器与子程序调用方法如图 2-24 所示，大致分为三个过程。

① 程序 A 执行过程中调用程序 B。

② 程序跳转至标号 Lable，执行程序 B。同时硬件将“BL Lable”指令的下一条指令所在地址存入 R14(LR)。

③ 程序 B 执行最后，将 R14 寄存器的内容放入 PC，返回程序 A。

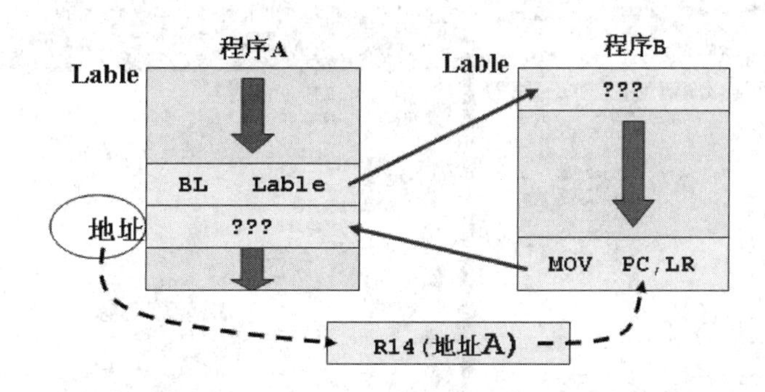

图 2-24　R14 寄存器与子程序调用方法

(2) 异常发生时，程序要跳转至异常服务程序，对返回地址的处理与子程序调用类似，都是由硬件完成的。区别在于有些异常有一个小常量的偏移。

当发生异常嵌套时，这些异常之间可能会发生冲突。例如：如果用户在用户模式下执行程序时发生了 IRQ 中断，用户模式寄存器不会被破坏。但是如果允许在 IRQ 模式下的中断处理程序重新使能 IRQ 中断，并且发生了嵌套的 IRQ 中断时，外部中断处理程序保存在 R14_irq 中的任何值都将被嵌套中断的返回地址所覆盖。

寄存器 R15 为程序计数器(PC)，它指向正在取指的地址。可以认为它是一个通用寄存器，但是对于它的使用有许多与指令相关的限制或特殊情况。如果 R15 使用的方式超出了这些限制，那么结果将是不可预测的。R15 程序计数器指向地址如表 2-10 所示。

表 2-10　R15 程序计数器指向地址

地址	程序代码	流水线状态
PC-8	LDR R0, PC	正在执行
PC-4	…	正在译码
PC	…	正在取指

正常操作时，从 R15 读取的值是处理器正在取指的地址，即当前正在执行指令的地址加上 8 个字节(两条 ARM 指令的长度)。由于 ARM 指令总是以字为单位，所以 R15 寄存器的最低两位总是为 0，如果不是，结果将不可预测。正常操作时，写入 R15 的值被当作一个指令地址，程序从这个地址处继续执行(相当于执行一次无条件跳转)。

3) 状态寄存器

CPSR(当前程序状态寄存器)用来保存当前的状态与控制的标志位,类似单片机中的PSW(程序状态字),它可以在任何处理器模式下被访问。同时除了用户和系统模式以外,每种处理器模式下都有一个专用的物理状态寄存器,称为 SPSR(程序状态保存寄存器)。当特定的异常中断发生时,这个寄存器用于存放当前程序状态寄存器的内容。CPSR 和 SPSR 仅能通过特殊指令(MRS、MSR)进行访问。当在用户模式和系统模式中访问 SPSR,将会产生不可预知的结果。

ARM 内核包含 1 个 CPSR 和 6 个供异常处理程序和监控模式下使用的 SPSR。如图 2-25所示为程序最初状态和工作模式,从中可以看到各寄存器的值。

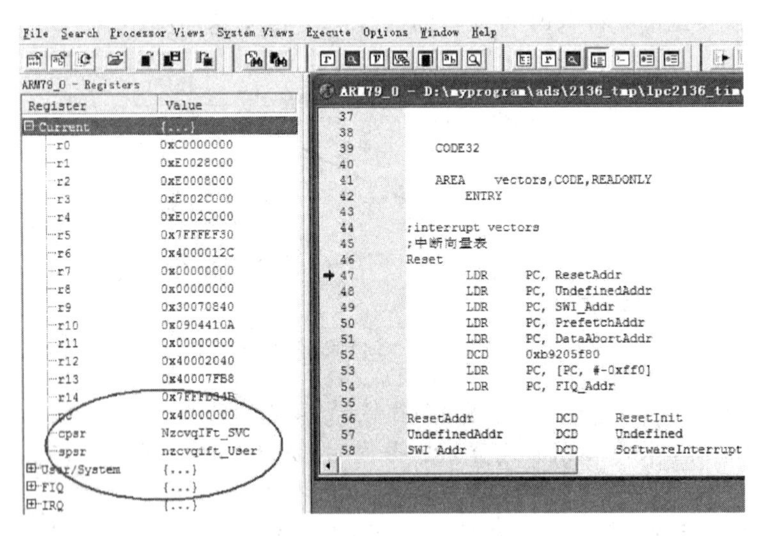

图 2-25 程序调试时可查看寄存器值变化

如图 2-26 所示为 CPSR 的 32 位组成。位[31:24]为条件标志位域,用 CPSR_f 表示。位[23:16]为状态位域,用 CPSR_s 表示。位[15:8]为扩展位域,用 CPSR_x 表示。位[7:0]为控制位域,用 CPSR_c 表示。

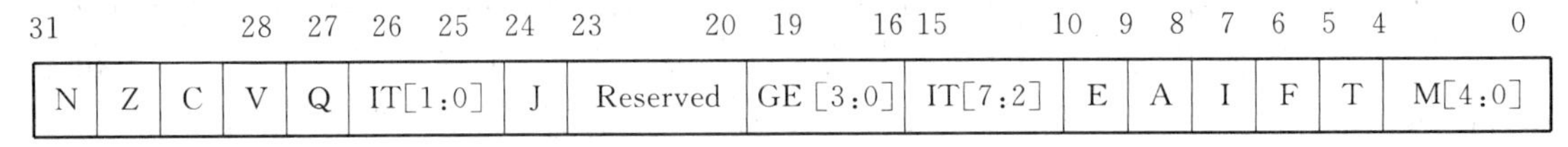

31	28	27	26 25	24	23 20	19 16	15 10	9	8	7	6	5	4 0
N	Z	C	V	Q	IT[1:0]	J	Reserved	GE[3:0]	IT[7:2]	E	A	I	F	T	M[4:0]

图 2-26 CPSR 位设置

(1) 条件标志位。

N、Z、C 和 V 位都是条件标志位。大多数数值处理指令可以选择是否影响条件标志位,如算术操作、逻辑操作、MSR 或者 LDM 指令可以对这些位进行设置。如果指令带 S 后缀,则该指令的执行会影响条件标志位。处理器通过测试这些标志位来确定一条指令是否执行。

各标志位的含义如下:

① N:运算结果的最高位反映在该标志位。对于有符号二进制补码,结果为负数时 N=1,结果为正数或零时 N=0。

例如处理器执行下列指令:

```
MOV    R0, #0x05
```

```
SUB    R1, R0, #0x06
```

当 CPU 执行完该代码之后 R1 中的值为 0xFF。同时 CPSR 中的符号标志位 N=1，表示运算结果 R1 中的值为-1。

② Z：指令结果为 0 时 Z=1(通常表示比较结果相等)，否则 Z=0。

例如处理器执行下列指令：

```
MOV    R0, #05
CMP    R0, #05
```

当 CPU 执行 CMP 这条代码时，将 R0 中的值(0x05)与立即数 0x05 相减(结果不保存)，同时使 CPSR 中的符号标志位 Z=1，表示比较的两个数大小相等。

③ C：当进行加法运算(包括 CMN 指令)，并且最高位产生进位时 C=1，否则 C=0。

例如处理器执行下列指令：

```
MOV    R0, #0xFE
ADD    R0, R0, #03
```

当 CPU 执行完该代码后，R0 中的值为 0x01，同时 CPSR 的标志位 C=1，表示运算结果向上进位，该运算结果的大小为 257。

当进行减法运算(包括 CMP 指令)，并且最高位产生借位时 C=0，否则 C=1。对于结合移位操作的非加法/减法指令，C 为从最高位最后移出的值，其他指令 C 通常不变。

例如处理器执行下列指令：

```
MOV    R1, #0xA5
MOV    R0, R1, LSR#2; 将 R1 中的值向右移动两位后存入 R0
```

CPU 执行完该代码后，R0 中的值为 0x29，同时 CSPR 中 C 的值为最后出去的 0。

④ V：当带符号数进行加减运算指令，出现符号位溢出时 V=1，否则 V=0，其他指令 V 通常不变。

(2) Q、J 等新增标志位。

在带 DSP 指令扩展的 ARMv5 及更高版本中，bit[27]被指定用于指示增强的 DSP 指令是否发生了溢出。

在 CPSR 中的 bit[24]为 J 位，用于表示处理器是否处于 ThumbEE 状态。当 T=1 时，如果 J=0，表示处理器处于 Thumb 状态；如果 J=1，表示处理器处于 ThumbEE 状态。

bit[19:16]位为 GE 位，用于表示在 SIMD 指令集中的有符号数大于等于标志位。

bit[15:10]位为 IT[7:2]，bit[26:25]位为 IT[1:0]，IT[7:0]用于对 Thumb 指令集中 if - then - else 这一条件执行语句的控制。

bit[9]为 E 位，用于设置数据存取操作的模式，E=0 表示小端模式，E=1 表示大端模式，此位通常初始化为 0，即小端模式。

bit[8]为 A 位，表示异步异常禁止。

为了提高程序的可移植性，当改变 CPSR 标志位和控制位时，请不要改变 bit[23:20]等保留位。另外，请确保程序的运行不受保留位的值影响，因为将来的处理器可能会将这些位设置为 1 或者 0。

(3) 控制位。

CPSR 的最低 8 位为控制位，当发生异常时，这些位被硬件改变。当处理器处于一个特权模式时，可用软件操作这些位。

① 中断禁止位包括 I 和 F 位：

当 I 位=1 置位时，IRQ 中断被禁止；I=0 时表示 IRQ 中断使能。

当 F 位=1 置位时，FIQ 中断被禁止；I=0 时表示 FIQ 中断使能。

② T 位反映了处理器当前正在操作的状态：

对于 ARM920T 来说，T=0 表示执行的指令为 ARM 指令；T=1 表示执行的指令为 Thumb 指令。

对于 ARM Cortex - A8 来说，当 T 位为 1 时，J 位决定处理器是在 Thumb 还是在 ThumbEE 状态下运行；当 T 位清零时，表示处理器正在 ARM 状态下运行。

需要注意的是，不要用 MSR 指令强行修改 T 位，否则结果不可预知。

③ 模式位：包括 M[4:0]，这些位决定处理器的操作模式，如表 2 - 11 所示。

注意，不是所有模式位的组合都定义了有效的处理器模式，如果使用了错误的设置，将引起一个无法恢复的错误。

表 2 - 11　CPSR 模式位设置表

CPSR[4:0]	模式	可见的 ARM 状态寄存器	可见的 Thumb 状态寄存器
10000	用户模式	R0～R14，PC，CPSR	R0～R7，PC，CPSR
10001	快速中断模式	R0～R7，R8_fiq～R14_fiq，PC，CPSR，SPSR_fiq	R0～R7，SP_fiq，LR_fiq，PC，CPSR，SPSR_fiq
10010	外部中断模式	R0～R12，R13_irq，R14_irq，PC，CPSR，SPSR_fiq	R0～R7，SP_fiq，LR_fiq，PC，CPSR，SPSR_fiq
10011	管理模式	R0～R12，R13_svc，R14_svc，PC，CPSR，SPSR_svc	R0～R7，SP_svc，LR_svc，PC，CPSR，SPSR_svc
10111	中止模式	R0～R12，R13_abt，R14_abt，PC，CPSR，SPSR_abt	R0～R7，SP_abt，LR_abt，PC，CPSR，SPSR_abt
11011	未定义模式	R0～R12，R13_und，R14_und，PC，CPSR，SPSR_und	R0～R7，SP_und，LR_und，PC，CPSR，SPSR_und
11111	系统模式	R0～R14，PC，CPSR	R0～R14，PC，CPSR
10110	监控模式	R0～R12，R13_mon，R14_mon，PC，CPSR，SPSR_mon	R0～R7，SP_mon，LR_mon，PC，CPSR，SPSR_mon

4) Thumb/Thumb - 2 状态下的寄存器组织

Thumb 状态寄存器与 ARM 状态寄存器有如下的关系：

(1) Thumb 状态下 R0～R7 与 ARM 状态相同，低位寄存器组所有状态下均可使用。

(2) R8～R12 为高位寄存器组，16 位 Thumb 指令模式不可使用，仅提供给 32 位模式，因此 Thumb - 2 可直接使用。

(3) Thumb 状态下 CPSR 和 SPSR 与 ARM 状态下的 CPSR 和 SPSR 相同。

(4) Thumb 状态下 SP 映射到 ARM 状态的 R13。

(5) Thumb 状态下 LR 映射到 ARM 状态的 R14。

(6) Thumb 状态下 PC 映射到 ARM 状态的 R15。

在 Thumb 状态中，高位寄存器(R8～R15)不是标准寄存器集的一部分。但可使用汇编语言程序受限制地访问这些寄存器，将其用作快速的暂存器。使用带特殊变量的 MOV 指令，数据可以在低位寄存器和高位寄存器之间进行传送；高位寄存器的值可以使用 CMP 和 ADD 指令进行比较或加上低位寄存器中的值。

2.2.6　异常处理

异常是指程序执行过程中出现的意外事件使正常的程序产生的暂时停止的现象。异常的出现可能是由某种系统软硬件故障导致的(如存储器故障或存储器保护)，也可能是人为安排的硬件中断(如 IRQ、复位)或软件中断(SWI)。

出现异常时，通常应该中止当前程序的运行，转而执行相应的异常处理程序。异常处理完毕，一般应返回到原被中止执行的程序地址继续运行(复位异常除外)。为了在异常处理完毕后能恢复原来的程序执行状态，响应异常时需保护被中断程序的执行现场，异常处理完毕应该恢复被中断程序的执行现场。

1. 异常向量表

如果同时发生两个或更多异常，那么将按照固定的优先级来处理异常。不同的异常将导致处理器进入不同的工作模式，并执行不同特定地址的指令。

异常向量表如图表 2-12 所示。各异常同时发生时，将优先处理优先级较高的异常。而软件中断(SWI)和未定义指令异常不可能同时发生。一般应避免出现异常嵌套情况，若无特殊处理，同类型异常的自嵌套或几个异常的循环嵌套会导致程序死锁。

表 2-12　异常向量表

异常类型	低位地址	高位地址	优先级
复位	0x00000000	0xffff0000	1
未定义指令	0x00000004	0xffff0004	6
软件中断	0x00000008	0xffff0008	6
预取中止	0x0000000c	0xffff000c	5
数据访问中止	0x00000010	0xffff0010	2
保留	0x00000014	0xffff0014	
外部中断请求	0x00000018	0xffff0018	4
快速中断请求	0x0000001c	0xffff001c	3

在 Cortex-A8 处理器中，可以通过设置协处理器系统控制寄存器 CP15 的 C12 寄存器，将异常向量表的首地址设置为任意地址，如从 0xffff0000 开始，其后逐个加 4 即为相应

的异常入口地址。

可利用跳转指令 B 建立异常向量表，详见附录。

2. 异常处理流程

异常出现以后，ARM 微处理器会执行以下操作：

(1) 将下一条指令的地址存入相应连接寄存器 LR，以便程序在处理异常返回时能从正确的位置重新开始执行。

(2) 将 CPSR 复制到相应的 SPSR 中。

(3) 根据异常类型，强制设置 CPSR 的运行模式位。

(4) 当异常发生时，会根据异常的类型，强制从一个固定的内存地址开始执行，这些固定的地址称为异常向量(Exception Vectors)。

当异常发生时，异常模式下的备用的 R14 和 SPSR 用于存储状态，如下所示：

```
R14_<Exception_Mode> = Return Link Address   /* 保存返回调用程序地址 */
SPSR_<Exception_Mode> = CPSR   /* 保存当前模式下 CPSR 中的值 */
CPSR[4:0] = Exception Mode Number   /* 设置异常模式 */
CPSR[5] = 0     /* 设置处理器状态，T=0 表征在 ARM 状态下执行 */
If  <Exception_Mode> == Reset or FIQ then
CPSR[6] = 1/* F=1，禁止快速中断，否则 CPSR[6]保持不变 */
CPSR[7] = 1     /* I=1，禁止正常中断 */
if <Exception_mode> ! = UNDEF or SWI then
CPSR[8] = 1   /* 如果不是未定义指令或者软件中断，那么屏蔽掉 A 标志位 */
              /* 仅支持 ARM v6 版本处理器，否则不予改变 */
CPSR[9] = CP15_reg1_EEbit /* 拷贝协处理器 Secure Control Register bit[25] */
/* 字节序位 CP15_reg1_EEbit 到 E 标志位，确定大小端模式 */
PC = Exception Vector Address   /* 转入异常入口地址 */
```

异常处理完毕之后，ARM 微处理器会执行以下几步操作从异常返回：

(1) 将连接寄存器 LR 的值减去相应的偏移量后送到 PC 中。

(2) 将 SPSR 复制回 CPSR 中。

(3) 若在进入异常处理时设置了中断禁止位，要在此清除。

(4) 应用程序总是从复位异常处理程序开始执行的，因此复位异常处理不需要返回。

3. ARM 体系异常描述

1) 复位异常

当处理器的复位引脚有效时，处理器立即停止当前程序，进入禁止中断的管理模式，并从地址 0x0000 0000 或者 0xffff 0000 处开始执行。

当复位异常时，ARM 处理器执行下列伪操作：

```
R14_svc = UNPREDICTABLE value     /* 任意值 */
SPSR_svc = UNPREDICTABLE value   /* 任意值 */
CPSR[4:0] = 0b10011   /* 进入管理模式 */
CPSR[5] = 0     /* T=0，处理器进入 ARM 状态 */
CPSR[6] = 1     /* I=1，禁止快速中断 */
CPSR[7] = 1     /* F=1，禁止外设中断 */
```

```
if high vectors configured then
  PC = 0xffff0000
else
  PC=0x00000000
```

2）未定义指令异常

当ARM处理器执行协处理器指令时，它必须等待外部协处理器应答后，才能真正执行这条指令。若协处理器没有响应，ARM处理器或协处理器认为当前指令未定义时将发生未定义指令异常。当处理器执行SMC指令时，内核进入监控模式请求监控功能，用户进程执行SMC会导致一个未定义的指令异常发生。

从未定义指令异常中返回，可以使用MOVS PC，R14指令。

3）软件中断异常

当用户模式下的程序使用指令SWI时，处理器便产生软件中断异常，进入管理模式，以调用特权操作。要从SWI操作中返回，使用MOVS PC，R14指令。

4）指令预取中止异常

当处理器预取指令的地址不存在，或该地址不允许当前指令访问，存储器会向处理器发出中止信号；只有当预取的指令被执行时，才会产生指令预取中止异常，进入ARM状态下的数据访问中止模式。

从指令预取异常处理程序中返回时，使用SUBS PC，R14，＃4指令。

5）数据访问中止异常

若处理器数据访问指令的地址不存在，或该地址不允许当前指令访问时，产生数据中止异常，进入ARM状态下的数据访问中止模式。

从数据访问中止异常处理程序中返回时，执行下面的指令。

（1）不重复执行原来的指令：SUBS PC，R14，＃4。

（2）重复执行原来的指令：SUBS PC，R14，＃8。

6）外部中断请求异常

ARM内核只有两个外部中断输入信号nIRQ和nFIQ，为此在芯片中一般都有一个中断控制器来处理中断信号，S5PV210芯片的中断控制器由4个向量中断控制器VIC组成，可以支持多达93个中断源，以菊花链方式连接在一起。

当处理器的外部中断请求引脚nIRQ低电平有效，而且CPSR中的I位为0时，产生IRQ异常。从中断服务程序中返回时，使用SUBS PC，R14，＃4指令。

7）快速中断请求异常

处理器的快速中断请求引脚nFIQ低电平有效，而且CPSR中的F位为0时，产生FIQ异常。从FIQ服务程序中返回时，使用SUBS PC，R14，＃4指令。

当系统运行时，异常可能会随时发生，为保证在ARM处理器发生异常时不至于处于未知状态，在应用程序的设计中，首先要进行异常处理，采用的方式是在异常向量表中的特定位置放置一条跳转指令，跳转到异常处理程序，当ARM处理器发生异常时，程序计数器PC会被强制设置为对应的异常向量，从而跳转到异常处理程序，当异常处理完成以后，返回到主程序继续执行。

2.2.7 数据类型及存储模式

1. 数据类型

ARM 处理器支持如下几种数据类型:

(1) 双字(Double Word, Cortex-A 支持),长度 64 位(字必须与 8 字节边界对齐)。

(2) 字(Word),字的长度为 32 位,在 16 位处理器体系结构中,字的长度为 16 位。

(3) 半字(Half-Word),半字的长度为 16 位,与 16 位处理器体系结构字的长度一致。

(4) 字节(Byte),字节的长度均为 8 位。

字节类型数据是最小的数据存储单位,其可以存储在子存储器的任何位置;半字类型数据存储边界必须是两个字节对齐的;字类型数据的存储边界必须是 4 个字节对齐的。

32 位 ARM 处理器体系结构支持的最大寻址空间为 4GB(2^{32}字节)。ARM 体系结构使用 2^{32}个 8 位字节的单一、线性地址空间,字节地址为 $0 \sim 2^{32}-1$;也可以将地址空间看做由 2^{30}个 32 位的字组成,字地址可被 4 整除,且按字对准;也可以看做由 2^{31}个 16 位半字组成。

2. 存储模式

ARM CPU 采用大/小端模式,由启动代码的开始部分通过设置 ARM 核内部协处理器 C15 的内容决定(即通过程序动态配置)。下面是两个具体例子。

1) 16 位数据存储模式

表 2-13 是十六进制数 0x1234 在大端模式(Big-endian)和小端模式(Little-endian)下在 CPU 内存中的存储情况,假设从地址 0x4000 开始存放。

表 2-13　16 位数据存储模式

内存地址	小端模式存放内容	大端模式存放内容
0x4000	0x34	0x12
0x4001	0x12	0x34

2) 32 位数据存储模式

表 2-14 是十六进制数 0x12345678 在大端模式(Big-endian)和小端模式(Little-endian)下在 CPU 内存中的存储情况,假设从地址 0x4000 开始存放。

ARM 默认的储存模式是传统的小端模式。

表 2-14　32 位数据存储模式

内存地址	小端模式存放内容	大端模式存放内容
0x4000	0x78	0x12
0x4001	0x56	0x34
0x4002	0x34	0x56
0x4003	0x12	0x78

3. 冯・诺依曼体系结构与哈佛体系结构

根据存储机制的不同，可以将嵌入式微控制器分为冯・诺依曼体系结构与哈佛体系结构，它们之间的区别是 CPU 连接程序存储器与数据存储器的方式不同。

冯・诺依曼体系结构如图 2-27 所示，程序存储器和数据存储器位于相同的空间，CPU 存储控制较简单，CPU 与存储器之间的连接只有一条内部总线；但不能同时进行取指和数据访问。

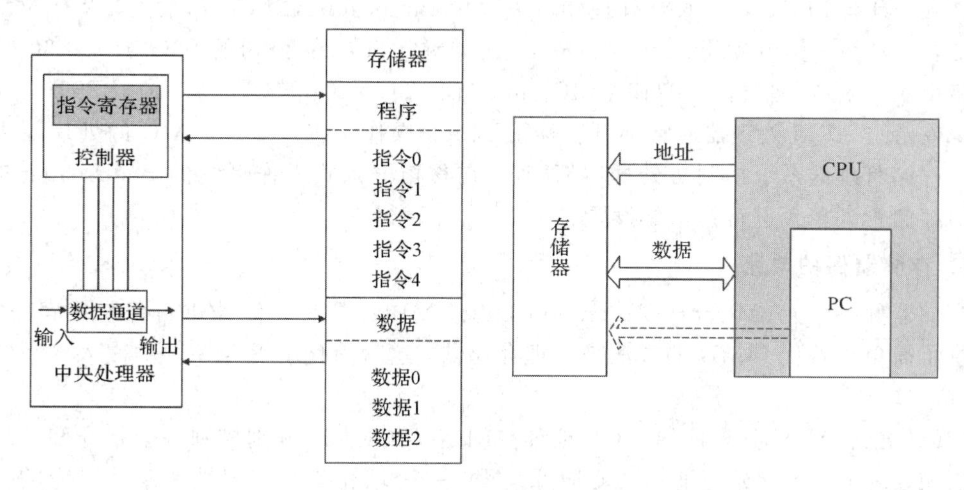

图 2-27　冯・诺依曼体系结构

哈佛体系结构如图 2-28 所示，使用两个独立的存储器分别存储指令与数据，使用两条独立的总线分别作为 CPU 与每个存储器之间的专用通信路径，取指操作和数据存储器访问操作可同时进行，便于流水线操作，通常具有较高的执行效率。

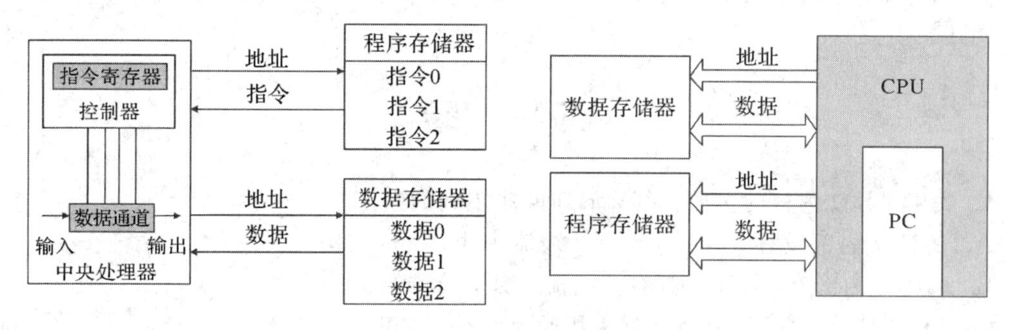

图 2-28　哈佛体系结构

在嵌入式微控制器领域，哈佛结构占绝大多数，只有少量属于冯・诺依曼体系结构，如 51 单片机、AVR 系列、PIC 系列、MSP430 系列、ARM7、ARM Cortex - M0/M1、MIPS 等，而 ARM Cortex - M3/M4、ARM9 以上处理器都采用哈佛体系结构。

4. 存储管理单元

ARM 存储系统的体系结构适应不同的嵌入式系统应用，它们之间的差别很大。最简单的存储系统使用平板式的地址映射机制，地址空间的分配是固定的，系统中各部分都使用物理地址，这样的处理器不带 MMU(Memory Manager Unit，存储管理单元)。

MMU 使用内存映射技术来实现虚拟空间到物理空间的映射，这种映射机制对于嵌入式系统尤其重要。通常程序放在 ROM/Flash 中，这样系统掉电后程序不会丢失。但是 ROM/Flash 比 SDRAM 速度慢很多，而且在嵌入式系统中，中断向量表存放在 RAM 中，不过利用内存映射就可以解决这种问题。在系统加电时将 ROM/Flash 地址映射到 0x00000000，在 0x00000000 地址处存放启动代码，来完成系统设备的初始化，之后再把内核程序加载到 SDRAM，然后把地址映射到 SDRAM 的地址，跳转到 SDRAM 地址运行就可以了。

一般，具有 MMU 的 ARM 处理器可以移植 Linux for ARM 操作系统，没有 MMU 的处理器，一般都是移植 μClinux for ARM。比如说 Samsung 公司的 S3C4510、S3C2510 都是不带 MMU 的处理器，只能移植 μClinux，而 S3C2410、PXA27x、OMAP591x 等带有 MMU 单元的 ARM 处理器通常都可以移植 Linux 操作系统。带有 MMU 的处理器内部都有用于存储管理的系统控制协处理器 CP15，在移植嵌入式操作系统的 BootLoader 时，必须要对存储管理单元进行初始化设置。

5. 存储器保护单元

存储器保护单元(Memory Protection Unit，MPU)是对存储器进行保护的可选组件，它提供了简单以替代 MMU 的方法来管理存储器，这就简化了无 MMU 的嵌入式系统的硬件设计和软件设计。

MPU 允许 ARM 处理器的 4 GB 地址空间定义 8 对域，分别控制 8 个指令和 8 个数据存储区域，每个域的起始地址和长度均可编程。一个域就是一些属性值及其对应的一片内存，这些属性包括：起始地址、长度、读写权限以及缓存等。带 MPU 的 ARM 处理器使用不同的域来管理和控制指令内存和数据内存。

域和域可以重叠并且可以设置不同的优先级。域的起始地址必须是其大小的整数倍。另外，域的大小可以是 4 KB 到 4 GB 间任意一个 2 的指数，如 4 KB、8 KB、16 KB、…、4 GB。

习　　题

1. 关于 ARM 内核的主要特征，下列说法正确的是________。

A. ARM7 内部没有 MMU，具有 3 级流水线，哈佛结构

B. ARM9 内部有 MMU，具有 5 级流水线，哈佛结构

C. ARM Cortex-M0 和 M3 均采用哈佛结构，3 级流水线

D. ARM Cortex-R 采用哈佛结构，5 级流水线

2. 通常所说的 32 位微处理器是指________。

A. 地址总线的宽度为 32 位　　B. 处理器数据长度只能为 32 位

C. CPU 字长为 32 位　　D. 通用寄存器数目为 32 个

3. ARM 处理器的工作模式中，不属于异常模式的是________。

A. 系统模式　　B. 外部中断模式　　C. 快速中断模式　　D. 中止模式

4. 关于 ARM 和 Thumb 状态下的寄存器，以下说法正确的是________。

A. R13 作为链接寄存器 LR 使用

B. R14 作为堆栈指针 SP 使用

C. R15 作为程序计数器 PC 使用

D. 任何时候 R0～R12 均可作为通用寄存器使用

5. 对于 CPSR 寄存器，选择用户模式且使用快速中断 FIQ，禁止 IRQ 中断，Thumb 状态，则 CPSR 的值为________。

A. 0x00000000　　B. 0x00000070　　C. 0x00000090　　D. 0x000000B0

6. 欲使处理器禁止快速中断，则应该使________。

A. CPSR 的 F 位为 1　　B. CPSR 的 F 位为 0

C. CPSR 的 I 位为 1　　D. CPSR 的 I 位为 0

7. 关于 ARM 处理器的异常的描述不正确的是________。

A. 复位属于异常

B. 除数为零会引起异常

C. 发生软件中断时，处理器会进入中断模式

D. 外部中断会引起异常

8. FIQ 中断的入口地址是________，IRQ 中断的入口地址是________。

A. 0x00000008　　B. 0x00000014　　C. 0x00000018　　D. 0x0000001C

9. 下列关于存储管理单元(MMU)说法错误的是________。

A. MMU 提供的一个关键服务是使各个任务作为各自独立的程序在其自己的私有存储空间中运行。

B. 在带 MMU 的操作系统控制下，运行的任务必须知道其他与之无关的任务的存储需求情况，这就简化了各个任务的设计。

C. MMU 提供了一些资源以允许使用虚拟存储器。

D. MMU 作为转换器，将程序和数据的虚拟地址转换成实际的物理地址，即在物理主存中的地址。

10. 存储一个 32 位数 0x876165 到 2000H～2003H 四个字节单元中，若以小端模式存储，则 2003H 存储单元的内容为______ 。

A. 0x00　　B. 0x87　　C. 0x61　　D. 0x65

11. 在 ARM 处理器的各种模式中，大多数应用程序运行在________ 模式；当一个高优先级中断产生时会进入________ 模式；ARM 芯片复位后，系统进入__________模式、________状态，PC 寄存器的值为________ 。

12. 以下是关于 ARM 处理器体系结构的知识。

(1) 在嵌入式开发领域中，ARM 处理器毫无疑问地占据了嵌入式处理器绝大部分的市场份额，基于最新 ARMv7 架构的________ 系列处理器成功布局嵌入式移动计算领域，物联网产业对低功耗微控制器的需求推动了________系列处理器的快速应用，而高性能智能手机、平板电脑的广泛普及则使得________系列处理器获得了快速发展的机会。

(2) ARM 指令集的每一条指令都是 4 字节的，下面是一段中断入口程序，在空白处填上该中断的类型和中断向量。

```
ENTRY
B Startup;  ____________________________________
B UndefHandle;  ____________________________________
```

B SWIHandle；______________________________

B PAbtHandle；______________________________

B DAbtHandle；______________________________

NOP；系统保存未用，0x00000014

B IRQHandle；______________________________

B FIQHandle；______________________________

13. 嵌入式微处理器选型的原则有哪些？

14. 简述 IRQ 异常处理过程。

15. 简述 FIQ 异常处理过程。

16. 写出四种目前主流的 4G 智能手机厂家、产品及采用的处理器、手机操作系统类型。

第3章　ARM指令系统

尽管半导体技术的发展使处理器速度不断提高，片上存储器容量不断增加，但在大多数应用中，存储空间仍然是宝贵的，还存在实时性的要求。为此要求程序编写和编译工具的质量要高，以减少程序二进制代码长度，提高执行速度。据统计，在嵌入式系统设计应用语言中，最受欢迎的前三种编程语言分别是C、汇编和C++。

汇编语言不像其他大多数的程序设计语言一样被广泛用于程序设计。在工程实际应用中，它通常被应用在底层、硬件操作和高要求的程序优化的场合，驱动程序、嵌入式操作系统和实时运行程序都需要汇编语言。如对硬件系统的初始化、CPU状态设定、中断使能、主频设定以及RAM控制参数初始化等C程序力所不能及的底层操作，还是要由汇编语言程序来完成。

学习目标

※ 熟悉ARM指令集的特点及基本格式、条件码的使用、ARM指令的寻址方式。

※ 掌握ARM指令集和伪指令的用法，ARM汇编程序、C语言程序的编写方法，用ARM汇编和C语言进行混合程序设计的方法。

※ 了解ARM指令集和Thumb/Thumb-2指令集的异同。

学海聆听

读书使人充实，讨论使人机智，笔记使人准确，读史使人明智，读诗使人灵秀，数学使人周密，科学使人深刻，伦理使人庄重，逻辑修辞使人善辩。凡有所学，皆成性格。

——培根

3.1　ARM指令概述

ARM处理器既支持32位的ARM指令集，也支持16位的Thumb指令集，从ARMv6开始，新的ARM处理器支持16/32位的Thumb-2指令集，ARMv7-M仅支持Thumb-2指令集，ARM Cortex-A8处理器核支持ARM、Thumb-2、ThumbEE、Jazelle、DSP指令集。

3.1.1　ARM指令特点

ARM指令有如下特点：

(1) 指令长度固定。ARM具有32位ARM指令集和16位Thumb指令集，程序的启动都是从ARM指令集开始，包括所有异常中断都是自动转化为ARM状态。ARM指令集效率高，但是代码密度低；而 Thumb 指令集具有较高的代码密度，却仍然保持 ARM 的大多数性能上的优势，它是 ARM 指令集的子集。

(2) 所有的 ARM 指令都可以条件执行，可以通过添加适当的条件码“cond”后缀来达到条件执行的目的，从而提高代码密度，实现高效的逻辑操作(节省跳转和条件语句)，提高代码效率。而 Thumb 指令仅有一条指令具备条件执行功能。

(3) 新版本增加指令，并保持指令向后兼容，如 16/32 位的 Thumb - 2 指令集、VFP 浮点数运算，指令集可以通过协处理器扩展。

(4) 大量使用寄存器，大多数据操作都在寄存器中完成，指令执行速度更快。

(5) 寻址方式灵活简单，执行效率高。

(6) Load - Store 结构。在 RISC 中，所有的计算都要求在寄存器中完成。而寄存器和内存的通信则由单独的 Load/Store 指令来完成。

3.1.2 ARM 指令格式与条件码

ARM 指令是三地址指令格式，如图 3 - 1 所示，指令的基本格式如下：

<opcode> {<cond>} {S} <Rd>, <Rn> {, <operand2>}

其中，< >号内的项是必须的，{ }号内的项是可选的。

31～28	27～20	19～16	15～12	11～8	7～4	3～0	
cond	00 I opcode S	Rn	Rd	operand2			数据处理指令 PSR特殊寄存器传送
cond	000000 A S	Rd	Rn	Rs	1001	Rm	乘法指令
cond	00010 B 00	Rn	Rd	0000	1001	Rm	单字节数据交换指令
cond	01 I P U B W L	Rn	Rd	offset			单字节数据传送指令
cond	011 ×××××××××××××××××××				1	××××	未定义指令
cond	100 P U S W L	Rn	Register List				块数据传送
cond	101 L offset						分支指令
cond	110 P U N W L	Rn	CRd	CP#	offset		协处理数据传送指令
cond	1110 CP Opc	CRn	CRd	CP#	CP 0	CRm	协处理器数据操作指令
cond	1110 CP Opc L	CRn	Rd	CP#	CP 1	CRm	协处理寄存器传送指令
cond	1111 ignored by processor						软件中断指令

图 3 - 1 ARM 指令集的指令格式

各项的说明如下：

(1) opcode：指令操作码、助记符，如 ADD、LDR 等。

(2) cond：指令的条件码，如表 3 - 1 所示，条件码共有 16 种，占用指令编码的最高四位[31:28]。

所有的 ARM 指令都可以条件执行，而 Thumb 指令只有 B(跳转)指令具有条件执行功能。如果指令不标明条件代码，将默认为无条件(AL)执行。

例 3 - 1 用户可以测试某个寄存器的值，满足条件时才可以执行某些指令。

```
C 代码：              对应的汇编代码：
if(a > b)             CMP R0, R1          ; R0(a)与 R1(b)比较
```

```
    a++;                ADDHI R0，R0，#1  ；若 R0>R1，则 R0=R0+1
else                    ADDLS R1，R1，#1  ；若 R0≤R1，则 R1=R1+1
    b++;
```

表 3-1　指令条件码

操作码	条件助记符	标　志	含　义
0000	EQ	Z=1	相等
0001	NE	Z=0	不相等
0010	CS/HS	C=1	无符号数大于或等于
0011	CC/LO	C=0	无符号数小于
0100	MI	N=1	负数
0101	PL	N=0	正数或零
0110	VS	V=1	溢出
0111	VC	V=0	没有溢出
1000	HI	C=1，Z=0	无符号数大于
1001	LS	C=0，Z=1	无符号数小于或等于
1010	GE	N=V	有符号数大于或等于
1011	LT	N！=V	有符号数小于
1100	GT	Z=0，N=V	有符号数大于
1101	LE	Z=1，N！=V	有符号数小于或等于
1110	AL	任何	无条件执行(指令默认条件)
1111	NV	保留	该指令从不执行(不要使用)

例 3-2　巧妙地使用条件码，可写出非常简练的代码。

```
if((a==b)&&(c==d))  e++   ；C 语言语句的与运算
```

可用汇编指令代码实现：

```
CMP   R0，R1
CMPEQ R2，R3
ADDEQ R4，R4，#1
```

(3) S：决定指令的操作是否影响 CPSR 的值。

默认情况下，数据处理指令不影响程序状态寄存器的条件码标志位，但可以选择通过添加“S”来影响标志位。CMP 不需要增加“S”就可改变相应的标志位。

例 3-3　“S”位的使用。

```
LOOP
……
```

```
SUBS R1, R1, #1            ; R1 减 1，并设置标志位
BNE LOOP                   ; 如果 Z 标志清零，则跳转
```

(4) Rd：目标寄存器编码，Rd 可为任意通用寄存器，寄存器之间用“，”分隔。

(5) Rn：包含第一个操作数的寄存器编码，Rn 可为任意通用寄存器。

(6) operand2：第 2 操作数，可为 8 位立即数、寄存器及寄存器移位方式。

灵活地使用第 2 个操作数“operand2”能够提高代码效率。它有三种形式：

① #immed_8r——常数表达式。

该常数必须对应 8 位位图，当小于等于 255(0xFF)时，正常使用；当大于 255 时，必须是一个 8 位(小于等于 8 位有效数字)的常数通过循环右移偶数位得到。

例 3-4　逻辑与运算。

AND　R1，R2，#0x04800000　；其中此处的立即数是由 0x12 循环右移 10 位得到的，如图 3-2 所示。

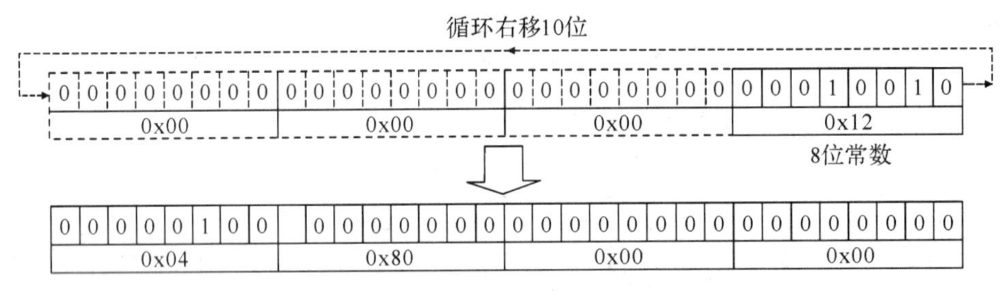

图 3-2　第 2 操作数的常数形式

例 3-5　ADD R3，R7，#1020　　；#1020 为#immed_8r 型的第 2 操作数。

分析：1020=0x3FC=0x000003FC，1020 是 0xFF 循环右移 30 位后生成的 32 位立即数，因此合法。

例 3-6　判断如下立即数是否合法。

0　0xFF　511　0x1FE　0xFF0　0x103　0xFFFF

0xFF00　0x3FC　0x1010　0xF0000010　200　0xF000000F　0xFF006

合法常量：0x3FC、0、200、0xFF、0xFF0、0xFF00、0xF000000F；

非法常量：0x1FE、0x103、511、0xFFFF、0x1010、0xFF006、0xF0000010。

② Rm——寄存器方式。

在寄存器方式下，操作数即为寄存器的数值。例如：

```
SUB R1, R1, R2    ; R1-R2→R1
```

③ Rm，shift——寄存器移位方式。

将寄存器的移位结果作为操作数(移位操作不消耗额外的时间)，但 Rm 值保持不变，移位方法如表 3-2 与图 3-3 所示，其中 1≤n≤32。

表 3-2　寄存器移位方式说明

操作码	说　明	操作码	说　明
ASR　#n	算术右移 n 位(1≤n≤32)	ASL　#n	算术左移 n 位(1≤n≤31)
LSL　#n	逻辑左移 n 位(1≤n≤31)	LSR　#n	逻辑右移 n 位(1≤n≤32)
ROR　#n	循环右移 n 位(1≤n≤31)	RRX	带扩展的循环右移 1 位

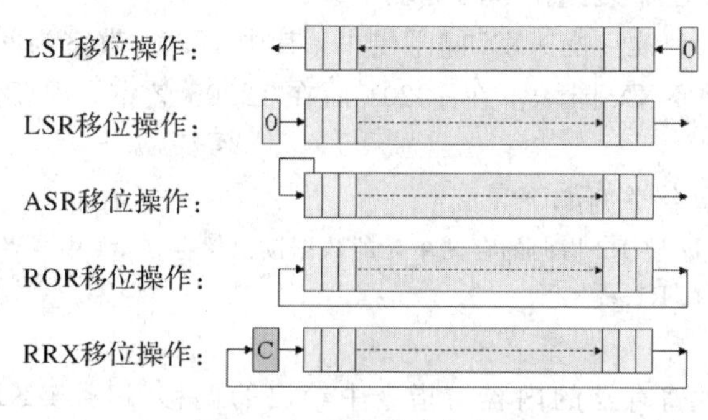

图3-3　寄存器移位方式

例3-7　寄存器移位方式。

```
SUB R1, R1, R2, LSR R3; R1=R1-R2>>R3
ADD R1, R2, #1023    ; 1023(0x3FF)不是一个合法常量
SUB R1, R2, R3, LSL #32      ; #32超出LSL范围
```

例3-8　可以借助左右移实现操作数对 2^n 乘除运算，左移3次相当于乘以8，右移3次相当于除以8，加上加减运算，从而实现任意函数，如Y＝AX＋B等。

```
ADD  R1, R1, R1, LSL # 3  ; R1=R1*9, 因为R1←R1+R1*8。
```

3.1.3　ARM指令的寻址方式

寻址方式就是处理器根据指令中给出的源操作数地址码字段来实现寻找真实操作数地址(或物理地址)的方式。例如B现在21号楼201教室，A要找到B必须先找到教室再找到人，即为间接寻址方式。ARM处理器具有9种基本寻址方式，下面将分别介绍。

1）立即寻址

指令中的操作码字段后面的地址码部分即是操作数本身，也就是说，数据就包含在指令当中，取出指令也就取出了可以立即使用的操作数，立即数要以“#”号为前缀，十六进制数值时以“0x”表示，不加0x时表示十进制数。立即寻址指令举例如下：

```
SUBS R0, R0, #1       ; R0减1，结果放入R0，并且影响标志位或者R0←R0-1
MOV R0, #0xFF000  ; 将立即数0xFF000装入R0寄存器或者R0←#0xFF000
```

2）寄存器寻址

操作数的值在寄存器中，指令中的地址码字段指出的是寄存器编号，指令执行时直接取出寄存器值来操作。寄存器寻址指令举例如下：

```
MOV   R1, R2          ; 将R2的值存入R1或者R1←R2
SUB   R0, R1, R2      ; 将R1的值减去R2的值，结果保存到R0或者R0←R1-R2
```

3）寄存器移位寻址

寄存器移位寻址是ARM指令集特有的寻址方式。当第2个操作数是寄存器移位方式时，第2个寄存器操作数在与第1个操作数结合之前，选择进行移位操作。

寄存器移位寻址指令举例如下：

```
MOV    R0, R2, LSL #3   ; R2的值左移3位，结果放入R0，即R0=R2×8
ANDS   R1, R1, R2, LSL R3  ; R2的值左移R3位，然后和R1相与操作，结果放入R1
```

4）寄存器间接寻址

指令中的地址码给出的是一个通用寄存器的编号，所需的操作数保存在寄存器指定地址的存储单元中，即寄存器为操作数的地址指针。

例如，现须到12201教室找XXX同学借书，其中12201教室为间接地址，XXX同学为具体操作数，如果发现XXX同学不在12201而在12205教室，需要加一个偏移量#4，最终找到XXX同学。

寄存器间接寻址指令举例如下：

```
LDR  R1, [R2]; 将 R2 指向的存储单元的数据读出保存在 R1 中或者 R1←[R2]
STR  R1, [R2]; R1→[R2]
```

5) 基址寻址

基址寻址是将基址寄存器的内容与指令中给出的偏移量(<4 KB)相加/减，形成操作数的有效地址。基址寻址用于访问基址附近的存储单元，常用于查表、数组操作、功能部件寄存器访问等。寄存器间接寻址可认为是偏移量为0的基址加偏移寻址。

例 3 - 9　基址寻址指令举例如下。

```
LDR  R2, [R3, #0x0C]   ; 读取 R3+0x0C 为地址存储单元的内容放入 R2，前索引寻址
LDR  R0, [R1, R2]      ; R0←[R1+R2]
LDR  R0, [R1], #4      ; R0←[R1], R1←R1+4，后索引基址寻址
LDR  R2, [R3, #0x0C]!  ; R2←[R3+#0x0C], R3←R3+#0x0C
```

此处，符号"!"表明指令在完成数据传送后应该更新基址寄存器，否则不更新。

6) 多寄存器寻址

多寄存器寻址一次可传送几个寄存器值，允许一条指令传送16个寄存器的任何子集或所有寄存器。多寄存器寻址指令举例如下：

```
LDMIAR1!, {R2-R7, R12}   ; 将 R1 指向的单元中的数据读出到 R2～R7、R12 中
STMIAR0!, {R2-R7, R12}   ; 将寄存器 R2～R7、R12 的值保存到 R0 指向的存储单元中
```

此处需要注意，使用多寄存器寻址指令时，寄存器子集的顺序是按由小到大的顺序排列的，连续的寄存器可用"-"连接，否则用"，"分隔书写。

7) 堆栈寻址

堆栈是一种存储部件，即数据的写入跟读出不需要提供地址，而是根据写入的顺序决定读出的顺序。形象地来说，栈就是一条流水线，而流水线中加工的就是方法的主要程序，在分配栈时，由于程序是自上而下顺序执行，就将程序指令一条一条压入栈中，就像流水线一样。而堆上站着的就是工作人员，他们加工流水线中的商品，由程序员分配何时加工、如何加工。

堆栈的操作顺序为"后进先出"。堆栈寻址是隐含的，它使用一个专门的寄存器(堆栈指针)指向一块存储区域(堆栈)，指针所指向的存储单元即是堆栈的栈顶。

存储器堆栈可分为两种：

(1) 向上生长：向高地址方向生长，称为递增堆栈。

(2) 向下生长：向低地址方向生长，称为递减堆栈。

堆栈指针指向最后压入的堆栈的有效数据项，称为满堆栈；堆栈指针指向下一个待压入数据的空位置，称为空堆栈。

所以可以组合出四种类型的堆栈方式：

(1) 满递增：堆栈向上增长，堆栈指针指向内含有效数据项的最高地址。指令如LDMFA、STMFA等。

(2) 空递增：堆栈向上增长，堆栈指针指向堆栈上的第一个空位置。指令如 LDMEA、STMEA 等。

(3) 满递减：堆栈向下增长，堆栈指针指向内含有效数据项的最低地址。指令如 LDMFD、STMFD 等。

(4) 空递减：堆栈向下增长，堆栈指针指向堆栈下的第一个空位置。指令如 LDMED、STMED 等。

例 3-10　使用堆栈指令进行堆栈操作。

STMFD SP!，{R1-R7，LR}；将寄存器内容存入堆栈，数据保存，满递减入栈操作

……

LDMFD SP!，{R1-R7，PC}；数据恢复，满递减出栈操作

例 3-11　通过 ADS 集成开发环境的 AXD 调试器窗口，可以观察到多寄存器指令执行后各内存地址存储字数据的结果，如图 3-4 所示。

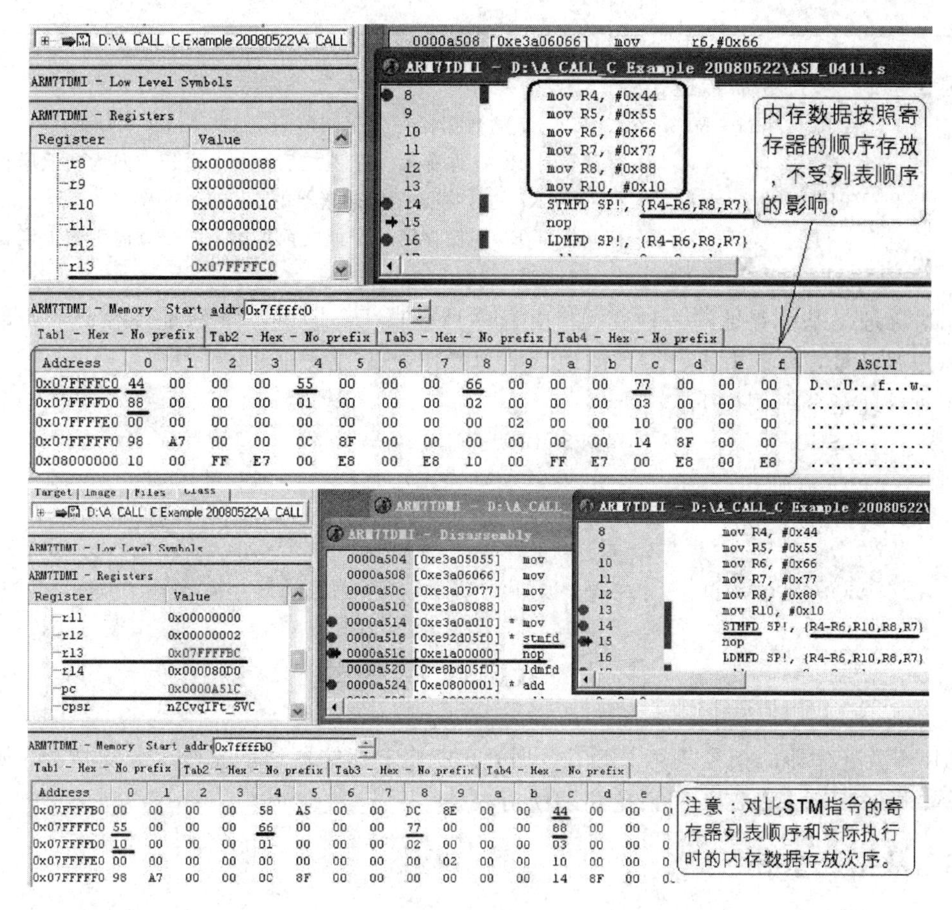

图 3-4　多寄存器指令的执行顺序

8) 块拷贝寻址

块拷贝寻址又称多寄存器传送指令，用于将一块数据(最多 16 个通用寄存器的值)从存储器的某一位置拷贝到另一位置。ARM 支持堆栈和块复制两种不同的数据块操作机制，两者使用相同的指令，如表 3-3 所示。

表 3－3 多寄存器传送指令映射表

地址变化的方向 / 传送与地址变化的关系	向上生长		向下生长	
	指针满	指针空	指针满	指针空
地址增加在传送之前	STMIB STMFA			LDMIB LDMED
地址增加在传送之后		STMIA STMEA	LDMIA LDMFD	
地址减小在传送之前		LDMDB LDMEA	STMDB STMFD	
地址减小在传送之后	LDMDA LDMFA			STMDA STMED

例 3－12 多寄存器传送指令。

```
STMIA R0!,{R1－R7}  ；将 R1～R7 的数据保存到存储器中
                    ；存储指针 R0 在保存第一个值之后增加，增长方向为向上增长
STMIB R0!,{R1－R7}  ；将 R1～R7 的数据保存到存储器中
                    ；存储指针 R0 在保存第一个值之前增加，增长方向为向上增长
```

9）相对寻址

相对寻址是基址寻址的一种变通。由程序计数器 PC 提供基准地址，指令中的地址码字段作为偏移量，两者相加后得到的地址即为操作数的有效地址。

相对寻址指令举例如下：

```
    BLSUBR1          ；调用到 SUBR1 子程序
    ……
SUBR1
    ……
    MOV   PC，R14    ；子程序返回
```

3.2 ARM 指令集

ARM 微处理器的指令集可分为：数据处理指令、存储器访问指令、分支指令、协处理器指令、程序状态寄存器访问指令和杂项指令。

3.2.1 数据处理指令

数据处理指令编码格式如图 3－5 所示，数据处理指令可分为四类：数据传送指令、算术逻辑运算指令、比较指令和乘法指令。

数据处理指令只能对寄存器的内容进行操作，而不能对内存中的数据进行操作。所有 ARM 数据处理指令均可选择使用 S 后缀，以使指令影响状态标志。比较指令 CMP、CMN、TST 和 TEQ 不需要后缀 S，它们会直接影响状态标志。常用数据处理指令如表 3－4 所示。

表 3-4　数据处理指令

指令格式	含　义	操　作
MOV　Rd，operand2	数据传送	Rd←operand2
MVN　Rd，operand2	数据非传送	Rd←(～operand2)
ADD　Rd，Rn，operand2	加法运算指令	Rd←Rn＋operand2
SUB　Rd，Rn，operand2	减法运算指令	Rd←Rn－operand2
RSB　Rd，Rn，operand2	逆向减法指令	Rd←operand2－Rn
ADC　Rd，Rn，operand2	带进位加法	Rd←Rn＋operand2＋Carry
SBC　Rd，Rn，operand2	带进位减法指令	Rd←Rn－operand2－(NOT)Carry
RSC　Rd，Rn，operand2	带进位逆向减法指令	Rd←operand2－Rn－(NOT)Carry
AND　Rd，Rn，operand2	逻辑与操作指令	Rd←Rn & operand2
ORR　Rd，Rn，operand2	逻辑或操作指令	Rd←Rn | operand2
EOR　Rd，Rn，operand2	逻辑异或操作指令	Rd←Rn ^ operand2
BIC　Rd，Rn，operand2	位清除指令	Rd←Rn & (～operand2)
CMP　Rn，operand2	比较指令	标志 N、Z、C、V←Rn－operand2
CMN　Rn，operand2	负数比较指令	标志 N、Z、C、V←Rn＋operand2
TST　Rn，operand2	位测试指令	标志 N、Z、C、V←Rn & operand2
TEQ　Rn，operand2	相等测试指令	标志 N、Z、C、V←Rn ^ operand2
MUL　Rd，Rm，Rs	32 位乘法指令	Rd←Rm * Rs (Rd≠Rm)
MLA　Rd，Rm，Rs，Rn	32 位乘加指令	Rd←Rm * Rs＋Rn (Rd≠Rm)
UMULL　RdLo，RdHi，Rm，Rs	64 位无符号乘法指令	(RdLo，RdHi) ←Rm * Rs
UMLAL　RdLo，RdHi，Rm，Rs	64 位无符号乘加指令	(RdLo，RdHi) ←Rm * Rs＋(RdLo，RdHi)
SMULL　RdLo，RdHi，Rm，Rs	64 位有符号乘法指令	(RdLo，RdHi) ←Rm * Rs
SMLAL　RdLo，RdHi，Rm，Rs	64 位有符号乘加指令	(RdLo，RdHi) ←Rm * Rs＋(RdLo，RdHi)

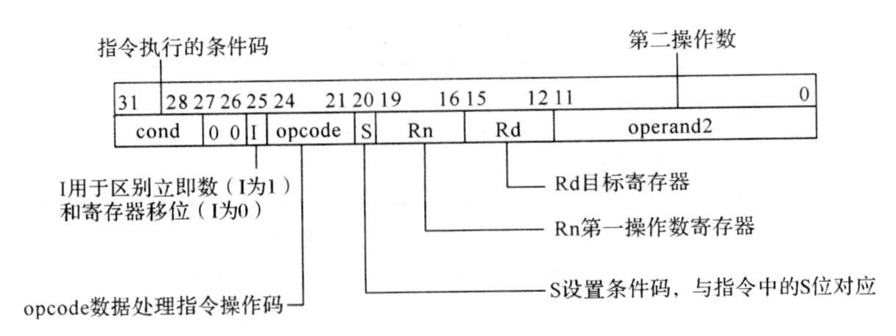

图 3－5　ARM 数据处理指令编码

例 3－13　完成 R1＝R2＊R3＋10 运算。

```
MOV R0，#0x0A
MLA R1，R2，R3，R0
```

例 3－14　编写一简单 ARM 汇编程序段，实现 1＋2＋…＋100 的运算。

```
    AREA EXAMPLE1，CODE，READONLY   ；定义一个代码段，名称为 EXAMPLE1
    ENTRY                          ；入口
    MOV R0，#0                     ；给 R0 赋值为 0
    MOV R1，#0                     ；用 R1 来存放 1～100 的总和，初始化为 0
    START
    ADD   R0，R0，#1               ；用来判断终止的，每次加 1
    ADD   R1，R1，R0               ；从 1 加到 100
    CMP   R0，#100                 ；执行 R0～100 的操作，但不保存，只影响 CPSR 的值
    BLT   START                    ；带符号数小于时跳转到 START 处执行
STOP
    B       STOP                   ；死循环
    END
```

例 3－15　逻辑运算应用。

(1) AND——逻辑“与”操作指令，可用于提取寄存器中某些位的值或将某些位清零。将某一位与 0 相与，该位值清零；与 1 相与，该位值被保留或取出。如：

```
AND R0，R0，#3       ；保留 R0 的 bit[1:0]位，其他位清零
AND R0，R0，#0x3FF   ；取 R0 的低 10 位数据，用于 ADCDAT0 数据取出
```

(2) ORR——逻辑“或”操作指令，用于将寄存器中某些位的值设置成 1。如：

```
ORR R0，R0，#3   ；将 R0 的 bit[1:0]位置 1，其他位保持不变
```

(3) EOR——逻辑“异或”操作指令，可用于将寄存器中某些位的值取反。将某一位与 0 异或，该位值不变；与 1 异或，该位值被求反。如：

```
EOR R0，R0，#3   ；将 R0 的 bit[1:0]位取反，其他位保持不变
```

(4) BIC——位清除指令，可用于将寄存器中某些位的值设置成 0。将某一位与 1 做 BIC 操作，该位值被设置成 0；将某一位与 0 做 BIC 操作，该位值不变。如：

```
BIC R0，R0，#%1011   ；将 R0 的 bit 3、1、0 位清零，其他位保持不变
```

3.2.2　存储器访问指令

ARM 处理器是典型的 RISC 处理器，对存储器的访问只能使用加载和存储指令实现。常用存储器访问指令如表 3－5 所示。

表3-5 存储器访问指令

指令格式	含 义	操 作
LDR Rd，addressing	加载字数据	Rd←[addressing]
LDRB Rd，addressing	加载无符号字节数据	Rd←[addressing]
LDRT Rd，addressing	以用户模式加载字数据	Rd←[addressing]
LDRBT Rd，addressing	以用户模式加载无符号字节数据	Rd←[addressing]
LDRH Rd，addressing	加载无符号半字数据	Rd←[addressing]
LDRSB Rd，addressing	加载有符号字节数据	Rd←[addressing]
LDRSH Rd，addressing	加载有符号半字数据	Rd←[addressing]
LDR Rd，addressing	加载字数据	Rd←[addressing]
LDRB Rd，addressing	加载无符号字节数据	Rd←[addressing]
STR Rd，addressing	存储字数据	[addressing]←Rd，
STRB Rd，addressing	存储字节数据	[addressing]←Rd，
STRT Rd，addressing	以用户模式存储字数据	[addressing]←Rd，
STRBT Rd，addressing	以用户模式存储字节数据	[addressing]←Rd，
STRH Rd，addressing	存储半字数据	[addressing] ←Rd，
STR Rd，addressing	存储字数据	[addressing]←Rd，
STRB Rd，addressing	存储字节数据	[addressing]←Rd，
LDM{mode} Rn{!}，reglist	多寄存器加载	reglist←[Rn…]，Rn回写等
STM{mode} Rn{!}，reglist	多寄存器存储	[Rn…]←reglist，Rn回写等
SWP Rd，Rm，[Rn]	寄存器和存储器字数据交换	Rd←[Rn]，[Rn]←Rm(Rn≠Rd或Rm)
SWPB Rd，Rm，[Rn]	寄存器和存储器字节数据交换	同上，取[Rn]地址中数据低8位交换

(1) 单寄存器存取指令。LDR/STR指令寻址非常灵活，它由两部分组成，其中一部分为一个基址寄存器，可以为任一个通用寄存器；另一部分为一个地址偏移量。LDR/STR指令用于对内存变量的访问、内存缓冲区数据的访问、查表、外围部件的控制操作等。若使用LDR指令加载数据到PC寄存器，则实现程序跳转功能，这样也就实现了程序散转。

例3-16 加载/存储指令的使用。

LDR R2，[R3，#0x0C]；读取R3+0x0C内存地址上的一个字数据内容，放入R2寄存器，属

```
                    前变址
STR  R1,[R0, # -4]!;[R0-4]←R1, R0=R0-4
```

例 3-17 下列程序实现将一个数从内存某地址中取出一个字，然后将该数进行了处理，结果放回内存中该数的相邻的下一字地址中。

```
START
    LDR   R1,[R0]             ; R1←[R0]
    MOV   R0, R1, LSL #3      ; R0←R1*8
    MOV   R2, #20             ; R2←#20
    ADD   R1, R1, R2          ; R1←R1+R2
    STR   R1,[R0, 4]          ; R1→[R0+4]
```

(2) 多寄存器加载/存储指令可以实现在一组寄存器和一块连续的内存单元之间传输数据。允许一条指令传送 16 个寄存器的任何子集或所有寄存器。它们主要用于现场保护、数据复制、常数传递等。

使用 LDM 指令用于将由基址寄存器所指示的一片连续存储器读到寄存器列表所指示的多个寄存器中，该指令的常用用途是将多个寄存器的内容出栈。

使用 STM 指令用于将寄存器列表所指示的多个寄存器的数据存储到由基址寄存器所指示的一片连续存储器中，该指令的常用用途是将多个寄存器的内容入栈。

例 3-18

```
STMIA R1!,{R0, R4-R12, LR}; 将寄存器 R0, R4~R12 以及 LR 的值存储到
                              由 R1 指示的内存区域，传输完毕更新 R1
                              的值
LDMIA R1!,{R0, R4-R12}^ ; 将由 R1 指示的内存数据加载到寄存器 R0, R4~R12
                          中，将 SPSR 复制到 CPSR(^ 的含义)，传输完毕更新
                          R1 的值
```

例 3-19 使用 LDM/STM 进行现场寄存器保护，常在子程序和异常处理使用。

```
SENDBYTE
        STMFD   SP!,{R0-R7, LR}       ; 寄存器压栈保护
        ……
        BL    DELAY                   ; 调用延迟子程序
        ……
        LDMFD   SP!,{ R0-R7, PC}      ; 恢复寄存器，并返回
        ……
DELAY
        ……
```

(3) SWP 指令可实现寄存器和内存交换数据，用于实现信号量操作。

指令格式为: SWP Rd, Rm,[Rn]

SWP 指令用于将一个内存单元(该单元地址放在寄存器 Rn 中)的内容读取到一个寄存器 Rd 中，同时将另一个寄存器 Rm 的内容写入到该内存单元中。

例 3-20

```
SWP R1, R1,[R0]    ; 将 R1 的内容与 R0 指向的存储单元内容进行交换
SWP R2, R1,[R0]    ; R2←[R0], R1→[R0]
```

```
SWPB R1, R2, [R0]    ;将 R0 指向的存储单元内容读取一字节数据到 R1 中(高 24 位清零),
                      并将 R2 的内容写入到该内存单元中(最低字节有效)
```

例 3-21　早期的 ARM 指令集(ARMv6 前)提供 SWP 指令，该指令可实现寄存器和内存交换数据，用于实现信号量操作。

```
          DISP_SEM   EQU 0X40002A00
          ……
DISPWAIT  MOV   R1, #0                 ;给 R0 清零
          LDR   R0, =DISP_SEM          ;给 R0 赋内存地址值
          SWP   R1, R1, [R0]           ;取出信号量，并设置其为 0
          CMP   R1, #0                 ;判断是否有信号
          BEQ   DISP_WAIT              ;若没有信号，则等待
```

SWP 指令的缺点是会死锁总线，影响系统性能。新的 ARM 指令(v6、v7)采用 LDREX 和 STREX 指令替换了 SWP 指令，可以实现对共享内存的非阻塞同步。

指令格式为

```
LDREX Rt, [Rn]
STREX Rd, Rt, [Rn]   ;STREX 成功，Rd 置 0
```

例 3-22　新指令的例子。

```
lock_mutex
    LDREX r1, [r0]               ;检查是否 lock
    CMP   r1, #LOCK              ;和 LOCK 比较，LOCK 是 0
    BEQ   lock_mutex             ;相等说明被锁定，自旋
    MOV   r1, #LOCK              ;不相等，加锁
    STREX r2, r1, [r0]           ;尝试将 r1 写入锁
    CMP   r2, #0x0               ;判断是否加锁成功(可能出现竞争导致加锁失败)
    BNE   lock_mutex             ;如果不成功，从头判断
    DMB                          ;内存屏障保证前面操作成功
    BX    lr                     ;返回
ulock_mutex
    DMB                          ;内存屏障，保证安全访问
    MOV   r1, #UNLOCKED          ;解锁
    STR   r1, [r0]
    BX    lr
```

LDREX 和 STREX 是通过 ARM 内核的一个叫状态机(Exclusive Monitor)的机制实现的，LDREX 指令将 Monitor 置为 Exclusive(独有、排外)状态，STREX 指令将 Exclusive 状态置回为 Open 状态，由此保证访问的唯一性。但是在进程切换时，可能导致 EM 被打乱，因此需要执行 CLREX 指令，清除 Exclusive Monitor。

3.2.3　分支指令

在 ARM 中，有两种方法可以实现程序跳转：

(1) 直接向 PC 寄存器(R15)赋值实现跳转，可以实现 4GB 地址空间中的长跳转。如：

```
MOV LR, PC              ;保存返回地址
```

```
MOV R15, #0x00110000        ;无条件转向绝对地址 0x00110000
                            ;此 32 位立即数地址应满足单字节循环右移偶数位要求
```

(2) 使用分支指令直接跳转，跳转指令可以实现从当前指令向前或向后的 32 MB 地址空间的跳转，如表 3-6 所示。

表 3-6 分支指令

语 法	指令含义	举 例
B{cond} label	分支指令，PC←lable，跳转范围±32MB	CMP R1, #0 BEQ MULA
BL{cond} label	带链接的分支指令，适用于子程序调用，LR←PC-4，PC←lable	BL DELAY
BX{cond} Rm	带状态切换的分支指令，根据 Rm 的最低位来切换处理器状态，LR←PC-4，PC←Rm & 0xfffffffe，T←Rm&1	MOV R6, #0x12000000 BX R6
BLX{cond} label BLX{cond} Rm	带链接和状态切换的分支指令， PC←lable/Rm & 0xfffffffe，T←Rm&1 LR←BL 后面的第一条指令	BLX R14

其中，BL 在跳转之前会把 BL 指令的下一条指令地址(断点地址)保存到连接寄存器 LR(R14)，因此程序在必要的时候可以通过将 LR 的内容进行计算并加载到 PC 中使程序返回到跳转点。

与 BX 相比，BLX 指令在进行跳转和状态切换的同时，还将 PC 寄存器的内容复制到了 LR 寄存器中。

3.2.4 协处理器指令

ARM 微处理器最多可支持 16 个协处理器，用于各种协处理操作、硬件协处理器支持与否完全由生产商定义，是否支持协处理器或支持哪个协处理器与 ARM 版本无关。生产商可以选择实现部分协处理器指令或完全不支持协处理器。在程序执行的过程中，每个协处理器只执行针对自身的协处理指令，忽略 ARM 处理器和其他协处理器的指令。当一个协处理器硬件不能执行属于它的协处理器指令时，将产生未定义指令异常中断。

ARM 处理器包括两个内部协处理器：CP14，用于调试控制；CP15，用于内存系统控制和测试控制。ARM 的协处理器指令主要用于 ARM 处理器初始化、ARM 协处理器的数据处理操作、在 ARM 处理器的寄存器和协处理器的寄存器之间传送数据和在 ARM 协处理器的寄存器和存储器之间传送数据。

ARM 协处理器指令包括以下 5 条。

(1) CDP(协处理器数操作指令)。

CDP 指令的格式为：

CDP{条件} 协处理器编码，协处理器操作码 1，目的寄存器，源寄存器 1，源寄存器 2，协处理器 操作码 2

CDP 指令用于 ARM 处理器通知 ARM 协处理器执行特定的操作，若协处理器不能成功完成特定的操作，则产生未定义指令异常中断。其中协处理器操作码 1 和协处理器操作码 2 为协处理器将要执行的操作，目的寄存器和源寄存器均为协处理器的寄存器，指令不涉及 ARM 处理器的寄存器和存储器。

指令示例：

CDP　P3，2，C12，C10，C3，4；该指令完成协处理器 P3 的初始化，操作码为 2，可选操作码为 4

（2）LDC（协处理器数据加载指令）。

LDC 指令的格式为：

LDC{条件}{L} 协处理器编码，目的寄存器，[源寄存器]

LDC 指令用于将源寄存器所指向的存储器中的字数据传送到目的寄存器中，若协处理器不能成功完成传送操作，则产生未定义指令异常中断。其中，{L} 选项表示指令为长读取操作，例如传输双精度数据时需要采用长读取操作，即可使用此后缀。此条指令类似 LDR 指令。

指令示例：

LDC P3，C4，[R0，#4]；将寄存器 R0+4 所指向的存储器中的字数据传送到协处理器 P3 的 C4 寄存器中

（3）STC（协处理器数据存储指令）。

STC 指令的格式为：

STC{条件}{L} 协处理器编码，源寄存器，[目的寄存器]

STC 指令用于将源寄存器中的字数据传送到目的寄存器所指向的存储器中，若协处理器不能成功完成传送操作，则产生未定义指令异常中断。此条指令类似 STR 指令。

指令示例：

STC P3，C4，[R0]；将协处理器 P3 的 C4 寄存器中的字数据传送到寄存器 R0 所指向的存储器中

（4）MCR（ARM 处理器寄存器到协处理器寄存器的数据传送指令）。

MCR 指令的格式为：

MCR{条件} 协处理器编码，协处理器操作码 1，源寄存器，目的寄存器 1，目的寄存器 2，协处理器操作码 2

MCR 指令用于将 ARM 处理器寄存器中的数据传送到协处理器寄存器中，若协处理器不能成功完成操作，则产生未定义指令异常中断。其中协处理器操作码 1 和协处理器操作码 2 为协处理器将要执行的操作，源寄存器为 ARM 处理器的寄存器，目的寄存器 1 和目的寄存器 2 均为协处理器的寄存器。

指令示例：

MCR P3，3，R0，C4，C5，6；该指令将寄存器 R0 中的数据传送到协处理器 P3 的寄存器 C4 和 C5 中

（5）MRC（协处理器寄存器到 ARM 处理器寄存器的数据传送指令）。

MRC 指令的格式为：

MRC{条件} 协处理器编码，协处理器操作码 1，目的寄存器，源寄存器 1，源寄存器 2，协处理器操作码 2

MRC 指令用于将协处理器寄存器中的数据传送到 ARM 处理器寄存器中，若协处理器不能成功完成操作，则产生未定义指令异常中断。其中协处理器操作码 1 和协处理器操作码 2 为协处理器将要执行的操作，目的寄存器为 ARM 处理器的寄存器，源寄存器 1 和源寄存器 2 均为协处理器的寄存器。

指令示例：

```
MRC P3, 3, R0, C4, C5, 6; 该指令将协处理器 P3 的寄存器中的数据传送到 ARM 处理器寄
                          存器中
```

3.2.5 程序状态寄存器访问指令

ARM 指令集提供了两条指令，可直接控制程序状态寄存器。在 ARM 处理器中，只有 MRS 和 MRS 指令可以对状态寄存器 CPSR 和 SPSR 进行读操作。通过读 CPSR 可以了解当前处理器的工作状态。读 SPSR 寄存器可以了解到进入异常前的处理器状态。该指令不影响条件码。

```
MRS {cond} Rd, psr        ; 将 CPSR 或 SPSR 的内容传送到通用寄存器
MSR {cond} psr_fields, Rm
MSR {cond} psr_fields, #immed_8r; 将 Rm 中的数据传送到 CPSR 或 SPSR 中，实现 CPSR 或
                                  SPSR 的编程设置
```

CPSR 的设置必须分域进行，_fields 用于确定 CPSR 的控制域，Rm 只能使用低 8 位，也可使用 8 位立即数。不能用 MSR 指令直接修改 T 控制位来实现 ARM/Thumb 状态切换。

位[31:24]为条件标志位域，用 f 表示。位[23:16]为状态位域，用 s 表示。位[15:8]为扩展位域，用 x 表示。位[7:0]为控制位域，用 c 表示。

例 3-23 写状态寄存器指令使用举例。

```
(1) MSR  CPSR_c, #0x13; 将 CPSR 状态寄存器中低 8 位设置为：00010011，即 ARM 设置在管
                        理模式，允许 IRQ、FIQ 中断
(2) MOV  R1, #0xD3
    MSR  CPSR_c, R1   ; 将 CPSR 状态寄存器中低 8 位设置为：11010011；即 ARM 设置在管理模
                        式，禁止 IRQ、FIQ 中断
```

例 3-24 在 ARM 处理器中，只有 MSR 指令可以对状态寄存器 CPSR 和 SPSR 进行写操作。与 MRS 配合使用，可以实现对 CPSR 或 SPSR 寄存器的读—修改—写操作，可以切换处理器模式，允许/禁止 IRQ、FIQ 中断等。

```
   子程序：使能 IRQ 中断                    子程序：禁能 IRQ 中断
ENABLE_IRQ                                DISABLE_IRQ
   MRS   R0, CPSR             (1)            MRS    R0, CPSR
   BIC   R0, R0, #0x80        (2)            ORR    R0, R0, #0x80
   MSR   CPSR_c, R0           (3)            MSR    CPSR_c, R0
   MOV   PC, LR               (4)            MOV    PC, LR
```

(1) 将 CPSR 寄存器内容读出到 R0。

(2) 修改对应于 CPSR 中的 I 控制位；0x80= 0b1000 0000。

(3) 将修改后的值写回 CPSR 寄存器的对应控制域。

(4) 返回上一层函数。

3.2.6　杂项指令

1. SWI(软件中断指令)

软件中断是软件实现的中断，也就是程序运行时其他程序对它的中断。软件中断与硬件中断的区别：

(1) 软件中断发生的时间是由程序控制的，而硬件中断发生的时间是随机的。

(2) 软件中断是由程序调用引发的，而硬件中断是由外设引发的。

SWI 指令用于产生软件中断异常，使得 CPU 模式变换到管理模式，并且将 CPSR 保存到管理模式的 SPSR_svc 中，然后程序跳转到 SWI 异常入口。不影响条件码标志。

该指令主要用于用户程序调用操作系统的系统服务，操作系统在 SWI 异常处理程序中进行相应的系统服务。

指令格式为：

```
SWI{cond}immed_24
```

其中，immed_24 为软件中断号(24 位立即数，其值为 $0\sim2^{24}-1$)，执行时 CPU 忽略该参数。

使用 SWI 指令时，通常使用以下两种方法进行参数传递。

(1) 指令中的 24 位的立即数指定了用户请求的类型，中断服务程序的参数通过寄存器传递。下面的程序产生一个中断号为 12 的软件中断：

```
MOV   R0, #0x34       ;设置子功能号为 34
SWI   12              ;该指令调用 12 号软件中断
```

(2) 指令中的 24 位立即数忽略，用户请求的服务类型由寄存器 R0 的值决定，参数通过其他寄存器传递。

下面的例子通过 R0 传递中断号，R1 传递中断的子功能号：

```
MOV R0, #12      ;设置 12 号软件中断
MOV R1, #34      ;设置功能号 34
SWI 0
```

2. BKPT(断点中断指令)

此指令用于产生软件断点中断，它使处理器停止执行正常指令而进入相应的调试程序。

指令格式为：

```
BKPT   immed_16
```

例如：

```
BKPT   0xF010      ;产生断点中断，并保存断点信息 0xF010
```

ARMv5T 及以上版本的微处理器支持 BKPT 指令，我们经常在调试程序时设置断点。

3. CLZ 指令(计算前导零数目)

ARMv5T 及以上版本的微处理器支持 CLZ 指令，即 Rm 中的前导 0 的个数进行计数，结果放到 Rd 中，如果未在源寄存器中设置任何位，则该结果值为 32，如果设置了位 31，

则结果为 0。

指令格式为：

CLZ　Rd，Rm

如 R0 内数据为 0000 0010 1110 1101 …0，执行 CLZ　R1，R0 指令后，R1=0x6。

4. 饱和指令

1) QADD、QSUB、QDADD 和 QDSUB 指令

语法格式为：op {cond} {Rd}，Rm，Rn

该指令可用于 v5T - E 及 v6 或更高版本的 ARM 体系中。如果发生饱和，则这些饱和指令会设置 Q 标志位。若要读取 Q 标记的状态，需要使用 MRS 指令。

其中 op 为下列四个指令之一：

(1) QADD 指令可将 Rm 和 Rn 中的值相加。

(2) QSUB 指令可从 Rm 中的值中减去 Rn 中的值。

(3) QDADD 指令可计算 SAT(Rm + SAT(Rn * 2))。

(4) QDSUB 指令可计算 SAT(Rm－SAT(Rn * 2))。

进行加倍和加法运算均有可能出现饱和。如果加倍运算发生饱和，而加法运算没有出现饱和，则将设置 Q 标记，但最终结果是不饱和的。这些指令会将所有值视为有符号整数的二进制补码。

如下列指令：

```
QADD R0, R1, R9         ；将 R1 和 R9 中的值相加送到 R0 保存
QSUBLT R9, R0, R1       ；从 R0 中的值减去 R1 中的值送到 R9 保存
```

2) SSAT 和 USAT

有符号饱和到任何位位置和无符号饱和到任何位位置，可选择在饱和前进行移位。

语法格式为：

op{cond} Rd，#sat，Rm{，shift}

其中，op 是 SSAT 或 USAT；SSAT 指令会先进行指定的移位，然后将结果饱和到有符号范围 $-2^{sat-1} \leqslant x \leqslant 2^{sat-1}-1$。USAT 指令会先进行指定的移位，然后将结果饱和到无符号范围 $0 \leqslant x \leqslant 2^{sat}-1$。sat 指定要饱和到的位置，SSAT 的范围在 1～32 之间，USAT 的范围在 0～31 之间。shift 是一个可选的移位，必须为下列项之一：

(1) ASR #n　其中，n 的范围为 1～32 (ARM)或 1～31 (Thumb－2)。

(2) LSL #n　其中，n 的范围为 0～31。

条件标记：如果发生饱和，则这些指令设置 Q 标记。若要读取 Q 标记的状态，请使用 MRS 指令。

体系结构：这些 ARM 指令可用于 ARMv6 及更高版本。

示例：

```
SSAT      r7, #16, r7, LSL #4
USATNE    r0, #7, r5
```

3.3　Thumb 及 Thumb - 2 指令集

Thumb 指令集可以看做是 ARM 指令压缩形式的子集，它是为减小代码量而提出，具

有16bit的代码密度。Thumb指令体系并不完整，只支持通用功能，必要时仍需要使用ARM指令，如进入异常时。其指令的格式和使用方式和ARM指令集类似，而且使用并不频繁。Thumb指令集中操作数仍然是32位，指令地址也为32位，只是指令编码为16位。

3.3.1　Thumb指令集

1. Thumb指令集与ARM指令集的区别

Thumb指令集与ARM指令集相比，具有以下特点：

(1) 在编写Thumb指令时，先要使用伪指令CODE16声明；编写ARM指令时，则可使用CODE32伪指令声明。

(2) Thumb指令集没有协处理器指令、信号量(SWP)指令、访问CPSR或SPSR的指令以及乘加指令和64位乘法指令等，且指令的第二操作数受到限制。

(3) 大多数的Thumb数据处理指令采用2地址或2个操作数格式。

```
AND R0, R1          ; R0=R0&R1
ROR R1, R2; R1=R1<<R2, 移位操作变成单独指令
```

(4) 除了跳转指令B有条件执行功能之外，其他指令均为无条件执行，而且分支指令的跳转范围有更多限制，B条件跳转限制在[−252, 258]B偏移范围内，无条件跳转限制为±2 KB偏移范围内，BL、BX等跳转限制在±4MB偏移范围内，而ARM为±32 MB偏移。

(5) 数据处理指令是对通用寄存器进行操作，在大多数情况下，操作的结果放入其中一个操作数寄存器中，而不是放入第3个寄存器中；访问寄存器R8～R15受到一定的限制，除MOV、ADD指令访问R8～R15外，其他数据处理指令只能访问R0～R7寄存器，访问寄存器R8～R15的Thumb数据处理指令不能更新CPSR中的ALU状态位。

(6) Thumb状态下，单寄存器加载和存储指令只能访问寄存器R0～R7。

(7) LDM、STM指令可以将任何范围为R0～R7的寄存器子集加载或存储。

(8) PUSH、POP指令使用R13作为基址堆栈操作。例如：

```
PUSH {R0-R7, LR}        ; 将低寄存器R0～R7和LR入栈
POP  {R0-R7, PC}        ; 将堆栈中的数据弹出到低寄存器R0～R7和PC中
```

由于Thumb指令的长度为16位，即只用ARM指令一半的位数来实现同样的功能，所以要实现特定的程序功能，所需的Thumb指令的条数较ARM指令多。

在一般的情况下，Thumb指令与ARM指令的时间效率和空间效率关系为：

(1) Thumb代码所需的存储空间约为ARM代码的60%～70%。

(2) Thumb代码使用的指令数比ARM代码多约30%～40%。

(3) 若使用32位的存储器，ARM代码比Thumb代码快约40%。

(4) 若使用16位的存储器，Thumb代码比ARM代码快约40%～50%。

(5) 与ARM代码相比较，使用Thumb代码，存储器的功耗会降低约30%。

显然，ARM指令集和Thumb指令集各有其优点，若对系统的性能有较高要求，一般使用32位的存储器系统和ARM指令集；若对系统的成本及功耗有较高要求，则应使用16位的存储器系统和Thumb指令集。当然，若两者有效地结合使用，充分发挥各自的优点，会取得更好的效果。

2. ARM - Thumb 交互工作

1) 交互工作的必要性

为一个 Thumb 兼容的 ARM 处理器编写代码时，ARM 指令的程序和 Thumb 指令的程序各有自己的优势，对于 8 位和 16 位的存储系统来说，Thumb 指令可以提供更好的代码密度和性能，对于 32 位的存储系统来说，ARM 指令则占有速度和性能上的优势。除此之外，在许多场合，也使得 ARM 和 Thumb 之间的切换变得必要。例如：

(1) 速度。某些强调速度的场合下，应考虑在系统中包含一个 32 位的存储器，从而利用 ARM 代码提供更好的性能，满足设计要求。

(2) 功能。Thumb 指令没有 ARM 灵活，另外某些操作，例如直接读取 PSR 的值、使无效或有效中断以及改变工作模式、对协处理器的操作等等，只能通过 ARM 指令实现。

(3) 异常处理。当进入异常中断处理程序时，处理器会自动进入 ARM 状态，这就意味着异常处理程序的起始部分必须用 ARM 指令编写，若中断处理程序需要 Thumb 指令来完成，则需要在中断处理程序中切换到 Thumb 指令状态，在处理结束时，还必须切换回 ARM 状态来完成程序的返回。

(4) 单独的 Thumb 程序。Thumb 兼容的 ARM 处理器总是从 ARM 状态开始执行指令的，因此即使对于简单的 Thumb 汇编语言程序，也必须在程序的开头添加一个 ARM 指令的程序头，使其从 ARM 状态切换到 Thumb 状态执行。

2) 交互工作的切换指令

ARM 和 Thumb 间的交互工作必须满足以下两点：

(1) 通过 BX 指令切换处理器的状态。

语法格式如下：

Thumb 状态下的切换指令：BX　Rn

ARM 状态下的切换指令：BX{<cond>}　Rn

其中，Rn 可以为 R0～R15 中的任何一个寄存器，其值为跳转地址。由于 ARM 指令都是字对齐的，在执行过程中，地址的最低两位忽略。Thumb 指令是半字对齐的，在执行过程中，地址的最低位忽略。因此，可以根据 BX 指令分支到的地址的最低位确定处理器的状态是 ARM 状态还是 Thumb 状态：当最低位为 0 时，表示切换到 ARM 状态；当最低位为 1 时，表示切换到 Thumb 状态。cond 为条件码，只有 ARM 状态下的 BX 指令才允许条件执行。

绝对地址在 4 GB 空间内的 Thumb 或 ARM 程序都可以通过这条指令完成跳转和状态的切换。

注意：当不需要状态切换时也可以使用 BX 作为分支指令，尤其是当 B 和 BL 指令不能使用的情况下，因为 BX 指令可以寻址 32 位的存储空间，而 B 和 BL 指令则有如下限制：

① ARM 状态下，B 和 BL 指令的寻址空间为 32 MB。

② Thumb 状态下，无条件 B 和 BL 指令的寻址空间为 4 MB。

③ Thumb 状态下，有条件 B 指令的寻址空间为 −128～+127 个指令。

(2) 通过伪指令 CODE32 和 CODE16 指示汇编器根据处理器的状态生成合适的代码。

CODE16 和 CODE32 只是告知汇编器后面指令的形式是 Thumb 指令还是 ARM 指令，本身并不能进行程序状态的切换。

由于 ARM 处理器及汇编器总是从 ARM 状态开始执行和汇编指令的，因此对于单独的 Thumb 指令程序也必须添加一个 ARM 指令头。

ARM 指令的程序头主要完成如下两步操作：

① 通过 ADR 指令装载分支地址，并且设置地址最低位为 1。

② 通过 BX 指令完成分支跳转并切换到 Thumb 状态。

例 3-25　程序主体以 CODE16 伪指令开始，通过 ARM 指令头中 start+1，将分支目标地址的最低位置为 1，然后通过 BX 指令切换处理器状态，start 处的指令为 Thumb 指令。

```
AREA ThumbSub, CODE, READONLY    ；定义一个代码段
ENTRY                            ；程序入口
CODE32                           ；下面的指令为 ARM 指令
header
        ADR R0, start + 1        ；处理器处于 ARM 状态
        BX R0                    ；ARM 指令头后，调用 Thumb 主程序
        CODE16                   ；下面指令为 Thumb 指令
start
        MOV R0, #10              ；设置参数
        MOV R1, #3
        BL doadd                 ；调用子程序
stop
        MOV R0, #0x18            ；执行中止
        LDR R1, =0x20026
        SWI 0xab
doadd
        ADD R0, R0, R1           ；子程序代码
        MOV PC, LR               ；子程序返回
        END                      ；程序结束
```

3.3.2　Thumb-2 指令集

Thumb-2 是 Thumb 指令集的一项主要增强功能，并且由 ARMv6T2 和 ARMv7M 体系结构定义。它以现有的 ARM 技术为基础，目标是提供低功耗、高性能的最优设计。Thumb-2 提供了几乎与 ARM 指令集完全一样的功能。它兼有 16 位和 32 位指令，并可检索与 ARM 类似的性能，但其代码密度与 Thumb 代码类似。

Thumb-2 执行环境（Thumb-2EE）由 ARMv7 体系结构定义。Thumb-2EE 指令集基于 Thumb-2，前者进行了一些更改和添加，使得动态生成的代码具有更好的目标，也就是说，就在执行之前或在执行过程中即可在该设备上编译代码。

执行 Thumb-2EE 指令的处理器正在以 ThumbEE 状态运行。在此状态下，该指令集几乎与 Thumb 指令集相同。不过，有些指令已经修改了行为，有些原有的指令已不再提供，另外还新添了一些指令。

新的 Thumb-2 技术可以带来很多好处：

(1) 可以实现 ARM 指令的所有功能。

(2) 增加了 12 条新指令，可以改进代码性能和代码密度之间的平衡。

(3) 相对 ARM 代码，Thumb - 2 代码密度缩小了 31%，代码性能达到了纯 ARM 代码性能的 98%。

(4) 与现有的 Thumb 指令集相比，Thumb - 2 代码密度更高，代码大小平均降低 5%，性能提高了 38%。

(5) 为了提高处理压缩数据结构的效率，新的 ARM 架构为 Thumb - 2 指令集和 ARM 指令集增加了一些新的指令来实现比特位的插入和抽取。这样，开发者进行比特位的插入和抽取所需的指令数目就可以明显减少，使用压缩的数据结构也会更加方便，而代码对存储器的需求也会降低。

开发者在进行系统设计的时候需要综合考虑成本、性能和功耗等因素。在 Thumb - 2 技术之前，开发者会因为如何选择使用 ARM/Thumb 指令而感到困惑。Thumb - 2 的出现使开发者只需要使用一套唯一的指令集，不再需要在不同指令之间反复切换了。Thumb - 2 技术可以极大地简化开发流程，尤其是在性能、代码密度和功耗之间的关系并不清楚直接的情况下。对于之前在 ARM 处理器上已经有长时间开发经验的开发者来说，使用 Thumb - 2技术是非常简单的。开发者只需要关注对整体性能影响最大的那部分代码，其他的部分可以使用缺省的编译配置就可以了。这样在享有高性能、高代码密度的优势的时候，可以很快地更新设计并迅速将产品推向市场，Thumb - 2 技术使得开发者可以更快地完成产品最优化设计。

为了增加处理常数的灵活性，新架构中为 Thumb - 2 指令集和 ARM 指令集增加了两条新的指令。MOVW 可以把一个 16 bit 常数加载到寄存器中，并用 0 填充高比特位；另一条指令 MOVT 可以把一个 16 bit 常数加载到寄存器高 16 比特中。这两条指令组合使用就可以把一个 32 bit 常数加载到寄存器中。通常在访问外设寄存器之前会把外设的基址加载到寄存器中，这时就会需要把 32 bit 常数加载到寄存器中。在之前的架构中需要通过 literal pools(数据缓冲池)来完成这样的操作，对 32 位常量的访问一般通过 PC 相对寻址来实现。literal pools 可以保存常量并简化访问这些常量的代码，但是，在 Harvard 架构的处理器中会引起额外的开销。这些开销来自于需要额外的时钟周期来使数据端口能够对指令流进行访问。这种访问可能是需要把指令流加载到数据缓存中，或者从数据端口直接访问指令存储器。将 32 位常量分成 16 比特的两个部分保存在两条指令中，意味着数据直接在指令流中，不再需要通过数据端口来访问了。相对于 literal pools 方式，这种解决办法可以消除通过数据端口访问指令流的额外开销，进而提高性能，降低功耗。

3.4 ARM 汇编语言程序设计

汇编语言比机器语言易于读写、易于调试和修改，同时也具有机器语言执行速度快、占内存空间少等优点；但在编写复杂程序时具有明显的局限性，汇编语言依赖于具体的机型，不能通用，也不能在不同机型之间移植。

使用汇编语言编写的程序，机器不能直接识别，要由一种程序将汇编语言翻译成机器语言，这种起翻译作用的程序叫汇编程序(也叫汇编器)。汇编程序是系统软件中语言处理系统软件。

目前常用的 ARM 汇编程序的编译环境有两种：

(1) ADS/SDT、RealView MDK 等 ARM 公司推出的开发工具。ARM 将 Keil 公司收购之后，正式推出了针对 ARM 微控制器的开发工具 RealView Microcontroller Development Kit(简称 RealView MDK 或 MDK)

(2) GNU ARM 开发工具。GNU 是 GNU's Not UNIX 的递归缩写。GNU 格式 ARM 汇编语言程序主要是面对在 ARM 平台上移植嵌入式 Linux 操作系统。

一个 ARM 工程应由多个文件组成，其中包括扩展名为 .S 的汇编语言源文件、扩展名为.C 的 C 语言源文件，扩展名为.CPP 的 C++源文件、扩展名为.H 的头文件等。

3.4.1 ARM 汇编伪指令

人们设计了一些专门用于指导汇编器进行汇编工作的指令，由于这些指令不形成机器码指令，它们只是在汇编器进行汇编工作的过程中起作用，所以被叫做伪指令。伪指令具有以下特点：

(1) 伪指令在程序中通常起到程序定位、指令代码定义、对程序段做标注等作用。

(2) 伪指令只在汇编期间产生作用，由编译器进行解释。

(3) 伪指令除部分语句可申请存储空间外，不产生任何目标代码。

ARM 汇编语言源程序中语句由指令、指示符和宏指令组成。

1. ARM 处理器支持的伪指令

ARM 处理器支持的伪指令有 ADR、ADRL、LDR 和 NOP。伪指令不是真正的指令，它在汇编编译器对源程序进行汇编处理时被替换成对应的 ARM 或者 Thumb 指令。

(1) ADR：小范围的地址读取伪指令。

指令格式为：

```
ADR{cond} register，expr
```

expr 是基于 PC 或者基于寄存器的地址表达式，取值范围为：地址值不是字对齐时，取值范围为-255～255；地址值是字对齐时，取值范围为-1020～1020；地址值是 16 字节对齐时，取值范围更大。

(2) ADRL：中等范围的地址读取伪指令。

指令格式为：

```
ADRL{cond} register，expr
```

expr 是基于 PC 或者基于寄存器的地址表达式，取值范围为：地址不是字对齐时，取值范围为-64 KB～64 KB；地址是字对齐时，取值范围为-256 KB～256 KB；地址是 16 字节对齐时，取值范围更大。在 32 位的 Thumb-2 指令中，地址取值范围可达-1～1 MB。

(3) LDR：将一个 32 位的常数或者一个地址值读取到寄存器中。

指令格式为：

```
LDR{cond} register，={expr 或 label-expr}
```

expr 为 32 位常量，汇编器对 LDR 伪指令做如下处理：

① 当 expr 表示的地址值没有超出 MOV 或 MVN 指令的地址取值范围时，汇编器用一对 MOV 和 MVN 指令代替 LDR 指令；

② 当 expr 表示的地址值超出 MOV 或 MVN 指令的地址取值范围时，汇编器将常数放入数据缓冲池，同时用一条基于 PC 的 LDR 指令读取该常数。

label-expr 为基于 PC 的地址表达式或者外部表达式，如：

```
LDR R6，=0x10      ；相当于 MOV R6，#0x10 或 R6=0x10
LDR R7，=999999    ；相当于 LDR R7，{PC，offset}
……
Offset .word 999999
```

(4) NOP：空操作。

汇编时被替换成 ARM 中的空操作，相当于 MOV Rd，Rd。

2. 指示符

ARM 汇编器所支持的指示符包括符号定义指示符、数据定义指示符、汇编控制指示符、信息报告指示符及其他指示符。

1) 符号定义指示符

符号定义(Symbol definition)指示符用于定义 ARM 汇编程序中的变量、对变量进行赋值以及定义寄存器名称。具体包括以下指示符：

(1) GBLA，GBLL 及 GBL：声明全局变量。

(2) LCLA，LCLL 及 LCLS：声明局部变量。

(3) SETA，SETL 及 SETS：给变量赋值。

例 3-26 全局变量和局部变量的定义。

```
GBLA   test1              ；定义一个全局的数字变量
Test1  SETA   0xaa        ；给数字变量赋值
GBLL   test2              ；定义一个全局的逻辑变量
Test2  SETL {TRUE}        ；给逻辑变量赋值
GBLS   test3              ；定义一个全局的字符串变量
Test3  SETS  "TEST"       ；给字符串变量赋值
LCLA   test4              ；声明一个局部数字变量
Test4  SETA 0xaa          ；给数字变量赋值为 0xaa
LCLL   test5              ；声明一个局部的逻辑变量
Test5  SETL {true}        ；给逻辑变量赋值为真
LCLS   test6              ；声明一个局部字符串变量
Test6  SETS "TEST"        ；给字符串变量赋值为"TEST"
```

(4) RLIST：通用寄存器列表定义名称。

(5) CN：协处理器的寄存器定义名称。

(6) CP：协处理器定义名称。

(7) DN 及 SN：VFP 的寄存器定义名称。

(8) FN：FPA 的浮点寄存器定义名称。

2) 数据定义指示符

数据定义(Data definition)指示符包括以下的指示符：

(1) LTORG：声明一个数据缓冲池(literal pool)或者文字池的开始。通常 ARM 汇编器把数据缓冲池放在代码段的最后面，即下一个代码段开始之前，或者 END 指示符之前。当程序中使用 LDR 之类的指令访问数据缓冲池时，为防止越界发生，通常把数据缓冲池放在代码段的最后面，或放在无条件转移指令或子程序返回指令之后，这样处理器就不会错误地将数据缓冲池中的数据当作指令来执行了。

例 3－27　LTORG 使用举例。

```
AREA example, CODE, READONLY
Start   BL   Func1
        ……
Func1   LDR R1, =0x800
        MOV PC, LR
        LTORG          ；定义数据缓冲池的开始位置 &0x800
Date    SPACE  40      ；数据缓冲池有 40 个被初始化为 0 的字节
        END
```

(2) MAP：定义数据结构的起始地址，MAP 可以用"^"代替。如：

```
MAP 0xA0FF, R8     ；数据结构首地址为 R8+0xA0FF
MAP 0xC12305       ；数据结构起始位置是 0xC12305
MAP 0x1FF, R6      ；数据结构起始位置是 R6+0x1FF
```

(3) FIELD：定义数据结构中的字段，说明一个数据项所需要的内存空间，并且为这个数据项提供一个标号，FIELD 也可用"＃"代替。

例 3－28　MAP 和 FIELD 指示符汇编语句举例。

```
MAP 0x100          ；定义结构化内存表首地址为 0x100
A   FIELD 16       ；定义 A 的长度为 16 字节，位置为 0x100
B   FIELD 32       ；定义 B 的长度为 32 字节，位置为 0x110
S   FIELD 256      ；定义 S 的长度为 256 字节，位置为 0x130
```

注意：MAP 和 FIELD 伪指令仅用于定义数据结构，并不实际分配存储单元。

(4) SPACE：分配一块内存单元，并初始化为 0，SPACE 也可用"％"代替。

例 3－29　使用程序相对偏移为基地址。

```
s_labelSPACE     280       ；申请空间用来存放数据结构
                           ；分配连续的 280 字节的存储单元并初始化为 0
MAP   s_label              ；将分配空间的起始地址作为基地址
int_aFIELD     4           ；为 int_a 分配 4 个字节
int_bFIELD     4
stroneFIELD     64         ；为 str_one 分配 64 个字节
k_array   FIELD     128
bit_mask   FIELD     4     ；这种情况下基地址由编译器安排
```

(5) DCB：分配一段字节的内存单元，并用指定的数据初始化。

(6) DCD 及 DCDU：分配一段字的内存单元，并用指定的数据初始化，DCD 可用"&"代替。用 DCDU 分配的字存储单元并不严格字对齐。如：

```
DataTest   DCD 4, 5, 6   ；分配一片连续的字存储单元并初始化
```

(7) DCDO：分配一段字的内存单元，并将单元的内容初始化成该单元相对于静态基值寄存器的偏移量。

(8) DCFD 及 DCFDU：分配一段双字的内存单元，并用双精度的浮点数据初始化。

(9) DCFS 及 DCFSU：分配一段字的内存单元，并用单精度的浮点数据初始化。如：

```
FDataTest DCFS   2E5, -5E-7；分配一片连续的字存储单元，并初始化为指定的单精度数
```

(10) DCI：分配一段字节的内存单元，用指定的数据初始化，指定内存单元中存放的是代码，而不是数据。

(11) DCQ 及 DCQU：分配一段双字的内存单元，并用 64 位的整数数据初始化。

(12) DCW 及 DCWU：分配一段半字的内存单元，并用指定的数据初始化。如：

```
DataTest DCW 1, 2, 3   ; 分配一片连续的半字存储单元并初始化
```

(13) DATA：在代码段中使用数据。现已不再使用，仅用于保持向前兼容。

3) 汇编控制指示符

汇编控制(assembly control)指示符包括下面的指示符：

(1) IF、ELSE 及 ENDIF：汇编或者不汇编一段源代码。

例 3-30 条件控制。

```
IF  {CONFIG}=16     ; 如果{CONFIG}=16 成立，则编译下面的代码
BNE     __rt_udiv_1
LDR   R0 , = __rt_div0
BX    R0
ELSE
BEQ  __ rt_div0
ENDIF
```

(2) WHILE 及 WEND：条件重复汇编相同的一段源代码。

例 3-31 循环控制。

```
WHILE  no<5
  No  SETA  no+1
……
WEND
```

(3) MACRO 及 MEND：标识宏定义开始与结束，宏中的所有标号必须在前面冠以符号“$”。

(4) MEXIT：用于从宏定义中跳转出去。例如：

```
            MACRO
$labelxmac $p1, $p2
; code
$label.loop1; code
; code
                BGE $label.loop1
$label.loop2      ; code
                  BL $p1
                  BGT $label.loop2
                  ; code
                  ADR $p2
                  ; code
                  MEND
; 在程序中调用 xmac 宏
lpp        xmac    subro1, xde
```

```
;程序被宏展开后，宏展开的结果如下：
;code
lpploop1        ;code
                ;code
                BGE lpploop1
lpploop2        ;code
                BL subro1
                BGT    lpploop2
                ;code
                ADR    xde
```

其中，$label 在宏指令被展开时，label 可以被替换成相应的符号，通常是一个标号。在一个符号前面使用 $ 表示程序被汇编时将使用相应的值来替代 $ 后面的符号。xmac 为所定义的宏的名称，$p1，$p2 为宏指令的参数。当宏指令被展开时将被替换成相应的值，类似于函数中的形式参数。可以在宏定义时为参数指定相应的默认值。

4）信息报告指示符

信息报告(Reporting)指示符包括下列指示符：

(1) ASSERT：在汇编编译器对汇编程序的第二遍扫描中，如果 ASSERTION 条件不成立，ASSERT 伪指令将报告该错误信息。

(2) INFO：支持汇编编译器对汇编程序的第一遍或第二遍扫描时报告诊断信息。

(3) OPT：在源程序中设置列表选项。

(4) TTL 及 SUBT：在列表文件中的每一页的开头插入一个标题和子标题。

5）其他指示符

这些杂类的指示符包括：

(1) ALIGN 定义对齐方式伪指令。如：

```
AREA Init, CODE, READONLY, ALIGN=3   ;指定后面的指令为 2³=8 字节对齐代码段
END
```

(2) AREA 用于定义一个代码段或者数据段。如：

```
AREA   Init, CODE, READONLY             ;代码段，只读属性
AREA   example1, DATA, READWRITE        ;数据段，可读可写
```

(3) CODE16 及 CODE32 用来表明其后的指令为 16 位 Thumb 指令/32 位 ARM 指令。

(4) END 用于通知编译器汇编工作到此结束，不再往下汇编了。

(5) ENTRY 用于指定汇编程序的入口点。

(6) EQU 用于为程序中的常量、标号等定义一个等效的字符名字，其作用类似于 C 语言中的 #define，EQU 也可用“*”代替。如：

```
Test EQU 50   ;定义标号 Test 的值为 50
```

(7) EXPORT 或 GLOBAL 用于外部可引用符号声明。

(8) EXTERN：与 IMPORT 伪指令的功能基本相同，但如果当前源文件中的程序实际并未使用该指令，则该符号不会加入到当前源文件的符号表中。

(9) GET 或 INCLUDE 用于将一个源文件包含到当前的源文件中，并将被包含的源文件在当前位置进行汇编。如：

```
GET   a1.s
GET   c:\a2.s   ；包含源文件，可以包含路径信息
```

(10) IMPORT：当在一个源文件中需要使用另外一个源文件的外部可引用符号时，在被引用的符号前面必须使用伪指令 IMPORT 对其进行声明。如：

```
IMPORT   Main；通知编译器当前文件要引用在其他源文件中定义的 Main 标号
```

(11) INCBIN 用于将一个目标文件或数据文件包含到当前的源文件中，被包含的文件不做任何变动地存放在当前文件中，编译器从其后开始继续处理。如：

```
INCBIN a1.dat       ；包含文件 a1.dat
INCBIN c:\a2.txt   ；包含文件 a2.txt
```

(12) KEEP 用于保留符号表中的局部符号。

(13) NOFP 用于禁止源程序中包含浮点运算指令。

(14) REQUIRE 用于指定段之间的相互依赖关系，当进行连接处理时包含了有 REQUIRE label 指示符的源文件，则定义 label 的源文件也将被包含。

(15) REQUIRE8 及 PRESERVE8：在定义堆栈时用到，这两个指令告诉编译器保证 8 字节对齐。实际操作时，REQUIRE8 和 PRESERVE8 并不完成 8 字节对齐的操作，而只是更改编译器中的编译属性，真正的对齐由 ALIGN 完成。

(16) RN 用于给一个寄存器定义一个别名，以提高程序的可读性。如：

```
Temp   RN   R0      ；将 R0 定义一个别名 Temp
```

(17) ROUT 用于给一个局部变量定义作用范围。在程序中未使用该伪指令时，局部变量的作用范围为所在的 AREA；而使用 ROUT 后，局部变量的作用范围为当前 ROUT 和下一个 ROUT 之间。如：

```
名称   ROUT。
```

3.4.2 汇编语言程序举例分析

1. 汇编程序的设计过程

汇编程序的设计过程可分为以下几个步骤：

(1) 分析问题：已知条件、要解决的问题、功能/性能要求、输入输出信号要求等。

(2) 建立数学模型：把系统任务分解为便于描述的模块或过程，即数学化、公式化、模块化，便于计算机处理。

(3) 确定算法：对数学模型的求解或工程处理方法进行优化，逐步总结出便于功能实现的简单、高效、精度高、代码量小、编程容易的处理方案。

(4) 画程序流程图：用箭头、框图、菱形图等表示程序结构，可以首先从图上检验算法的正确性，减少出错的可能，使得动手编写程序时的思路更加清晰。

(5) 内存空间分配：分配存储空间和工作单元是指存储空间的分段和数据定义。另外，由于寄存器的数量有限，编写程序时经常会感到寄存器不够用。因此，对于字节数据，要尽量使用 8 位寄存器。而采用适当的寻址方式，也会达到节省寄存器的目的。

(6) 编制程序与静态检查：程序结构层次简单、清楚、易懂。为了提高编程能力，对于初学者，一是要多阅读现有的程序，以学习别人的编程经验；而更为重要的是，必须多亲自动手编写，不要怕失败，只有通过无数次失败，才能从中积累自己的编程经验。

(7) 上机调试程序：ARM源程序的调试可以在ARM开发板上直接进行，也可在PC机上通过软件仿真环境实现。通过汇编的源程序，只能说明它里面不存在语法错误。但是它是否能达到算法所要求的预期效果，还必须经过上机调试，用一些实验数据来测试，才能够真正地得出结论。

2. 汇编语句格式规范

汇编语句格式遵循以下规范：

(1) ARM汇编中，所有标号必须在一行的顶格书写。

(2) 所有指令均不能顶格书写。

(3) ARM汇编器对标识符大小写敏感(即区分大小写字母)，书写标号及指令时字母大小写要一致。

(4) 在ARM汇编程序中，ARM指令、伪指令、寄存器名可以全部为大写字母，也可以全部为小写字母，但不要大小写混合使用。

(5) 源程序中，语句之间可以插入空行，以使得源代码的可读性更好。

(6) 如果单行代码太长，可以使用字符"\"将其分行。"\"后不能有任何字符，包括空格和制表符等。

(7) 对于变量的设置、常量的定义，其标识符必须在一行的顶格书写。

例3-32　列出汇编语句格式规范，纠正大家在编写程序中常见的错误。

(1) 正确的例子：

```
Str1      SETS  "My  String1."          ；设置字符串变量Str1
Count     RN      R0                    ；定义寄存器名Count
USR_STACKEQU      64                    ；定义常量
START   LDR   R0，=0x12345678           ；R0=0x1235678
  MOV    R1，#0
LOOP
  MOV   R2，#1
```

(2) 错误的例子：

```
AREA   RoutineA，Code，READONLY
DOB   MOV   R0，#1
MOV R1，#3
Loop Mov   R2，#3
B   loop
```

检查上面程序，可以检出：

第一行：AREA指示符不允许从行的最左边开始书写。

第二行：标号DOB没有顶格书写。

第三行：指令助记符不允许顶格书写。

第四行：指令中大小写混合。

第五行：无法跳转到LOOP标号，大小写不一致。

3. 汇编程序结构

要设计出高质量的汇编程序就要熟练掌握汇编指令的应用、汇编程序的设计过程，并能灵活地运用顺序、条件、循环和子程序四种程序结构以及模块化的设计思想。

常见的程序结构，是上述四种结构的混合体。顺序程序结构就是指完全按顺序逐条执行的指令序列，在程序设计过程中，顺序结构大量存在，但一个完整的程序只是逐条去执行指令，这非常少见。

例 3-33 分支程序设计：求两个数的最大公约数。

(1) C 语言代码为

```
int   gcd (int a, int b)
{
    while (a! =b)
      {   if (a>b)    a=a-b;
          else        b=b-a;
      }
    return a;
}
```

(2) 对应的 ARM 汇编代码段。预先设定好：代码执行前 R0 中存放 a，R1 中存放 b；代码执行后 R0 中存放最大公约数。

```
gcd
     CMP      R0, R1         ；比较 a 和 b 的大小，条件判断
     SUBGT    R0, R0, R1     ；if(a>b) a=a-b
     SUBLT    R1, R1, R0     ；if(b>a) b=b-a
     BNE      gcd            ；if(a! =b)跳转到 gcd 继续执行
     MOV      PC, LR         ；子程序结束，返回
```

例 3-34 循环程序设计：用 ARM 汇编语言设计程序实现求 10!，并将结果存放在 R0 中。

```
    AREA Fctrl, CODE, READONLY        ；声明代码段 Fctrl
    ENTRY                             ；标识程序入口
    CODE32                            ；声明 32 位 ARM 指令
START
    MOV R0, #10
    MOV R1, #10
LOOP
    SUB R1, R1, #1
    MUL R0, R0, R1
    CMP R1, #1
    BNE LOOP
Stop
    B   Stop
```

例 3-35 两个数组求和，并把新的数据保存。

此例主要练习 LDR 和 STR 命令，使用这两个命令，首先将数据从源内存单元拷贝到临时寄存器，然后将数据从临时寄存器保存到目的内存单元。

```
        AREA BlockData, DATA, READWRITE          ；定义数据段
    NUM1    DCD 4, 5, 3, -1, -4, 5, 6, 1, 8, 2, 0    ；数组 NUM1
```

```
NUM2    DCD 4，5，2，－2，3，4，5，2，5，2，0         ；数组 NUM2
SUM     DCD 0，0，0，0，0，0，0，0，0，0             ；数组 SUM
        AREA TEST3，CODE，READONLY                  ；定义代码段
        ENTRY
        CODE32
START   LDR R1，＝NUM1                       ；数组 NUM1 的首地址存入到 R1
        LDR R2，＝NUM2                       ；数组 NUM2 的首地址存入到 R2
        LDR R3，＝SUM                        ；数组 SUM 的首地址存入到 R3
        MOV R0，＃0                          ；计数器 R0 的初始值置 0
LOOP    LDR R4，[R1]，＃04                   ；取 NUM1 数组的一个数，同时修改地址指针
        LDR R5，[R2]，＃04                   ；取 NUM2 数组的一个数，同时修改地址指针
        ADDS R4，R4，R5                      ；相加并影响标志位
        ADD R0，R0，＃1                      ；计数器加 1
        STR R4，[R3]，＃04                   ；保存结果到 SUM 中，同时修改地址指针
        BNE LOOP                             ；若相加的结果不为 0 则循环
        END
```

例 3－36　子程序调用语法格式。

```
AREA TEST4，CODE，READONLY
        ENTRY
        CODE32
START   LDR R0，＝0x1000000                  ；设置参数
        LDR R1，＝0x3000000
        BL  PROC1                            ；此处调用子程序
        B START
PROC1
      ADD R2，R2，＃1
      MOV PC，LR                             ；子程序返回
      END
```

3.5　ARM C 语言程序设计

C 语言的优点是运行速度快、编译效率高、移植性好和可读性强。C 语言支持模块化程序设计，支持自顶向下的结构化程序设计方法，因此在嵌入式程序设计中经常会用到 C 语言程序设计。

嵌入式 C 语言程序设计是利用基本的 C 语言知识，面向嵌入式工程实际应用进行程序设计。也就是说，它首先是 C 语言程序设计，因此必须符合 C 语言基本语法，只是它是面向嵌入式的应用而设计的程序而已。

3.5.1　嵌入式 C 语言程序设计规范

1）文件包含伪指令

格式：

```
#include  <头文件名.h>        //包含一个源代码文件，为标准头文件
#include  "头文件名.h"       //自定义头文件
```

2) 宏定义伪指令

习惯上总是全部用大写字母来定义宏，这样易于把程序的宏标识符和一般变量标识符区别开来。如果想要改变数组的大小，只需要更改宏定义并重新编译程序即可。

格式：

```
# define  宏标识符   宏体
```

例如：

```
#define  U32  unsigned  int     //定义宏
#define  U16  unsigned  short
#define  S32  int
#define  S16  short  int
#define  U8   unsigned  char
#define  S8   char
```

3) 条件宏

先测试是否定义过某宏标识符，然后决定如何处理，这样做是为了避免重复定义。例如：

```
#ifdef  INCLUDE_SERIAL
#undef   NUM_TTY            //取消已定义的宏或未定义宏
#define  NUM_TTY            N_UART_CHANNELS
#undef   CONSOLE_TTY
#define  CONSOLE_TTY             0
#undef   CONSOLE_BAUD_RATE
#define CONSOLE_BAUD_RATE        115200
#endif
```

4) 条件编译伪指令

格式：

```
#if(条件表达式 1)   //如果给定条件为真，则编译下面代码
        ……
      #elif(条件表达式 2)
//如果前面的#if 给定条件不为真，当前条件为真则编译下面代码，其实就是 else if 的简写
      ……
      # elif(条件表达式 n)
      ……
      #else
      ……
      #endif                   //结束一个#if……#else 条件编译块
```

这样，编译时，编译器仅对#if()…#endif 之间满足某一条件表达式的源文件部分进行编译。例如：

```
#define DEBUG //此时#ifdef DEBUG 为真
//#define DEBUG 0 //此时为假
int main()
{
```

```
    #if def DEBUG
      printf("Debugging\n");
    #else
      printf("Not debugging\n");
    #endif
    printf("Running\n");
    return 0;
}
```

这样我们就可以实现debug功能，每次要输出调试信息前，只需要#ifdef DEBUG判断一次，不需要的话就在文件开始定义#define DEBUG 0。

5）使用寄存器变量

当一个变量频繁被读写时，需要反复访问内存，从而花费大量的存取时间。为此，C语言提供了一种变量，即寄存器变量。这种变量存放在CPU的寄存器中，使用时，不需要访问内存，而直接从寄存器中读写，从而提高效率。寄存器变量的说明符是register。对于循环次数较多的循环控制变量及循环体内反复使用的变量均可定义为寄存器变量，而循环计数是应用寄存器变量的最好候选者。例如：

```
WORD Addition(BYTE n)
{
    register i, s=0;
    for(i=1; i<=n; i++)
    {
        s=s+i;
    }
    return s;
}
```

6）活用位操作

使用C语言的位操作可以减少除法和取模的运算。在计算机程序中数据的位是可以操作的最小数据单位，理论上可以用“位运算”来完成所有的运算和操作，因而，灵活的位操作可以有效地提高程序运行的效率。例如：

```
int i, j;
i = 879 / 16;
j = 562 % 32;
int i, j;
i = 879 >> 4;
j = 562 - (562 >> 5 << 5);
int Ra;         //Ra[15:16]=11
Ra &= ~(3<<15);
```

C语言位运算除了可以提高运算效率外，在嵌入式系统的编程中，它的另一个最典型的应用，而且正在被十分广泛地使用着的是位间的与（&）、或（|）、非（~）操作，这与嵌入式系统的编程特点有很大关系。例如：

```
rGPCDAT=(rGPCDAT&0xFFFFFFF0)|0x0E
rINTMSK&=~(BIT_TIMER1)
```

7）数据指针

在嵌入式系统的编程中，常常要求在特定的内存单元读写内容，汇编有对应的 MOV 指令，而除 C/C++以外的其他编程语言基本没有直接访问绝对地址的能力。在嵌入式系统的实际调试中，多借助 C 语言指针所具有的对绝对地址单元内容的读写能力。

以指针直接操作内存多发生在以下几种情况：

(1) 某 I/O 芯片被定位在 CPU 的存储空间而非 I/O 空间，而且寄存器对应于某特定地址。

(2) 两个 CPU 之间以双端口 RAM 通信，CPU 需要在双端口 RAM 的特定单元(称为 mail box)书写内容以在对方 CPU 产生中断。

(3) 读取在 ROM 或 Flash 的特定单元所烧录的汉字和英文字模。例如：

```
int *p = (int *)0xF000FF00 ;
*p=0xABCD;
#define rGPACON   (*(volatile unsigned *)0x56000000);
rGPACON=0x1234;
```

8）关键字 volatile

C/C++作为系统级语言，它们与硬件的联系是很紧密的。volatile 的意思是“易变的”，这个关键字最早就是针对那些“异常”的内存操作而准备的。它的效果是让编译器不要对这个变量的读写操作做任何优化，每次读的时候都直接去该变量的内存地址中去读，每次写的时候都直接写到该变量的内存地址中去，即不做任何缓存优化。volatile 的用途有以下几点：

(1) 中断服务程序中修改的供其他程序检测的变量需要加 volatile。

(2) 多任务环境下各任务间共享的标志应该加 volatile。

(3) 存储器映射的硬件寄存器通常也要加 voliate，因为每次对它的读写都可能有不同意义。

例如：要对一个设备进行初始化，此设备的某一个寄存器为 0xff800000。

```
int   *output = (unsigned  int *)0xff800000;    //定义一个 I/O 端口
int   init(void)
{
        int i;
        for(i=0; i< 10; i++){
            *output = i;
    }
    }
```

经过编译器优化后，编译器认为前面循环半天对最后的结果毫无影响，因为最终只是将 output 这个指针赋值为 9，所以编译器编译的结果相当于：

```
int  init(void)
{
     *output = 9;
}
```

如果对此外部设备进行初始化的过程像上面代码一样顺序的对其赋值，显然优化过程并不能达到目的。反之如果不是对此端口反复写操作，而是反复读操作，其结果是一样的，编译器在优化后，也许代码对此地址的读操作只做了一次。然而从代码角度看是没有任何问题的。这时候就该使用volatile通知编译器这个变量是一个不稳定的，在遇到此变量时候不要优化。所以应该修改为

```
volatile   int *output=(volatile unsigned int *)0xff800000;    //定义一个I/O端口
```

注意：频繁地使用volatile很可能会增加代码尺寸和降低性能，因此要合理地使用volatile。

9）函数定义

函数的定义：hudelay为函数名称，void为函数返回值的数据类型←void hudelay(int time)→括号中为参数传递的类型

函数的结构可分为：

(1) 子函数在主程序之前的，先定义子函数，主函数中直接调用子函数。

(2) 子函数在主程序之后的，在主函数之前要先声明子函数，然后在主函数中直接调用子函数，在主程序之后定义子函数。

(3) 中断函数采用__irq关键词(双下划线)，比如定义定时器1的中断函数为：

```
void__irq Time1__IRS (void)
```

(4) 可重入函数：出现在多进程访问同一公共资源时，在编写函数时使用局部变量，即变量保存在CPU的寄存器或者堆栈中。

3.5.2　C语言与汇编语言混合编程

实际应用时，关键底层的初始化及驱动使用汇编语言，而大部分的应用程序使用C语言，如采用汇编语言不仅工作量大、也不利于系统升级和应用软件移植，因此实际嵌入式系统的应用程序是汇编语言与C语言相结合的混合编程。事实上，ARM体系结构支持汇编语言的程序设计和C/C++语言的程序设计，以及两者的混合编程。

1. ATPCS规则

为了使单独编译的C语言程序和汇编程序之间能够相互调用，必须为子程序之间的调用规定一定的规则，ATPCS(ARM-Thumb Procedure Call Standard，ARM-Thumb过程调用标准)就是ARM程序和Thumb程序中子程序调用的基本规则。如果读者使用的是ADS1.2编译器，那么ATPCS.pdf文档就在X:/Program Files/ARM/ADSv1_2/PDF/specs目录里面。X:/指的是ADS1.2编译器所在的安装盘。

ATPCS中的各寄存器在ARM编译器和汇编器中都是预定义的，寄存器的使用规则如表3-7所示。

表3-7　各寄存器的使用规则

寄存器	ATPCS名称	使用规则
R0	a1	工作寄存器
R1	a2	工作寄存器
R2	a3	工作寄存器

R3	a4	工作寄存器

续表

寄存器	ATPCS 名称	使 用 规 则
R4	v1	必须保护；局部变量寄存器
R5	v2	必须保护；局部变量寄存器
R6	v3	必须保护；局部变量寄存器
R7	v4，WR	必须保护；局部变量寄存器
R8	v5	必须保护；局部变量寄存器
R9	v6，SB	必须保护；局部变量寄存器
R10	v7，SL	局部变量寄存器，栈限制
R11	v8，FP	局部变量寄存器，帧指针
R12	IP	指令指针
R13	SP	数据栈指针
R14	LR	链接寄存器
R15	PC	程序计数器

基本 ATPCS 规定了在子程序调用时的一些基本规则，包括下面三方面的内容。

1）寄存器的使用规则

寄存器的使用必须满足以下规则：

(1) 子程序间通过寄存器 R0～R3 来传递参数。被调用的子程序在返回前无须恢复寄存器 R0～R3 的内容。

(2) 在子程序中，使用寄存器 R4～R11 来保存局部变量。这时，寄存器 R4～R11 可以记为 v1～v8。如果在子程序中使用了寄存器 v1～v8 中的某些寄存器，则子程序进入时必须保存这些寄存器的值，在返回前必须恢复这些寄存器的值。在 Thumb 程序中，通常只能使用寄存器 R4～R7 来保存局部变量。

利用 ADS 编译环境(遵循 ATPCS 标准)编译后的子程序汇编代码一般不会对 R4～R11 进行操作，这也是如下两条语句常见于汇编代码中的原因(子程序中仅对 R0～R3、R12 等进行操作，故也只对这些寄存器进行入栈、出栈保护)。

```
STMFD   SP!, {R0-R3, R12, LR}
......
LDMFD   SP!, {R0-R3, R12, PC}^
```

(3) R9、R10 和 R11 还有一个特殊作用，分别记为：静态基址寄存器 SB、数据栈限制指针 SL 和桢指针 FP。

(4) 寄存器 R12 用作过程调用中间临时寄存器 IP。寄存器 R13 用作堆栈指针 SP。在子程序中寄存器 R13 不能用作其他用途。寄存器 SP 在进入子程序时的值和退出子程序的值必须相等。

(5) 寄存器 R14 称为链接寄存器 LR，它用于保存子程序的返回地址。如果在子程序中保存了返回地址，寄存器 R14 则可以用作其他用途。

(6) 寄存器 R15 为程序计数器 PC，不能用作其他用途。

(7) 只有寄存器 R0～R7、SP、LR 和 PC 可以在 Thumb 状态下使用，其中 R7 常作为 Thumb 状态的工作寄存器，记为 WR。

2) 数据栈的使用规则

ATPCS 规定数据栈为 FD 类型，并对数据栈的操作是 8 字节对齐的，下面是一个数据栈的组成。

(1) 数据栈栈指针(Stack Pointer)是指向最后一个写入栈的数据的内存地址。

(2) 数据栈的基地址(Stack Base)是指数据栈的最高地址。由于 ATPCS 中的数据栈是 FD 类型的，实际上数据栈中最早入栈数据占据的内存单元是基地址的下一个内存单元。

(3) 数据栈界限(Stack Limit)是指数据栈中可以使用的最低的内存单元地址。

(4) 已占用的数据栈(Used Stack)是指数据栈的基地址和数据栈栈指针之间的区域，其中包括数据栈栈指针对应的内存单元。

(5) 数据栈中的数据帧(Stack Frames) 是指在数据栈中，为子程序分配的用来保存寄存器和局部变量的区域。

在 ARMv5TE 中，批量传送指令 LDRD/STRD 要求数据栈是 8 字节对齐的，以提高数据的传送速度。用 ADS 编译器产生的目标文件中，外部接口的数据栈都是 8 字节对齐的，并且编译器将告诉连接器：本目标文件中的数据栈是 8 字节对齐的。而对于汇编程序来说，如果目标文件中包含了外部调用，则必须满足以下条件：

(1) 外部接口的数据栈一定是 8 位对齐的，也就是要保证在进入该汇编代码后，直到该汇编程序调用外部代码之间，数据栈的栈指针变化为偶数个字。

(2) 在汇编程序中使用 PRESERVE8 伪操作告诉连接器，本汇编程序是 8 字节对齐的。

3) 参数的传递规则

根据参数个数是否固定，可以将子程序分为参数个数固定的和参数个数可变的子程序。这两种子程序的参数传递规则是不同的。

(1) 参数个数可变的子程序参数传递规则。对于参数个数可变的子程序，当参数不超过 4 个时，可以使用寄存器 R0～R3 来进行参数传递；当参数超过 4 个时，还可以使用数据栈来传递参数。在参数传递时，将所有参数看做是存放在连续的内存单元中的字数据。然后依次将各字数据传送到寄存器 R0、R1、R2、R3 中；如果参数多于 4 个，将剩余的字数据传送到数据栈中，入栈的顺序与参数顺序相反，即最后一个字数据先入栈。按照上面的规则，一个浮点数参数可以通过寄存器传递，也可以通过数据栈传递，也可能一半通过寄存器传递，另一半通过数据栈传递。

(2) 参数个数固定的子程序参数传递规则。对于参数个数固定的子程序，如果系统包含浮点运算的硬件部件，浮点参数将按照下面的规则传递：各个浮点参数按顺序处理；为每个浮点参数分配 FP 寄存器；分配的方法是满足该浮点参数需要的且编号最小的一组连续的 FP 寄存器，第一个整数参数通过寄存器 R0～R3 来传递，其他参数通过数据栈传递。

(3) 子程序结果返回规则。

① 结果为一个 32 位整数时，可以通过寄存器 R0 返回。

② 结果为一个 64 位整数时，可以通过 R0 和 R1 返回，依此类推。

③ 结果为一个浮点数时，可以通过浮点运算部件的寄存器 f0、d0 或者 s0 来返回。

④ 结果为一个复合的浮点数时，可以通过寄存器 f0～fN 或者 d0～dN 来返回。

对于位数更多的结果，需要通过调用内存来传递。

2. 汇编语言与 C 语言的混合编程

汇编语言与 C 语言的混合编程通常采用以下三种方式：

(1) 在汇编程序与 C 语言程序之间进行变量的互访。

(2) 汇编程序与 C 语言程序间的相互调用。

(3) 在 C 语言代码中嵌入汇编指令。

下面通过几个例题来逐一分析几种实现方法。

例 3-37 本程序是一个 C 语言和汇编语言共享全局变量的例子。

```
//C 语言文件 *.c
#include <stdio.h>
int gVar=12;
extern asmDouble(void);
int main(){
        printf("original value of gVar is: %d", gVar_1);
asmDouble();
        printf(" modified value of gVar is: %d", gVar_1);
        return 0;
}
//汇编语言文件 *.S
        AREA asmfile, CODE, READONLY EXPORT asmDouble
IMPORT gVar
asmDouble
        ldr r0, =gVar
        ldr r1, [r0]
        mov r2, #2
        mul r3, r1, r2
        str r3, [r0]
        mov pc, lr
        END
```

在此例中，汇编文件与 C 文件之间相互传递了全局变量 gVar 和函数 asmDouble，留意声明的关键字 extern 和 IMPORT。

总结后得出结论：在 C 程序中声明的全局变量可以被汇编程序通过地址间接访问。访问方法具体如下：

(1) 先用 IMPORT 声明要用这个全局变量。

(2) 用 LDR 伪指令读取这个全局变量的地址。

(3) 用相应的 LDR 指令读取存储全局变量的值，使用相应的 STR 指令修改存储全局变量的值。

例 3-38　本程序是在 C 语言中内嵌汇编指令，主要完成对 ARM 处理器中断的操作。

```
void Enable_disable_IRQ(int Selector)
{
    int tmp;
    if (Selector==0)
    {
        //嵌入关中断汇编程序
        __asm{
                MRS tmp, CPSR        ; 读 CPSR 的值给 tmp
                ORR tmp, tmp, #0x80 置位 I 位以关中断
                MSR CPSR_c, tmp      ; 写入 CPSR 寄存器 C 域中, 以开中断
        }
    }
    else
    {    //嵌入开中断汇编程序
        __asm{
                MRS tmp, CPSR        ; 读 CPSR 的值给 tmp
                BIC tmp, tmp, #0x80  ; 置位 I 位以关中断
            MSR CPSR_c, tmp          ; 写入 CPSR 寄存器 C 域中, 以开中断
                }
    }
}
main()
{
    Enable_disable_IRQ(0);           //关中断
    ……
    Enable_disable_IRQ(1);           //开中断
    ……
    while(1);
    {
        ……                           //循环执行
    }
}
```

在本例中，“__asm”为内嵌汇编语句的关键字，需要特别注意的是前面有两个下划线。指令之间用分号分隔，如果一条指令占据多行，除最后一行外都要使用连字符“\”。

C 语言和汇编之间的值传递是用 C 语言的指针来实现的，因为指针对应的是地址，所以汇编中也可以访问。

用于声明函数的关键词(双下划线起头)有：

(1) __asm，内嵌汇编。

(2) __inline，内联展开。

(3) __irq，声明 IRQ 或 FIQ 的 ISR。

(4) __pure，函数不修改该函数之外的数据。

(5) __softfp，使用软件的浮点连接件。

(6) __swi，软件中断函数。

(7) __swi_indirect，软件中断函数。

(8) register，声明一个变量，告诉编译器尽量保存到寄存器中。

(9) _int64，该关键词是 long long 的同义词。

(10) _global_reg，将一个已经声明的变量分配到一个全局的整数寄存器中。

综上，在 C/C++程序中使用内嵌的汇编指令的注意事项：

(1) 内嵌汇编指令中作为操作数的寄存器和常量可以是表达式。这些表达式可以是 char、short 或 int 类型，而且这些表达式都是作为无符号数进行操作的。若需要带符号，用户需要自己处理与符号有关的操作。编译器将会计算这些表达式的值，并为其分配寄存器。

(2) 应在指令中谨慎地使用物理寄存器，内嵌汇编程序中使用物理寄存器有以下限制：不能直接向 PC 寄存器赋值，程序跳转只能使用 B 或 BL 指令实现；不要使用过于复杂的 C 表达式，因为将会需要较多的物理寄存器，这将导致与其他指令中用到的物理寄存器产生使用冲突；编译器可能会使用 R12 或 R13 存放编译的中间结果，在计算表达式的值时可能会将寄存器 R0～R3，R12 和 R14 用于子程序调用。因此在内嵌的汇编指令中不要将这些寄存器同时指定为指令中的物理寄存器。

(3) 对于在内嵌汇编语言程序中使用到的寄存器，在编译时会自动保存和恢复这些寄存器，用户不用保存和恢复这些寄存器。

(4) 不要使用物理寄存器去代替一个 C 变量，如 tmp、a、b。

例 3 - 39　在 C 程序中调用汇编函数。

```
//在一个汇编源文件中定义了如下求和函数：
  EXPORT add                        ；声明 add 子程序将被外部函数调用
  ……
add                                 ；求和子程序 add
    ADD R0, R0, R1
    MOV PC, LR                      ；子程序返回
    ……
    //在一个 C 程序的 main()函数中对 add 汇编子程序进行了调用。
    extern int add (int x, int y);  //声明 add 为外部函数
    void main()
    {
        int a=1, b=2, c;
        c=add(a, b);                //调用 add 子程序
        ……
    }
```

当main()函数调用add汇编子程序时，变量a、b的值会给了R0和R1，返回结果由R0带回，并赋值给变量c。函数调用结束后，变量c的值变成3。

综上，在C程序中调用汇编子程序的方法为：

(1) 在汇编程序中使用EXPORT伪指令声明被调用的子程序，表示该子程序将在其他文件中被调用；

(2) 在汇编程序中，用C子程序名称作为代码段的标号，如add，最后以MOV PC，LR指令实现子程序返回。

(3) 然后在C程序中使用extern关键字声明要调用的汇编子程序为外部函数。

(4) 汇编程序的设置要遵循ATPCS规则，保证程序调用时参数的正确传递。ATPCS建议函数的形参不超过4个，如果形参个数少于或等于4，则形参由R0、R1、R2、R3四个寄存器进行传递，返回值用寄存器R0返回；若形参个数大于4，大于4的部分必须通过堆栈进行传递。

例3-40 汇编程序中调用C程序的C函数。

```
//函数sum5()返回5个整数的和
int sum5(int a, lit b, int c, int d, int e)
{
  return(a+b+c+d+e); //返回5个变量的和
}

    //汇编调用C程序的汇编程序
        AREA   sample, CODE, READONLY
        IMPORT sum5            ；声明外部标号sum5，即C函数sum5()
CALLSUM
        STMFD SP!, {LR}              ；LR寄存器放栈
        ADD R1, R0, R0               ；设置sum5函数入口参数，R0为参数a
        ADD R2, R1, R0               ；R1为参数b，R2为参数c
        ADD R3, R1, R2,
        STR R3, [SP, # -4]!          ；参数e要通过堆栈传递
        ADD R3, R1, R1               ；R3为参数d
        BL sum5                      ；调用sum5()，结果保存在R0
        ADD SP, SP, #4               ；修正SP指针
        LDMFD SP, PC                 ；子程序返回
```

综上，在汇编程序中调用C程序时，需要注意以下几点：

(1) 汇编程序的设置要遵循ATPCS规则，保证程序调用时参数的正确传递。不同于x86的参数传递规则，ATPCS建议函数的形参不超过4个，如果形参个数少于或等于4，则形参由R0、R1、R2、R3四个寄存器进行传递，返回值用寄存器R0返回；若形参个数大于4，大于4的部分必须通过堆栈进行传递。

(2) 在汇编程序中使用IMPORT伪指令声明将要调用的C程序函数。

(3) 在调用C程序时，要正确设置入口参数，然后使用BL调用具体的C函数。

例3-41 形参个数大于4时，在汇编语言与C之间传递参数。

```
//test_asm_args. asm
  IMPORT test_c_args; 声明 test_c_args 函数
        AREA TEST_ASM, CODE, READONLY
        EXPORT test_asm_args
test_asm_args
      STR lr, [sp, #-4]!; 保存当前 lr
      ldr r0, =0x1; 参数 1
      ldr r1, =0x2; 参数 2
      ldr r2, =0x3; 参数 3
      ldr r3, =0x4; 参数 4
      ldr r4, =0x8
      str r4, [sp, #-4]!; 参数 8 入栈
      ldr r4, =0x7
      str r4, [sp, #-4]!; 参数 7 入栈
      ldr r4, =0x6
      str r4, [sp, #-4]!; 参数 6 入栈
      ldr r4, =0x5
      str r4, [sp, #-4]!; 参数 5 入栈
      bl test_c_args_lots
      ADD sp, sp, #4          ; 清除栈中参数 5, 本语句执行完后 sp 指向 参数 6
      ADD sp, sp, #4          ; 清除栈中参数 6, 本语句执行完后 sp 指向 参数 7
      ADD sp, sp, #4          ; 清除栈中参数 7, 本语句执行完后 sp 指向 参数 8
      ADD sp, sp, #4          ; 清除栈中参数 8, 本语句执行完后 sp 指向 lr
       LDR pc, [sp], #4       ; 将 lr 装进 pc(返回 main 函数)
      END

//test_c_args. c
void test_c_args(int a, int b, int c, int d, int e, int f, int g, int h)
{
      printk("test_c_args_lots:\n");
      printk("%0x %0x %0x %0x %0x %0x %0x %0x\n",
             a, b, c, d, e, f, g, h);
}
    //main. c
int main()
{
    test_asm_args();
    for(; ; );
}
```

在 test_asm_args 中，参数 1～参数 4 还是通过 R0～R3 进行传递，而参数 5～参数 8 则

是通过把其压入堆栈的方式进行传递，不过要注意这 4 个入栈参数的入栈顺序，是以参数 8→参数→参数 6→参数 5 的顺序入栈的。

习　　题

1. 下面关于 ARM 处理器的体系结构描述，错误的是______。

A. 三地址指令格式　　B. 所有的指令都是单周期执行

C. 指令长度固定　　D. Load - Store 结构

2. 假设 R1=0x31，R2=0x01，则执行指令 ADD R0，R1，R2，LSL #3 后，R0 的值是______。

A. 0x33　　B. 0x34　　C. 0x39　　D. 0x38

3. 指令 LDR R0，[R1，#4]! 实现的功能是________。

A. R0←[R1+4]　　B. R0←[R1+4]，R1←R1+4

C. R0←[R1]，R1←R1+4　　D. R0←[R1]，R1←R1−4

4. 若 R1=2000H，(2000H)=0x28，(2008H)=0x87，则执行指令 LDR R0，[R1，#8]! 后，R0 的值为__________。

A. 0x2000　　B. 0x28　　C. 0x2008　　D. 0x87

5. 对寄存器 R1 的内容乘以 4 的正确指令是____________。

A. LSR R1，#2　　B. LSL R1，#2

C. MOV R1，R1，LSL #2　　D. MOV R1，R1，LSR #2

6. 下列 32 位数中，不可作为立即数的是________。

A. 0x81000007　　B. 0x04800000

C. 0x00000012　　D. 0x8000007

7. ARM 伪指令中，可用于大范围地址读取的是________。

A. ADR　　B. ADRL　　C. LDR　　D. NOP

8. 在 ARM 体系结构中，要从主动用户模式切换到管理模式，应采用______方法。

A. 直接修改 CPU 状态寄存器(CPSR)对应的模式

B. 先修改程序状态备份寄存器(SPSR)到对应的模式，再更新 CPU 状态

C. 使用软件中断指令(SWI)

D. 让处理器执行未定义指令

9. 写一条 ARM 指令，完成操作 R1 = R2 * 3。

10. 已知 R0=0x00000000，R1=0x00009000，men32[0xx00009000]=0x01010101，mem32[0x00009004]=0x02020202，问执行以下指令后 R1、R0 的情况。

(1) LDR　R0，[R1，#0x4]!

(2) LDR　R0，[R1，#0x4]

(3) LDR　R0，[R1]，#0x4

11. 已知 men32[0x80018]=0x03，men32[0x80014]=0x02，men32[0x80010]=0x01，

R0＝0x00080010，R1＝0x00000000，R2＝0x00000000，R3＝0x00000000。问执行 LDMIA R0!，{R1－R3}后，R0、R1、R2、R3 的情况。

12. 已知 R1＝0x00000002，R4＝0x00000003，SP＝0x00080014，问执行指令 STMFD SP!，{R1，R4}后，R1、R4、SP 的情况。

13. 已知 R0＝0x0，CPSR＝0xd3，执行以下指令后 R0 的情况：

MRS R0，CPSR

BIC R0，R0，＃0x80

14. MOV 指令与 LDR 指令都是往目标寄存器中传送数据，但是它们有什么区别吗？

15. 简述 B、BL、BX、BLX 跳转指令的使用方法。

16. 什么是堆栈？在 ARM 处理器中是如何进行入栈和出栈的？ARM 和 Thumb 状态下堆栈的处理指令相同吗？

17. 分别写出语句中 LDR 的作用。

(1) LDR R0，[R1，＃6]

(2) LDR R0，＝0x999

第 4 章　嵌入式系统设计

嵌入式系统的应用开发不单是软件的开发，其开发语言和硬件密切相关。所以只有开发者对嵌入式系统的内部结构非常了解，才能编好软件程序。而嵌入式系统的开发应用还涉及硬件扩展接口和各类传感器，更重要的是必须尽可能地了解各学科中适应嵌入式系统完成的控制项目以及控制过程。因此需要有：硬件设计方面的积累、软件设计方面的积累、设计经验方面的积累。

本章主要讲解嵌入式系统的开发流程，并以智能家居监控系统为例，简要介绍了其设计思路、系统构成与设计过程等。

学习目标

※ 掌握嵌入式系统的开发流程。
※ 熟悉嵌入式智能家居系统的构成、各传感器电路应用。

学海聆听

一个人最怕不老实，青年人最可贵的是老实作风。"老实"就是不自欺欺人，做到不欺骗人家容易，不欺骗自己最难。"老实作风"就是脚踏实地，不占便宜。世界上没有便宜的事，谁想占便宜谁就会吃亏。

——徐特立

4.1　嵌入式系统开发

嵌入式系统设计的重要特点是技术多样化，即实现同一个嵌入式系统可以有许多不同的设计方案选择，而不同的设计方案就意味着使用不同的设计和生产技术。

4.1.1　嵌入式系统开发流程

当前，嵌入式开发已经逐步规范化，在遵循一般工程开发流程的基础上，嵌入式开发有其自身的一些特点，如图 4-1 所示为嵌入式系统开发的一般流程，主要包括系统需求分析(要求有严格规范的技术要求)、体系结构设计、软硬件及机械结构设计、系统集成、系统测试，最终得到最终产品。

下面对嵌入式系统的开发流程逐一进行分析。

(1) 系统需求分析。系统需求分析是指确定设计任务和设计目标，并提炼出设计规格说明书，作为正式设计指导和验收的标准。

系统的需求一般分功能性需求和非功能性需求两方面。功能性需求是系统的基本功能，如输入输出信号、操作方式等；非功能需求包括系统性能、成本、功耗、体积、重量等因素。此部分主要由开发部门设计人员讨论得出，经市场销售人员反馈而进一步改进或升级。

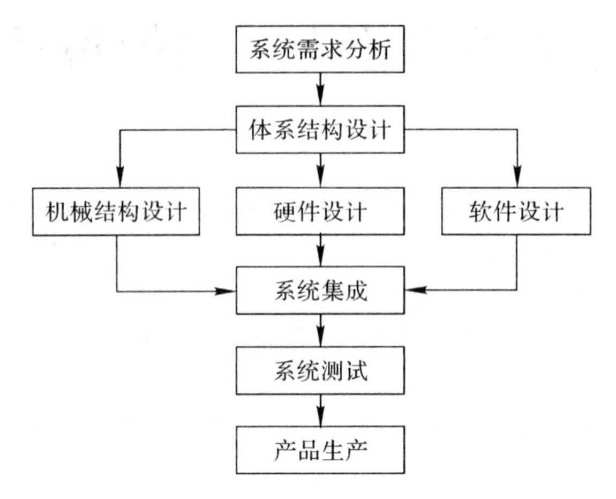

图 4-1　嵌入式系统开发的一般流程

(2) 体系结构设计。体系结构设计是描述系统如何实现所述的功能和非功能需求，包括对硬件、软件和执行装置的功能划分，以及系统的软件、硬件选型等。一个好的体系结构是设计成功与否的关键。此部分主要由架构工程师或研发部门经理确定系统设计方案选择。

(3) 软硬件协同设计。嵌入式系统开发模式最大的特点是软件、硬件综合开发，这是因为嵌入式产品是软硬件的结合体，软件针对硬件开发、固化、不可修改。嵌入式系统设计的工作大部分都集中在软件设计上，面向对象技术、软件组件技术、模块化设计是现代软件工程经常采用的方法。此部分由 PCB 电路设计、底层驱动开发、操作系统移植、应用软件开发等技术人员合力、协同开发。

(4) 系统集成。系统集成是把系统的软件、硬件和执行装置集成在一起进行调试，发现并改进单元设计过程中的错误。此部分力求把产品外观做得美观、实用、操作简便等，既要区别于传统产品，又要新颖别致，同时需预留二次开发或者改进、升级余地。

(5) 系统测试。系统测试是指对设计好的系统进行测试，看其是否满足规格说明书中给定的功能要求。此部分大多先由专门的测试公司进行预订功能、网络、稳定性、破坏实验等。

4.1.2　嵌入式系统硬件设计

硬件开发是嵌入式系统开发的基础，软件的开发是建立在硬件之上，软、硬件设计的巧妙结合是保证项目开发质量的关键。

嵌入式系统硬件系统的设计架构包含三部分：

(1) 微处理器的选型、时钟及复位电路的设计。

(2) 存储系统 ROM/RAM/Flash 的设计。

(3) 系统外围设备接口电路的设计。

微处理器系统的硬件一般包括微处理器、时钟电路、复位电路和电源电路等几部分，称为嵌入式最小系统。系统外围设备接口电路的设计部分包括通用接口设计、人机交互接口设计和网络接口设计等。

硬件开发设计中应注意以下事项：

(1) 开发者必须学习应用最新嵌入式系统，如新型的MPU的优势表现为时钟频率的进一步提高，处理器相关功能的提高，内部程序存储器和数据存储器容量的进一步扩大，A/D和D/A转换器的内部集成，LCD显示等功能模块的内部集成，外部扩展功能的增强。

(2) 扩展接口的开发尽可能采用FPGA或CPLD等器件开发。这类器件都有开发平台的支持，开发难度较小，开发出的硬件性能可靠、结构紧凑、利于修改、保密性好。

(3) 在扩展了RS-232等标准串口以后，嵌入式系统可与PC机通信，对于众多测控方面的人机对话、报表输出、集成控制等功能可进行优势互补。

(4) 有时开发一个嵌入式系统应用项目，在仿真调试完成后系统运行正常，而接入现场后出现不能正常运行或运行时好时坏，脱离现场后一切正常的现象，这种现象就涉及可靠性问题。

4.1.3　嵌入式系统软件设计

如表4-1所示为嵌入式系统与PC的对比。

表4-1　嵌入式系统与PC机的对比

对比	嵌入式系统	PC
开机顺序	BootLoader→Kernel→rootfs	BIOS→GRUB→Kernel→rootfs
引导代码	BootLoader引导代码，针对不同电路进行移植	主板的BIOS引导，无需改动
操作系统	Linux、Android、Win CE、VxWorks等，需要裁剪移植	Windows、Linux等，无需移植
驱动程序	每个设备驱动针对电路板进行开发或移植，一般不能直接下载使用	操作系统含有大多数驱动程序，或下载直接使用
开发环境	交叉编译	本机编译
仿真器	需要	不需要
协议栈	需要移植	操作系统或第三方提供

嵌入式系统软件开发具有以下特征：

(1) 软件要求固态化存储。

为了提高执行速度和系统可靠性，嵌入式系统中的软件一般都固化在存储器芯片或单片机内存，而不是存储在外存。

(2) 软件代码高质量、高可靠性。

尽管半导体技术的发展使处理器速度不断提高、片上存储器容量不断增加，但在大多数应用中，存储空间仍然是非常宝贵的，直接决定着产品的价格，还存在实时性的要求。为此要求程序编写和编译工具的质量要高，以减少程序二进制代码长度、提高执行速度。

(3) 操作系统软件具有高实时性。

在多任务嵌入式系统中，对各项任务进行统筹兼顾、合理调度是保证系统功能的关键，单纯提高处理器的速度是无法完成这些要求的，也是没有效率的，这种任务调度只能由优化编写的系统软件来完成，因此操作系统软件的高实时性是基本要求。

(4) 嵌入式系统应用语言。

据统计，在嵌入式系统设计中，最受欢迎的前 3 种编程语言分别是 C、汇编和 C++。通常，汇编源程序用于系统最基本的初始化操作，如初始化堆栈指针、设置页表、操作 ARM 协处理器等。

(5) 交叉编译、交叉开发。

嵌入式产品的资源往往十分有限，一般采用宿主机/目标板的模式进行开发，即在 PC 上开发，然后在嵌入式系统中运行的方式。所以在 PC 上编译出 ARM 架构可执行文件的交叉编译器就十分重要了。

交叉编译器主要完成的工作如图 4-2 所示。整个软件开发过程包括以下几个步骤：

① 源代码编写：编写源 C/C++及汇编程序。

② 程序编译：通过专用编译器编译程序。

③ 软件仿真调试：在 SDK 中仿真软件运行情况。

④ 程序下载：通过 JTAG、USB、串口方式下载到目标板上。

⑤ 软硬件测试、调试：通过 JTAG 等方式联合调试程序。

⑥ 下载固化：程序无误，下载到产品上运行、生产。

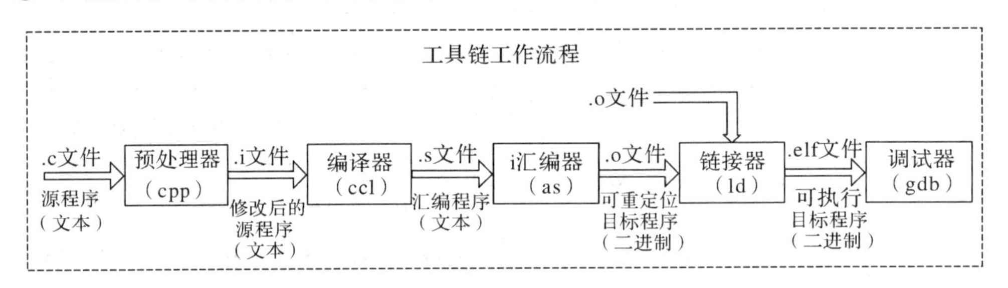

图 4-2 交叉编译器主要完成的工作

(6) 操作系统选用。

对于功能简单仅包括应用程序的嵌入式系统一般不使用操作系统(也称裸机开发)，仅有应用程序和设备驱动程序。当设计较复杂的程序时，可能就需要一个操作系统(OS)来管理控制内存、多任务、周边资源等。现代高性能嵌入式系统应用越来越广泛，操作系统的使用已成为必然发展趋势。

如果在一个嵌入式系统中使用 Linux 技术开发，根据应用需求的不同有不同的配置开发方法，但是，一般情况下都需要经过如下的过程：

(1) 建立开发环境，主要功能是把在宿主机上编写的高级语言程序编译成可以在目标机上运行的二进制代码。操作系统一般使用 Red Hat Linux 或 Ubuntu，选择定制安装或全部安装。建立交叉开发环境需要安装交叉编译工具链(如 arm-linux-gcc)、设置好环境变量、配置串口通信工具(如超级终端、SecureCRT 等)、配置网络通信工具(如 NFS)等。

(2) 配置开发主机，配置 MINICOM，一般的参数为波特率 115 200 b/s，数据位为 8 位，停止位为 1，无奇偶校验，软件硬件流控设为无。在 Windows 下的超级终端的配置也是这样。MINICOM 软件的作用是作为调试嵌入式开发板的信息输出的监视器和键盘输入的工具。配置网络主要是配置 NFS 网络文件系统，需要关闭防火墙，简化嵌入式网络调试环境设置过程。

(3) 建立引导装载程序 BootLoader，从网络上下载一些公开源代码的 BootLoader，如 U - Boot、BLOB、VIVI、LILO、ARM - boot、Red - boot 等，根据具体芯片进行移植修改。有些芯片没有内置引导装载程序，比如三星的 ARM7、ARM9 系列芯片，这样就需要编写开发板上 Flash 的烧写程序，可以在网上下载相应的烧写程序，也有 Linux 下的公开源代码的 J - Flash 程序。如果不能烧写自己的开发板，就需要根据自己的具体电路进行源代码修改。这是让系统可以正常运行的第一步。如果用户购买了厂家的仿真器就比较容易烧写 Flash，虽然无法了解其中的核心技术，但对于需要迅速开发自己应用的人来说，可以极大提高开发速度。

(4) 下载已经移植好的 Linux 操作系统，如 MCLiunx、ARM - Linux、PPC - Linux 等，如果有专门针对所使用的 CPU 移植好的 Linux 操作系统那是再好不过，下载后再添加特定硬件的驱动程序，然后进行调试修改，对于带 MMU 的 CPU 可以使用模块方式调试驱动，而对于 MCLiunx 这样的系统只能编译内核进行调试。

(5) 建立根文件系统，可以从 http://www.busy.box.net 下载使用 BUSYBOX 软件进行功能裁剪，产生一个最基本的根文件系统，再根据自己的应用需要添加其他的程序。由于默认的启动脚本一般都不会符合应用的需要，所以就要修改根文件系统中的启动脚本，它的存放位置位于/etc 目录下，包括：/etc/init.d/rc.S、/etc/profile、/etc/.profile 等，自动挂装文件系统的配置文件/etc/fstab，具体情况会随系统不同而不同。根文件系统在嵌入式系统中一般设为只读方式，需要使用 mkcramfs genromfs 等工具产生烧写映像文件。

(6) 建立应用程序的 Flash 磁盘分区，一般使用 JFFS2 或 YAFFS 文件系统，这需要在内核中提供这些文件系统的驱动，有的系统使用一个线性 Flash(NOR 型)512 KB～32 MB，有的系统使用非线性 Flash(NAND 型)8 MB～512 MB，有的两个同时使用，需要根据应用规划 Flash 的分区方案。

(7) 开发应用程序，可以放入根文件系统中，也可以放入 YAFFS、JFFS2 文件系统中，有的应用不使用根文件系统，直接将应用程序和内核设计在一起，有点类似于 μC/OS - Ⅱ 的方式。开发相关硬件的驱动程序：如 LED、ADC 等驱动；开发上层的应用程序：如 Qt GUI开发。

(8) 烧写内核、根文件系统和应用程序，发布产品。

4.1.4　开发调试工具

嵌入式系统开发需要开发工具和环境。由于其本身不具备在当前开发环境的基础上开发更好的开发环境的能力，即使设计完成以后用户通常也是不能对其中的程序功能进行修改的，必须有一套开发工具和环境才能进行开发，这些工具和环境一般是基于通用计算机上的软硬件设备以及各种逻辑分析仪、混合信号示波器等，如图 4 - 3 所示。开发时往往有主机和目标机(开发板)的概念，主机用于程序的开发，目标机作为最后的执行机，开发时需要交替结合进行。

用于调试嵌入式系统的高级工具包括在线仿真器(ICE)、芯片级的调试器(特指 BDM

和 JTAG 仿真器)以及 ROM 监控器和红外温度测量设备(如福禄克热成像仪)等。许多嵌入式项目能够完美地使用诸如发光二极管(LED)、串口和示波器这样的简单调试设备。

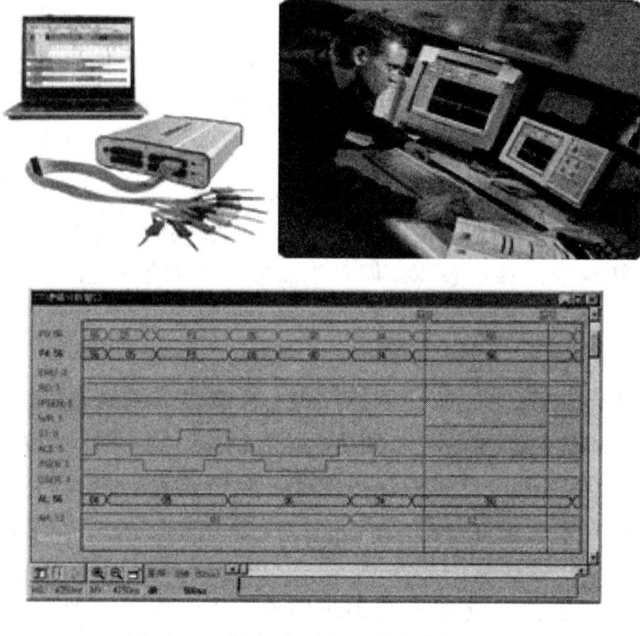

图 4 - 3　嵌入式开发工具和分析工具

1. 硬件调试

嵌入式系统的调试包括硬件调试、软件调试。硬件系统是软件系统调试的基本保障。如果不能确定硬件平台的正确性，调试过程中就不知道是软件系统出错还是硬件系统的错误。所以在调试软件系统的时候要尽量确保硬件系统模块的正确性。针对目标平台上的各个硬件模块，通常采用逐一测试调试的方法进行，通过常用的电子元件的测试仪器，像万用表、示波器等进行电气参数的测试与调试。

1) 排除逻辑故障

这类故障往往是由于设计和加工制板过程中工艺性错误所造成的。逻辑故障主要包括错线、开路、短路。排除的方法是首先将加工的印制板认真对照原理图，看两者是否一致。应特别注意电源系统检查，以防止电源短路和极性错误，并重点检查系统总线(地址总线、数据总线和控制总线)是否存在相互之间短路或与其他信号线路短路。必要时利用数字万用表的短路测试功能，可以缩短排错时间。

2) 排除元器件失效

造成这类错误的原因有两个：一个是元器件买来时就已坏了；另一个是由于安装错误，造成器件烧坏。可以检查元器件与设计要求的型号、规格和安装是否一致，在保证安装无误后，用替换方法排除错误。

3) 排除电源故障

在通电前，一定要检查电源电压的幅值和极性，否则很容易造成集成块损坏。加电后检查各插件上引脚的电位，一般先检查 VCC 与 GND 之间电位，若在 5 至 4.8 V 之间属正常。若有高压，联机仿真器调试时，将会损坏仿真器，有时会使应用系统中的集成块发热损坏。

2. 软件调试

软件调试一般是指保证硬件一切正常的情况下验证程序执行的时序是否正确，逻辑和结果是否与设计要求相符，能否满足功能和性能要求等。软件调试的方法有很多，主要包括以下四种。

1）软件调试

主机和目标板通过某种接口(一般是串口)连接，主机上提供调试界面，把调试软件下载到目标板上运行。这种调试方法的限制条件是要在开发平台和目标平台之间建立起通信联系(目标板上称为监控程序)，它的优点是成本价格较低、纯软件、简单、软件调试能力比较强。但软件调试需要把监控程序烧写到目标板上，工作能力极为有限。

2）模拟调试

所要调试的程序与调试开发工具(一般为集成开发环境)都在主机上运行，由主机提供一个模拟的目标运行环境，可以进行语法和逻辑上的调试与开发。

在 ARM 系统开发工具 ADS 集成开发环境下的 AXD 工具就是采用了这种仿真模拟调试的方法。AXD 能够装载映像文件到目标内存，具有单步、全速和断点等调试功能，可以观察变量、寄存器和内存的数据等，同时支持硬件仿真和软件仿真 ARMulator。

ARMulator 调试方法是一种脱离硬件调试软件的方法，它与运行在通用计算机(通常是 x86 体系结构)上的调试器相连接，模拟 ARM 微处理器体系结构和指令集，提供了开发和调试 ARM 程序的软件仿真环境。ARMulator 不仅可以仿真 ARM 处理器的体系结构和指令集，还可以仿真存储器和处理器外围设备，例如中断控制器和定时器等，这样就模拟了一个进行嵌入式开发的最小子系统，另外使用者还可以扩展添加自己的外设。这种调试的优点是简单方便、不需要开发板的硬件平台的支持、成本低，但它不能进行实时调试，功能非常有限。

3）实时在线仿真调试

实时在线仿真(In-Circuit Emulator，ICE)是目前最有效的调试嵌入式系统的手段。这种方式用仿真器完全取代目标板上的 MCU，所以目标系统对开发者来说完全是透明的、可控的。仿真器与目标板通过仿真头连接，与主机有串口、并口、网口或 USB 接口等连接方式。由于仿真器自成体系，调试时既可以连接目标板，也可以不连接目标板。

如图 4-4 所示为博创 UP-ICE-100 实时在线仿真器。

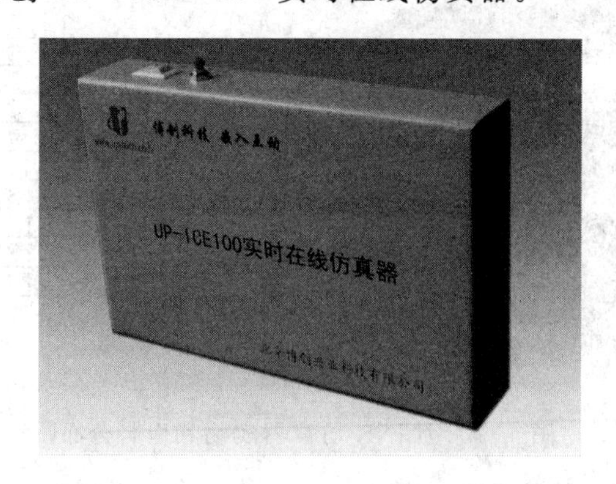

图 4-4　博创 UP-ICE-100 实时在线仿真器

在不同的嵌入式硬件系统中，总会存在各种变异和事先未知的变化，因此处理器的指令执行也具有不确定性，也就是说，完全一样的程序可能会产生不同的结果，只有通过ICE的实时在线仿真才能发现这种不确定性。最典型的就是时序问题。使用传统的断点设置和单步执行代码技术会改变时序和系统的行为。可能你使用了断点进行调试，却无法发现任何问题，就在你认为系统没有问题而取消后时序问题又出现了，这个时候就需要借助ICE，因为它实时追踪数千条指令和硬件信号。实时在线仿真的优点是功能强大，软硬件均可做到完全实时在线调试，缺点是价格昂贵。

4) JTAG 调试

JTAG(Joint Test Action Group，联合测试行动小组)是一种国际标准测试协议，主要用于芯片内部测试及对系统进行仿真、调试，JTAG 技术是一种嵌入式调试技术，它在芯片内部封装了专门的测试电路 TAP(Test Access Port，测试访问口)，通过专用的 JTAG 测试工具对内部节点进行测试。

调试主机上必须安装的工具包括程序编辑和编译系统、调试器和程序所涉及的库文件。目标板必须含有 JTAG 接口。在调试主机和目标板之间有一个协议转换模块，一般称为调试代理，其作用主要有两个：一个是在调试主机和目标板之间进行协议转换；另一个是进行接口转换，目标板的一端是标准的 JTAG 接口，而调试主机一端可能是 RS - 232 串口，也可能是并口或是 USB 接口等。

目前大多数比较复杂的器件都支持 JTAG 协议，如 ARM、DSP、FPGA 器件等。标准的 JTAG 接口是 4 线，相关 JTAG 引脚的定义为：TCK 为测试时钟输入；TDI 为测试数据输入，数据通过 TDI 引脚输入 JTAG 接口；TDO 为测试数据输出，数据通过 TDO 引脚从 JTAG 接口输出；TMS 为测试模式选择，TMS 用来设置 JTAG 接口处于某种特定的测试模式；TRST 为 JTAG 的测试复位，输入引脚，低电平有效。

JTAG 测试允许多个器件通过 JTAG 接口串联在一起，形成一个 JTAG 菊花链，能实现对各个器件分别测试。JTAG 接口还常用于实现 ISP(在系统编程)功能，如对 FLASH 器件进行编程等。通过 JTAG 接口，可对芯片内部的所有部件进行访问，因而是开发调试嵌入式系统的一种简洁高效的手段。目前 JTAG 接口的连接有两种标准，即 14 针接口和 20 针接口，如图 4 - 5 所示为 20 针的 JLINK 仿真器接口。

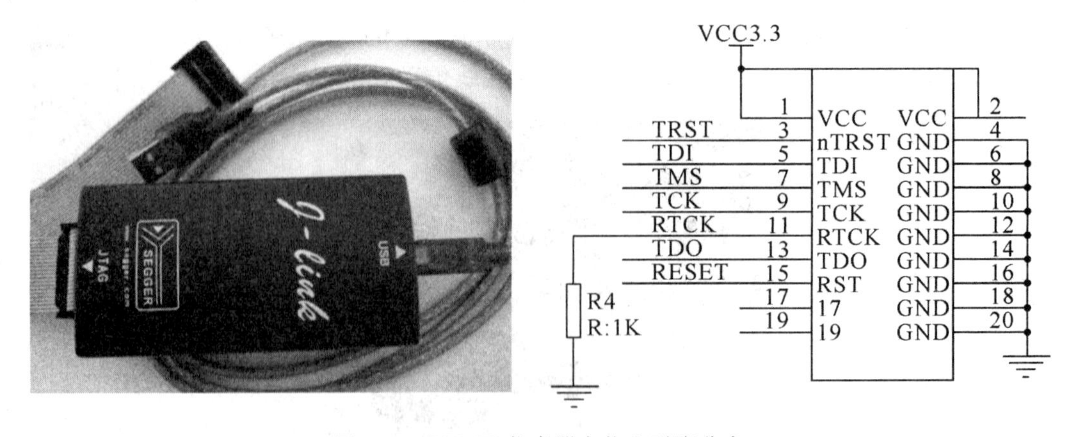

图 4 - 5　JLINK 仿真器实物和引脚分布

使用集成开发环境配合JTAG仿真器进行开发是目前最流行的一种调试方式。它的优点是方便、无需任何监控程序、不占用目标机的资源、软件硬件均可调试、可以重复利用JTAG硬件测试接口、可以在RAM和ROM中设置断点、具有时序分析等。缺点是调试的实时性不如ICE方式强、不支持非干扰调试查询、CPU必须支持JTAG功能。

4.1.5　软件测试

在嵌入式系统设计中，软件正越来越多地取代硬件，以降低系统的成本，获得更大的灵活性，这就需要使用更好的软件测试方法和软件测试工具进行嵌入式和实时软件测试。

用于辅助嵌入式软件测试的工具很多，下面对几类比较有用的有关嵌入式软件的测试工具加以介绍和分析。

1. 嵌入式软件测试工具

1）内存分析工具

在嵌入式系统中，内存约束通常是有限的。内存分析工具用来处理在动态内存分配中存在的缺陷。当动态内存被错误地分配后，通常难以再现，可能导致的失效难以追踪，使用内存分析工具可以避免这类缺陷进入功能测试阶段。目前有两类内存分析工具——软件的和硬件的。基于软件的内存分析工具可能会对代码的性能造成很大影响，从而严重影响实时操作；基于硬件的内存分析工具价格昂贵，而且只能在工具所限定的运行环境中使用。

2）性能分析工具

在嵌入式系统中，程序的性能通常是非常重要的。经常会有这样的要求，在特定时间内处理一个中断，或生成具有特定定时要求的一帧。开发人员面临的问题是决定应该对哪一部分代码进行优化来改进性能，因为人们常常会花大量的时间去优化那些对性能没有任何影响的代码。性能分析工具会提供有关的数据，说明执行时间是如何消耗的，是什么时候消耗的，以及每个例程所用的时间。根据这些数据，确定哪些例程消耗大部分执行时间，从而可以决定如何优化软件，获得更好的时间性能。对于大多数应用来说，大部分执行时间用在相对少量的代码上，费时的代码估计占所有软件总量的5%～20%。性能分析工具不仅能指出哪些例程花费时间，而且与调试工具联合使用可以引导开发人员查看需要优化的特定函数，性能分析工具还可以引导开发人员发现在系统调用中存在的错误以及程序结构上的缺陷。

3）GUI(图形界面)测试工具

很多嵌入式应用带有某种形式的图形用户界面进行交互，有些系统性能测试是根据用户输入响应时间进行的。GUI测试工具可以作为脚本工具在开发环境中运行测试用例，其功能包括对操作的记录和回放、抓取屏幕显示供以后分析和比较、设置和管理测试过程。很多嵌入式设备没有GUI，但常常可以对嵌入式设备进行插装来运行GUI测试脚本。虽然这种方式可能要求对被测代码进行更改，但是节省了功能测试和回归测试的时间。

4）覆盖分析工具

在进行白盒测试时，可以使用代码覆盖分析工具追踪哪些代码被执行过。分析过程可以通过插装来完成，插装可以是在测试环境中嵌入硬件，也可以是在可执行代码中加入软件，也可以是二者相结合。测试人员对结果数据加以总结，确定哪些代码被执行过，哪些代码被遗漏了。覆盖分析工具一般会提供有关功能覆盖、分支覆盖、条件覆盖的信息。对于嵌入式软件来说，代码覆盖分析工具可能侵入代码的执行，影响实时代码的运行过程。基于硬件的代码覆盖分析工具的侵入程度要小一些，但是价格一般比较昂贵，而且限制被测代码的数量。

2. 嵌入式软件的测试方法

软件测试工程师是指理解产品的功能要求，并对其进行测试，检查软件有没有错误，决定软件是否具有稳定性，写出相应的测试规范和测试用例的专门工作人员。软件测试工程师在一家软件企业中担当的是“质量管理”角色，及时纠错及时更正，确保产品的正常运作。一般来说，软件测试有 7 个基本阶段，即单元或模块测试、集成测试、外部功能测试、回归测试、系统测试、验收测试、安装测试。嵌入式软件测试在 4 个阶段上进行，即模块测试、集成测试、系统测试、硬件/软件集成测试。前 3 个阶段适用于任何软件的测试，硬件/软件集成测试阶段是嵌入式软件所特有的，目的是验证嵌入式软件与其所控制的硬件设备能否正确地交互。

嵌入式软件测试有不同的分类方法，如白盒测试与黑盒测试、目标环境测试和宿主环境测试、静态测试和动态测试、第三方测试等。

1）白盒测试与黑盒测试

白盒测试又称结构测试，这种方法把被测软件看成白盒，根据程序的内部结构和逻辑设计来设计测试实例，对程序的路径和过程进行测试。根据源代码的组织结构查找软件缺陷，一般要求测试人员对软件的结构和作用有详细的了解。白盒测试与代码覆盖率密切相关，可以在白盒测试的同时计算出测试的代码覆盖率，保证测试的充分性。把 100%的代码都测试到几乎是不可能的，所以要选择最重要的代码进行白盒测试。由于严格的安全性和可靠性的要求，嵌入式软件测试同非嵌入式软件测试相比，通常要求有更高的代码覆盖率。

对于嵌入式软件，白盒测试一般不必在目标硬件上进行，更为实际的方式是在开发环境中通过硬件仿真进行，所以选取的测试工具应该支持在宿主环境中的测试，这种方法一般是开发方的内部测试方法。

黑盒测试在某些情况下也称为功能测试。这种方法把被测软件看成黑盒，在不考虑软件内部结构和特性的情况下测试软件的用途和外部特性。黑盒测试最大的优势在于不依赖代码，而是从实际使用的角度进行测试，通过黑盒测试可以发现白盒测试发现不了的问题。因为黑盒测试与需求紧密相关，需求规格说明的质量会直接影响测试的结果，黑盒测试只能限制在需求的范围内进行。

在进行嵌入式软件黑盒测试时，要把系统的预期用途作为重要依据，根据需求中对负载、定时、性能的要求，判断软件是否满足这些需求规范。为了保证正确地测试，还须要检验软硬件之间的接口。嵌入式软件黑盒测试的一个重要方面是极限测试。在使用环境中，通常要求嵌入式软件的失效过程要平稳，所以，黑盒测试不仅要检查软件工作过程，也要检查软件失效过程。

2）目标环境测试和宿主环境测试

在嵌入式软件测试中，常常要在基于目标的测试和基于宿主的测试之间作出折中。基于目标的测试消耗较多的经费和时间，而基于宿主的测试代价较小，但毕竟是在模拟环境中进行的。目前的趋势是把更多的测试转移到宿主环境中进行，但是，目标环境的复杂性和独特性不可能完全模拟。

在两个环境中可以发现不同的软件缺陷，重要的是对目标环境和宿主环境的测试内容有所选择。在宿主环境中，可以进行逻辑或界面的测试、其他非实时测试以及与硬件无关的测试。在模拟或宿主环境中的测试消耗时间通常相对较少，用调试工具可以更快地完成调试和测试任务。而与定时问题有关的白盒测试、中断测试、硬件接口测试只能在目标环境中进行。在软件测试周期中，基于目标的测试是在较晚的“硬件/软件集成测试”阶段开始的，如果不更早地在模拟环境中进行白盒测试，而是等到“硬件/软件集成测试”阶段进行全部的白盒测试，将耗费更多的财力和人力。

3）静态测试和动态测试

常见软件测试的一种分类是静态测试和动态测试。静态测试是指不运行被测程序本身，仅通过分析或检查源程序的语法、结构、过程、接口等来检查程序的正确性。对需求规格说明书、软件设计说明书、源程序做结构分析、流程图分析、符号执行来找错。静态方法通过程序静态特性的分析，找出欠缺和可疑之处，例如不匹配的参数、不适当的循环嵌套和分支嵌套、不允许的递归、未使用过的变量、空指针的引用和可疑的计算等。静态测试结果可用于进一步的查错，并为测试用例选取提供指导。例如 QAC C/C＋＋、Logiscope 等软件都属于静态测试工具。

动态测试是指通过运行被测程序，检查运行结果与预期结果的差异，并分析运行效率和健壮性等性能。这种方法由三部分组成：构造测试实例、执行程序、分析程序的输出结果。例如：TestBed、Tessy、VectorCast 等软件都属于动态测试工具，同时这些动态测试软件也包含了部分静态测试的功能。

4）第三方软件测试

第三方软件测试有别于开发人员或用户进行的测试，其目的是为了保证测试工作的客观性。第三方测试工程主要包括需求分析审查、设计审查、代码审查、单元测试、功能测试、性能测试、可恢复性测试、资源消耗测试、并发测试、健壮性测试、安全测试、安装配置测试、可移植性测试、文档测试以及最终的验收测试等十余项。

独立的第三方软件测试在我国发展了二十几年，在我国电子政务、金融、安全、航空、军事等领域，都在逐步将软件测试和质量监督通过合同关系委托第三方承担，取得了确保软件产品质量的预期效果，这种模式已逐步被软件用户和企业认可。近年来，“以测代评”正成为我国科技项目择优支持的一项重要举措，比如国家“863 计划”、中小企业技术创新基金等都以第三方测试机构的测试结果为重要依据。

第三方测试以合同的形式制约了测试方，使得它与开发方存在某种对立的关系，所以它不会刻意维护开发方的利益，保证了测试工作在一开始就具有客观性。第三方一般都不直接参加开发方系统的设计和编程，为了能够深入理解系统、发现系统中存在的问题，第三方测试必须按软件工程的要求办事，以软件工程的标准要求开发方和用户进行配合，从而较好地体现软件工程的理念。引入第三方测试后，由于测试方相对的客观位置，由用户、开发方、测试方三方组成的三角关系也便于处理以往用户、开发方双方纠缠不清的矛盾，使得许多问题能得到比较客观的处理。

第三方测试不同于开发方的自测试。由开发人员承担的测试存在很多弊病，除去自身利益驱使带来的问题外，还有许多不客观的毛病，主要表现在思维的定势上。由于开发方熟悉设计和编程等，往往习惯于按一定的“程式”考虑问题，以至思路比较局限，难于发现“程式”外存在的问题。由于第三方测试是本着尽量多地发现程序中的错误这一目的而进行程序的测试，因而可以更地的发现问题。此外，随着系统越做越大，客观上讲开发人员也无精力参与测试，同时也不符合大生产专业分工的原则。

第三方测试不同于用户的自测试。理论上讲，用户是应用软件需求的提出者，对于软件应该完成的功能是非常清楚的，是进行功能验证的最佳人选。客观情况是，大部分的用户都不是计算机的专业人士，很难对系统的内部实现过程进行深入的分析。对系统的全面测试，功能测试仅仅是一个方面，还要包括并发能力、性能等多种技术测试。这些测试对技术有很高的要求，必须由计算机的专业人员才能完成。

第三方测试一般还兼顾初级监理的职能，不但要对应用进行各种测试，还要进行需求分析的评审、设计评审、用户类文档的评审等，这些工作对用户进行系统的验收以及推广应用都非常有意义。

软件测试行业在国外发展较为成熟，测试人员与开发人员的比例为 1∶1。根据《中国软件行业发展蓝皮书 2011》显示，开发人员与测试人员的比例是 5∶1，这导致交付产品存在较大缺陷。软件测试已成为必不可少的质量监控部门，成为软件质量的“把关人”。而我国人才培养滞后，高校没有捕捉到市场信息，只有屈指可数的重点院校设立了系统的软件测试专业；其次，各地的软件测试培训机构主要培训初级测试人员，每年的人才供给量远远不能满足软件测试市场和企业的需求。同时，软件测试是个越老越吃香的行业，经验和资历会带来更高薪资和更高地位。软件测试工程师可以一直做到 35 岁、45 岁、55 岁，直至退休；可以逐步转向管理层或者资深测试工程师，担当测试经理或者质量管理部门主管，职业寿命更长。

大多数软件测试方法都可以直接或间接地用于嵌入式软件的测试，但是由于操作系统的实时和嵌入式特性，嵌入式软件测试也面临一些特殊的问题。虽然目前已经有一些针对嵌入式软件的测试和调试工具，但是在有些方面仍存在不足，包括多任务操作系统的并发、非侵入式的测试和调试、嵌入式系统的软件抽象等。对于嵌入式软件测试技术的研究和软件测试工具的开发，仍需要做很多进一步的工作。

3. 软件测试软件

Android Robot 是专门为移动设备生产商、移动应用程序开发商设计的，能够帮助他们在产品上市之前发现死机、异常退出等问题。Android Robot 能够近乎完美地模拟人的所有行为进行测试，就像手工操作手机一样，准确无误地录制与回放这些路径。Android Robot 能够帮助工程师进行功能测试、UI 测试、极限和压力测试以及生成易读的报告。

Android Robot 是一款专门为安卓系统开发的自动化测试工具，它具有录制与回放功能，录制系统几乎能够完美地模拟测试人员所有的动作行为，并记录生成脚本。这使自动化工具更符合简单易用的原则，不需要测试人员具有较强的计算机编程背景，轻松的操作之间便完成脚本的录制工作。它支持多设备交互执行，更准确地模拟了用户交互的行为。它能够代替测试人员进行功能测试、压力测试、极限测试等，具备图片比较、图片搜索以及局部图片比较等功能，如图 4-6 所示。

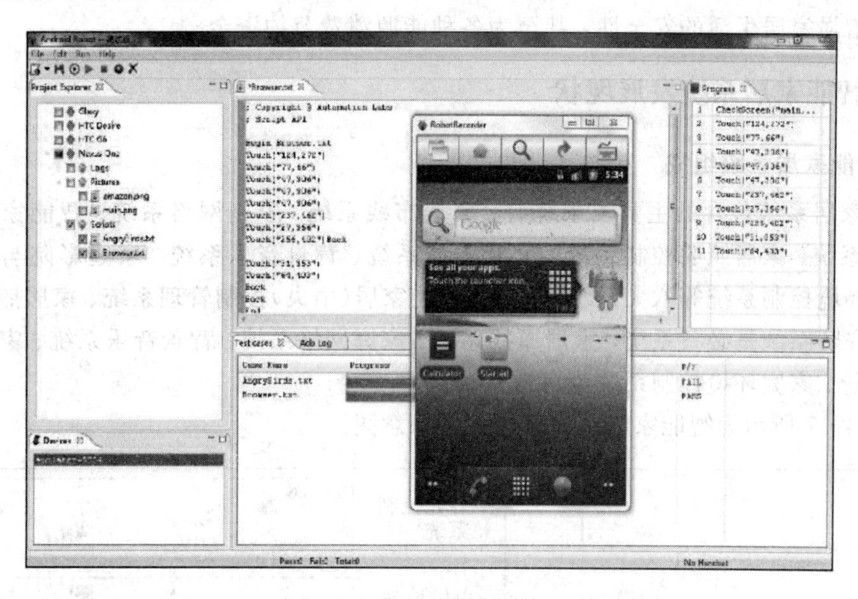

图 4-6　安卓自动测试工具 Android Robot

APT(Android Performance Testing Tools)安卓平台高效性能测试工具，适用于开发自测和定位性能瓶颈，测试人员可借助 APT 完成性能基准测试、竞品测试。API 使用Java 语言开发，跨平台，支持 Windows、Linux 和 Mac OS，支持同时监控多个进程。

Logiscope 是一组嵌入式软件测试工具集。它贯穿于软件开发、代码评审、单元/集成测试、系统测试以及软件维护阶段。它面向源代码进行工作，针对编码、测试和维护。因此，Logiscope 的重点是帮助代码评审(Review)和动态覆盖测试(Testing)。Logiscope 通常采用第三方测试，作为行业认证标准，进行验证和确认测试。

Cafe 测试框架是一款来自百度 QA 部门的具有开创性意义的 Android 平台的自动化测试框架，框架覆盖了 Android 自动化测试的各种需求。框架致力于实现跨进程测试、快速测试、深度测试，解决了 Android 自动化测试中的诸多难题，比如业界一直没有解决的跨进程测试问题。

Frank 提供了针对 iOS 平台的功能测试能力，可以模拟用户的操作对应用程序进行黑盒测试，并且使用 Cucumber 编写测试用例，使测试用例如同自然语言一样描述功能需求，让测试以“可执行的文档”的形式成为业务客户与交付团队之间的桥梁。

4.2　智能家居模块设计

智能家居(Smart Home)，又称智能住宅。通俗地说，它是融合了自动化控制系统、计算机网络系统和网络通信技术于一体的网络化智能化的家居控制系统，将家中的各种设备(如音视频设备、照明系统、窗帘控制、空调控制、安防系统、数字影院系统、网络家电以及三表抄送等)通过家庭网络连接到一起。

与普通家居相比，智能家居不仅具有传统的居住功能，提供舒适安全、高品位且宜人的家庭生活空间；还由原来的被动静止结构转变为具有能动智慧的工具，提供全方位的信息交互功能，帮助家庭与外部保持信息交流畅通，优化人们的生活方式，帮助人们有效安排时间，增强家居生活的安全性，甚至为各种能源消费节约资金。

4.2.1 智能家居系统发展现状

1. 智能家居系统组成

智能家居系统包含的主要子系统有：家居布线系统、家庭网络系统、智能家居(中央)控制管理系统、家居照明控制系统、家庭安防系统、背景音乐系统、家庭影院与多媒体系统、家庭环境控制系统等八大系统。其中，智能家居(中央)控制管理系统、家居照明控制系统、家庭安防系统是必备系统，家居布线系统、家庭网络系统、背景音乐系统、家庭影院与多媒体系统、家庭环境控制系统为可选系统。

如图 4-7 所示为智能家居系统可控设备示意图。

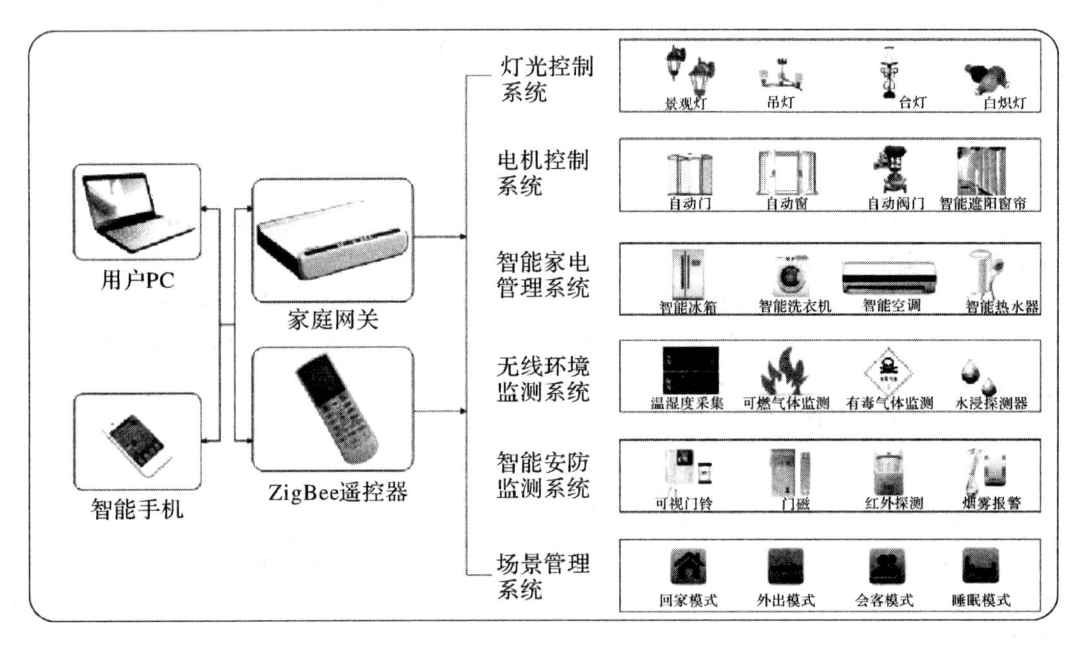

图 4-7 智能家居系统可控设备示意图

1) 智能家居控制管理系统

智能家居控制管理系统包括设备的智能化的人机设置及控制界面、遥控器控制及设备的远程监视、控制(如电话远程控制、远程 IP 控制等)。

一般智能主控机内置 Web 网页，在主控机连接到互联网的前提下，用户可以通过任何一台上网设备连接到智能主控机的 Web 网页，实现远程控制家居设备、监视家居设备状态、视频监控等功能。

2) 家庭安防系统

家庭安防系统可以实时监控非法闯入、火灾、煤气泄露、紧急呼救的发生。一旦出现警情，系统会自动向中心发出报警信息，同时启动相关电器进入应急联动状态，从而实现主动防范。可被接入的探测设备可包括：门磁开关、紧急求助、烟雾检测报警、燃气泄漏报警、碎玻探测报警、红外微波探测报警等。

3）照明控制系统

照明控制系统包括灯光的单一控制和情景控制、远程控制及遥控控制。单一控制指对每一个灯光设备的单独控制；情景控制指按下一个键把多个灯光设备调整到它们预先设定的状态。比如，所有灯光设备全关、全开及特殊的场景控制。

4）智能家居的衍生功能

(1) 智能电器控制：电器控制主要针对传统的电器进行智能控制。实现的方法是打开或者关闭电器的插座，以实现对热水器、饮水机等设备进行控制。

(2) 智能情景控制：情景控制指按下一个键把多个灯光设备调整到它们预先设定的状态。比如，所有灯光设备全关。

(3) 智能视频监控：把摄像头和智能家居系统进行整合，实现视频或图片抓拍、视频远程监控等功能。

(4) 智能红外控制：用一个智能主控机便可控制家中所有带红外遥控的电器设备。比如电视、DVD、机顶盒等。

(5) 智能温度监控：把家庭空调和智能家居系统进行整合，可以定时或按不同时间段对家居温度实行智能化控制。

(6) 定时控制：智能主机可以对家中的固定事件进行编程，例如，定时开关窗帘，定时开关热水器等等，电视、音响、照明等均可设定时控制。

(7) 情景控制：用户可以通过智能主控机任意编辑各种情景，之后可以按下情景控制面板或者智能主控机上对应的情景按钮进行情景控制。情景控制可以包含灯光、电器、安防、红外、视频等各种设备的控制。例如，可以设定一个回家情景，使其包含以下设备的控制：打开廊灯、打开客厅吊灯、打开窗帘、解除安防报警、打开电视机并调到CCTV1频道、打开热水器、打开空调并设定温度为25℃等。

2. 智能家居发展现状

物联网大潮下的智能家居行业在中国乃至全世界都有广阔的前景，是物联网时代下的朝阳行业。就目前的发展趋势分析，预计在今后的几年内全世界将有上亿家庭构建智能、舒适、高效的家居生活。在建设部出台的规划中，也表示未来60%以上的新房都具有一定的“智能型家居”功能。显然，智能家居正在形成一种产业，蕴含着巨大的市场潜力。

1）智能硬件

智能硬件是2014年最热门的概念之一，智能手环、智能鞋、智能手表、智能水杯、智能插座、智能灯泡、鼾症监测仪、保温杯大小的洗衣机、体感输入指环(第三代鼠标)、羽毛球运动追踪器、老年人用云电视、智能车载空气净化器、家庭安防套装等诸多创意产品不断问世，似乎家里的每一件物品都可以用手机APP操控，各众筹平台上新品研发也如火如荼，整个硬件行业的互联网化已经具备了一定的基础。以“可穿戴设备”为代名词的智能硬件产品大热。可穿戴设备之所以如此受关注，在于其是构建智慧家庭的不可或缺的组成部分。

2015年，第一届“寻找爆品”北京巡回展暨2015智慧家庭博览会启动仪式在“北京市众创空间集聚区”——中关村创业大街开幕，如图4-8所示。

图 4-8　博览会上展出的智能硬件单品

2) 互联网企业加入

近年来智能家居概念的大热，许多互联网企业纷纷加入到智能家居市场，国外市场中不乏巨头的参与：Google 以 32 亿美元重金收购智能家居厂商 Nest，开发出了 android@Home 全面推动各种物联网应用；三星两亿美元收购智能家居平台 SmartThings；苹果推出智能家居平台 HomeKit 等；2015 年年初，社交巨头 Facebook 宣布将推出了一款新的软件开发工具包 Parse，并将其定位为物联网数据共享平台。

国内市场中的企业也不甘落后：魅族、海尔联手打造智能家居生态圈，TCL 联手万达进军智能家居领域，小米入股美的战略布局智能家居领域，基于现有安全、大数据、云服务等核心竞争优势，360 启动了智能家居战略；而通过销售平台，京东搭建起了一个智能家电的平台，以孵化器的形式为中小企业提供智能家居解决方案。可以预测，接下来人们生活中的联网设备将呈现爆炸式增长，而科技巨头们的相继入局，也是希望自己的企业可以引导数据流向，进而推广、扩大软件服务的范畴。

3) 智能家居发展困境

然而众多企业追逐的智能家居领域并没有如大家想象的一样出现爆发式的增长，进入到我们家庭日常生活中去。究其原因，智能家居市场前景虽然美好，目前仍存在很多制约其发展的因素。

(1) 国家缺乏统一标准。

我国智能家居国家标准的缺失，成为制约智能家居产业发展的瓶颈之一。市场上消费者对智能家居产品有着多样性、个性化和差异化的需求，在没有统一的行业标准的情况下，不同领域、不同企业之间各自为战各成体系，智能家居产品五花八门，导致了各厂商的技术路线、通信协议和使用标准非常多而且差别很大。市场上很多智能家居产品很难实现系统兼容、信息共享以及互联互通，给消费者带来极大困扰的同时，也给企业带来经济损失、给国家造成资源浪费，对整个智能家居产业的发展极为不利。因此，加快制定智能家居行业标准，将激发智能家居行业的爆发式增长。

在 2015 年两会期间，全国人大代表、小米 CEO 雷军曾经提出提案《关于加快制定智能家居国家标准的建议》，在《关于加快制定智能家居国家标准的建议》中雷军指出，智能家居大爆发给了中国一次前所未有的机会，有必要将加快制定智能家居国家标准提升至产业发展的战略性高度来考量。

(2) 智能家居产品缺乏庞大的产品体系。

智能家居的产品体系是需要以家庭生活为居住场景，构建住宅设施和家庭日常管理的管理系统，提升家庭生活的安全性、舒适性、节能性、智能性。目前智能家居企业提供的家居产品缺乏多样性，大部分针对某一功能开发，而且各大品牌的研发方向和产品攻坚方向都过于集中，企业跟风严重，缺乏一系列的产品体系。智能家居企业未来的发展，需要在产品体系的横向和纵向延展上构建庞大而完整的产品体系。

现阶段，能够接入云服务的智能家居产品数量其实并不算多，主要表现为各种智能化的家电产品。云端的设置能够为这些日趋智能化的传统家电产品提供远程控制、数据分析等服务；而对于一些普遍的、没有雄厚资本支撑的中小型硬件企业来说，传媒推广、市场培育、精准渠道、O2O配套落地等则是其引入第三方云服务平台的重要原因。

未来随着智能家居产品形态的丰富和发展，智能家居连接云端的解决方案也将成为新的发展趋势，如何让家居产品变得真正智能化、普及化，第三方云平台服务商的介入或许能够带来新的产业契机。

(3) 产品自身缺乏创新。

智能家居市场上一些智能家居产品缺乏创新，导致消费者热情大减。智能产品最关键的因素之一是智能性，目前市场上很多智能产品智能性低，甚至有些智能产品仅仅是多一块LED显示屏幕。其他弊端也很多，比如功能单一、界面与操作系统差等。智能产品的诸多弊端导致用户粘性低，很多消费者当初对智能家居产品抱有很高的期望和热情，在使用或者参观几次之后就“敬而远之”。

(4) 智能家居产品的安全问题。

智能家居的安全包括信息安全、隐私安全、人身安全、财产安全等。智能家居是得益于互联网、Wi-Fi等基础性设施的搭建才实现物物互联。远程监控和智能系统虽然能够提升人们住宅的安全性，然而智能家居的网络操作系统不可避免地存在网络安全漏洞，安全漏洞的存在会给用户带来无法估量的损失。传统的盗贼是找准目标、破门而入去偷盗财务。未来的盗贼可能会通过网络安全漏洞入侵家庭网络系统，进而控制智能家居产品使智能家居系统瘫痪，入室偷盗或者远程盗取用户的财务账户信息、个人隐私信息等。智能家居企业并不能因为这些安全漏洞问题的出现就止步不前，要勇敢积极地面对风险，积极地进行产品的更新迭代，打消用户的疑虑，获得用户的认可。

(5) 商业模式的重新设计。

目前智能家居产品的盈利来源相对单一，还停留在产品硬件本身的利润，并且收效甚微，甚至是亏钱在运营。但是智能家居的商业模式不仅于此，当用户达到一定的规模之后，智能家居产品通过收集用户的日常生活消费数据，包括用户生活、运动、健康相关的数据等，构建用户的消费场景，进而实现产品的推送和构建商业数据。

当智能家居产品真正以成熟的姿态走进人们的日常生活场景中去，不仅能改变人们的居住环境也能改变人们的思维方式。智能家居市场的爆发给中国带来了一次前所未有的机会,智能家居产品的"五道坎"导致行业的发展滞后,企业需要跨越这"五道坎"共同把智能家居产业做大做强,切实提高人们的居住质量,推动技术的互相融合,促进传统行业转型升级。

智能家居的实现路径分为三个步骤,包括单品智能化、产品间的联动以及系统化的智能控制。其中,让每个家电都达到智能化标准是第一步;通过无线 Wi - Fi 实现家电的互联互通,又借助云服务器和物联网实现智能家居数据的处理是第二步;未来智能家居的最大核心价值在于"大数据",主要产品都能使用统一标准的控制器,进入公司的移动互联平台,就有可能整合各个品牌、各类家电的整体数据,通过数据之间的交互共享,来实现企业之间的互利共赢,这是第三步。

4.2.2 环境检测传感器模块设计

如图 4 - 9 所示为物联网应用实验箱,可以作为智能家居设计实验与测试用,其中:

(1) 物联网无线传感网络部分,包含 15 种传感器,7 种控制器,能直观地展现 ZigBee 网络无线组网全过程。

(2) 物联网无线射频识别部分,包含 4 种协议类型的 RFID 模块,各有特色,125 kHZ 的可读写、14443 身份证识别、15693 全分立器件原理级调试设计、900M 超远距离的读写效果。

(3) 主控核心网关三星 S5PV210,基于 Cortex - A8 内核,主频高频达 1 GHz,1G 大内存,搭配 7 寸高分辨率电容触摸屏,搭配板载 3G、Wi - Fi,流畅运行 Android 系统。

(4) 通信模块涵盖了 GPRS 通信、GPS 定位、有源标签、蓝牙 4.0 等模块,主从模块搭配设计,实验开发非常灵活。

(5) 全模块化设计,支持 PC 与 ARM 架构二次开发与应用。

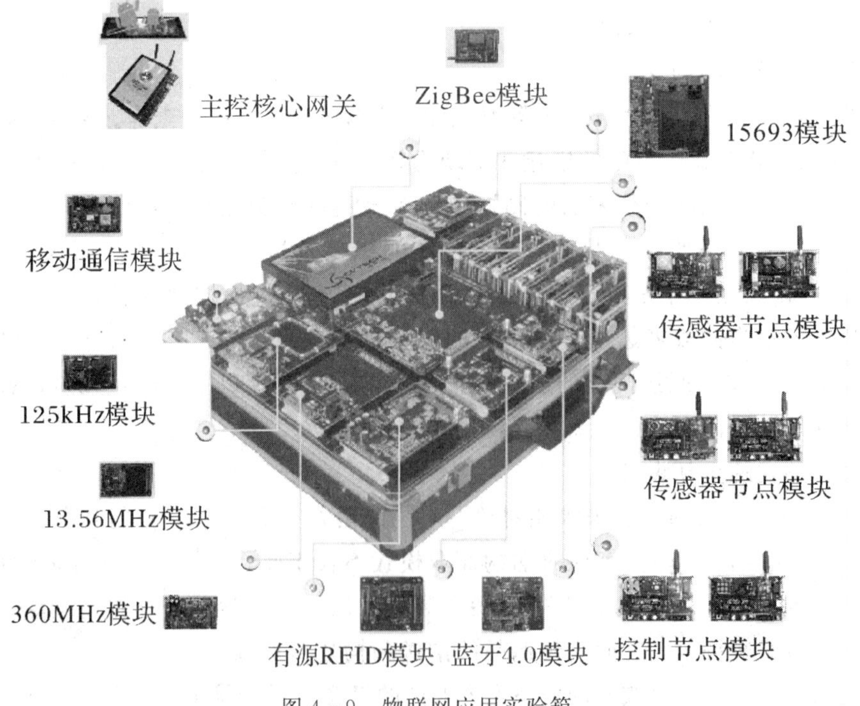

图 4 - 9 物联网应用实验箱

在实际设计时，经常采用模块化设计，智能家居系统可分为传感器模块、处理器模块、无线收发和电源模块等。

系统模块可选用 ZigBee(CC2430/CC2530)＋处理器(C8051F020、MSP430、ARM11/Cortex－A8 处理器)，通过各类传感器模块采集温湿度、可燃性气体浓度、光照、人体感应、酒精浓度、震动、压力、气象、视频监控等数据，通信方式可选择 Wi－Fi、蓝牙、红外、射频、GPRS、GPS、网线连接等各种方式。控制平台可以是手机、电脑、触摸屏等输入输出显示方式。图 4－10 所示为物联网多传感器和无线通信模块。

图 4－10　物联网多传感器和无线通信模块

1. DS18B20 温度传感器

智能家居生态系统检测模块采用 DS18B20 温度传感器，检测室内生态环境温度，并发送至主控制芯片 C8051F020，判断测量的温度是否在适宜人类居住的温度范围内(可通过按键模块自行预先调节设定)，并在 LCD1602 上实时显示温度。若室内温度不在适宜人活动的温度范围内，则控制开启智能窗。

DS18B20 是一种数字式温度传感器，采用单线 I²C 总线通信方式，温度范围是－55℃～＋125℃，精度为 0.5℃，美国 DALLAS 公司生产，硬件电路简单，应用非常广泛。设置 C8051F020 的数字交叉开关寄存器，将 DS18B20 的 I/O 引脚分配到单片机的 P3.7 引脚，把温度传感器检测的结果传送给主控制芯片。温度传感器 DS18B20 的硬件原理图如图4－11所示。

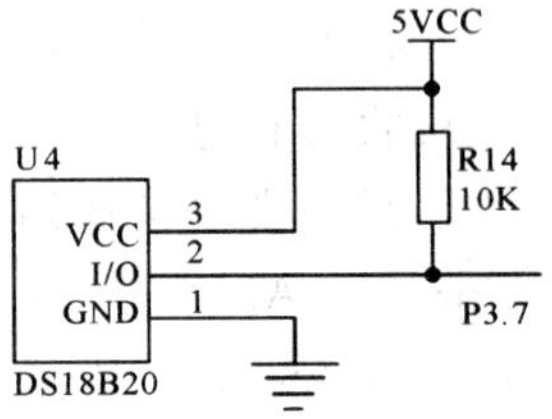

图 4－11　温度传感器

2. 湿度测量模块

智能家居生态系统湿度测量模块采用 HS1101 湿度传感器，检测室内环境湿度，并送至主控制芯片 C8051F020，判断测量的湿度是否在适宜人类居住湿度范围内(可通过按键模块自行预先调节设定)，并在 LCD1602 上显示实时湿度。如果室内湿度不在适宜湿度范围内，则控制开启智能窗与加湿器。

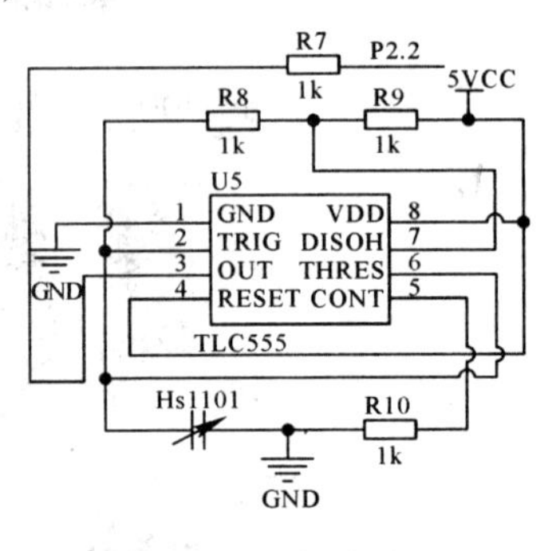

图 4－12　湿度传感器

控制系统采用的 HS1101 是电容式相对湿度传感器。其数据手册提供了一种典型的非稳态 555 振荡电路的接法。这种接法将传感器电容值的变化转化为输出频率值的变化，通过研究频率输出与湿度的对应关系确定湿度值。通过设置 C8051F020 的数字交叉开关寄存器，把 HS1101 分配到单片机的 P2.2 引脚，实现湿度传感器与单片机之间的数据传输。湿度传感器 HS1101 测量的硬件原理图如图 4－12 所示。

3. 光照强度传感器 TSL2561

智能家居生态系统检测模块采用光照强度传感器 TSL2561，检测室内光照强度，并将测量结果发送至单片机，为控制智能窗帘的开启与闭合提供依据。早 6:00 到晚 8:00 之间，TSL2561 检测光照强度，若光照强度低于预先设定值，就会自动拉开智能窗帘。经过一段设定的时间以后再次检测，如还达不到照明要求则开启智能照明系统。晚 8:00 到早 6:00 之间，检测光照强度，如低于设定值，则开启智能照明系统。

生态系统采用 TAOS 制造的 TSL2561 数字式光照强度转换芯片，该传感器拥有低功耗、高速、可编程、配置灵活等特点，可广泛应用在各种显示器、街道照明控制、安全照明等众多场合。设置 C8051F020 的数字交叉开关寄存器，将 TSL2561 的 SDA 引脚分配到单片机的 P0.2 引脚，SCL 引脚分配到单片机的 P0.3 引脚，实现光照强度传感器与 C8051F020 之间的数据传输。光照强度传感器 TSL2561 测量的原理图如图 4－13 所示。

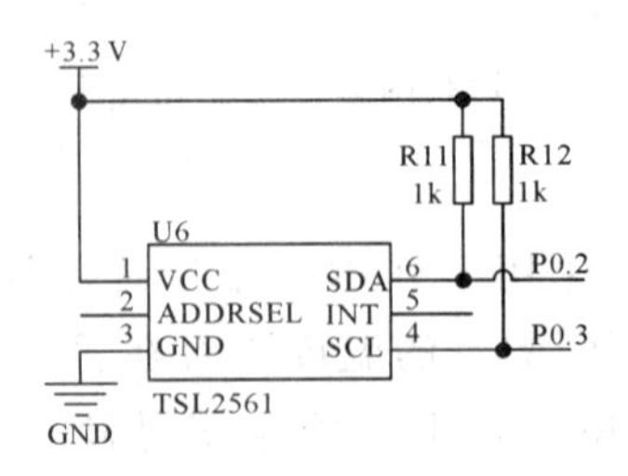

图 4－13　光照传感器

4. CO 浓度测量模块 MQ－7

智能家居生态系统 CO 浓度测量模块采用 MQ－7 传感器，检测室内环境中 CO 的含量，并发送至单片机 C8051F020 进行判断，判断其是否符合人类居住环境标准的要求。若检测的 CO 浓度超过设定值时，则控制开启智能窗进行通风，并启动蜂鸣器发出声音报警，引起业主的注意。

MQ－7 测量 CO 浓度的硬件原理图和 MQ－7 模块硬件实物如图 4－14 所示。

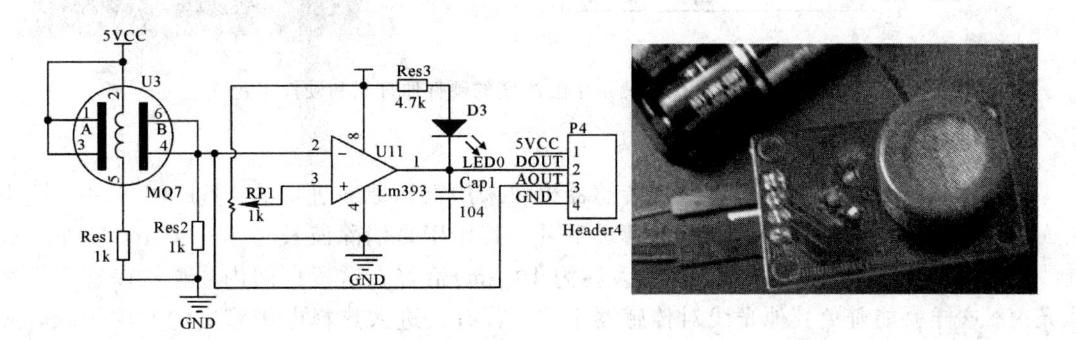

图 4－14　MQ－7 测量 CO 浓度的原理图和实物

5. CO_2浓度测量模块

智能家居生态系统 CO_2浓度测量模块采用 MG811 检测室内环境中 CO_2的含量，并发送至 C8051F020 进行判断，若检测到 CO_2浓度大于安全阈值时，则控制开启智能窗进行通风，并且启动蜂鸣器高音报警。

MG811 测量 CO_2浓度的硬件原理图和硬件实物如图 4－15 所示。

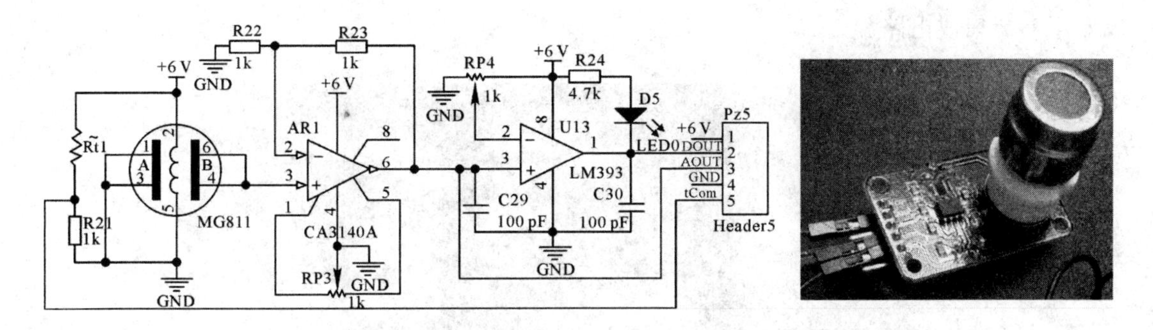

图 4－15　MG811 测量 CO_2浓度的硬件原理图和硬件实物

6. 甲醛浓度测量模块 MQ－138

智能家居生态系统甲醛浓度测量模块采用甲醛传感器 MQ－138，检测室内环境中甲醛含量，并发送至单片机 C8051F020 进行判断，若甲醛浓度大于安全阈值时，则控制开启智能窗进行通风，并且启动蜂鸣器高音报警。MQ－138 测量甲醛浓度的硬件原理图和硬件实物如图 4－16 所示。

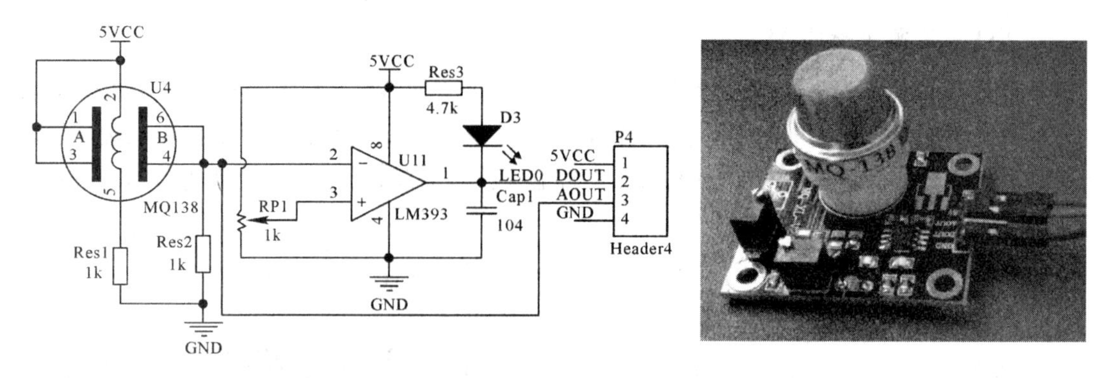

图 4-16　MQ-138 测量甲醛浓度的硬件原理图和硬件实物

7. 热释电红外传感器 LH1778 探头

智能家居安防系统的热释电红外传感器模块采用德国原装进口的 LH1778 探头，探头上面滤光窗是一块镀有滤光层薄膜的薄玻璃片，其作用是消除波长为 7～14 μm 以外的红外线。人体发出的红外线的最大波长(大约为 10 μm)恰好在这段区间内，能够有效地通过滤光窗。这样就能避免其他光线对传感器干扰。若有人进入热释电传感器的监测区域，人体发出的红外线通过菲涅尔透镜滤光片增强后聚集到探头部位。交替改变的红外线投射到热释电传感器内部的热释电晶体表面，使其温度快速出现改变，导致形成外电场，将热量波动转换为电量改变。这种电量变化经过后续电路转化为电压变化，再经过专业处理芯片 BISS0001 的放大处理产生电平信号，驱动报警电路。

HC-SR501 热释电红外传感器模块如图 4-17 所示。HC-SR501 主要由探头、菲涅尔透镜和信号放大模块 BISS0001 组成。菲涅尔透镜不仅可以把室内警戒区域划分成几个暗区和明区，使走进警戒区域的运动物体能被灵敏地检测到，还具有聚焦的效果。BISS0001 是具有较高的传感信号处理能力，由电压比较器、运算放大器、定时器等部分组成专用高端集成电路。

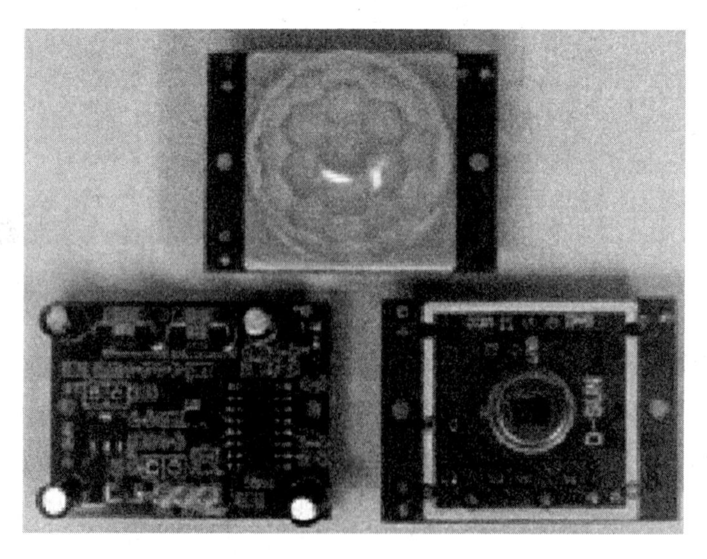

图 4-17　HC-SR501 热释电红外传感器模块

智能家居安防系统的热释电传感器安装在门、窗与走廊。若热释电红外传感器检测到有陌生人从门、窗外试图靠近或侵入，则触发报警电路，发出声音警告；若经过设定的一段时间后，检测到陌生人仍未离开，则通过网络通知业主或小区保安人员。C8051F020 单片机的引脚 P6.5 检测到热释电传感器输出的电平信号，驱动报警电路产生报警信号。热释电传感器还可以安装到走廊，当做照明电路的开关。

8. 电源模块

电源是电路能够正常工作的必需部分，为系统提供一个稳定可靠的电源可以使得系统能够更好地完成工作要求。在进行电路设计时，系统采用电源适配器通过 USB 接口，为温度测量模块、湿度测量模块、CO 浓度测量模块、甲醛浓度测量模块及电路板提供+5 V 的直流电压。

在如图 4-18 所示系统电源模块中，通过正向低压降稳压器 AMS1117 将直流电压+5 V转换为+3 V，为 C8051F020 单片机提供+3 V 直流电压。AMS1117 芯片将直流电压+5 V 变为+3.3 V 为光照强度测量模块提供所需的电源。系统采用 4 节 1.5 V 干电池为 CO_2浓度测量模块提供+6 V 直流电压。

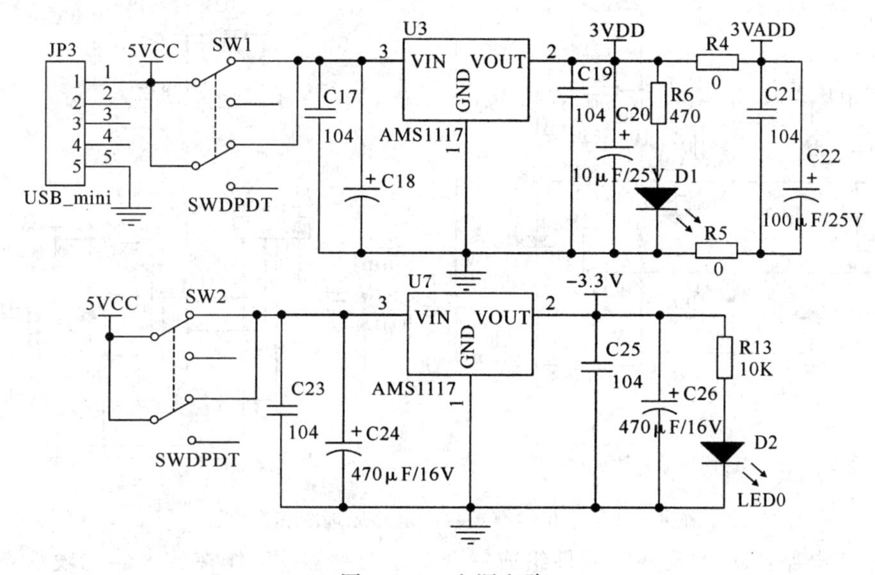

图 4-18　电源电路

9. 水位检测及自动抽水控制模块设计

1）实现功能

三种颜色 LED 分别指示低(红色)、中(黄色)、高(绿色)水位，低水位抽水或者高水位抽水可以用开关切换，当功能切换开关按弹起时(也就是未按下)，低水位时继电器吸合(外接水泵工作)，开始加水，水位升高到高水位时继电器断开(水泵停止工作)，待水位再次降到低水位时继电器再次吸合，上述过程循环。此功能应用在自动加水设备中，可让水位维持在低水位和高水位之间。当功能切换开关按下时，高水位时继电器吸合(外接电磁阀工作)，开始排水，水位降到低水位时继电器断开(电磁阀停止工作)，待水位再次升高到高水位时继电器再次吸合，上述过程循环。此功能应用在自动排水设备中，可让水位维持在低水位和高水位之间。

2）电路组成

如图 4 - 19 所示为水位检测模块实物图和电路原理图。整个系统由振荡电路、LED 指示灯电路、继电器驱动电路、基准电压、电源电路及传感器电路构成。

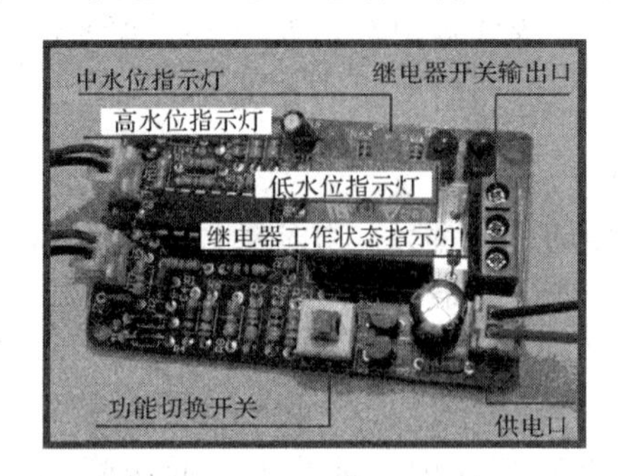

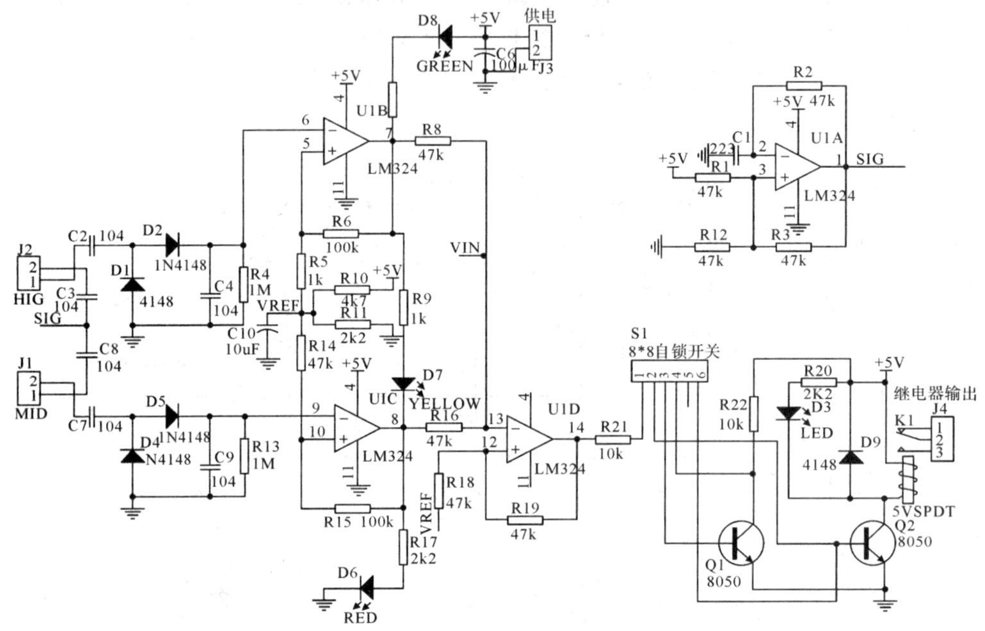

图 4 - 19　水位检测模块的电路原理图和实物图

(1) 振荡电路：U1A 及外围元件组成一个多谐振动器，工作在放大器比较状态。R1 和 R12 对 5 V 进行分压，R3 为反馈电阻，共同作为同相输入 3 脚的基准电压 V＋，反相输入端 2 脚 V－取自 R2、C1 组成的积分电路 C1 两端。V＋与 V－进行比较，决定输出 SIG 电压的高低，由于 C1 不断在正反两个方向充电和放电，使 V－的电压不断大于 V＋和小于 V＋，输出的 SIG 电压也就不断在高低电平间翻转，这样就产生了系统所需的震荡信号 SIG。

(2) LED 指示灯电路：此电路包括整流滤波和电压比较两部分。C2 为耦合电容，D1、D2 整流，C4 滤波，在 R4 上形成整流滤波后的电压作为 U1B 反相输入端电压。同相输入端电压由基准电压 VREF 提供，同相输入端电压和反相输入端电压进行比较，若同相输入端电压大于反相输入端电压则输出高电平；反之输出低电平。

J1 和 J2 外接水位传感器。相当于是由水位控制的两个开关，低水位时 J1 和 J2 均为开路状态，R4 和 R13 上无电压。此时 U1 的 7 脚和 8 脚均输出高电平，故只有红色 D6(低水位指示)发光。中水位时，水位传感器使 J1 短路，SIG 信号经 C8 耦合、经液体到 C7 耦合、D4 和 D5 整流、C9 滤波在 R13 上形成电压作为 U1C 反相输入端电压；此电压大于 U1C 同相输入端电压，所以 8 脚输出低电平，红色 D6(低水位指示灯)熄灭，D7 黄色(中水位指示灯)发光。高水位时，水位传感器使 J2 也短路，SIG 信号经过 C3 耦合、经液体到 C2 耦合，D1 和 D2 整流、C4 滤波在 R4 上形成电压作为 U1B 反相输入端电压；此电压大于 U1B 同相输入端电压，所以 7 脚输出低电平，红色 D7(中水位指示灯)熄灭，D3 绿色(高水位指示灯)发光。

(3) 继电器驱动电路：LED 指示灯电路中的两个输出端 7 脚和 8 脚经过 R8 和 R16 分压后得到 VIN7 电压作为 U1D 电压比较器的反相输入端电压；同相输入端电压由基准电压 VREF 提供，VREF 大于 VIN 时，14 脚输出高电平，反之输出低电平。S1 为功能切换开关，以 14 脚输出低电平为例来说明功能切换开关的工作原因，功能 1(原理图上开关弹起)低电平经过 R21 限流到 Q2 的基极，Q2 截止，继电器不工作。功能 2(原理图上的开关按下去)低电平经 R2 限流到 Q1 的基极，Q1 截止，5V 电压(高电平)经 R22 再经开关到 Q2 的基极，Q2 导通，继电器工作。

(4) 基准电压：由 R10 与 R11 串联分压获得基准电压，C10 起到进一步稳定基准电压的作用。电阻分压计算公式为 VREF＝5×R11/(R10＋R11)。

(5) 电源电路：J3 外接 5 V 电源，C5、C6 滤波。

(6)传感器电路：由 2 组镀锡走线构成，较长一组为中水位感应线，较短的一组为高水位感应线。

(7)继电器连接 9V1A 水泵，AC 220V－DC 9.6V/800 mA 降压电路。

3) 功能测试

(1) 先不插传感器的两条线，通电后，此时低水位(红色)LED 应发光。

(2) 用可以导电的镊子(钢铁材质的)把 J1 短路，模拟水位涨到中水位，此时中水位(黄色)LED 应发光。

(3) 保持 J1 短路的状态，用另一把镊子将 J2 短路，模拟水位涨到高水位，此时高水位(绿色)LED 应发光，继电器吸合，继电器指示灯 LED 发光。

注：通电前请先检查电源极性是否正确，一旦接反，U1 会发烫烧毁，接反一般也就是 U1(LM324)会烧坏。

10. 红外感应模块设计

本红外感应模块是通过检测发射的红外线信号是否被反射来判断前方是否有物体，从而控制继电器的开关动作，可用在感应水龙头、自动干手器等设备上。

1) 电路组成

如图 4－20 所示为红外感应实物图和电路图。整个系统由电源电路、红外感应电路、延时电路及开关控制电路四大部分组成。

(1) 电源电路：J2 输入 12 V 电源，D5 可以防止电源极性接反，R7 为限流电阻，C2 和 C4 滤波。

(2) 红外感应电路：由 U1C、R10、R11、D6、C5 构成振荡器，从 U1 的 10 脚输出脉冲信号，经 Q4 放大后驱动红外发射管 D2 向空间发射红外信号。此信号如果没有被障碍物挡住，红外接收管 D1 无法接收到信号，故后面的电路不工作；当 D2 前面有障碍物时，发射的红外信号被障碍物发射回来，就会被 D1 接收到，接收的信号经 Q1、Q2 放大，最后在 R3 端输出放大的红外信号，再由 U1A 进行选频、U1D 进行整形后在 U1 的 11 脚输出。

(3) 延时电路：R5、VR1、C3 构成延时电路，调节 VR1 可以调节每次动作后的延时时间，本电路设计延时时间在 0～40 s 范围可调，由于元件参数有一定的误差，所以延时时间会略有差别。

(4) 开关控制电路：Q3、Q5、K1 构成开关控制电路。若 D1 接收到信号后，最后会在 U1 的 4 脚输出延时后的低电平信号，使 Q3、Q5 导通，K1 吸合。D3 为继电器工作状态指示灯。

(5) 继电器连接 9V1A 水泵，AC 220V - DC 9.6V/800 mA 降压电路。

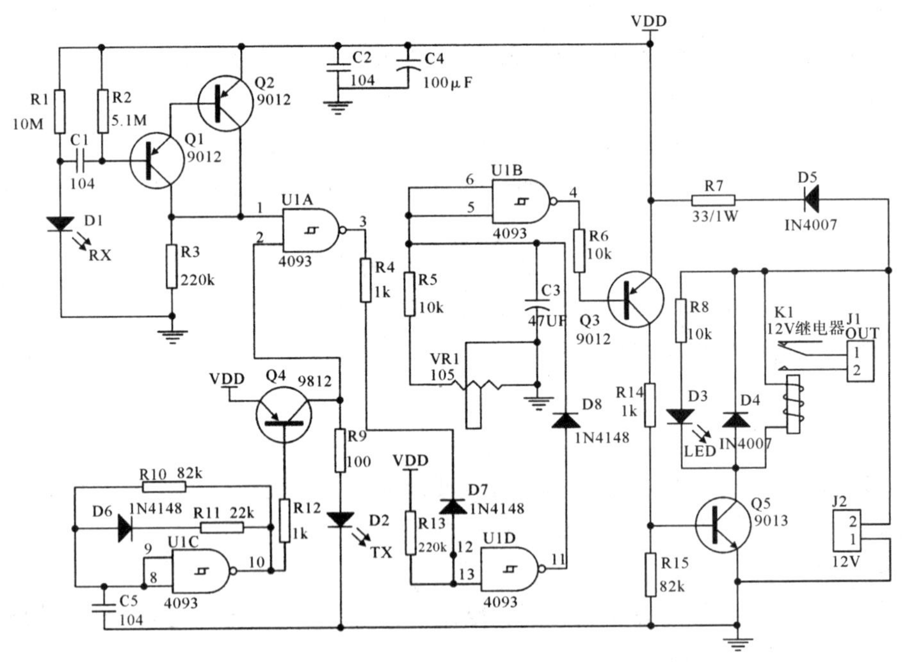

图 4 - 20　红外感应实物图和电路图

2) 功能测试

先通过 5—12 V 升压电路接入 J2，将 9V1A 水泵、AC 220V - DC 9.6V/800 mA 降压电路与继电器相连接，电路工作后，D2 发射红外信号，如果 D2 前面有障碍物，发射的红外信号被障碍物发射回来，就会被 D1 接收到，继电器闭合，水泵开始工作。

4.2.3　智能窗帘控制模块

智能窗帘控制模块主要是通过数字式光照强度传感器TSL2561采集光照强度信号，并通过单片机C8051F020进行数据处理，若测量结果超过预先设定好的光强范围，则通过无线射频发射模块向智能窗帘发射信号，开启或关闭智能窗帘，来调节房间内的光照强度的大小。另外，也可以通过单片机C8051F020定时控制智能窗帘的开启与闭合。比如定时到清晨7:00，单片机C8051F020给智能窗帘发射开启信号，窗帘自动开启。

智能窗帘采用宁波杜亚公司生产的交流开合帘。杜亚(DOOYA)皮带式开合帘采用220V单相异步电动机DT52E作为动力。其中DT52E型电机包括电子行程、电容、内置遥控、电机、离合和减速装置等部分。本系统采用智能弱电控制方式对杜亚电机DT52E进行控制，控制电路如图4-21所示。

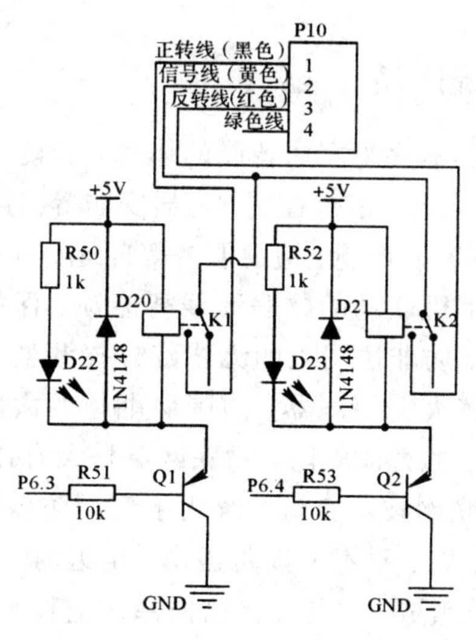

图4-21　智能窗帘控制系统

杜亚电机DT52E提供了一个中控弱电接口，用4P4C水晶头线将电机与P10接口连接。若需要开启智能窗帘(数字式光照强度传感器TSL2561探测到房间内的光照强度低于预先设定阈值，或定时开启时间到)，C8051F020的引脚P6.3输出低电平，三极管Q1饱和导通，控制继电器K1吸合，继电器的常开触点关闭，状态指示发光二极管D22点亮，此时正转线(黑色)与信号线(黄色)连接，控制电机正转，拉开电动窗帘。若需要闭合智能窗帘时(数字式光照强度传感器TSL2561探测到房间内的光照强度超出设定范围，或定时闭合时间到)，C8051F020的引脚P6.4输出低电平，控制继电器K2吸合，此时反转线(红色)和信号线(黄色)连接导通，控制电机反转，闭合窗帘。继电器线圈两端并接IN4148，起保护作用。电子型开合帘电机DT52E具有遇阻自动停止功能，在窗帘开启或闭合过程中，遇到阻力会自动停止。

4.2.4　智能报警模块

系统可实现蜂鸣器报警和灯光报警，如图4-22所示，它使用PNP三极管驱动电路，若引脚P2.6变成低电平的时候，三极管Q1就会导通，相反，高电平就会让Q1截止。

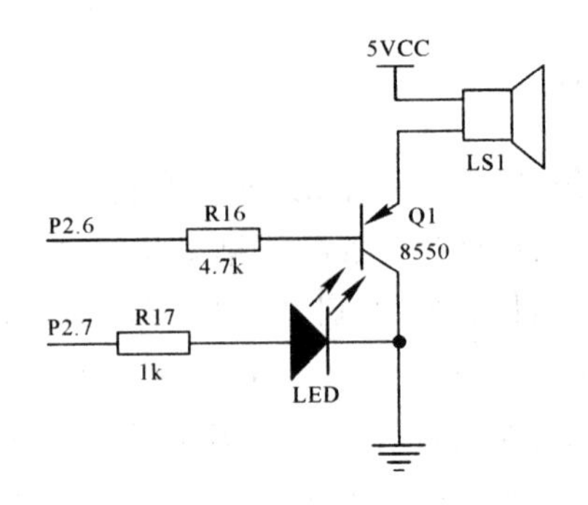

图 4 - 22　智能报警模块

也可通过 PWM 定时器以实现不同时间的定时，控制报警时间；通过 GSM 模块实现短信报警，通过 GPRS/3G 模块实现包括电话报警，结合 GPS 实现报警地点和报警信息联合发送。

4.2.5　智能家居控制系统产品

智能家居是在物联网的影响之下家居智能的体现，智能家居通过物联网技术将家中的各种设备(如家电设备、照明系统、窗帘控制、家居安防等)连接到一起解决安全防范、环境调节、照明管理、健康监测、家电控制、应急服务等问题。在安防方面应用物联网的智能家居业务功能涉及有：与智能手机联动的物联无线智能锁、保护门窗的无线窗磁门磁、保护重要抽屉的无线智能抽屉锁、防非法闯入的无线红外探测器、防燃气泄漏的无线可燃气探测器、防火灾损失的无线烟雾火警探测器、防围墙翻越的太阳能全无线电子栅栏、防漏水的无线漏水探测器。至于楼宇的智能安防，物联网更是大有作为。根据国家安防中心统计，目前已有不少城市开始将物联网技术安防系统用于新型防盗窗上。与传统的栅栏式防盗窗不同，普通人在 15 m 距离外基本看不见该防盗窗，走近时才会发现窗户上罩着一层薄网，由一根根相隔 5 cm 的细钢丝组成，并与小区安防系统监控平台连接。一旦钢丝线被大力冲击或被剪断，系统就会即时报警。从消防角度说，这一新型防盗窗也便于居民逃生和获得救助。

1. 智能家居系统实现功能

具体来说，智能家居系统的家电、照明、窗帘的无线控制子系统，通过 ZigBee 无线收发模块可以主动发送数据对各家电进行有效的控制；也可以被动接收烟雾探测器和煤气探测器等发出的数据，实现对家居的监控。当家居出现了异常情况时，系统将立即发出报警信号，并在第一时间通知用户。

系统实现的主要功能如下：

(1) 友好的人机交互图形界面；

(2) 通过 ZigBee 模块转红外接收器，实现遥控系统；

(3) 通过网关与互联网连接，用户可以通过互联网远程访问该系统，实现基于 Web 的系统控制；

(4) 采用无线方式控制各家电(包括日光灯，空调，电脑，电视机等)的电源开关或监测家电运行状态；

(5) 烟雾探测器探测到烟雾时，系统将自动切断家居中的电源，并发出火警提示；

(6) 煤气探测器探测到煤气时，系统将自动切断家具中的气源，并且发出报警信号；

(7) 当有人进入家中时，系统将自动报警并拍摄此刻的场景并发给主人；

(8) 系统的报警类型包括拨打指定的电话号码，通过GSM模块发送短信到指定的手机，输出音频信号等。

2. 无线互联方式

无线通信技术应用于智能家居，不但改变了智能家居在家庭里的第一个环节，在安装上避免了工序复杂的开墙凿洞，而且大大简化了产品设备之间的联系和调度模式，在整体的协调和拓展上变得更为简单、灵活。用于智能家居的无线系统需要满足几个特性：低功耗、稳定、易于扩展并网；至于传输速度显然不是此类应用的重点。目前几种可用于智能家居的无线方式主要包括蓝牙、Wi-Fi、RF射频技术、ZigBee、Z-Wave等。

1) 蓝牙

作为一种通信功能，蓝牙(Bluetooth)的应用范围非常广泛，在信息家电、移动电话、嵌入式应用开发等诸多领域都得到重视，如手机、耳机、音箱等。蓝牙技术工作于2.4 GHz的ISM频段，采用1600 hop/s的快速跳频技术、正向纠错编码(FEC)技术和FM调制方式，设备简单，支持点到点、点到多点通信。蓝牙的功耗以及成本都不算高，基本上介于Wi-Fi技术与ZigBee技术两者之间，但传输距离最短(一般10 m内)，属于一种点对点、短距离的通信方式，主要用在移动设备或较短距离间传输，故产品会提供一些较为私人化的使用体验。

2) Wi-Fi

Wi-Fi是IEEE 802.11b的别称，作为全球应用最为广泛的短距离无线通信技术，Wi-Fi有其自身优势。Wi-Fi是以太网的一种无线扩展，组网的成本更低；传输速度较高，可以达到54 Mb/s；无线电波的覆盖范围广，半径则可达100 m。另外，Wi-Fi功耗低，能够降低所使用设备的电池用电量，可以嵌入到其他设备中，如医疗监控设备、楼宇控制系统等，同时Wi-Fi技术开发难度小，研发门槛较低，一定程度上降低了成本。不过，Wi-Fi的组网能力相对较低，目前Wi-Fi网络的实际规模一般不超过16个设备。

3) 315M/433M/868M/915M

这些无线射频技术广泛应用在车辆监控、遥控、遥测、小型无线网络、工业数据采集系统、无线标签、身份识别、非接触RF等场所，也有厂商将其引入智能家居系统，但由于其抗干扰能力弱，组网不便，可靠性一般，在智能家居中的应用效果差强人意，乏善可陈，最终被主流厂商抛弃。

4) ZigBee

ZigBee的基础是IEEE 802.15，但IEEE仅处理低级MAC层和物理层协议，因此ZigBee联盟扩展了IEEE，对其网络层协议和API进行了标准化。ZigBee作为一种新兴的无线网络技术，具有低复杂度、低功耗、低速率、低成本、自组网、高可靠、超视距的特点。

ZigBee技术的安全性较高，其安全性源于其系统性的设计：采用AES加密(高级加密系统)，严密程度相当于银行卡加密技术的12倍；其次，ZigBee采用蜂巢结构组网，每个设备均能通过多个方向与网关通信，网络稳定性高；另外，其网络容量理论节点为65 300个，能够满足家庭网络覆盖需求，即便是智能小区、智能楼宇等仍能全面覆盖；最后，ZigBee具备双向通信的能力，不仅能发送命令到设备，同时设备也会把执行状态反馈回来。此外，

ZigBee 采用了极低功耗设计，可以全电池供电，理论上一节电池能使用 2 年以上。

ZigBee 最初预计的应用领域主要包括消费电子、能源管理、卫生保健、家庭自动化、建筑自动化和工业自动化。随着物联网的兴起，ZigBee 又获得了新的应用机会。物联网的网络边缘应用最多的就是传感器或控制单元，这些是构成物联网的最基础最核心最广泛的单元细胞，而 ZigBee 能够在数千个微小的传感传动单元之间相互协调实现通信，并且这些单元只需要很少的能量，以接力的方式通过无线电波将数据从一个网络节点传到另一个节点，所以它的通信效率非常高。这种技术低功耗、抗干扰、高可靠性、易组网、易扩容、易使用、易维护、便于快速大规模部署等特点顺应了物联网发展的要求和趋势。目前来看，物联网和 ZigBee 技术在智能家居、工业监测和健康保健等方面的应用有很大的融合性。

5) Z - wave

Z - wave 的数据传输速率为 9.6 kb/s，信号的有效覆盖在室内 30 m(室外大于 100 m)，适于窄带宽应用场合，且具备一定的安全性和稳定性，不过目前只应用于家庭自动化方面。不过，它的节点不是太多，理论值为 256 个，实际值可能只有 150 个左右，同时树状组网结构，一旦树枝上端断掉，下端的所有设备可能将无法与网关通信。另外，Z - wave 技术并没有加密方式，安全性较差(Z - wave 所用频段在我国是非民用的，国内并不常见 Z - wave 智能家居，更多的还是应用在国外)。

3. 智能家居系统实现方案列举

1) LabVIEW＋单片机/STM320F105

LabVIEW 提供很多外观与传统仪器(如示波器、万用表)类似的控件，可用来方便地创建用户界面。用户界面在 LabVIEW 中被称为前面板。使用图标和连线，可以通过编程对前面板上的对象进行控制。这就是图形化源代码，又称 G 代码。LabVIEW 的图形化源代码在某种程度上类似于流程图，因此又被称作程序框图代码。国内现在已经开发出图形化的单片机编程系统，支持 32 位的嵌入式系统。

图 4 - 23 为合肥云联电子科技有限公司设计的智能家居集中控制系统平台，仅供参考。

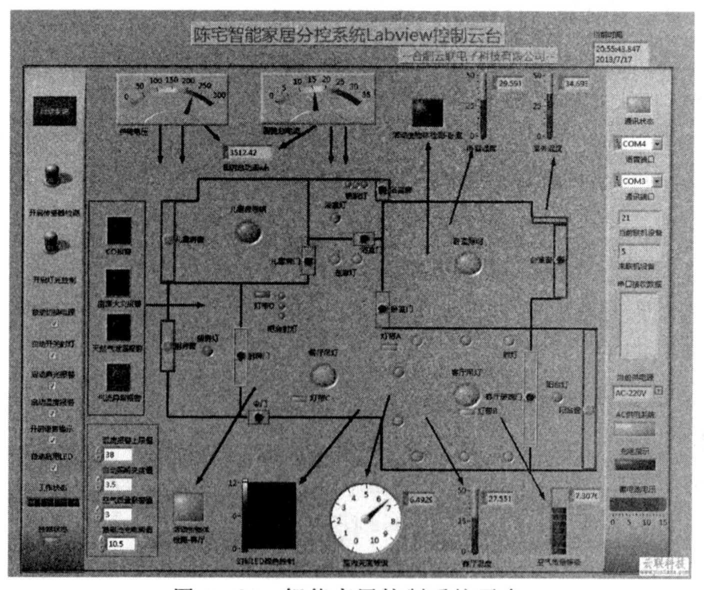

图 4 - 23　智能家居控制系统平台

家居智能化控制的根本在于数据的实时交互，底层的传感器获取家居环境的实时信息，上位机通过对各个信号的综合运算来发送反馈信号。在智能家居传感网络的设计过程中，从嵌入式内核系统 STM32 串口发送的数据会经过 LabVIEW 的串口接收端口接收，后由程序运算得出正确执行命令。LabVIEW 在进行串口通信时，需要提前设置 LabVIEW 的串口，包括指定串口号，设置串口通信参数，指定接收缓冲区大小，清空接收缓冲区，设置数据获取方式，设置读取方式，打开指定的串口。同时，在数据接收和发送的过程中，为避免发生因外部干扰引起的响应错误，需要在串口交互的过程中启用事件驱动机制。

LabVIEW 设计包括了门禁及安防系统、照明与采光控制系统、温湿度控制系统、家电控制系统、家庭人员健康监测系统、室内空气质量监测系统的虚拟仪器前面板设计和虚拟程序设计。其中，虚拟仪器前面板设计的作用主要包括系统状态的实时调节、家居设备的手动运行控制、用户信息的输入等；后面板程序框图设计的作用是为了实现实时数据流的传输，包括数据处理方式、数据分流方式、存储路径及格式等。

LabVIEW 程序通过对串口 VI 的配置，能够持续接收前端的传感器信号，并将家庭成员的基本健康信息通过前面板显示或供实时查询。用户不仅希望能够获得实时的温湿度信息，还希望能够自动地进行温湿度调节，以使家居人员生活在舒适的环境中。这种智能化的控制与程序的实时运算相关，LabVIEW 程序框图能够通过算法实时控制室内温度，再反馈给空调系统的控制器，调整室内温湿度。在火灾报警系统中，用户希望在火灾发生后气体浓度传感器根据火灾现场的实际情况反馈气体浓度信息，控制器根据气体浓度判断属于何种类型的火情，灭火设备选择实施对应的灭火措施，防止灭火不当引起更大的损失。

2）Qt＋ARM 处理器

Qt 是挪威 Trolletch 公司开发的一个跨平台的 GUI 开发工具，采用面向对象编程。Qt/Embedded 是 Qt 的嵌入式版本，它因继承了 Qt 的可移植性好、组件丰富、界面美观等优点而被广泛应用于机顶盒、导航仪、掌上设备、网络设备、工业自动化控制仪表等高端设备中。因此可采用 Qt＋ARM 处理器实现界面操作和智能家居控制平台的开发。

智能家居管理软件设计基于 C/S 结构，C/S 结构是当前应用程序设计中极为流行的一种方式，其最大的优点是计算机工作任务由客户端和服务器端共同完成，这样有利于充分合理地利用系统资源。系统程序分为客户端和服务器，服务器运行于家庭网关；客户端完成访问服务器获取家庭网络的数据并向服务器发送控制命令，服务器端完成数据的存储转发与控制命令的转发。

服务器与客户端采用基于 TCP（Transmission Control Protocol，传输控制协议）的 socket 通信实现面向连接的、可靠的通信。通过指定 IP 地址和端口号，采用 C/S 模式建立 TCP 协议下的两个通信进程间的连接。TCP 是一种面向连接和数据流的可靠传输协议。Qt 提供了 QTcpSocket 类和 QTcpServer 类用于编写 TCP 客户端和服务器应用程序。QTcpSocket类提供了 TCP 协议的通用接口，可以用来实现其他标准协议。

服务器与客户端的通信流程如图 4-24 所示。

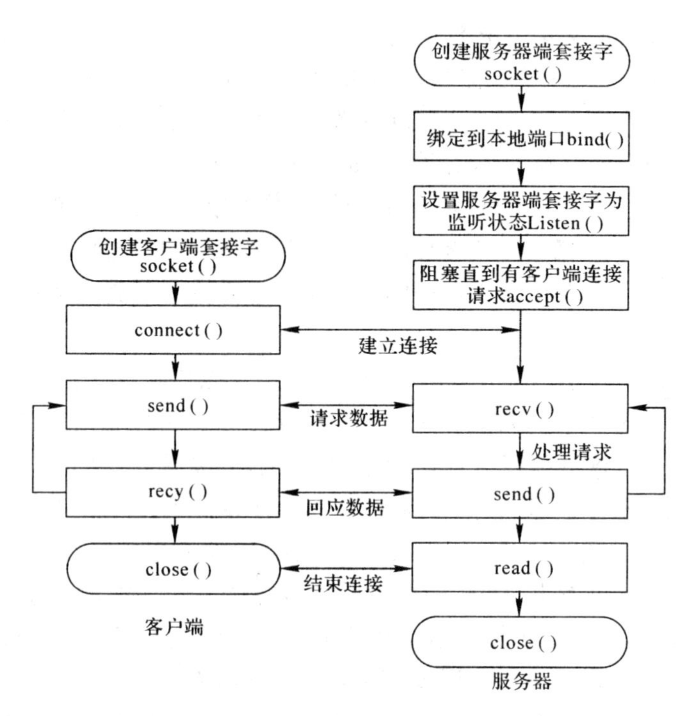

图 4 - 24　服务器与客户端的通信流程

首先启动服务器，创建 socket 套接字，服务器启动后一直处于监听状态，监听来自客户端的请求；服务器收到客户端的连接请求后经过 3 次握手建立连接；然后客户端与服务器之间通过 recv()与 read()函数实现通信；该过程一直持续到客户端通过 close()函数关闭客户端，服务器收到客户端关闭的消息后断开与服务器的连接。

家庭网关是整个智能家居系统的控制中心，是家庭网络与外部网络的中转站，因此运行于家庭网关上的软件设计至关重要，家庭网关的软件分层结构如图 4 - 25 所示。家庭网关分层结构主要由驱动部分、嵌入式操作系统、支持库和应用程序 4 部分组成，服务器采用 Qt 开发并运行于嵌入式 Linux 开发平台。由于系统中涉及对数据的存取与管理，故需要数据库的支持，采用专为嵌入式设计的轻型数据库 SQLite。

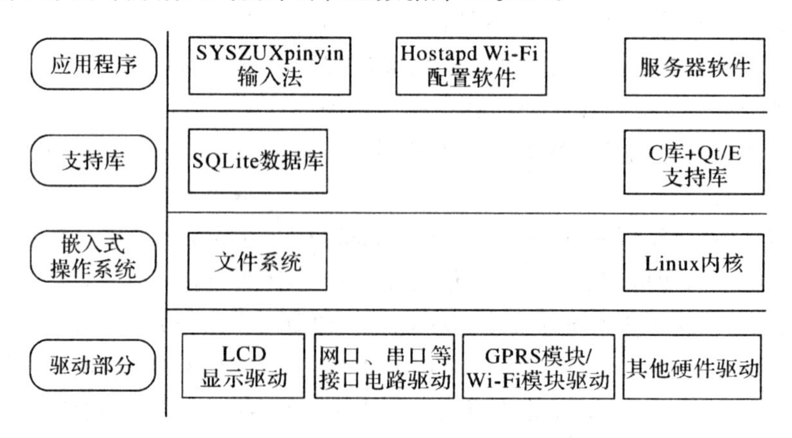

图 4 - 25　家庭网关分层结构

服务器软件主要实现的功能为响应客户端请求、采集数据并实时显示、存储和转发控制命令，通过对控制命令的操作可实现各种复杂功能。服务器软件运行后进入登录界面，登录成功后出现主界面，从主界面可以分别进入“我的场景”、“设备状态”、“设备控制”、“我的房间”、“安防监控”和“高级设置”等子界面，具体业务流程如图4-26所示。

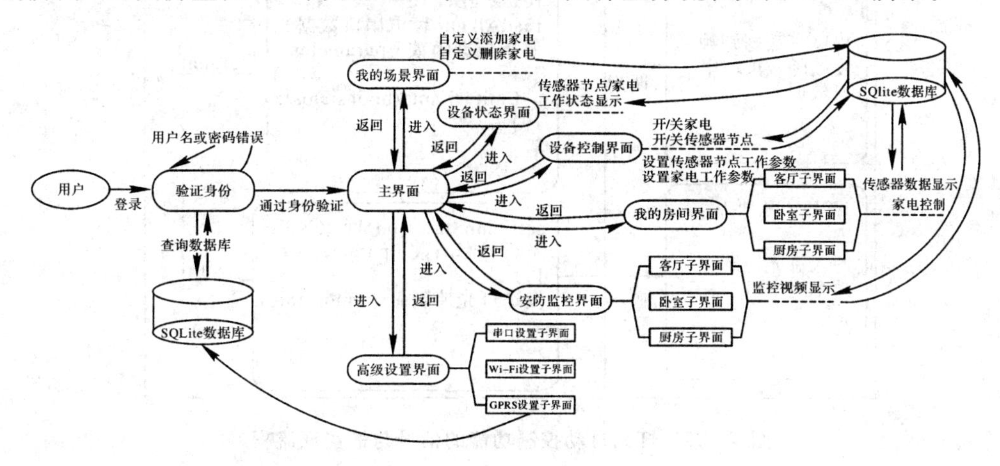

图4-26 服务器工作流程

(1) 建立多线程服务器。

服务器可能同时收到多个客户端的服务请求，所以建立多线程服务器是非常必要的，结合服务器表现为不同的线程可以对不同的客户端请求进行响应。多线程即同时有多个线程一起运行，而不同的线程可以执行不同的操作，可以大大提高软件运行速度与CPU的利用率。在Qt中，由于服务器与客户端采用基于TCP的socket通信，故新建一个服务器只需新建一个类(gateServer)使其继承QTcpServer类即可。

```
gateServer * server = new gateServer;
```

每当客户端试图连接的时候，服务器通过incomingConnection()函数建立一个线程，负责对该客户端进行服务。在QThread类的run()函数中创建socket套接字和进行数据通信。

```
void incomingConnection(intsocketDescriptor){
Thread *serverTh = new Thread(socketDescriptor);
connect(serverTh, SIGNAL(finished()), serverTh, SLOT(deleteLater()));
serverTh -> start();
}
void run(){
QTcpSocket *socket = new QTcpSocket(socketDescriptor);
…  //数据通信
}
```

(2) 服务器的信号与槽编程。

在Qt中信号与槽机制用于对象之间的通信，它贯穿于Qt编程的整个过程。对象的状态改变后发出一个信号，槽通常是类中的成员函数，用于接收信号，它们之间通过connect()函数关联，当有信号发生时触发相应的槽函数。服务器软件设计中涉及一系列的信号与槽编程，图4-27所示为灯光自动控制功能的信号与槽实现流程。

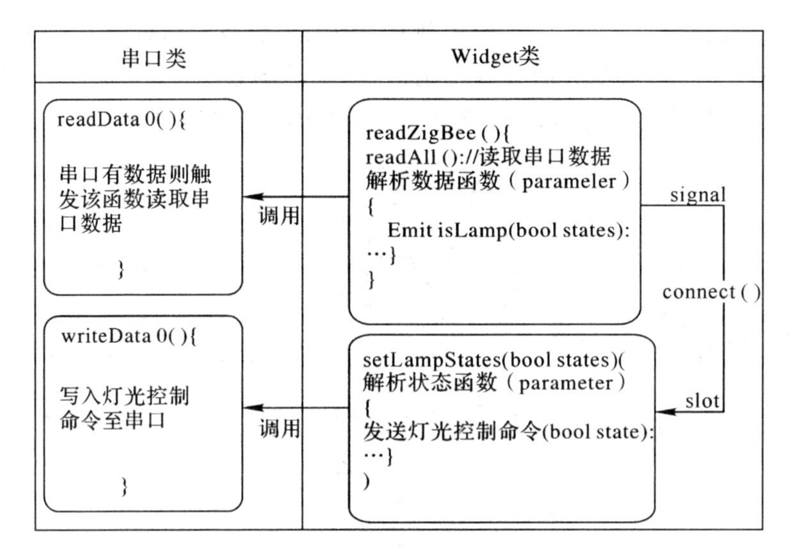

图 4 - 27　灯光自动控制功能的信号与槽实现流程

(3) 服务器串口编程。

服务器串口操作在整个设计过程中至关重要，它一方面实现与 ZigBee 网络的通信，另一方面控制 GPRS 模块工作。在 Qt 中没有给定的串口控制类，通常使用第三方的串口控制类实现串口控制。QextSerialPort 类是一个跨平台的第三方串口类，通过它可以很方便地实现对串口的读/写，旧版本的 QextSerialPort 类只支持使用轮询(polling)的方式读取串口，目前该类的最新版已支持事件驱动的方式，此处采用的是事件驱动方式。串口采用多线程方式编程，多线程实现过程为：

① 在主界面文件中新建串口线程类 serialThread 继承 QThread，分别实现与 ZigBee 网络和 GPRS 通信，并通过 start()函数开启线程。

```
serialThread zigbeeTh = new Thread(portZigbee, this);        // ZigBee 使用的串口
serialThread gprsTh = new Thread(portGprs, this);            // GprsZigBee 使用的串口
```

② 线程类的构造函数中新建串口类继承 QextSerialPort，并打开串口。

```
zigbeeCom = new QextSerialPort("/dev/"+ portZigbee);
bool isOpen = zigbeeCom -> open(QIODevice::ReadWrite); //打开串口
gprsCom = new QextSerialPort("/dev/"+ portGprs);
bool isOpen = gprs -> open(QIODevice::ReadWrite);       //打开串口
```

(4) SQlite 数据库编程。

SQlite 是一款应用于嵌入式领域的小型数据库，它和传统数据库之间最大的不同之处在于它的尺寸小、操作简单，它保持了大部分传统数据库的特征。需要和数据库交互的数据有用户信息、传感器采集的数据、家用电器和传感器的工作状态。Qt 中的 QtSql 模块提供了对数据库的支持，使用 QtSql 模块中的类，之前需要在工程文件(. pro 文件)中添加“Qt+=sql”代码。

Qt 中可以使用 QSqlQuery 类执行 SQL 语句或者通过 SQL 模型类 QSqlTableModel 实现对数据库的增删改查。首先使用 SQLitedatabase browser 工具建立数据库(smarthome. db)，然后分别建立用户信息表、传感器数据表、传感器工作状态表和家用电器工作状态

表，传感器数据如图 4－28 所示。

Name	Object	Type	Schema
⊟-loginTable	table		CREATE TABLE loginTable (Flg INT, UsrName CHAR(2...
⊟-nowUser	table		CREATE TABLE nowUser (No INT, NowFlag INT)
⊟-sensorData	table		CREATE TABLE sensorData (SensorType CHAR, Sens...
-SensorType	field	CHAR	
-SensorLocation	field	CHAR	
-SensorVolt	field	CHAR	
-SensorData	field	CHAR	

图 4－28　传感器数据表设置

（5）测试结果。

服务器程序编写完成，经过交叉编译后将所得到的可执行文件在已搭建好的嵌入式 Linux 平台上运行。服务器软件初始化后开始监听网络，测试表明客户端与服务器能够正常通信，图 4－29 所示的调试结果为“我的房间”中的客厅子界面，能正常显示温湿度、白天黑夜状态、风扇开关状态与控制灯的开关状态。

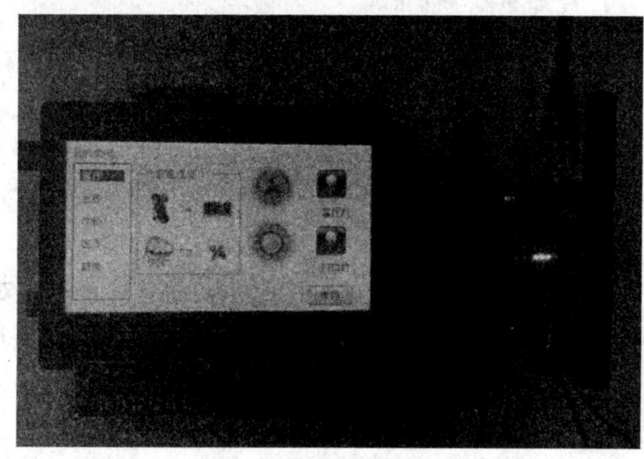

图 4－29　调试结果

3）学生选用智能家居系统设计方案

在嵌入式系统开发技能训练和毕业设计中，淮阳工学院电子信息工程专业的大四学生选用了粤嵌实验室的 GEC2440 开发平台，如图 4－30 所示，基于 Qt 软件对智能家居控制系统进行界面设计，系统可将家中的各种设备，如音视频设备、照明系统、窗帘控制、空调控制、安防系统等连接到一起，达到监视与控制的目的。

如图 4－31 所示为粤嵌智能家居系统软件界面，上图为远程集控主界面，下图为报警应用界面。

粤嵌智能家居远程集控主界面

报警应用界面

图 4－31　粤嵌智能家居系统软件界面

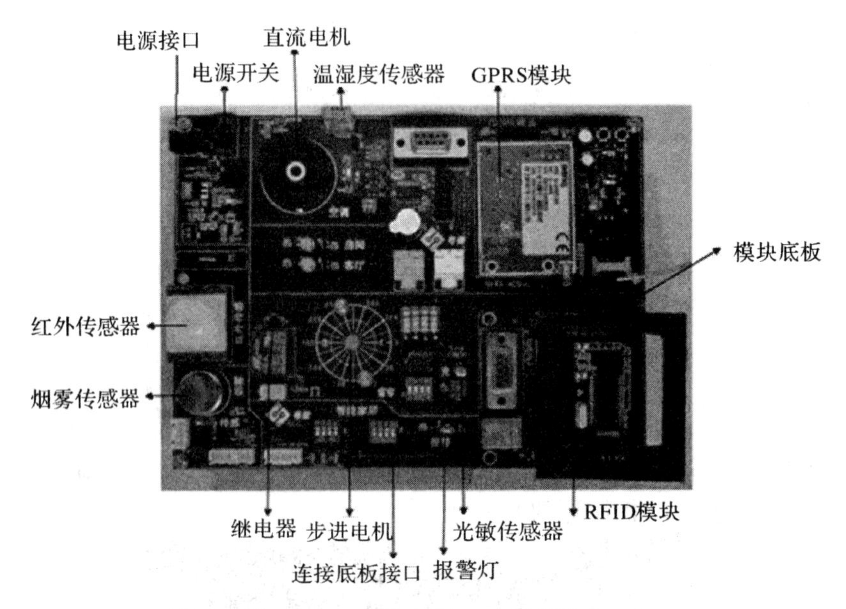

图 4-30 粤嵌 GEC2440 开发平台

粤嵌公司网站是 http://www.gec-edu.org，用户可自行购买开发平台，下载相关软件设计开发智能家居系统。

4) 南京物联智能家居解决方案

随着物联网时期的到来，云计算的崛起，智慧城市的建设，人们对智能家居的立场也从最初的观望转为逐步接受并体验、使用的阶段。现在智能家居多采用无线控制开关、无线传感器、无线网关或无线路由器等智能硬件单品和物联网应用产品。下面以南京物联传感公司设计的智能家居系统为例来介绍智能家居系统的主要组成部分。

(1) 无线网关：是所有无线传感器和无线联动设备的信息收集控制终端。所有传感、探测器将收集到的信息通过无线网关传到授权手机、平板电脑、电脑等管理设备，另外控制命令由管理设备通过无线网关发送给联动设备。

比如家中无人时门被打开，门磁侦测到有人闯入，则将闯入警报通过无线网关发送到主人手机，手机收到信息发出震动铃声提示，主人确认后发出控制指令，电磁门锁自动落锁并触发无线声光报警器发出警报。

(2) 无线智能调光器：该开光可直接取代家中的墙壁开关面板，通过它不仅可以像正常开关一样使用，更重要的是它已经和家中的所有物联网设备自动组成了一个无线传感控制网络，可以通过无线网关向其发出开关、调光等指令。其意义在于主人离家后无需担心家中所有的电灯是否忘了关掉，只要主人离家，所有忘关的电灯会自动关闭。或者在主人睡觉时无需逐个房间去检查灯是否开着，主人需要做的只是按下装在床头的睡眠按钮，所有灯光会自动关闭，同时主人夜间起床时，灯光会自动调节至柔和，从而保证睡眠的质量。

(3) 无线温湿度传感器：主要用于探测室内、室外温湿度。虽然绝大多数空调都有温度探测功能，但由于空调的体积限制，它只能探测到出风口空调附近的温度，这也正是很多消费者感觉其温度探测不准的重要原因。有了无线温湿度探测器，就可以确切地知道室内准确的温湿度。其现实意义在于当室内温度过高或过低时能够提前启动空调调节温度。比如当主人在回家的路上，家中的无线温湿度传感器探测出房间温度过高则会启动空调自动降温，等主人回家时，家中已经是一个宜人的温度了。另外无线温湿度传感器对于主人早晨出门也有着特别意义，当主人待在空调房间时，对户外的温度是没有感觉的，这时候装在墙壁外的温湿度传感器就可以发挥作用，它可以告诉现在户外的实时温度，根据这个准确温度主人就可以决定自己的穿着了，而不会出现出门后才穿多或者穿少的尴尬了。

（4）无线智能插座：主要用于控制家电的开关，比如通过它可以自动启动排气扇排气，这在炎热的夏天对于密闭的车库是一个有用的功能。当然它还可以控制任何你想控制的家电，只要将家电的插头插上无线智能插座即可，比如饮水机、电热水器等。

（5）无线红外转发器：这个产品主要是用于家中可以被红外遥控器控制的设备，比如空调、电动窗帘、电视等。通过无线红外转发器，你可以远程无线遥控空调，你也可以不用起床就关闭窗帘等。它可以将传统的家电立即转换成智能家电。

（6）无线红外防闯入探测器：这个产品主要用于防止非法入侵，比如当你按下床头的无线睡眠按钮后，关闭的不仅是灯光，同时它也会启动无线红外防闯入探测器自动设防，此时一旦有人入侵就会发出报警信号并可按设定自动开启入侵区域的灯光吓退入侵者。或者当你离家后它会自动设防，一旦有人闯入，会通过无线网关自动提醒你的手机并接受你手机发出的警情处理指令。

（7）无线空气质量传感器：该传感器主要探测卧室内的空气质量是否混浊，这对于要回家休息的用户很有意义，特别是有婴幼儿的家庭尤其重要。它通过探测空气质量告诉你目前室内空气是否影响健康，并可通过无线网关启动相关设备优化调节空气质量。

（8）无线门铃：这种门铃对于大户型或别墅很有价值。出于安全考虑，大多数人睡觉时会关闭房门，此时有人来访按下门铃，在房间内很难听到铃声。这种无线门铃能够将按铃信号传递给床头开关提示你有人造访。另外在家中无人时，按门铃的动作会通过网关传递给你的手机，而这对你了解家庭的安全现状和来访信息非常重要。

（9）无线门磁、窗磁：主要用于防入侵。当你在家时，门、窗磁会自动处于撤防状态，不会触发报警，当你离家后，门、窗磁会自动进入布防状态，一旦有人开门或开窗就会通知你的手机并发出报警信号。与传统的门窗磁相比，无线门窗磁无需布线，装上电池即可工作，安装非常方便，安装过程一般不超过 2 分钟。另外对于有保险柜的家庭来说，这种传感器还能够侦测并记录下保险柜每次被打开或者关闭的时间并及时通知授权手机。

（10）太阳能无线智能阀门：这是通过太阳能供电的无线浇灌系统。一般工作流程是土壤湿度传感器将土壤含水情况发送给无线网关，一旦土壤缺水，无线网关就会发出控制指令给无线智能阀门通知供水，同时将供水时间和供水量传递给网关，并通过网关保存在手机或其他设备上。

（11）无线床头睡眠按钮：这是个可以固定或粘贴在床头木板上的电池供电装置，它的作用主要是帮助你在睡觉时关闭所有该关闭的电器同时启动安全系统进入布防状态。比如启动无线红外防闯入探测器、窗磁、门磁等进入预警布防状态。另外它也能帮助你启动夜间的照明模式，比如当你夜间起床时，打开的灯光就会很柔和，而不会像进餐时那么明亮，即使是同一盏灯。

(12) 无线燃气泄漏传感器：该传感器主要是探测家中的燃气泄漏情况，它无需布线，一旦有燃气泄漏会通过网关发出警报并通知授权手机。

(13) 无线辐射传感器、无线空气污染传感器：对于一些对太阳辐射敏感的人来说，这种传感器具有特别的意义，通过它可以准确知道出门前是否需要采取防太阳辐射或者防污染防尘措施，而用户唯一要做的就是看一下手机屏幕，因为户外的辐射、污染等情况已经通过无线网关传到了用户手机上。

习　　题

1. 下列表述正确的是________。

A. 实时系统就是响应快的系统

B. 调试程序时，需要停止程序运行后才可查看变量内容

C. 运算放大器的输出电压范围一般大于电源电压的范围

D. 将模拟信号转换成数字信号的电路是 DA 转换器

2. 以下叙述中正确的是________。

A. 宿主机与目标机之间只需要建立逻辑连接即可

B. 在嵌入式系统中，调试器与被调试程序一般位于同一台机器上

C. 在嵌入式系统开发中，通常采用的是交叉编译器

D. 宿主机与目标机之间的通信方式只有串口和并口两种

3. 嵌入式系统设计的步骤有哪些？简要说明各部分完成的主要工作是什么？

4. 嵌入式最小系统主要包含哪些硬件电路？

5. 假设你现在从事某嵌入式产品开发推广工作，例如电视机顶盒或其他产品，现要求你在课堂演讲自己的课题，阐述此类产品的市场需求、发展前景、功能分析、系统的软硬件实现方案等。

6. 随着人民生活水平的提高，汽车正以很快的速度步入家庭，但与之伴随的是汽车的被盗数量也逐年上升。试运用嵌入式系统、传感器、GPS(或北斗导航系统)、GPRS(或 3G 通信模块)等技术，设计一款电子防盗器。根据上述设计需求，给出该装置的设计过程，主要包括系统功能定义、工作原理、硬件结构图、软件主流程图等。

第 5 章　嵌入式系统实验

嵌入式系统学习重在实践，在学习 Linux 操作系统时，学生理解起来会有一定难度，因为 Linux 以字符操作界面为主，而学生接触最多的是图形化的 Windows 系统，两者的操作方式不同，但在组织结构上有一定的相通之处，如文件都是以目录的形式组织的，所不同的是 Windows 系统中有多个目录树，而 Linux 系统中只有一个目录树。教师在讲授时，通过与学生熟悉的 Windows 系统相比较，找出 Linux 与 Windows 的异同点，进行对比分析讲解，学生很容易理解，并且知识掌握得也很扎实。

在 Windows 操作系统下安装 Linux 操作系统，首先需要安装 VMWare 虚拟机，这对系统的硬件要求比较高，并且很耗时，不太适合在教室多媒体机器上安装。但在讲解 Linux 操作系统时，一些命令和操作最好能现场演示，以方便学生理解。教师可事先在自己电脑上操作，通过屏幕截图或屏幕录像工具保存下来，再在教室多媒体上演示，同样可以达到较好的效果。

学习目标

※ 熟悉 S5PV210 开发板的硬件电路设计。

※ 熟悉 Eclipse 开发环境搭建、无操作系统时的驱动程序编写方法。

※ 熟悉嵌入式 Linux 的开发环境搭建，BootLoader 的代码结构、移植，Linux 内核的移植，常用接口驱动编程以及 Linux 环境下常用命令的操作与系统设置。

※ 熟悉 Android 系统编译环境、开发环境搭建，Android 系统设备驱动程序、应用程序开发。

学海聆听

天下之事，闻者不如见者知之为详，见者不如居者知之为尽。

纸上得来终觉浅，绝知此事要躬行。

——陆游

5.1　Cortex－A8 处理器硬件电路

S5PV210 又名“蜂鸟”，是三星推出的一款适用于智能手机和平板电脑等多媒体设备的应用处理器，S5PV210 和 S5PC110 功能一样，110 小封装适用于智能手机，210 封装较大，主要用于平板电脑和上网本，苹果的 iPad 和 iPhone 4 上的 A4 处理器，就采用的是和 S5PV210 一样的架构(只是 3D 引擎和视频解码部分不同)，三星的 Galaxy Tab 平板电脑上用的也是 S5PV210。

S5PV210 采用了 ARM Cortex - A8 内核，ARMv7 指令集，主频可达 1 GHz，32/32 KB的数据/指令一级缓存，512 KB 的二级缓存。Cortex - A8 核通过 AHB/AXI 总线和存储器、多媒体、系统外设及连接接口进行交互，可以实现 2000 DMIPS(每秒运算 2 亿条指令集)的高性能运算能力。

5.1.1 S5PV210 芯片软硬件资源

S5PV210 芯片数据及图形图像处理能力强，通信接口丰富，具备以下特点：

(1) Cortex - A8 内核，NEON™ SIMD 协处理器，CPU 主频 1 GHz。

(2) 采用 45 nm 低功率制程，CPU 典型功耗为 11 mW。

(3) 支持 1 GB DDR2。

(4) 0.65mm 引脚间距，17 mm×17 mm FBGA 封装。

(5) 支持 USB Host2.0、USB OTG2.0。

(6) 4 个 SDIO/HS - MMC 接口。

(7) 支持 MPEG - 4/2/1、H.264/H263、VC - 1、DivX 的视频编解码 1080P@30fps (1080P 是指分辨率，1920×1080 像素，两者相乘就知道约等于 200 万像素，如果购买数码摄像机，动态像素达到 200 万就能拍摄出 1080P 的高清视频；30fps 是指屏幕的播放刷新速度为 1 秒 30 帧)。

(8) 支持 2D 图形加速，最大支持 8000×8000 分辨率。

(9) 支持 3D 图形加速(PowerVR SGX540)，OpenGL - 1.1&2.0、OpenVG1.0。

(10) 支持 SD/MMC/SDIO 接口存储卡，最高支持 32 GB。

(11) 支持 JPEG 硬件编解码，最大支持 65536×65536 分辨率。

(12) 视频硬件编解码，支持 1080P@30fps。

(13) HDMI、TV - OUT、Camera×2。

5.1.2 CVT - S5PV210 教学平台

1. CVT - S5PV210 教学平台硬件资源

CVT - S5PV210 教学平台硬件主要由三个部分组成：核心板、底板和边板。

1) 核心板

核心板是嵌入式系统的最重要的组成部分，它由处理器、内存、闪存、电源电路、时钟电路、CPU 扩展接口组成。

(1) 处理器：CVT - S5PV210 教学平台所用的 CPU 为三星公司的 ARM Cortex - A8 处理器 S5PV210，主频最高可达 1 GHz。

S5PV210 有三组数据总线(16 位 XM0DATA、32 位 XM1DATA 、XM2DATA)、三组地址总线(16 位 XM0ADDR 和 14 位 XM1ADDR、XM2ADDR)，其中前 8 位 XM0DATA 用于连接 NAND Flash，XM1、XM2 接 DDR2，另外就是一些功能接口、电源接口等。

(2) 内存：本平台采用三星公司的 DDR2SDRAM(Double Data Rate SDRAM，意为双倍速率同步动态随机存储器)芯片 K4T1G164QQ，容量为 1 GB，它由 8 个 Bank 组成，每个 Bank 对应 8 Mb×16。其特点为低功耗、1.8 V 低电压工作；支持休眠功能；BGA 封装，有效降低了 PCB 的面积；接口设计方便。

CPU 的 XM1、XM2 接口支持 DDR2，其中 SCLK 和 SCLKn 组成差分时钟信号，用以连接内存的时钟端 CLK 和 $\overline{\text{CLK}}$ 端。在 PCB 的走线中，需要注意的是 CLK 信号线是很容易受到干扰的，一定要走差分对，且要求不穿越不同的 GND 和电源平面。CPU 的 XM1 提供 4 路片选信号以供连接内存。由于数据线为 32 位，被分为 2 个 16 位。很显然 2 片内存的片选是一样的，接在 XM1CSN0 引脚上，对应的时钟信号为 XM1CKE0。同理，XM2 也是 2 个 IC 组成 32 位数据线，接在 XM2CSN0 引脚上，对应的时钟信号为 XM2CKE0。DM(LDM 和 UDM)和 DQS 分别屏蔽和选择字节，以满足按字节/半字节读或写的要求。nCAS 是内存的列地址选择信号；nRAS 是内存的行地址选择信号；nWE 为内存的写信号。

(3) 闪存：如图 5-1 所示，本平台选用三星的 NAND Flash 芯片 K9F8G08U0M，SLC(Single Level Cell，单层单元，成本高、容量小、速度快)架构系列，1GB 的存储容量，为非易失性存储器，其特点为功耗低、接口方便，易于扩充。

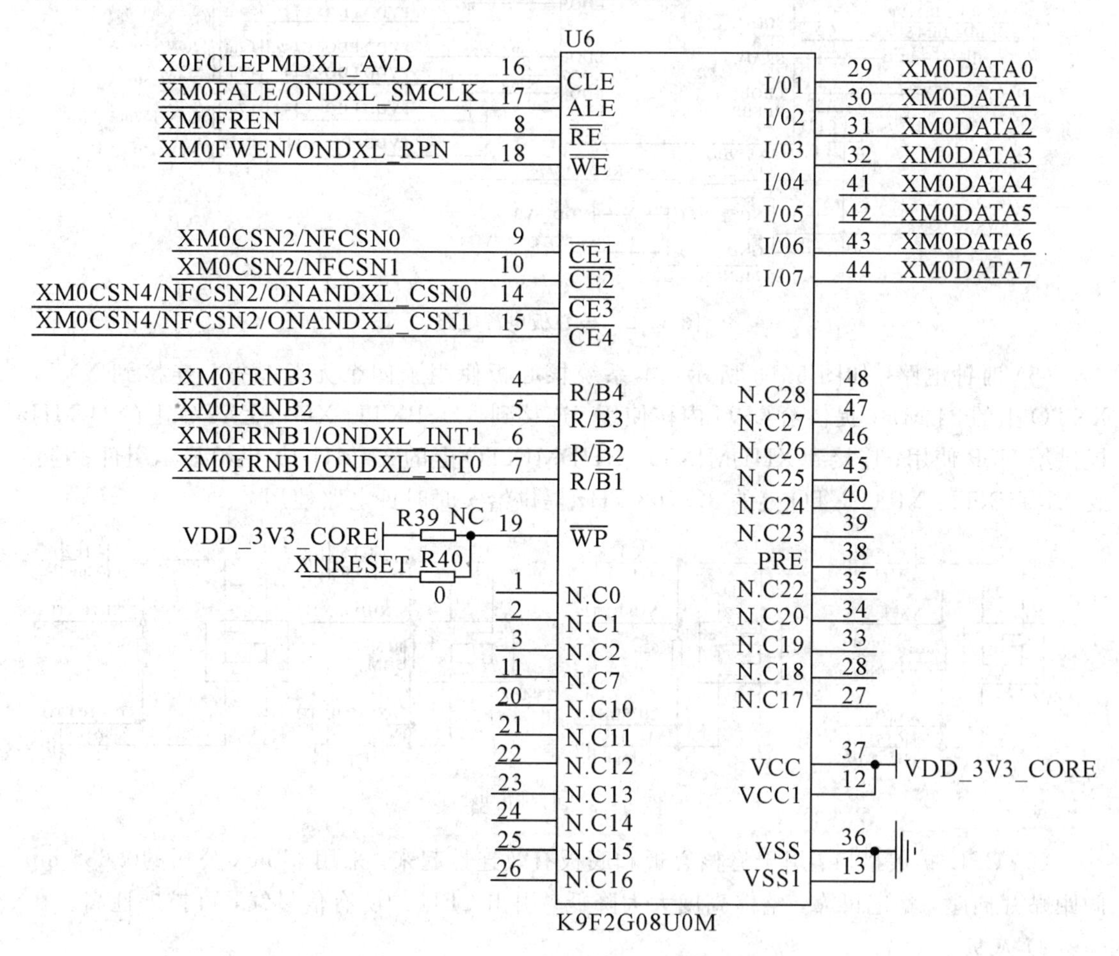

图 5-1　NAND Flash 电路图

(4) 电源电路：如图 5-2 所示，核心板电源电路选用高集成度的 MAXIM 公司的 PMU 芯片 MAX8698C。它具有 3 路 DC/DC(将一个固定的直流电压变换为可变的直流电压)和 9 路 LDO 电源，可实现电源管理的智能化和低功耗化。

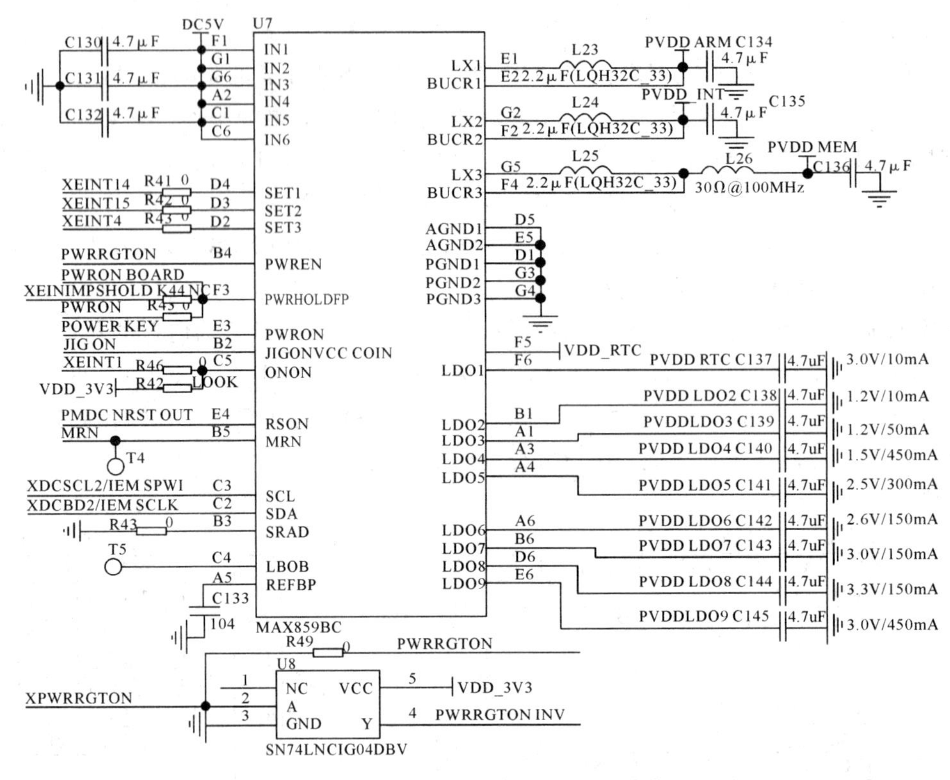

图 5 - 2　核心板电源电路

(5) 时钟电路：如图 5 - 3 所示，本系统核心板使用了四个无源晶振，连接到 XXTI、XXTO 上的 24 MHz 提供给 CPU 内核使用；连接到 XUSBXTI、XUSBXXTO 上的24 MHz 提供给 USB 使用；连接到 XHDMIXTI、XHDMIXTO 上的 27 MHz 提供给显示组件；连接到 XRTCXTI、XRTCXTO 上的 32.768 kHz 提供给实时时钟电路使用。

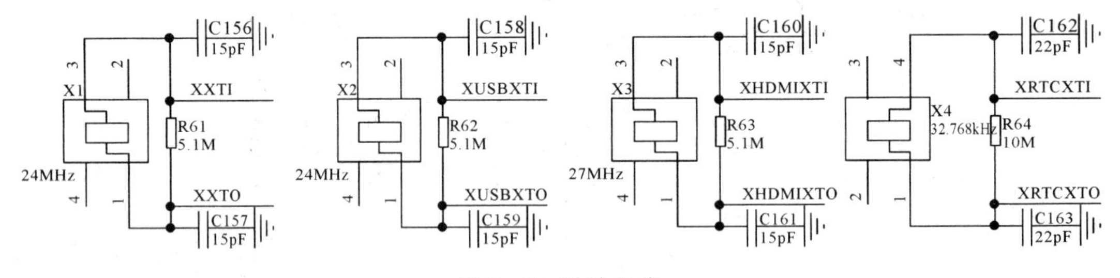

图 5 - 3　时钟电路

(6) CPU 扩展接口：用于将核心板和底板有效连接起来。采用 Molex 公司的0.635 mm 间距贴片插座，稳定可靠，整体高度大大降低，引出 CPU 的所有信号线，可扩展性高。

2) 底板

底板作为 CVT - S5PV210 教学实验系统常用外设的扩展板。它依托核心板，进行相应的功能扩展，引申出不同的外设功能，如音频、视频、网络、摄像头、Wi-Fi、指示及控制、数据采集等。底板上模块包括 7 寸 TFT 真彩液晶显示器，7 寸电阻式或电容式触摸屏；双 SD 卡/MMC 卡接口；视频 TV - OUT、VGA、HDMI 高清输出接口；视频 AV 输入接口；2 个串口，4 个跑马灯接口，1 个蜂鸣器，RTC 电路；1 个 100M 网口；4 个 USB 主控制器、

1 个 USB OTG 接口；1 个音频输入/输出接口，双声道扬声器接口；键盘接口；SD Wi-Fi 接口，Camera 接口；可扩展 ZigBee 传感网 PAN 网关，3G 模块扩展等。

（1）底板电源：如图 5－4 所示，底板采用 LM2596 系列开关稳压集成电路，最高输入电压 40 V，最高输出电流 3A，工作频率 150 kHz，转换效率为 75%～88%，正常工作温度范围为－40℃～＋125℃，器件保护采用热关断及电流限制，控制方式为 PWM。

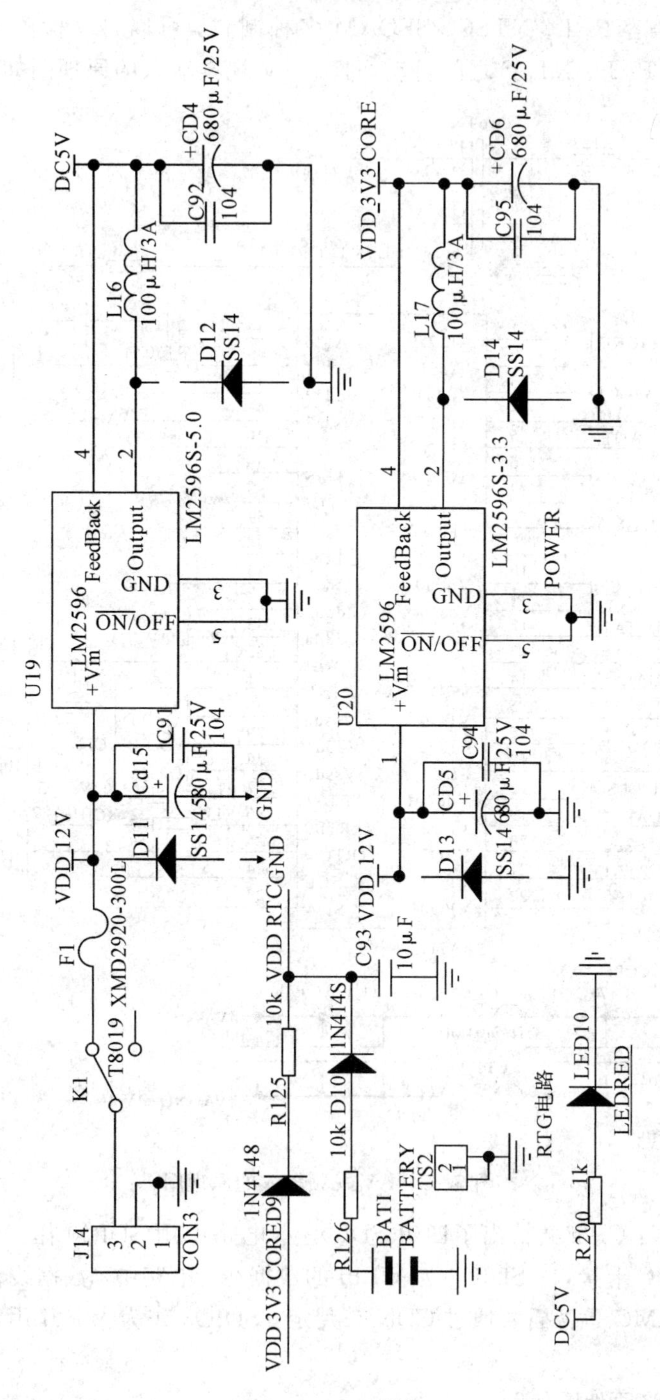

图 5－4　电源模块

此电路可以保证在外部电源未供电时，CPU 的 RTC 模式可以继续运行，当外部电源供电后，RTC 电路即使用外部电源供电。

(2) AV 视频输入：通过视频解码芯片 SAA7113H 实现，它可以输入 4 路模拟视频信号，通过内部寄存器的不同配置可以对 4 路输入进行转换，输入可以为 4 路 CVBS 或 2 路 S 视频(Y/C)信号，输出 8 位 VPO 总线，为标准的 ITU 656、YUV 4∶2∶2 格式。

SAA7113H 兼容 PAL、NTSC、SECAM 多种制式，可以自动检测场频适用的 50 Hz 或 60 Hz，可以在 PAL、NTSC 之间自动切换。AV 视频输入的原理图如图 5-5 所示。

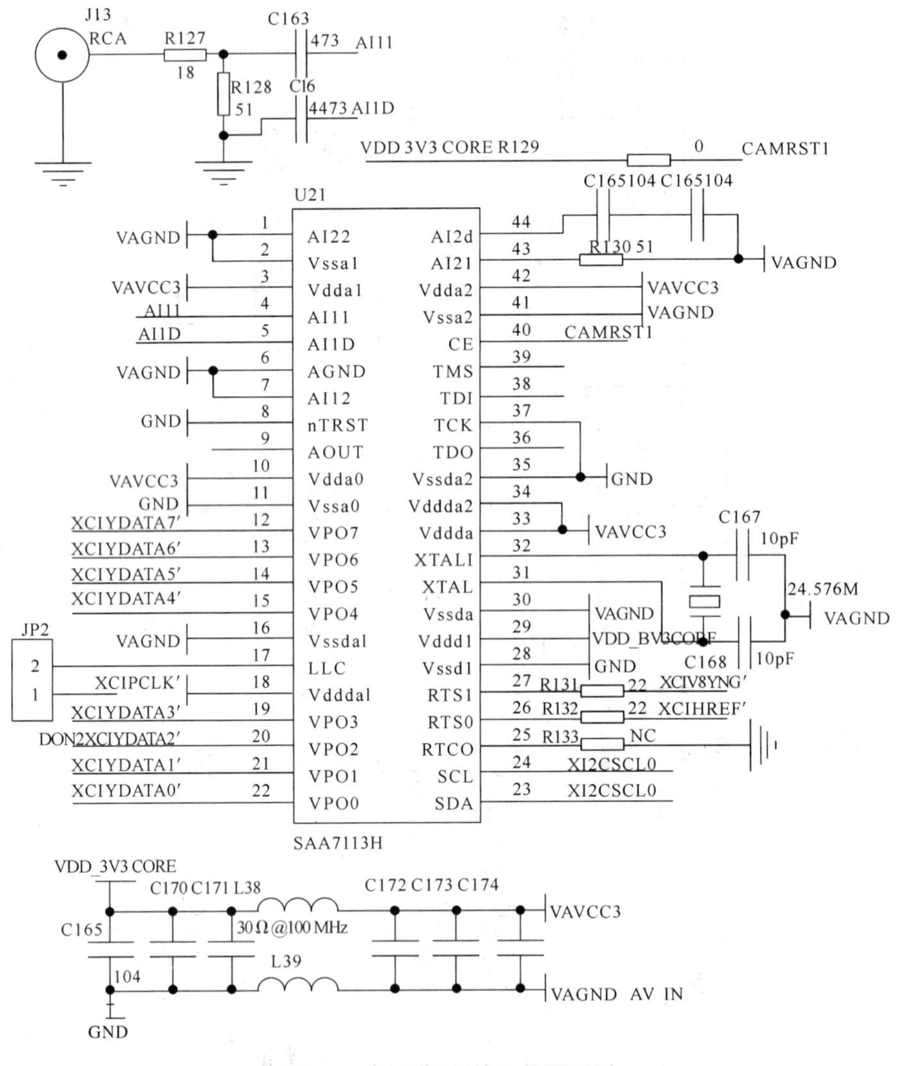

图 5-5 AV 视频输入的原理图

(3) SD/MMC：CPU 共给出了四组 SDIO。本电路中用 SDIO0 作为系统启动。SDIO2 为正常的 SD/MMC 卡接口，SDIO3 为 Wi-Fi 的数据线。电路中，数据线都需上拉 10 kΩ 的电阻。判断 SD/MMC 是否插入通过 CDN 来判定。SDIO3 作为 Wi-Fi 用，就不需要此信号进行检测。

SD/MMC 电路原理图如图 5-6 所示。

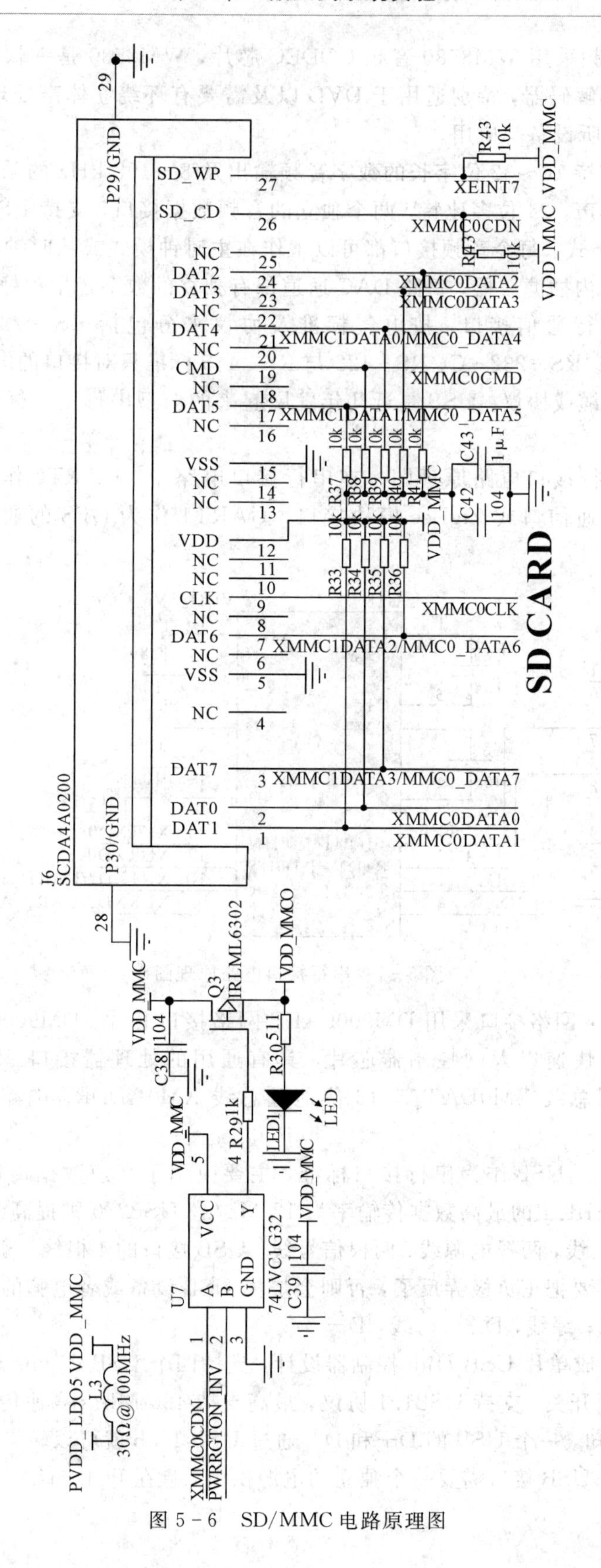

图 5－6　SD/MMC 电路原理图

(4) 音频：音频采用 WM8580 音频 CODEC 芯片，WM8580 是一款带有 S/PDIF 收发器的多路音频编码解码器，特别适用于 DVD 以及需要有环绕立体声处理的家用高保真音响、汽车和其他视听设备等应用。

模数转换器支持 16～32 位字长的数字音频输出及 8～192 kHz 的采样率。此外，该器件还包含三个立体声，24 位多比特，两个独立的音频数据接口，支持 I^2S、左对齐、右对齐及 DSP 数字音频格式。每个音频接口都可以工作在主时钟模式或从时钟模式。每个都带有各自的超采样数字内插滤波器，每路 DAC 通道都有独立的数字音量和静音控制。

(5) 串口：串行通信接口，按电气标准及协议来分包括 RS－232－C、RS－422、RS－485、USB 等。RS－232－C、RS－422 与 RS－485 标准只对接口的电气特性做出规定，不涉及接插件、电缆或协议。USB 是近几年发展起来的新型串行接口标准，主要应用于高速数据传输领域。

图 5－7 为串行接口电路原理图。在串行接口电路中，UART2 作为调试通信口用，UART0 作为外设通信口或 ZigBee 模块接口，UART1 作为 GPS 的通信口，UART3 为 GPRS 通信口。

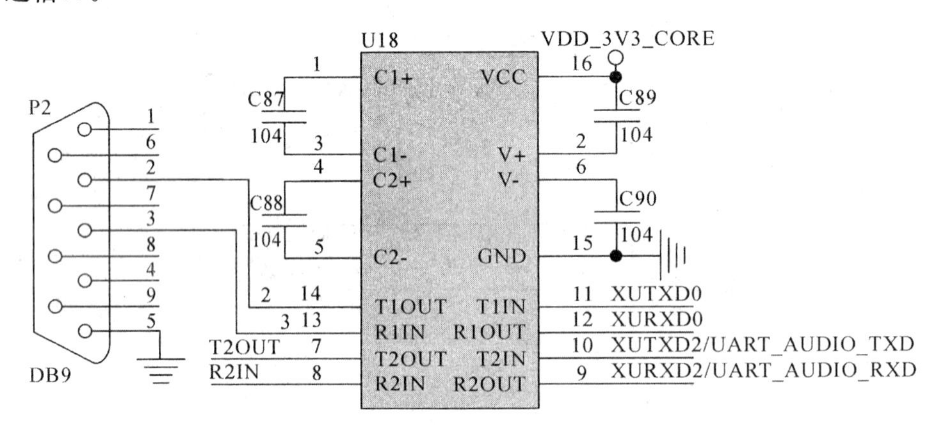

图 5－7　串行接口电路原理图

(6) 网络接口：网络接口采用 DM9000AEP 网络接口芯片。DM9000 系列是完全综合的、低成本的单一快速以太网控制器芯片，具有通用的处理器接口。DM9000AEP 采用 CPU 的 16 位数据总线 XM0DATA，16 位地址总线 XM0ADDR。电路原理图如图 5－8 所示。

(7) USB Host：USB 作为串行接口标准，主要应用于高速数据传输领域，支持热插拔、即插即用，USB1.1 的最高数据传输率为 12 Mb/s，USB2.0 则提高到 480 Mb/s。

USB 只有 4 根线，两根电源线、两根信号线。USB 接口的 4 根线一般是这样分配的(需要注意的是千万不要把正负极弄反了，否则会烧掉 USB 设备或者电脑的南桥芯片)：黑线，GND；红线，VCC；绿线，D＋；白线，D－。

GL850G 是集成单片 USB Hub 控制器设计，支持四个 USB downstream 端口，且每个端口都有一个电源开关，支持 USB1.1 协议，最高支持 480 Mb/s 高速传输。

从图 5－9 可知，一个 USB 的 D＋和 D－通过 USB Hub 就可以转换成 4 个 USB 接口。在原理图中，每个 USB 接口需要一个独立的电源供电，且在 PCB 布线时要布为差分线，提高 USB 的灵敏度。

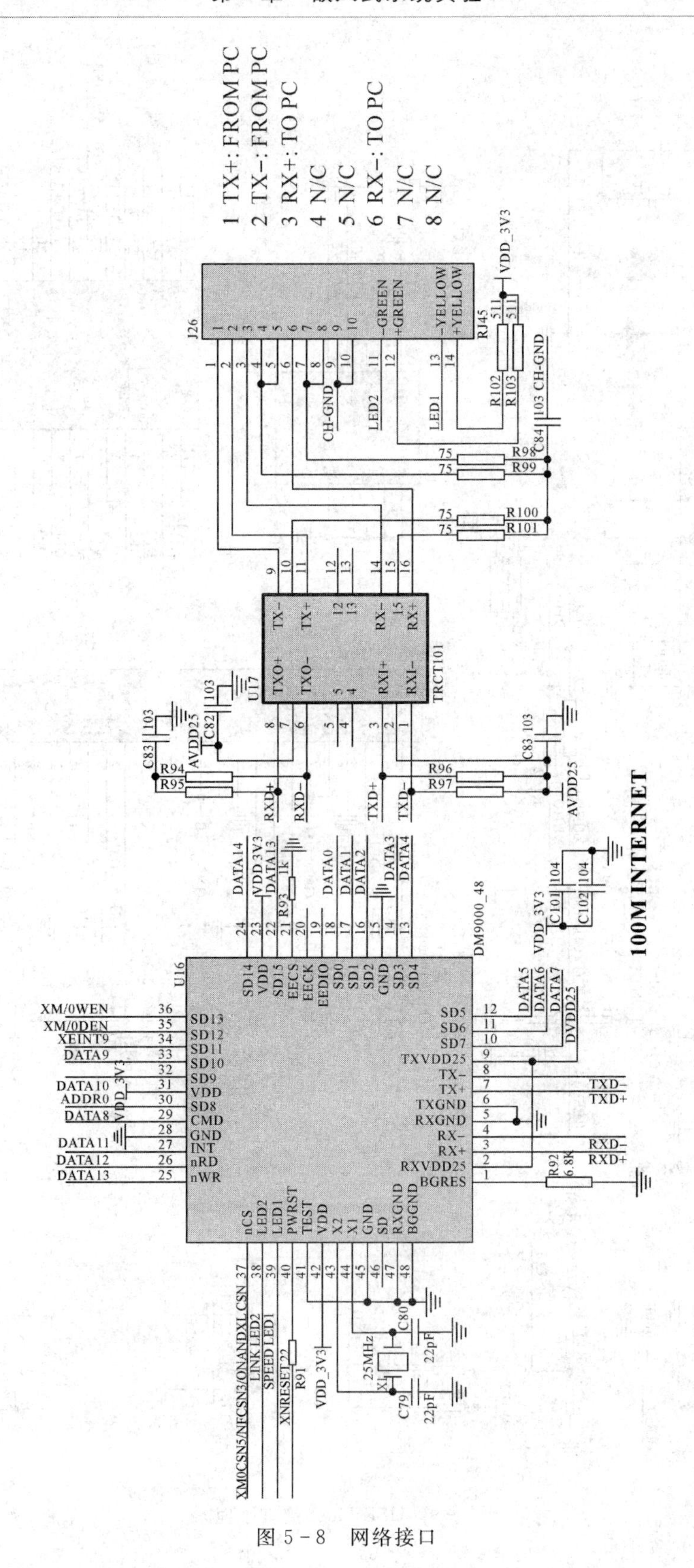
1 TX+: FROM PC
2 TX−: FROM PC
3 RX+: TO PC
4 N/C
5 N/C
6 RX−: TO PC
7 N/C
8 N/C
J26
RJ45
VDD_3V3
CH-GND
LED1
LED2
TRCT101
U17
AVDD25
RXD+
RXD−
TXD+
TXD−
DM9000_48
U16
100M INTERNET
XM/0WEN
XM/0DEN
XEINT9
DATA9
DATA10
ADDR0
DATA8
DATA11
DATA12
DATA13
DVDD25
XM0CSN5/NFCSN3/ONANDXL CSN_37
LINK LED2
SPEED LED1
XNRESET22
25MHz
22pF

图 5－8　网络接口

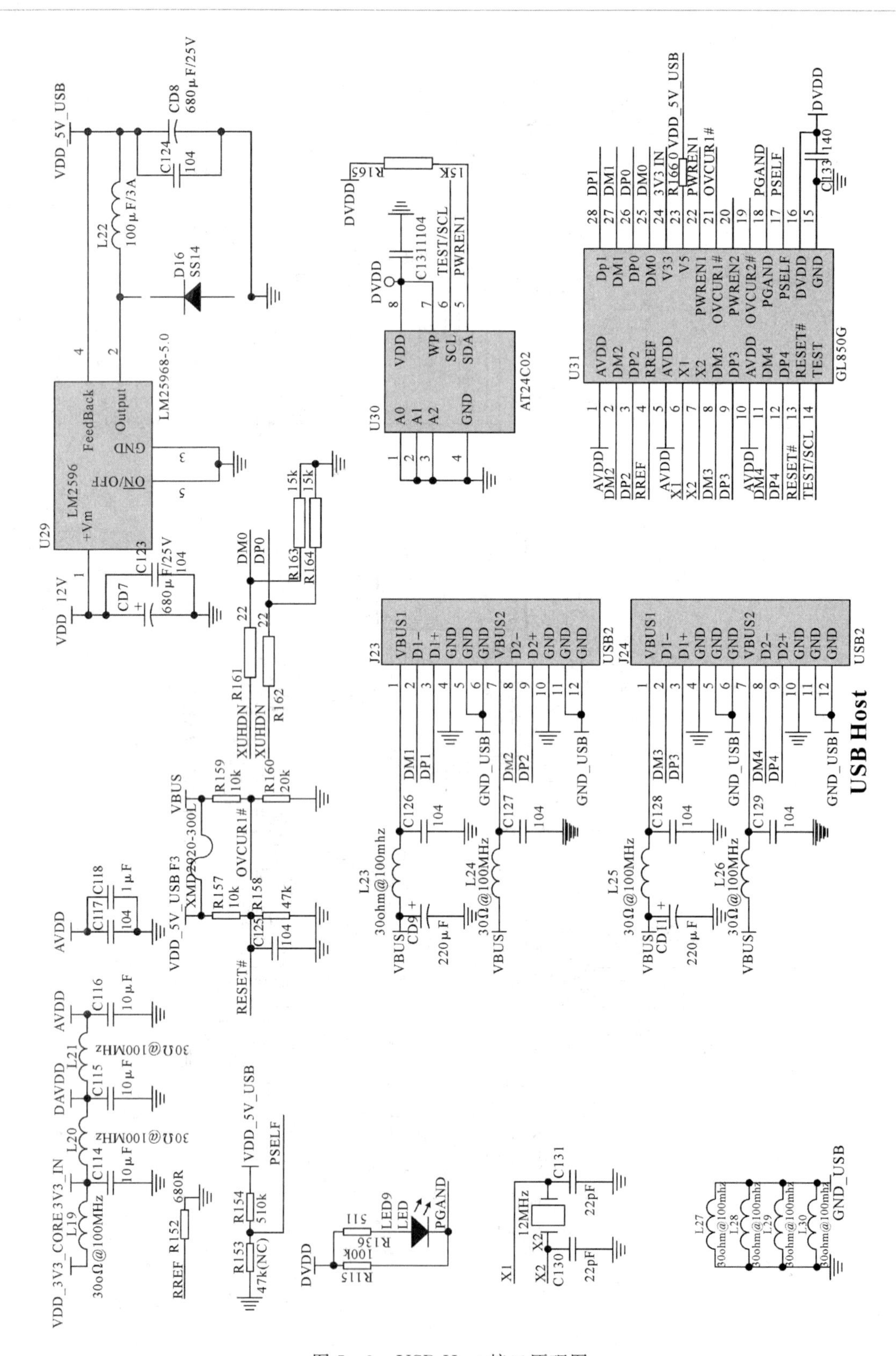

图 5-9　USB Host 接口原理图

3）边板

边板作为嵌入式相关接口的扩展板，让用户可学习 ARM＋DSP 双处理器的方法，了解常用的控制单元如模拟电机及步进电机的控制，了解常用指示单元跑马灯、7 段数码管、点阵 LED 等的控制，常用传感器采集等。边板也可选配 GPS/GPRS 模块、RFID 模块。

(1) 边板电源电路设计。

边板的大部分电路需要用到 3.3 V 电源，GPRS 模块需要用到 4 V 电源，这里采用从底板传过来的 12 V 电源和 5 V 电源，利用 DC/DC 转换芯片，分别转换为 4 V 和 3.3 V 电源。

12 V 转换为 4 V 电源电路如图 5－10 所示，5 V 转换为 3.3 V 电源电路如图 5－11 所示。

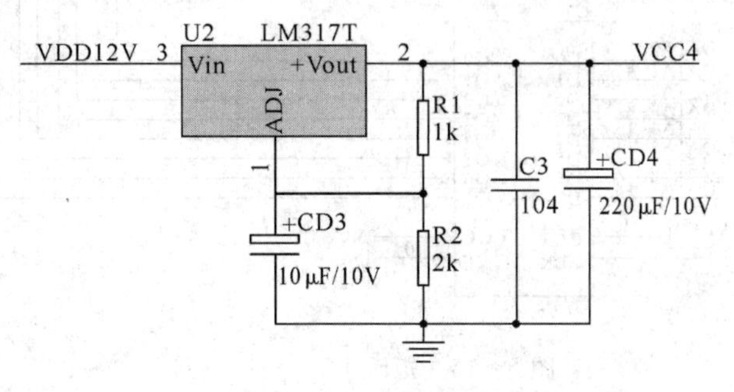

图 5－10　12V 转换为 4V 电源电路

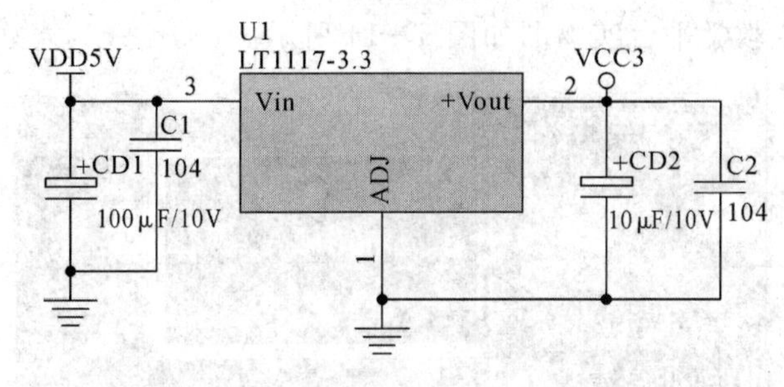

图 5－11　5V 转换为 3.3V 电源电路

(2) 边板矩阵 LED 扩展电路设计。

① 地址译码电路：用于产生控制步进电机、矩阵 LED、7 段数码管、跑马灯的不同的片选信号。地址译码电路如图 5－12 所示。

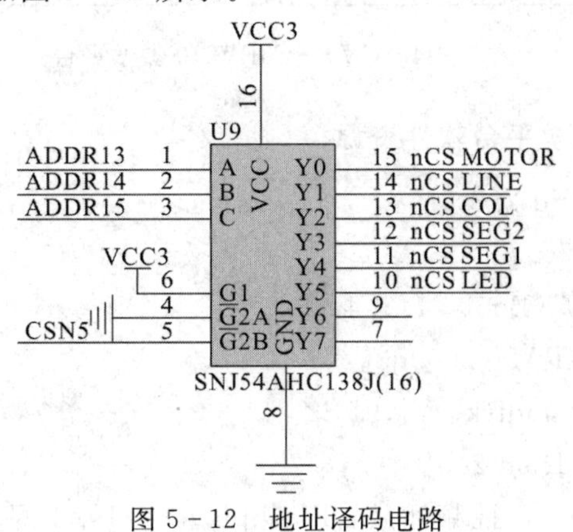

图 5－12　地址译码电路

② 矩阵 LED 控制电路如图 5 - 13 所示。

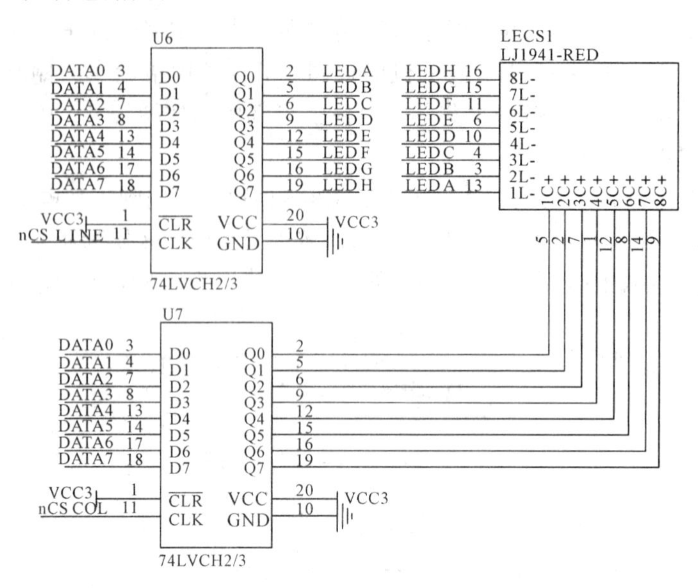

图 5 - 13　矩阵 LED 控制电路

本节上述的电路建议学生采用 PROTEL 或者 Altium Designer 软件进行电路设计。

CVT - S5PV210 教学平台实物图如图 5 - 14 所示。

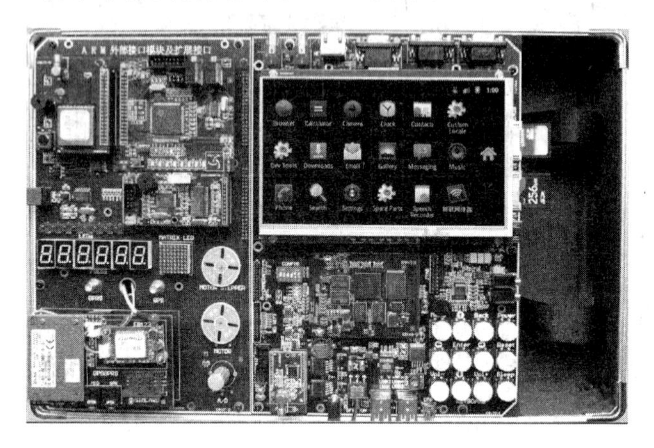

图 5 - 14　CVT - S5PV210 教学平台

2. CVT - S5PV210 教学平台软件资源

1) 支持 Google Android 2.3

(1) 内核：Linux2.6.35.7。

(2) 系统引导程序：U - Boot - 1.3.4。

(3) 交叉编译工具：ARM - 2009q3。

(4) 文件系统格式：Ramdisk、YAFFS2。

(5) GUI：Google Android 2.3。

(6) 软件功能支持 1080P 视频播放，Flashplayer V10.3 网页 Flash 播放，SD 图形显示，HDMI1.3 高清数字输出；支持 1080P，MP3、MP4、RMVB 等格式的音视频播放，腾讯 QQ、Skype 即时通信，常见 Android 游戏，Google Android 2.3 其他功能。

2）设备驱动

（1）无线 Wi-Fi 模块：支持 801.11b/g。

（2）无线蓝牙模块：支持蓝牙通信。

（3）支持 200 万像素 CMOS 摄像头驱动。

（4）GPS 模块：支持 SIF Ⅲ全球定位。

（5）网口：10M/100M 自适应网口驱动。

（6）支持 HDMI 输出，同时支持图像和声音。

（7）I^2S 音频接口，支持音频播放和录音功能。

（8）支持 LTE480WVGA(800×480)。

（9）四线电阻式触摸屏驱动。

（10）I^2C 驱动：Audio、Camera、HDMI 等的 I^2C 驱动。

（11）USB Host 驱动：支持 USB 鼠标、USB 键盘、U 盘等。

（12）USB OTG 驱动：支持 Device 功能，可与 PC 同步进行资料拷贝。

（13）扫描键盘驱动，实现 Android 常见按键功能。

（14）高速 SD/MMC 卡驱动。

（15）RTC 驱动：支持实时时钟。

（16）MFC 驱动：Multi－Format Video Codec。

（17）UART 驱动：支持串口通信。

（18）JPEG 驱动：JPEG Codec。

（19）2D、3D 硬件加速驱动。

5.2　Eclipse 集成开发环境

根据开发目标平台的不同，ARM 提供了不同的工具解决方案。

1）MDK－ARM

MDK 是专为 MCU 的用户开发嵌入式软件而设计的一套开发工具，支持 ARM7、ARM9、Cortex－M3 处理器，提供工业标准的编译工具和强大的调试支持。它包括根据器件定制的调试仿真支持，丰富的项目模板，固件示例以及为内存优化的 RTOS 库。MDK 上手容易，功能强大，适合微控制器应用程序开发。

RealView Microcontroller Development Kit(简称 MDK）主要是为终端客户提供价格低廉、功能强大的开发工具，集成了 RealView 编译工具、Keil uVision 开发环境，支持 Atmel、Freescale、Luminary、NXP、OKI、Samsung、Sharp、ST、TI 等厂家的基于 ARM7、ARM9、Cortex－M1、Cortex－M3 微控制处理器的仿真，提供非常高效的 RTOS Kernel。除此，提供的 Real－Time 库还有 TCP/IP 网络套件、Flash 文件系统、USB 器件接口、CAN 总线接口等，方便终端用户进行应用开发。

2）RVDS

RVDS(RealView Development Suite)是 ARM 公司继 SDT 与 ADS1.2 之后主推的新一代开发工具，目前有 RVDS4.1 标准版和专业版 2 种版本。RVDS 是专为 SoC、FPGA 以

及 ASIC 用户开发复杂嵌入式应用程序或者和操作系统平台组件接口而设计的开发工具。RVDS 支持器件设计，支持多核调试，支持基于所有 ARM 和 Cortex 系列 CPU 的程序开发。RVDS 还可以和第三方软件进行很好的连接。

对于芯片设计公司以及相关解决方案提供商来说，需要的是更加强大的工具，可以进行多核调试，需要更加先进的调试和分析功能，可以支持多种操作系统，可以进行 IP 整合开发，可以结合 ESL 工具进行架构评估，系统软硬件划分等，那么选择 RVDS 可以提供完整解决方案。

RVDS 包含有四个模块：

(1) IDE：RVDS 中集成了 Eclipse IDE，用于代码的编辑和管理；支持语句高亮和多颜色显示，以工程的方式管理代码，支持第三方 Eclipse 功能插件。

(2) RVCT：RVCT 是业界最优秀的编译器，支持全系列的 ARM 和 XSCALE 架构，支持汇编、C 和 C++。

(3) RVD：RVD 是 RVDS 中的调试软件，功能强大，支持 Flash 烧写和多核调试，支持多种调试手段，快速错误定位。

(4) RVISS：RVISS 是指令集仿真器，支持外设虚拟，可以使软件开发和硬件开发同步进行，同时可以分析代码性能，加快软件开发速度。

先前版本中的编译器 armcc、tcc、armcpp、tcpp 已经整合成一个编译器 armcc，可以将标准的 C 或 C++语言源程序编译成 32 位 ARM 指令代码或者 16 位 Thumb 指令代码或者 Thumb - 2 指令代码。

编译器输出的 ELF 格式的目标文件，包含调试信息。除此之外，编译器可以输出所生成的汇编语言列表文件。RVDS 的编译器根据最新的 ARM 架构进行特别的优化，针对每个 ARM 架构都提供最好的代码执行性能和最优的代码密度。可以根据需要选择调试信息级别以及不同的代码优化方向和优化级别。

3) ARM DS - 5

ARM DS - 5 从以下工具发展而来：DS - 5—RVDS—ADS—SDT。目前 RVDS、ADS 和 SDT 都已经停止更新，新项目推荐使用向后兼容的 DS - 5。

ARM DS - 5 支持裸机程序、U - Boot、Linux 和 Android Kernel、驱动、应用程序开发，以及 Freescale MQX、Micrium μC/OS、Keil RTX、ENEA OSE、FreeRTOS、Express Logic ThreadX 等实时操作系统。ARM DS - 5 支持开发所有基于 ARM 内核的芯片，包括 Cortex - A15、Cortex - A53、Cortex - A57 处理器以及 ARM 最新发布的所有内核芯片。

ARM DS - 5 基于 Eclipse 集成开发环境。ARM DS - 5 使用 ARM 编译器，代码优化程度比 GNU 高 30%以上。ARM DS - 5 配合 DSTREAM 仿真器、RVI 仿真器、ULINKpro 仿真器、ULINKpro D 仿真器进行内核和硬件调试。ARM DS - 5 配合 gdbserver 进行 Linux 应用调试。

ARM DS - 5 有图形化的 Streamline 性能分析器，可基于 C 源码、汇编程序、地址对 bear 裸机程序、U - Boot、Kernel、驱动、app 进行热点、程序瓶颈、CPU 使用、Cache hit/miss、功耗分析。ARM DS - 5 有专业版、社区版(免费版)2 个版本。关于 ARM DS - 5 的详细介绍可访问网址：http://www.myir-tech.com/product/ds-5.htm。ARM DS - 5 在国内由米尔科技提供技术支持和销售服务。

4）Eclipse

Eclipse最初由OTI和IBM两家公司的IDE产品开发组创建，起始于1999年4月。IBM提供了最初的Eclipse代码基础，目前，由IBM发起的Eclipse项目已经发展成为一个庞大的Eclipse联盟，有150多家软件公司参与到Eclipse项目中，其中包括Borland、Rational Software、Red Hat、Sybase及Oracle等。

Eclipse是著名的开放源代码、跨平台的自由集成开发环境。它主要由Eclipse项目、Eclipse工具项目和Eclipse技术项目三个项目组成，具体包括四个组成部分——Eclipse Platform、JDT、CDT和PDE。JDT支持Java开发，CDT支持C开发，PDE用来支持插件开发，Eclipse Platform则是一个开放的、可扩展的通用的开发平台。Eclipse最初主要用于Java语言开发，通过安装不同的插件可以支持不同的计算机语言，比如C++、Python等开发工具。许多软件开发商以Eclipse为框架开发自己的IDE。Eclipse的目标是成为可进行任何语言开发的IDE集成者，使用者只需下载各种语言的插件即可。

5）Android Studio工具

在Google I/O 2013开发者大会上，谷歌隆重推出了全新的Android IDE（集成开发环境）——Android Studio。Android Studio基于Jetbrains公司的标志性Java IDE——IntelliJ（开发者社区开源版本）开发，该产品在功能和设计上别具匠心，可以让开发者更容易地处理开发和布局设计工作。

为了简化Android的开发力度，谷歌决定将重点建设Android Studio工具。谷歌将会全力专注于Android Studio编译工具的开发和技术支持，中止为Eclipse提供官方支持，包括中止对Eclipse ADT插件以及Android Ant编译系统的支持。

5.2.1 Eclipse开发环境的安装

打开光盘下的目录，Eclipse开发环境配套软件如表5-1所示。

表5-1　Eclipse开发环境配套软件

目录名称	内　容
DRIVER	FS_JTAG仿真器驱动
0.5 eclipse-cpp-helios-SRI-win32.zip	Eclipse开发环境压缩包
jre-6u7-windows-i586-p-s.exe	Java开发包
setup.exe	FS_JTAG调试工具安装包
yagarto-bu-2.21_gcc-4.6.2-c-c++_nl-1.19.0_gdb-7.3.1_eabi_20111119.exe	Eclipse交叉编译器安装包
yagarto-tools-20100703-setup.exe	Eclipse交叉编译器工具安装包

1. 安装gcc编译器

打开yagarto-bu-2.21_gcc-4.6.2-c-c++_nl-1.19.0_gdb-7.3.1_eabi_20111119.exe，这个工具为交叉编译器。这里的安装目录需要记住，因为在后面的编译过程中，需要使用对应的交叉编译器。安装目录如图5-15所示。

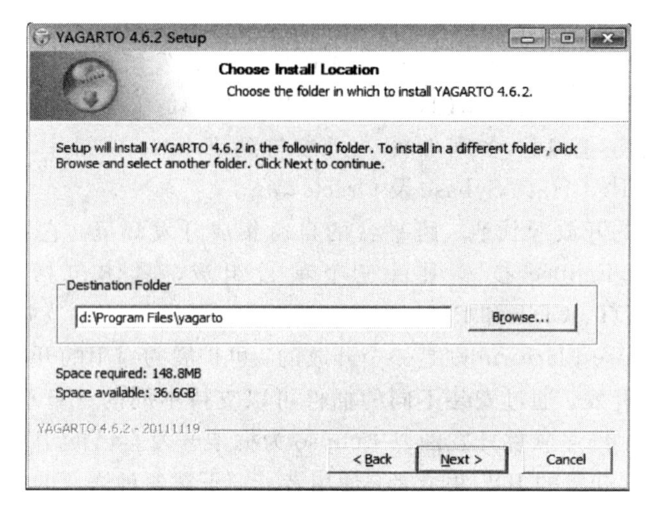

图 5 - 15　交叉编译器安装目录

安装完成后，对应的编译器存放目录为 D：\Program Files\yagarto\bin。

2. 安装 GNU make 工具

打开 yagarto—tools—20100703—setup. exe，并安装。

3. 安装 FS - JTAG 工具

FS - JTAG 工具主要是用于仿真器连接目标 A8 实验箱。打开 Setup. exe。安装过程如图 5 - 16 所示。

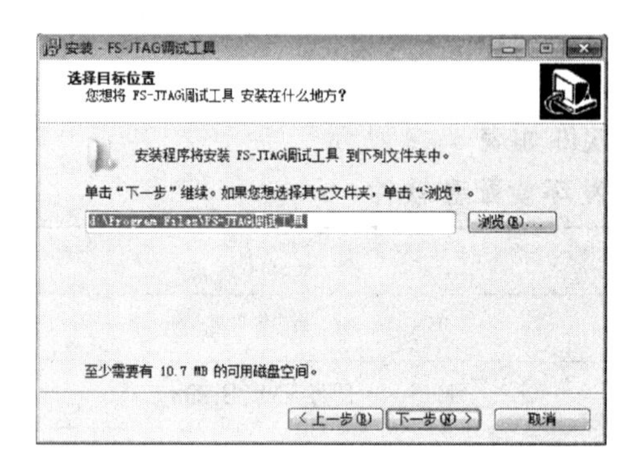

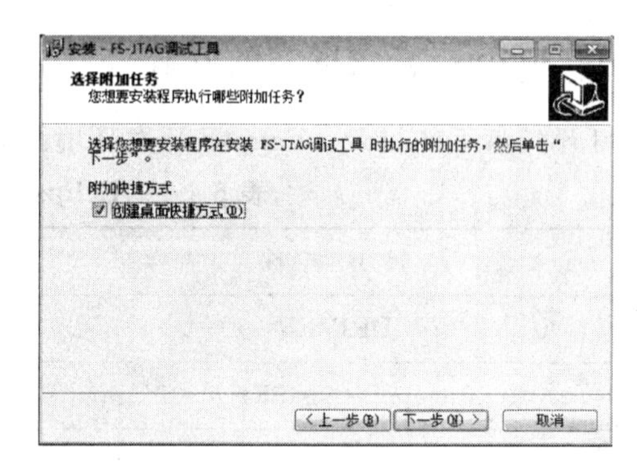

图 5 - 16　JTAG 调试工具安装过程

4. 安装 Java 开发包

打开 jre - 6u7 - windows - i586 - p - s. exe。如果电脑上已经安装过 Java 此类的工具，则不需要再次安装。

5. 安装 Eclipse

解压 05. Eclipse - cpp - helios - SR1 - win32. zip 压缩包，解压完成后，找到当中的 Eclipse. exe 发送到桌面快捷方式，改名为 Eclipse_c(这里的改名主要是为区别于 Android 高版本的 Eclipse)。

打开 Eclipse_c，设置过程如图 5 - 17 所示，确定工作安装目录。

如图 5-18 所示，点击最右边的工作区按钮，就进入到 Eclipse_c 操作主界面。

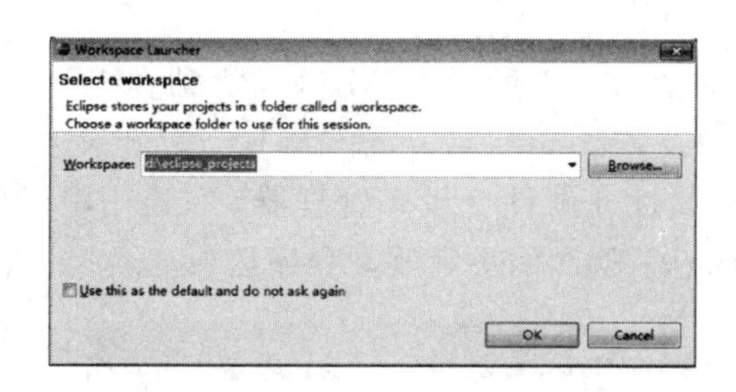

图 5-17　Eclipse 工作目录

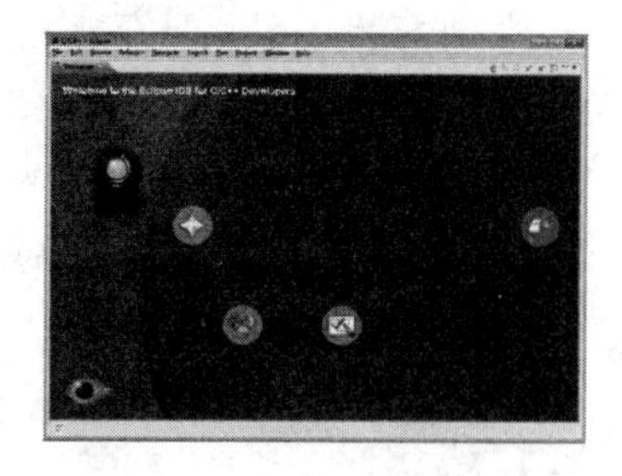

图 5-18　Eclipse 操作主界面

6. ARM 仿真器驱动的安装

如图 5-19 所示，实验选用 Cortex-A8 ARM 仿真器，该款仿真器可以仿真 Cortex-M3、ARM7、ARM9、ARM11、Cortex-A8 等多个 ARM 处理器系列。它是一款基于开源的 OpenOcd 接口的仿真器，外观和 JLINK 相同，并且提供良好的交互界面，有着很全的调试功能，再加上 Eclipse 这样强大的集成开发环境，使得它同样能成为工程师的首选。它既有 USB 特性，USB2.0 全速接口、USB 电源供电；又有 JTAG 特性，IEEE 1149.1 标准；支持烧写 NOR/NAND Flash。

图 5-19　仿真器实物

如图 5-20 所示，把仿真器一端接入计算机 USB 口，会提示发现新硬件，选择从列表或指定位置安装，然后单击下一步。

单击下一步会出现选择驱动安装目录，单击浏览找到 DRIVER 所在的目录。选择好，单击确定后，会提示没有通过微软认证，选择“仍然继续”。

图 5-20　仿真器驱动安装过程

在安装的过程中，如提示需要 ftdibus. sys 文件，单击浏览，在 DRIVER 找到所需要的文件，应驱动安装 3 次，即安装完成。

如果电脑装的是 Windows 7 操作系统，如图 5 - 21 所示为 ARM 仿真器在 Windows7 操作系统下的安装过程。

可在桌面选中“我的电脑”，点击右键选择属性→硬件→设备管理器，在通用串行总线控制器目录下选择 farsight JTAG、farsight Serial Port 的更新驱动程序选项。

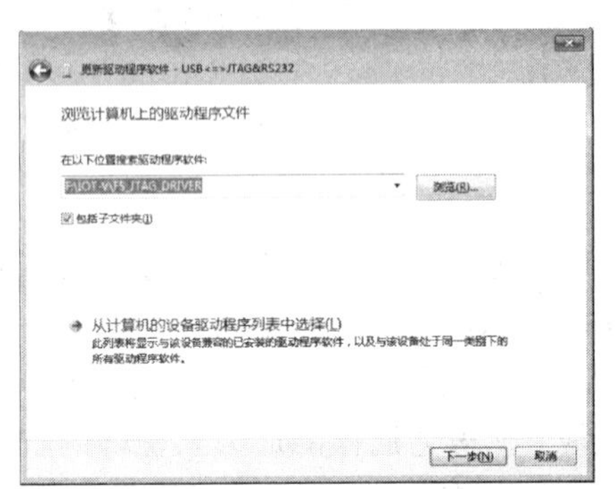

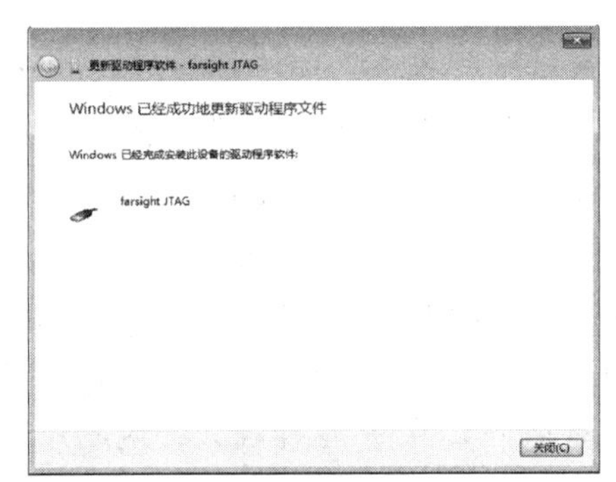

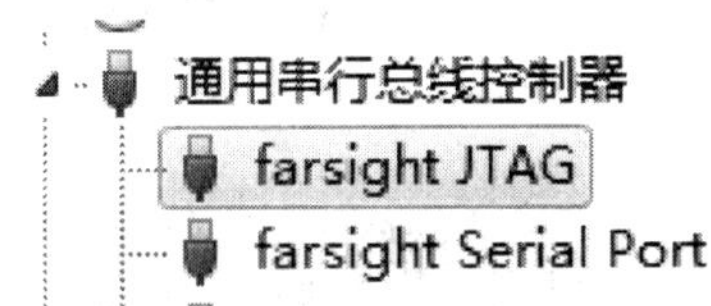

图 5 - 21　Windows 7 下仿真器驱动安装过程

5.2.2　Eclipse 的调试方法

1）指定一个工程存放目录

Eclipse for ARM 是一个标准的窗口应用程序，可以点击程序按钮开始运行。打开后必须先指定一个工程存放路径，如 D：\Eclipse_projects。

2）创建一个工程

进入 Eclipse 主界面后，单击 File→New→C Project 菜单项，Eclipse 将打开一个标准对话框，输入希望新建工程的名字(如 gpioled_s)，单击 Finish 即可创建一个新的工程，建议对每个新建工程使用独立的文件夹。

3）新建一个 MakeFile 文件

在创建一个新的工程后，单击 File→New→Other，在弹出的对话框中的 General 下单击 file，然后单击 next。选择所要指定的工程后，在文件名选框中输入文件名 MakeFile，然后单击 Finish。

在 MakeFile 中输入如下信息：

```
all: led. s
arm - none - eabi - gcc - 4. 6. 2 - O0 - g - c - o led. o led. s
arm - none - eabi - ldled. o - Ttext 0x20080000 - o led. elf
arm - none - eabi - objcopy - O binary - S led. elf led. bin
arm - none - eabi - objdump - D led. elf > led. dis
```

4）新建一个脚本文件

单击File→New→Other，在弹出的对话框中的General下单击file，然后单击Next，然后选择所要指定的工程后，在文件名选框中输入文件名s5pc210.init，单击Finish。

在s5pc210.init文件输入如下信息：

```
target remote 127.0.0.1：3333
monitor halt
monitor arm mcr 15 0 1 0 0 0
monitor step 0
```

5）新建一个汇编源文件

单击File→New→Other，在弹出的对话框中的General下单击file，然后单击Next，然后选择所要指定的工程后，在文件名选框中输入文件名led.s，单击Finish。

在汇编源文件(led.s)当中输入如下汇编代码：

```
.equGPH3CON,                    0XE0200C60
.equGPH3DAT,                    0XE0200C64
.section .text
.globl _start
_start：
start：
            ldr     r0,=GPH3CON
            ldr     r1,=0x11110000        ；设置GPIO的GPH3输出模式
            str     r1, [r0]
loop：
            ldr     r0,=GPH3DAT
            mov     r1, #0xff
            str     r1, [r0]

            ldr     r0,=GPH3DAT
            mov     r1, #0x0
            str     r1, [r0]

            ldr     r0,=GPH3DAT
            mov     r1, #0xff
            str     r1, [r0]

            ldr     r0,=GPH3DAT
            mov     r1, #0xef
            str     r1, [r0]

            ldr     r0,=GPH3DAT
            mov     r1, #0xdf
            str     r1, [r0]
```

```
        ldr     r0,=GPH3DAT
        mov     r1, #0xbf
        str     r1, [r0]

        ldr     r0,=GPH3DAT
        mov     r1, #0x7f
        str     r1, [r0]

        b       loop
        .end
```

6) 编译工程

工程建立完成后，保存文档，编译 Project→Bulit All 工程如图 5 - 22 所示。

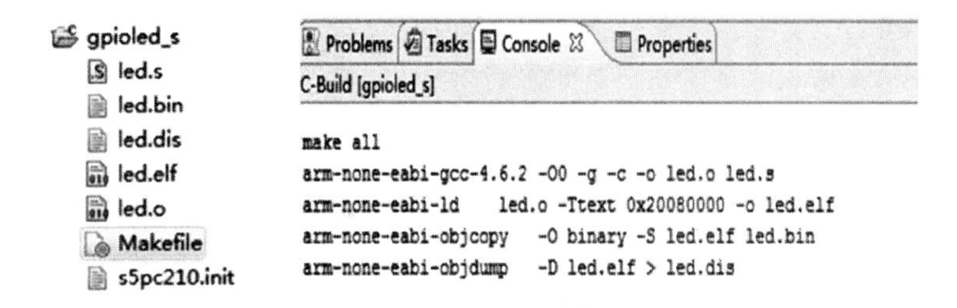

图 5 - 22　工程编译结果

5.2.3　Eclipse 调试工程过程

(1) 在 Eclips 的菜单中单击 Run→Debug Configurations，弹出如图 5 - 23 对话框。

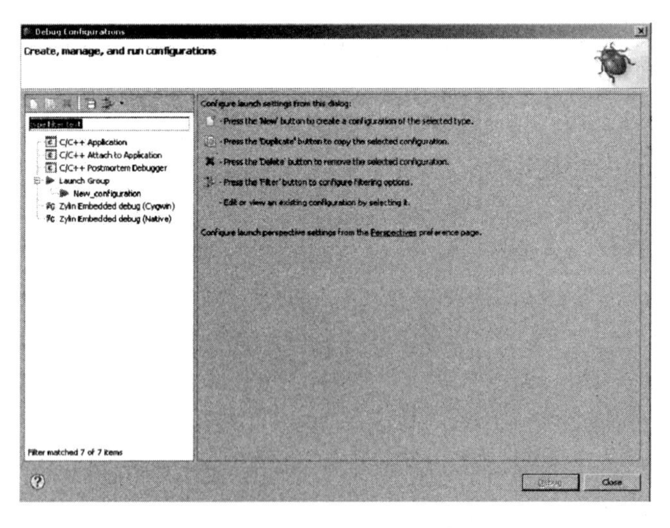

图 5 - 23　调试工具配置窗口

(2) 单击 Zyin Embedded debug(Native)选项，然后右击选择“NEW”出现如图 5 - 24 所示窗口。在 Main 选项卡中的 Project 框中，点击 Browse 选择 led 工程，在 C/C++ Application 中单击 Browse 找到工程目录下的 led. elf 文件。

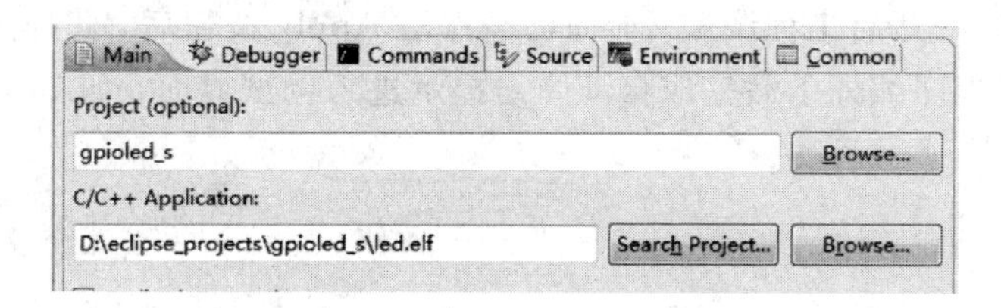

图 5－24　Main 选项卡中选择 led. elf 文件

(3) 如图 5－25 所示，在 Debugger 选项卡的 Main 中，找到 GDB debugger，单击 Browse，选择前面安装的 C：\Program Files\yagarto\bin\arm－none－eabi－gdb. exe(此处选择自己的安装目录)，在 GDB command file 中选择自己工程目录下的 s5pc210. init 文件。

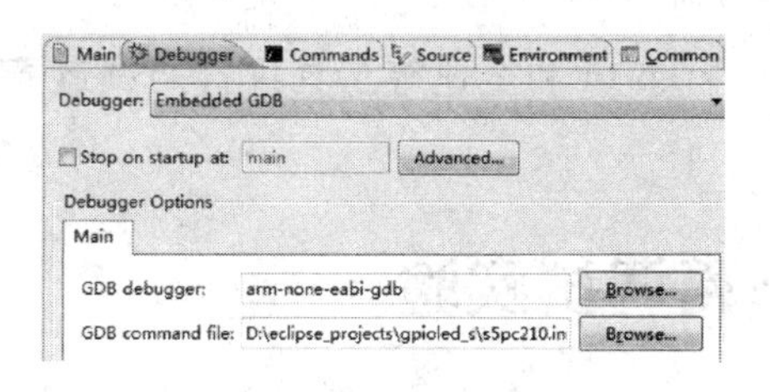

图 5－25　选择调试工具

图 5－26　输入调试命令

(4) 在 Commands 选项卡中输入如图 5－26 所示的调试命令。如果源程序为 C 程序，第二行则改为 break main，或者选中如图 5－25 中的 Stop on startup at ：main 选项。

最后再点击 Apply，确保上面四处配置都修改正确。

(5) 配置 FS－JTAG 调试工具。

FS－JTAG 仿真器两端分别连接好电脑与 CVT－A8 实验箱，实验箱上电运行。先打开 FS－JTAG 调试工具，在 Target 选项中选择 s5pc100 或者 s5pc110，在 Work Direction 选项中选择工程目录或者默认 C：\android 路径，单击 Connect 按钮后，该按钮会变为 Disconnect。最后单击 Telnet 按钮(这一步可以跳过)，将会弹出 Telnet 127. 0. 0. 1 窗口，显示"Open On－Chip Debugger >"，即表示已经连上目标板。出现如图 5－27 所示的打印地址信息，即表示仿真器已经与目标实验箱连接成功。

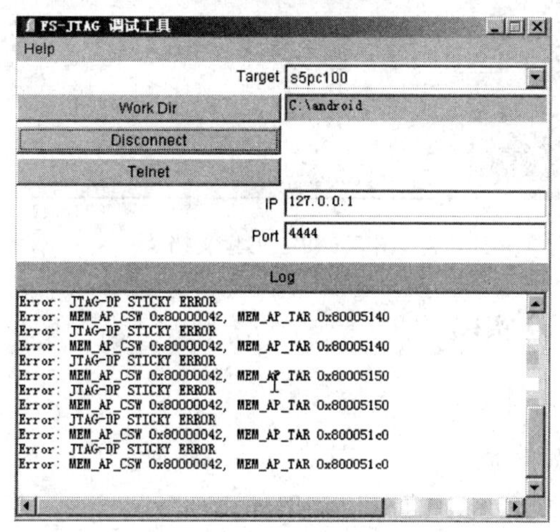

图 5－27　FS－JTAG 调试工具显示信息

(6) 通过 Eclipse 开启工程调试。上面已经点击 Apply 按钮后,此处点击 Debug 按钮开始调试运行,等待程序编译下载完成自动弹出提示进入调试界面,如图 5 - 28 所示。

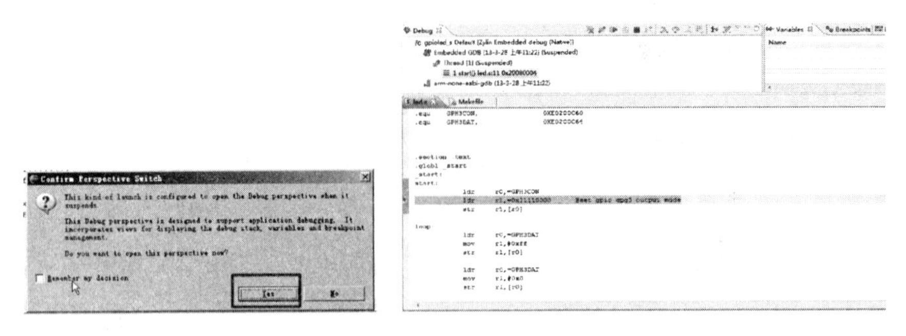

图 5 - 28 Eclipse 调试界面

程序会在断点处停下,然后使用单步、step over、step in 和全速等工具进行调试运行程序,点击全速运行,会出现 LED 亮灭的实验现象。

5.3 S5PV210 驱动仿真调试实验

本节利用 CVT - S5PV210 教学平台提供的实验作为实验素材,其实验文档如图 5 - 29 所示。实验内容包括 gcd 汇编程序实验、asm - 1 汇编程序实验、C 语言程序实验、Led 跑马灯实验、Seg 数码管实验、Matrixled 矩阵控制实验、MotorStepper 步进电机控制实验、GpioLed 控制实验、gpioled_s 实验、Interrupt 中断实验、PWM 蜂鸣器实验、Uart 串口实验、KeyPad 键盘实验。

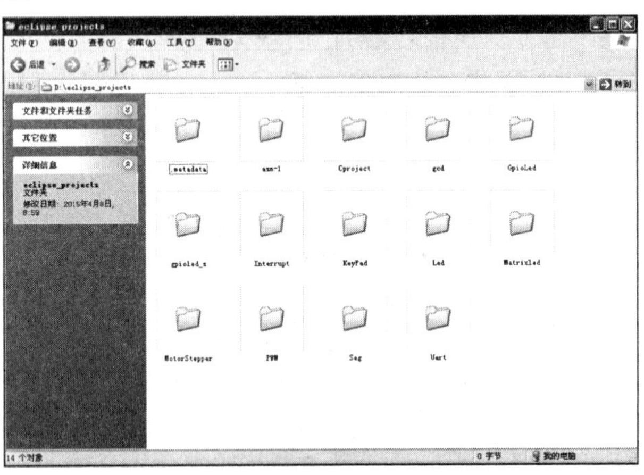

图 5 - 29 实验文档

5.3.1 GPIO 控制 LED 实验

1. 实验目的

(1) 熟悉 Eclipse 开发环境。

(2) 熟悉在 ARM 裸机环境下的 C 语言编程。

(3) 熟悉 CVT - S5PV210 下,GPIO 控制 LED 的操作。

2. 实验内容

(1) 编写程序,练习C语言的使用。

(2) 实现对开发板上GpioLed的控制。

(3) 代码分别在Eclipse的Debug环境下运行。

3. 实验设备

(1) 硬件:CVT-S5PV210嵌入式教学实验箱、PC机。

(2) 软件:PC机操作系统Windows XP(Win 7)+Eclipse开发环境。

4. 实验原理

GPIO(General Purpose IO Ports),即通用I/O接口。在嵌入式系统中常常有数量众多、结构却比较简单的外部设备/电路,对这些设备/电路,有的需要CPU为之提供控制手段,有的则作为CPU的输入信号。而且,许多这样的设备/电路只要求一位,即只要有开/关两种状态就够了。比如控制某个LED灯的亮与灭,或者通过获取某个引脚的电平状态来达到判断外围设备的状态。对这些设备/电路的控制,使用传统的串口或并口都不合适。所以在微控制器芯片上一般都会提供一个"通用可编程I/O接口",即GPIO。

在实际的MCU中,GPIO是有多种形式的。比如,有的GPIO的数据寄存器可以按照位寻址,有些却不能按照位寻址,传统的8051系列,就区分成可位寻址和不可位寻址两种寄存器。另外,为了使用的方便,很多MCU的GPIO接口除必须具备数据寄存器和控制寄存器两个标准寄存器外,还提供上拉寄存器,可以设置IO的输出模式是高阻,还是带上拉的电平输出,或者不带上拉的电平输出。有时为了在掉电、低功耗下GPIO接口运行,还要选用GPxPDNCON(掉电模式配置寄存器)、GPxPDNPULL(掉电模式上拉/下拉寄存器)。

1) S5PV210的GPIO特性

(1) 146个可中断通用控制I/O。

(2) 32个可控外部中断。

(3) 237个多功能复用I/O引脚。

(4) 142个内存端口引脚。

(5) 休眠模式引脚状态可控(除了GPH0、GPH1、GPH2和GPH3)。

2) GPIO分组及功能设定

GPA0:8 I/O接口或2×UART带流控制端口。

GPA1:5 I/O接口或2×UART不带流控制,1×UART带流控制端口。

GPB:8 I/O接口或2×SPI总线接口。

GPC0:5 I/O接口或I^2S总线、PCM、AC97接口。

GPC1:5 I/O接口或I^2S总线、SPDIF、LCD_FRM接口。

GPD:7 I/O接口或2×I^2C总线、PWM、External DMA、SPDIF接口等。

GPD0:4 I/O接口或PWM接口。

GPD1:6 I/O接口或3×I^2C总线、PWM、IEM接口。

GPE0/1:13 I/O接口或摄像头接口。

GPF0/1/2/3:30 I/O接口或LCD接口。

GPG0/1/2/3:28 I/O接口或4×MMC通道(通道0和2支持4位和8位模式,但通道

1、3 只支持 4 位模式)。

GPH0/1/2/3：32 I/O 接口或键盘，最大支持 32 位的睡眠可中断接口。

GPI：低功率 I^2S、PCM(输入输出接口未使用)、低功耗 PDN 配置(通过 AUDIO_SSPDN 寄存器配置)。

GPJ0/1/2/3/4：35 I/O 接口或 Modem IF、CAMIF、CFCON、KEYPAD、SROM ADDR[22:16]接口。

MP0_1/2/3：20 I/O 接口或 EBI 信号控制接口(SROM、NF、OneNAND)。

MP0_4/5/6/7：32 I/O 存储器接口或 EBI 配置信息。

MP1_0～8：71 线 DRAM1 接口(输入输出接口未使用)。

MP2_0～8：71 线 DRAM2 接口(输入输出接口未使用)。

ETC0、ETC1、ETC2、ETC4(ETC3 保留)：28 I/O ETC 接口或 JTAG 操作模式、复位、时钟。

在 S5PV210 中，输出接口被分为如表 5-2 所示的种类。

注意，GPxCON、GPxDAT、GPxPUD 和 GPxDRV 工作在普通模式，GPxPDNCON、GPxPDNPULL 工作在掉电、低功耗模式。

表 5-2 GPIO 接口的输入输出类型

I/O 类型	I/O 接口	描 述
A	GPA0、GPA1、GPC0、GPC1、GPD0、GPD1、GPE0、GPE1、GPF0、GPF1、GPF2、GPF3、GPH0、GPH1、GPH2、GPH3、GPI、GPJ0、GPJ1、GPJ2、GPJ3、GPJ4	标准 I/O(3.3 V)
B	GPB、GPG0、GPG1、GPG2、GPG3、MP0	快速 I/O (3.3V)
C	MP1、MP2	DRAM I/O (1.8V)

3) GPIO 常用寄存器

GPA0 引脚有六个控制功能寄存器，前四个在正常模式下使用，后两个是掉电模式用。

(1) GPA0 控制寄存器。

在 S5PV210 中，大多数的引脚都可复用，所以必须对每个引脚进行配置。接口控制寄存器(GPnCON)定义了每个引脚的功能，如表 5-3 所示。

表 5-3 GPA0CON 控制寄存器(可读/写，地址为 0xE020 0000)

GPA0CON	位	说 明	初始状态
GPA0CON[7]	[31:28]	0000=Input 0001=Output 0010=UART_1_RTSn 0011～1110=Reserved 1111=GPA0_INT[7]	0000
GPA0CON[6]	[27:24]	0000=Input 0001=Output 0010=UART_1_CTSn 0011～1110=Reserved 1111=GPA0_INT[6]	0000

续表

GPA0CON	位	说　明	初始状态
GPA0CON[5]	[23:20]	0000＝Input　0001＝Output 0010＝UART_1_TXD 0011～1110＝Reserved 1111＝GPA0_INT[5]	0000
GPA0CON[4]	[19:16]	0000＝Input　0001＝Output 0010＝UART_1_RXD 0011～1110＝Reserved 1111＝GPA0_INT[4]	0000
GPA0CON[3]	[15:12]	0000＝Input　0001＝Output 0010＝UART_0_RTSn 0011～1110＝Reserved 1111＝GPA0_INT[3]	0000
GPA0CON[2]	[11:8]	0000＝Input　0001＝Output 0010＝UART_0_CTSn 0011～1110＝Reserved 1111＝GPA0_INT[2]	0000
GPA0CON[1]	[7:4]	0000＝Input　0001＝Output 0010＝UART_0_TXD 0011～1110＝Reserved 1111＝GPA0_INT[1]	0000
GPA0CON[0]	[3:0]	0000＝Input　0001＝Output 0010＝UART_0_RXD 0011～1110＝Reserved 1111＝GPA0_INT[0]	0000

(2) GPA0 数据寄存器。

如果接口被配置成了输入接口，可以从 GPnDAT 的相应位读出数据；如果接口被配置成了输出接口，可以向 GPnDAT 的相应位写数据(1：高电平，0：低电平)；如果接口被配置成了其他功能引脚，则未定义的值将被读取。表 5-4 所示为 GPA0DAT 数据寄存器。

表 5-4　GPA0DAT 数据寄存器(可读/写，地址为 0xE020 0004)

GPA0DAT	位	初始状态
GPA0DAT[7:0]	[7:0]	0x00

(3) GPA0 上/下拉寄存器。

表 5-5 所示为 GPA0PUD 寄存器。

表 5-5 GPA0PUD 寄存器(可读/可写，Address=0xE020 0008)

GPA0PUD	位	说　明	初始状态
GPA0PUD[n]	[2n+1:2n], n=0～7	00=上拉/下拉禁止　01=下拉使能 10=上拉使能　11=保留	0x5555

图 5-30 所示为上拉、下拉、高阻状态示意图。

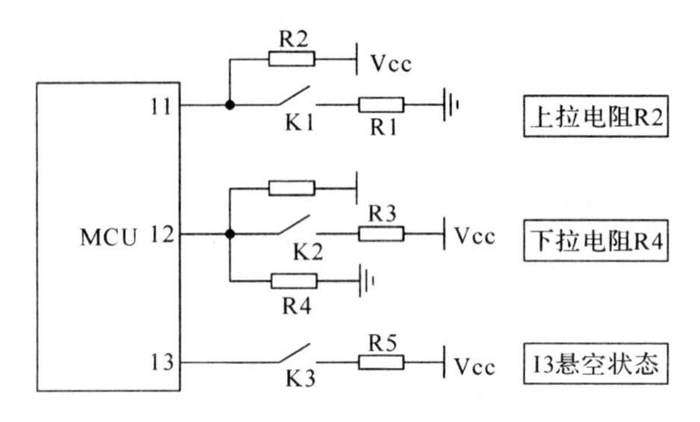

图 5-30　上拉、下拉、高阻状态示意图

① 上拉使能：输出端相当于一个推挽输出。

输出端上拉可以增加输出电流的能力，当 ARM 的 IO 端接的是 OC 或 OD 门时，如果不接上拉电阻是无法输出高电平的，有了这个上拉寄存器，设计时该 OC 门就可以不接上拉电阻了。

② 上拉禁止：输出端相当于一个 OC 门或 OD 门。

IO 的输入输出功能与上拉功能不冲突，一般 IC 设计时，上拉功能是有一定电流限制的，不会造成功能异常；不需要上拉的情况较复杂，例如作为 A/D 输入接口时，就不应该上拉，以免影响实际的输入电平；CPU 低功耗睡眠状态，上拉电阻也有可能切断，降低功耗(这取决于不同芯片)。

(4) GPA0 驱动能力控制寄存器。

当接口需要输出外接发光二极管等器件时，可选用此功能增大接口的驱动能力，实现不同驱动能力(1 mA、2 mA、4 mA、8 mA)的 IO 驱动。表 5-6 所示为 GPA0DRV 寄存器。

表 5-6 GPA0DRV 寄存器(地址为 0xE020 000C)

GPA0DRV	位	说　明	初始状态
GPA0DRV[n]	[2n+1:2n], n=0～7	00=1×　01=2×　10=3×　11=4×	0x0000

(5) GPA0 掉电模式配置寄存器(见表 5-7)。

表 5-7 GPA0CONPDN(可读/写，地址为 0xE020 0010)

GPA0CONPDN	位	说　明	初始状态
GPA0[n]	[2n+1:2n], n=0～7	00=输出 0　01=输出 1 10=输入　11=以前状态	0x00

(6) GPA0 掉电上/下拉寄存器(见表 5-8)。

表 5-8　GPA0PUDPDN(可读/写，地址为 0xE020 0014)

GPA0CONPDN	位	说　明	初始状态
GPA0[n]	[2n+1:2n]，n=0～7	00=上拉/下拉禁止　01=下拉使能 10=上拉使能　11=保留	0x00

(7) GPIO 中断控制寄存器(见表 5-9)。

GPIO 中断有 22 组，分别为 GPA0、GPA1、GPB、GPC0、GPC1、GPD0、GPD1、GPE0、GPE1、GPF0、GPF1、GPF2、GPF3、GPG0、GPG1、GPG2、GPG3、GPJ0、GPJ1、GPJ2、GPJ3 和 GPJ4。

表 5-9　GPA0 中断控制寄存器(读/写)

寄存器	地址	描述	复位值
GPA0_INT_CON	0xE020 0700	中断配置寄存器	0x0
GPA0_INT_MASK	0xE020 0900	中断屏蔽寄存器	0x0000 00FF
GPA0_INT_PEND	0xE020 0A00	中断挂起寄存器	0x0

5. 实验电路

实验电路如图 5-31 所示。从电路图上可以看到，发光二极管 LED 的一端连接到了 ARM 的 GPIO GPH3，另一端经过一个限流电阻接电源 VDD 3.3V。

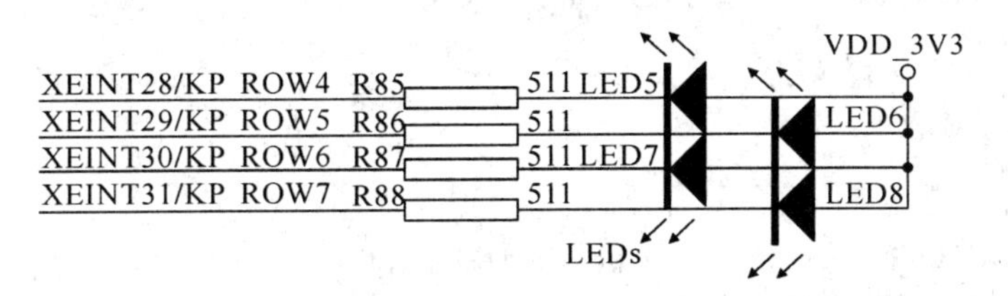

图 5-31　GPIO 控制 LED 实验电路图

当 GPIO 口为低电平时，LED 两端产生电压降，这时 LED 有电流通过并发光。反之当 GPIO 为高电平时，LED 将熄灭。注意亮灭之间要有一定的延时，以便人眼能够区分出来。

表 5-10　GPH3 控制寄存器

寄存器名称	位设置	配置地址，功能选择	地址、初值
控制寄存器 GPH3CON[7:0]	[31:0]， 4 位一组	0000=Input　0001=Output 0010=Reserved 0011=KP_ROW[7-0] 0100～1110=Reserved 1111=EXT_INT[24-31]	0xE020 0C60， 0x0000 0000
数据寄存器 GPH3DAT[7:0]	[7:0]	当该端口配置成输入引脚时，对应位是引脚状态；当该端口配置成输出引脚时，引脚状态与对应位状态一致；当端口配置成多功能引脚时，将读取不确定的值。	0xE020 0C64， 0x00

续表

寄存器名称	位设置	配置地址,功能选择	地址、初值
上/下拉寄存器 GPH3PUD[n]	[2n+1:2n], n=0~7	00=上拉/下拉禁止 01=下拉使能 10=上拉使能 11=保留	0xE020 0C68, 0x5555
驱动能力控制寄存器 GPH3DRV[n]	[2n+1:2n], n=0~7	00=1× 01=2× 10=3× 11=4×	0xE020 0C6C, 0x00

GPH3 配置寄存器有四个,分别是 GPH3CON 控制寄存器、GPH3DAT 数据寄存器、GPH3PUD 上/下拉寄存器、GPH3DRV 驱动能力控制寄存器。

可以根据表 5-10 分析以下语句:

GPH3.GPH3CON=0x11110000;

GPH3.GPH3DAT=0x0;

6. 实验程序

```
#include "s5pc210.h"
#include "uart.h"
void delay( int count )
{
    int cnt;
    for( count=count; count>0; count--)
        for( cnt=0; cnt < 1000; cnt++);
}
int main()
{
    uart_init();
    printf("CVT S5PV210 Jtag GpioLed Test...\n");
    volatile int i, j=0;
    GPH3.GPH3CON=0x11110000;

    while(1){
        GPH3.GPH3DAT=0xFF;
        for(i=0; i <=1000000; i++);

        GPH3.GPH3DAT=0x0;
        for(i=0; i <=1000000; i++);

        for(j=0; j<4; j++){
            GPH3.GPH3DAT=~(0x1<<(j+4));
            for(i=0; i <=1000000; i++);
        }
    }
    return 0;
}
```

7. 实验步骤

(1) 首先打开 Eclipse 软件，指定工作目录。

(2) 打开 GpioLed 工程，点击工具栏的 File，然后点击 Import；如图 5-32 所示，点击 Existing Project into Workspace；再次点击 Browse 按钮，进入目录 D：\Eclipse_projects\GpioLed\；点击 Finish 按钮。

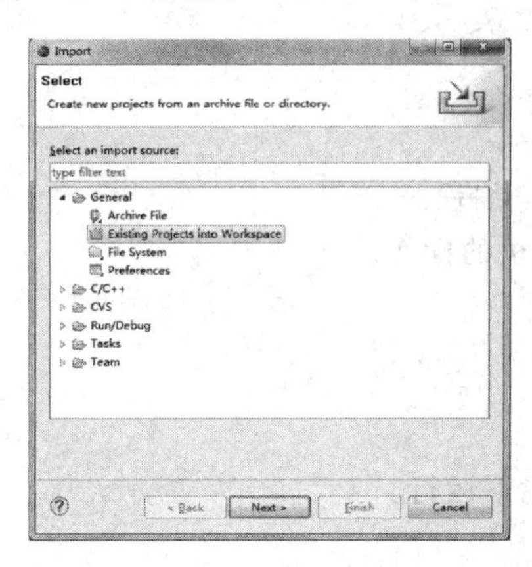

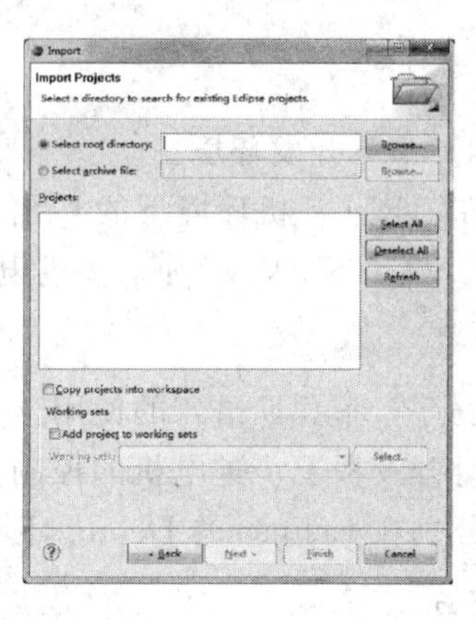

图 5-32　打开 GpioLed 工程

成功添加工程到 Eclipse 中。

(3) 把 Makefile 的 LDPATH 和 COMMON 换成自己的路径：

CROSS_COMPILE=arm-none-eabi-

LDPATH="C：\Program Files\yagarto\lib\gcc\arm-none-eabi\4.6.2\include"

OUTPATH=/mnt/hgfs/share

NAME=GpioLed

COMMONPATH="D：\Eclipse_projects\GpioLed\common\include"

然后点击 Peoject 下的 Clean 来清除以前编译生成的文件，进行新环境下的编译。

(4) 选中工程点右键，点击“Bulid Project”按钮对工程编译，生成 GpioLed.elf 文件，如图 5-33 所示。

```
Problems  Tasks  Console  Properties
C-Build [GpioLed]
make[1]: Leaving directory `D:/eclipse_projects/GpioLed/common/src'
make -C start/
make[1]: Entering directory `D:/eclipse_projects/GpioLed/start'
make[1]: Nothing to be done for `all'.
make[1]: Leaving directory `D:/eclipse_projects/GpioLed/start'
arm-none-eabi-ld  start/start.o common/src/printf.o common/src/uart.o common/src/_udivsi3.o common/src/_umc
Gpioled.elf
arm-none-eabi-objcopy  -O binary  -S Gpioled.elf Gpioled.bin
arm-none-eabi-objdump -D Gpioled.elf > Gpioled.dis
```

图 5-33　编译成功提示

(5) 连接好仿真器，实验箱通电。打开 FS-JTAG 调试工具，连接成功。

设置 Debug Configurations。因为是 C 语言程序，在 Command 选项卡中输入：

load

break main

c

执行 Debug 后，Eclipse 进入 Debug 调试界面，可以看到程序停在 main()的位置。

点击全速运行，可以看到开发板 LED 等闪烁。

有时多次调试时，需要注意，Debug 时只能有一项，不可以多对象存在。

(6) 实验现象。

观察到 GpioLed 亮灭，流水闪亮，可以调节延迟时间实现快亮、慢亮。

5.3.2 步进电机控制实验

1. 实验目的

(1) 熟悉 Eclipse 开发环境。

(2) 熟悉在 ARM 裸机环境下的 C 语言编程。

(3) 熟悉 CVT - S5PV210 下，步进电机的操作。

2. 实验内容

(1) 编写程序，练习 C 语言的使用。

(2) 实现对开发板上步进电机的控制。

(3) 代码分别在 Eclipse 的 Debug 环境下运行。

3. 实验设备

(1) 硬件：CVT - S5PV210 嵌入式教学实验箱、PC。

(2) 软件：PC 机操作系统 Windows XP(Win 7)＋Eclipse 开发环境。

4. 实验原理

步进电机是将电脉冲信号转变为角位移或线位移的开环控制元件。在非超载的情况下，电机的转速、停止的位置只取决于脉冲信号的频率和脉冲数，而不受负载变化的影响，即给电机加一个脉冲信号，电机则转过一个步距角。

步进电机实际上是一种单相或多相同步电动机。单相步进电动机由单路电脉冲驱动，输出功率一般很小，其用途为微小功率驱动。多相步进电动机由多相方波脉冲驱动，用途很广。使用多相步进电动机时，单路电脉冲信号可先通过脉冲分配器转换为多相脉冲信号，在经功率放大后分别送入步进电动机各项绕组。每输入一个脉冲到脉冲分配器，电动机各相的通电状态就发生变化，转子会转过一定的角度(称为步距角)。正常情况下，步进电机转过的总角度和输入的脉冲数成正比；连续输入一定频率的脉冲时，电动机的转速与输入脉冲的频率保持严格的对应关系，不受电压波动和负载变化的影响。由于步进电动机能直接接收数字量的输入，所以特别适合于微机控制。

目前常用的步进电机有三类：

(1) 反应式步进电动机(VR)。它的结构简单，生产成本低，步距角可以做得相当小，但动态性能相对较差。

(2) 永磁式步进电动机(PM)。它的出力大，动态性能好，但步距角一般比较大。

(3) 混合步进电动机(HB)。它综合了反应式和永磁式两者的优点，步距角小，出力大，动态性能好，是性能较好的一类步进电动机。

1) 步进电机的工作原理

现以反应式三相步进电机为例说明其工作原理。定子铁心上有六个形状相同的大齿，相邻两个大齿之间的夹角为 60°。每个大齿上都套有一个线圈，径向相对的两个线圈串联起来成为一项绕组。各个大齿的内表面上又有若干个均匀分布的小齿。转子是一个圆柱形铁心，外表面上圆周方向均匀地布满了小齿。转子小齿的齿距是和定子相同的。设计时应使转子齿数能被二整除。当某一项绕组通电，而转子可自由旋转时，该相两个大齿下的各个小齿将吸引相近的转子小齿，使电动机转动到转子小齿与该相定子小齿对齐的位置，而其他两相的各个大齿下的小齿必定和转子的小齿分别错开正负1/3的齿距，形成“齿错位”，从而形成电磁引力使电动机连续的转动下去。

和反应式步进电动机不同，永磁式步进电动机的绕组电流要求正、反向流动，故驱动电路一般要做成双极性驱动。混合式步进电动机的绕组电流也要求正、反向流动，故驱动电路通常也要做成双极性。步进电机有一个技术参数——空载启动频率，即步进电机在空载情况下能够正常启动的脉冲频率，如果脉冲频率高于该值，电机不能正常启动，可能发生丢步或堵转。在有负载的情况下，启动频率应更低。如果要使电机达到高速转动，脉冲频率应该有加速过程，即启动频率较低，然后按一定加速度升到所希望的高频(电机转速从低速升到高速)。

2) 教学实验系统中步进电机的控制

本教学实验系统中使用的步进电机为四相式步进电机，但工作模式为两相四拍。系统中采用74HC273锁存芯片，将步进电机的相位信号进行锁存，然后通过ULN2003驱动芯片，进入步进电机的各相绕组。

教学实验系统中的电机有两种工作模式：半步模式、整步模式。整步模式下的步距角为18°，半步模式则为9°，各模式下的脉冲信号及分配信号如图5-34、图5-35和表5-11、表5-12所示。

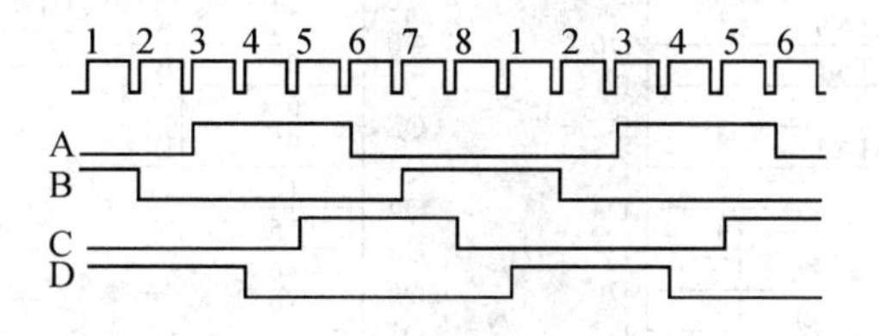

图5-34 半步模式脉冲信号图

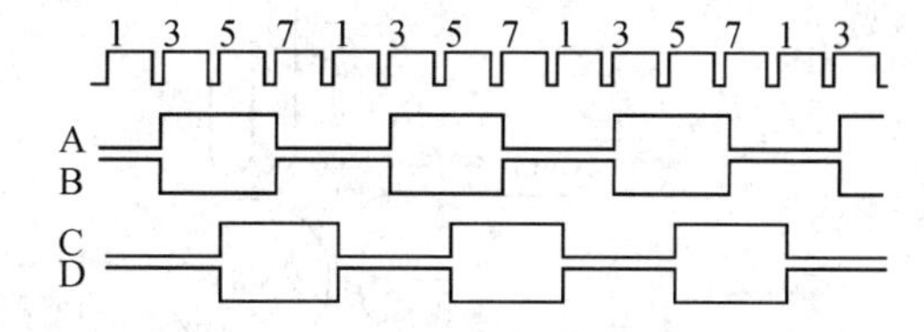

图5-35 整步模式脉冲信号图

表5-11 半步模式下的脉冲分配信号

序号	当前状态	正转脉冲	反转脉冲
1	0101	0001	0100
2	0001	1001	0110
3	1001	1000	0010
4	1000	1010	1010
5	1010	0010	1000
6	0010	0110	1001
7	0110	0100	0001
8	0100	0101	0101

表 5-12 整步模式下的脉冲分配信号

序号	当前状态	正转脉冲	反转脉冲
1	0101	1001	0110
3	1001	1010	1010
5	1010	0110	1001
7	0110	0101	0101

5. 实验电路原理图

由图 5-36 可知，经过 74HC273 锁存后的信号输出到 ULN2003，由 ULN2003 芯片来驱动和控制电机。控制 74HC273 的片选地址为 0x8800 1000，D0～D3 分别对应步进电机的 MA、MB、MC、MD 信号。

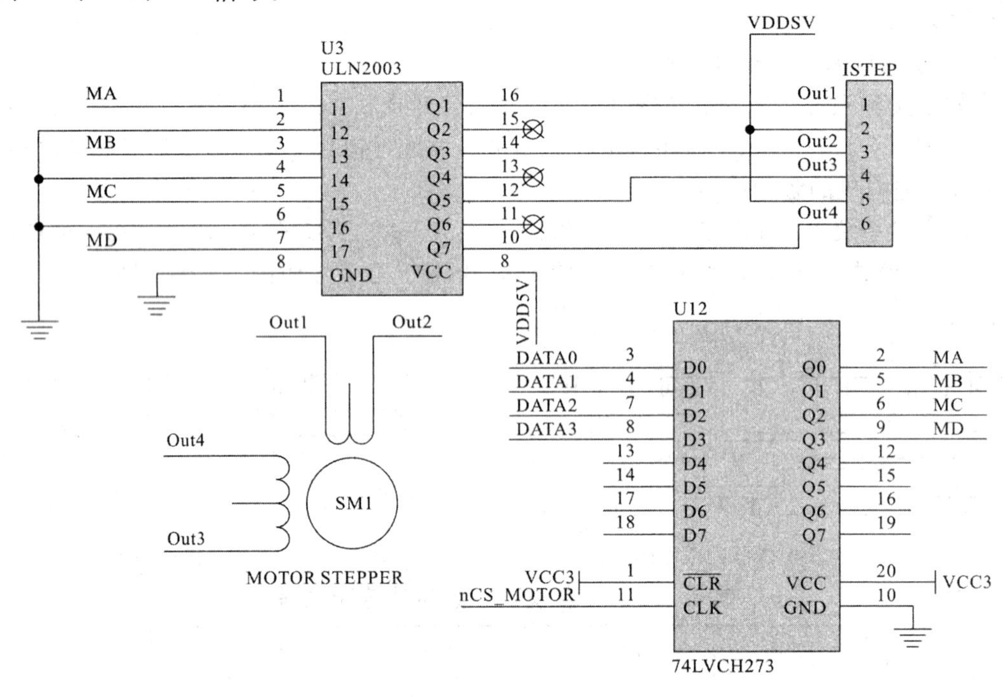

图 5-36 步进电机实验电路原理图

6. 实验程序

```
#include "s5pc210.h"
#include "uart.h"
#define U8 unsigned char
//整步模式正转脉冲
unsigned char pluse_table[]=
{
    0x05, 0x09, 0x0a, 0x06,
};
/*********************************************
```

```
// Function name        : delay
// Description          : 延时子程序
// Return type          : void
// Argument             : count，延时的数值
************************************/
void delay( int count )
{
    int cnt;

    for( count=count; count>0; count--)
        for( cnt=0; cnt < 1000; cnt++);
}

int main()
{
    uart_init();
    printf("CVT S5PV210 Jtag MotorStepper Test...\n");

    int i;
    int row=0;

    for( ; ; ){

        if( row==4 ) row=0;
            *((U8 *)0x88001000)=pluse_table[row++];
            delay (1000);
    }
    return 0;
}
```

7. 实验步骤

(1) 首先打开 Eclipse 软件，指定工作目录。

(2) 打开 MotorStepper 工程，点击工具栏的 File，然后点击 Import。然后点击 Existing Project into Workspace。再次点击 Browse 按钮。如图 5 - 37 所示，进入目录 D:\Eclipse_projects\MotorStepper\。点击 Finish 按钮。成功添加工程到 Eclipse 中。

(3) 需要把 Makefile 的 LDPATH 和 COMMON 换成自己的路径：

```
CROSS_COMPILE=arm-none-eabi-
LDPATH="C:\Program Files\yagarto\lib\gcc\arm-none-eabi\4.6.2\include"
OUTPATH=/mnt/hgfs/share
NAME=motorstepper
COMMONPATH="D:\Eclipse_projects\MotorStepper\common\include"
```

然后点击 Project 下的 Clean 来清除以前编译生成的文件，进行新环境下的编译。

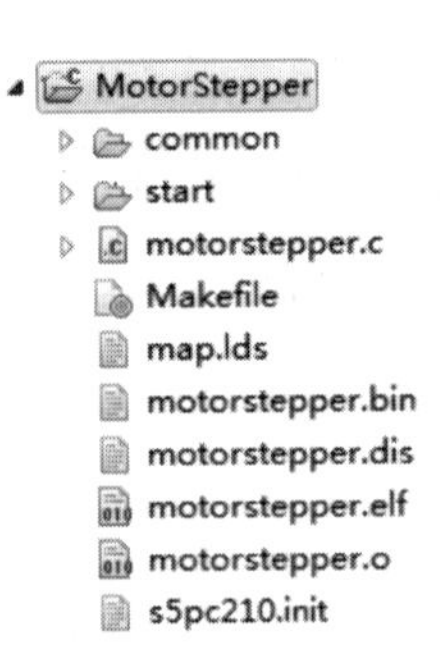

图 5－37　工程文档目录

(4) 点击工程右键，点击“Bulid Project”按钮，对工程进行编译，生成 MotorStepper.elf 文件。编译成功提示如图 5－38 所示。

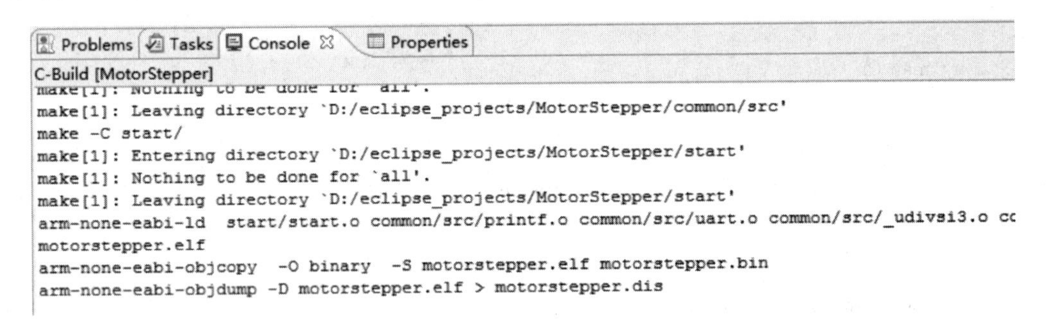

图 5－38　编译结果

(5) 连接好仿真器。实验箱通电。打开 FS－JTAG 调试工具，连接成功。

设置 Debug Configurations。因为是 C 语言程序，在 Command 选项卡中输入：

```
load
break main
c
```

执行 Debug 后，Eclipse 进入 Debug 调试界面，可以看到程序停在 main()的位置。

调试模式成功，全速运行后，查看实验现象。

(6) 实验结果。

观察到步进电机在转动，可以采用记刻度的方法测算电机转速。

5.3.3　串口通信实验

1. 实验目的

(1) 熟悉 Eclipse 开发环境。

(2) 熟悉在 ARM 裸机环境下的 C 语言编程。

(3) 熟悉 CVT－S5PV210 下串口 UART 的操作。

2. 实验内容

(1) 编写程序，练习 C 语言的使用。

(2) 实现对开发板上串口的控制。

(3) 代码分别在 Eclipse 的 Debug 环境下运行。

3. 实验设备

(1) 硬件：CVT - S5PV210 嵌入式教学实验箱、PC。

(2) 软件：PC 机操作系统 Windows XP(Win 7)＋Eclipse 开发环境。

4. 实验原理

串行通信接口电路一般由可编程的串行接口芯片、波特率发生器、EIA 与 TTL 电平转换器以及地址译码电路组成。采用的通信协议有两类：异步协议和同步协议。随着大规模集成电路技术的发展，通用的同步(USRT)和异步(UART)接口芯片种类越来越多，它们的基本功能是类似的。采用这些芯片作为串行通信接口电路的核心芯片，会使电路结构比较简单。下面介绍异步串行通信的基本原理、串行接口的物理层标准以及串口控制器寄存器。

1) 异步串行通信

异步串行通信方式是将传输数据的每个字符一位接一位(例如先低位、后高位)地传送。数据的各不同位可以分时使用同一传输通道，因此串行 I/O 可以减少信号连线，最少用一对线即可进行。接收方对于同一根线上一连串的数字信号，首先要分割成位，再按位组成字符。为了恢复发送的信息，双方必须协调工作。在微型计算机中大量使用异步串行 I/O 方式，双方使用各自的时钟信号，而且允许时钟频率有一定误差，因此实现较容易。但是由于每个字符都要独立确定起始和结束(即每个字符都要重新同步)，字符和字符间还可能有长度不定的空闲时间，因此效率较低。

图 5 - 39 给出了异步串行通信中一个字符的传送格式。开始前，线路处于空闲状态，送出连续“1”。传送开始时首先发一个“0”作为起始位，然后出现在通信线上的是字符的二进制编码数据。每个字符的数据位长可以约定为 5 位、6 位、7 位或 8 位，一般采用 ASCII 编码，后面是奇偶校验位。根据约定，用奇偶校验位将所传字符中为“1”的位数凑成奇数个或偶数个。如果也约定不要奇偶校验，可取消奇偶校验位。最后是表示停止位的“1”信号，这个停止位可以约定持续 1 位、1.5 位或 2 位的时间宽度。一个字符传送完毕，线路进入空闲，持续为“1”。经过一段随机的时间后，下一个字符开始传送才又发出起始位。每一个数据位的宽度等于传送波特率的倒数。异步串行通信中，常用的波特率为 4800、9600、115 200 b/s等。

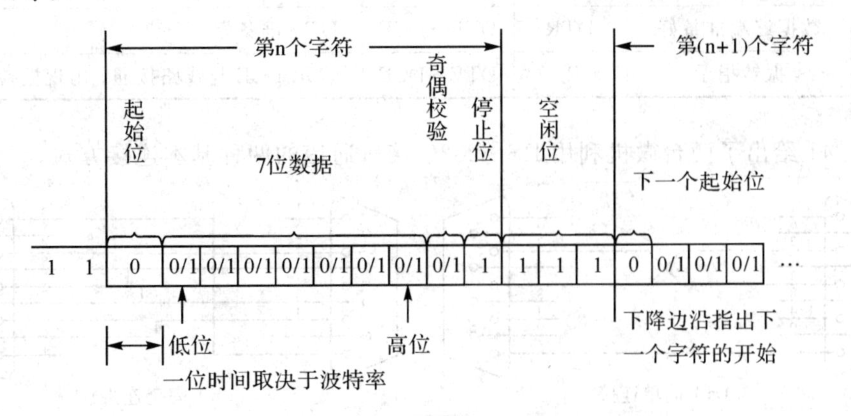

图 5 - 39　串行通信字符格式

2）串行接口的物理层标准

通用的串行 I/O 接口有许多种，现就最常见的两种标准作简单介绍。

(1) RS-232C。

图 5-40 分别给出了 DB-25 和 DB-9 的引脚定义，表 5-13 列出了引脚的名称以及简要说明。

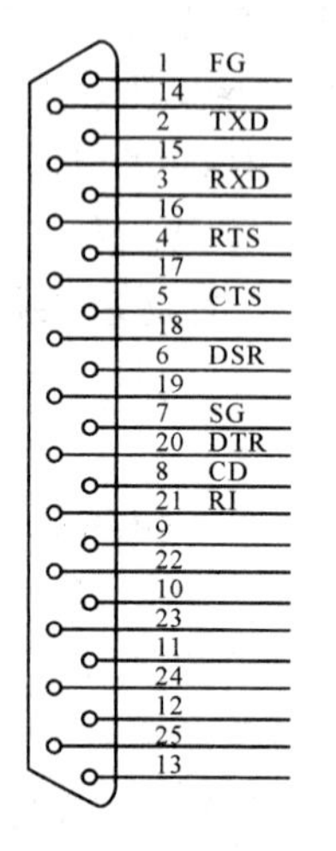

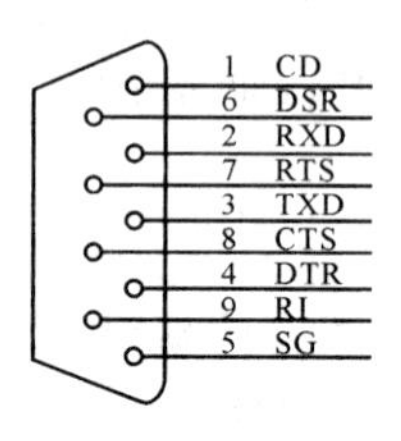

图 5-40 DB-25 和 DB-9 引脚定义

表 5-13 引脚说明

引脚序号	信号名称	符号	流向	功　能
2	发送数据	TXD	DTE→DCE	DTE 发送串行数据
3	接收数据	RXD	DTE←DCE	DTE 接收串行数据
4	请求发送	RTS	DTE→DCE	DTE 请求 DCE 将线路切换到发送方式
5	允许发送	CTS	DTE←DCE	DCE 告诉 DTE 线路已接通，可发送数据
6	数据设备准备好	DSR	DTE←DCE	DCE 准备好
7	信号地	GND/SG		信号公共地
8	载波检测	CD	DTE←DCE	表示 DCE 接收到远程载波
20	数据终端准备好	DTR	DTE→DCE	DTE 准备好
22	振铃指示	RI	DTE←DCE	表示 DCE 与线路接通，出现振铃

图 5-41 给出了两台微机利用 RS-232C 接口通信的两种基本连接方式。

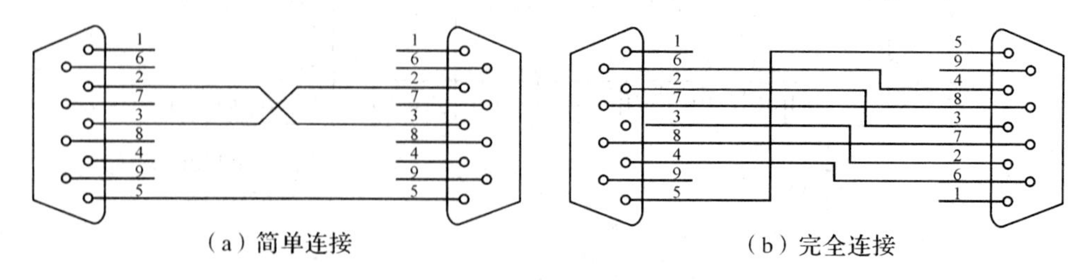

图 5-41 RS-232C 连线图

(2) 信号电平规定。

RS-232C 规定了双极性的信号逻辑电平，采用的是负逻辑定义：

−3 V 到−15 V 之间的电平表示逻辑“1”；

+3 V 到+15 V 之间的电平表示逻辑“0”。

以上电平标准称为 EIA 电平。

常用专门的 RS-232 接口芯片，如 SP3232、SP3220、MAX232、MC1488/1489 等，在 TTL 电平和 EIA 电平之间实现相互转换。

3) 实验使用寄存器

S5PV210 芯片进行 UART 通信所涉及的寄存器有：引脚配置、线控寄存器、控制寄存器、FIFO 控制寄存器等。

(1) UART 线控寄存器 ULCONn。

表 5-14 列出了 ULCONn 各位的含义，有 ULCON0、ULCON1、ULCON2、ULCON3，地址分别为 0x0E90_0000、0x0E90_0400、0x0E90_0800、0x0E90_0C00。该寄存器的位 6 决定是否使用红外模式，位 5～位 3 决定校验方式，位 2 决定停止位长度，位 1 和位 0 决定每帧的数据位数。

表 5-14　ULCONn

位名称	位	描　述	初始状态
保留	[31:7]	保留	0
红外模式	[6]	确定是否采用红外模式 0=正常模式操作　1=红外接收/发送模式	0
校验模式	[5:3]	确定在 UART 接收与发送操作过程中，校验码的生成类型 0xx=没有校验码　　100=奇校验 101=偶校验 110=强制校验位为 1　111=强制校验位为 0	000
停止位数量	[2]	确定每帧数据中的停止位数量 0=每帧 1 个停止位　1=每帧 2 个停止位	0
字长	[1:0]	指出每帧传输或接收的数据位的数量 00=5 位　01=6 位　10=7 位　11=8 位	00

(2) UART 控制寄存器 UCONn。

表 5-15 列出了 UCONn 各位的含义，有 UCON0、UCON1、UCON2、UCON3，地址分别为 0x0E90 0004、0x0E90 0404、0x0E90 0804、0x0E90 0C04。该寄存器对 UART 的工作时钟、中断类型、错误使能、工作模式等进行了配置。

表 5-15　UCONn

位名称	位	描　述	初始状态
保留	[31:21]	保留	000
发送 DMA 脉冲长度	[20]	发送 DMA 脉冲长度，0=1 字节、1=4 字节	0

续表

位名称	位	描　述	初始状态
保留	[19:17]	保留	000
接收 DMA 脉冲长度	[16]	接收 DMA 脉冲长度，0=1 字节、1=4 字节	0
保留	[15:11]	保留	0000
时钟选择	[10]	为 UART 波特率选择 PCLK 或 SCLK_UART 时钟 0=PCLK、1=SCLK_UART	00
发送中断类型	[9]	中断请求类型 0=脉冲、1=电平	0
接收中断类型	[8]	中断请求类型 0=脉冲、1=电平	0
接收超时使能	[7]	如果 UART FIFO 允许，允许/禁止接收超时中断 0=禁止　1=使能	0
接收错误中断使能	[6]	允许 UART 在异常时产生中断，如在接受时发生帧错误、校验错误或者溢出错误等 0=不产生中断　1=产生中断	0
回送模式	[5]	设置 loop - back 位为 1，以触发 UART 进入此种模式，此种模式仅用于测试 0=正常模式　1=回送模式	0
发送中断信号	[4]	在一帧中设置此位触发 UART 发送中断，在发送后此位自动清零 0=正常发送　1=发送中断信号	0
发送模式	[3:2]	决定以哪种方式将发送数据写入 UART 发送缓冲寄存器 00=禁止 01=中断请求或轮询模式 10=DMA 模式　11=保留	00
接收模式	[1:0]	决定以哪种方式从 UART 接收缓冲寄存器读取数据 00=禁止　01=中断请求或轮询模式 10=DMA 模式　11=保留	00

注:① S5PV210 使用电平触发控制器，所以中断类型都应置 1。

② 如果 UART 没有到达 FIFO 触发电平并且在 DMA 接收模式下，3 个字长时间内没有收到数据，会产生接收中断(接收时间溢出)。因此必须检查 FIFO 状态并检查剩余位。

(3) FIFO 控制寄存器 UFCONn。

表 5 - 16 列出了 UFCONn 各位的意义，有 UFCON0、UFCON1、UFCON2、UFCON3，地址分别为 0x0E90_0008、0x0E90_0408、0x0E90_0808、0x0E90_0C08。该寄存器用于收发缓冲的管理，包括缓冲的触发字节数的设置、FIFO 的清除和使能。

表 5-16 UFCONn

位名称	位	描 述	初始状态
Tx FIFO Trigger Level	[10 : 8]	确定 Tx FIFO 的触发电平，如果 Tx FIFO 数据计数小于或者等于触发电平，将产生 Tx 中断 通道 0： 000=0 byte　001=32 byte　010=64 byte 011=96 byte　100=128 byte　101=160 byte 110=192 byte　111=224 byte 通道 1： 000=0 byte　001=8 byte　010=16 byte 011=24 byte　100=32 byte　101=40 byte 110=48 byte　111=56 byte 通道 2/3： 000=0 byte　001=2 byte　010=4 byte 011=6 byte　100=8 byte　101=10 byte 110=12 byte　111=14 byte	00
保留	[7]	保留	0
Rx FIFO Trigger Level	[6 : 4]	确定 Rx FIFO 的触发电平，如果 Rx FIFO 数据计数小于或者等于触发电平，将产生 Rx 中断 通道 0： 000=32 byte　001=64 byte　010=96 byte 011=128 byte　100=160 byte　101=192 byte 110=224 byte　111=256 byte 通道 1： 000=8 byte　001=16byte　010=24 byte 011=32 byte　100=40 byte　101=48 byte 110=56 byte　111=64 byte 通道 2/3： 000=2 byte　001=4 byte　010=6 byte 011=8 byte　100=10 byte　101=12 byte 110=14 byte　111=16 byte	00
保留	[3]	保留	0
Tx FIFO Reset	[2]	Tx 复位，该位在 FIFO 复位后自动清除 0=正常　1=Tx FIFO reset	0
Rx FIFO Reset	[1]	Rx 复位，该位在 FIFO 复位后自动清除 0=正常　1=Rx FIFO reset	0
FIFO Enable	[0]	0=FIFO 禁止　1=FIFO 使能	0

注：如果 UART 没有到达 FIFO 触发电平并且在 DMA 接收模式下，3 个字长时间内没有收到数据，会产生接收中断(接收时间溢出)。用户必须检查 FIFO 状态并检查剩余位。

(4) MODEM 控制寄存器 UMCONn。

表 5-17 列出了 UFCONn 各位的意义，有 UMCON0、UMCON1、UMCON2，地址分别为 0xE290_000C、0xE290_040C、0xE290_080C。该寄存器用于设置流控方式。在实验中没有使用流控。

表 5-17 UMCONn

位名称	位	描 述	初始状态
Reserved	[31:8]	保留	0
RTS trigger Level	[7:5]	确定 Rx FIFO 的触发电平控制 nRTS 信号，如果自动流控制位使能并且 Rx FIFO 数据计数大于等于触发电平，nRTS 信号将失效。 通道 0： 000=255 byte 001=224 byte 010=192 byte 011=160 byte 100=128 byte 101=96 byte 110=64 byte 111=32 byte 通道 1： 000=63 byte 001=56 byte 010=48 byte 011=40 byte 100=32 byte 101=24 byte 110=16 byte 111=8 byte 通道 2： 000=15 byte 001=14 byte 010=12 byte 011=10 byte 100=8 byte 101=6 byte 110=4 byte 111=2 byte	000
自动流控制(AFC)	[4]	0=禁止 1=使能	0
Modem 中断使能	[3]	0=禁止 1=使能	0
Reserved	[3:1]	这些位必须为 0	00
Request to Send	[0]	如果 AFC 使能，该位值将被忽略。此时 S5PV210 自动控制 nRTS。 如果 AFC 禁止，nRTS 必须由软件控制。 0=高电平(nRTS 不激活) 1=低电平(nRTS 激活)	0

注：UART 2 支持 AFC 功能，如果 nRxD3 和 nTxD3 引脚已经在 GPA1CON 中设置；UART 3 不支持 AFC 功能，因为 S5PV210 没有 nRTS3 和 nCTS3。

(5) 发送/接收状态寄存器 UTRSTATn。

表 5-18 列出了 UTRSTATn 各位的意义，寄存器可读。有 4 个发送和接收寄存器 UTRSTAT0、UTRSTAT1、UTRSTAT2、UTRSTAT3，地址分别为 0xE290_0010、0xE290_0410、0xE290_0810、0xE290_0C10。

表 5-18 UTRSTATn

位名称	位	描 述	初始状态
Reserved	[31:3]	保留	0
Transmitter empty	[2]	当发送缓冲器没有有效数据要传送，并且发送移位寄存器为空时，该位自动置 1；该位为 0 时表示非空	1
Transmit buffer empty	[1]	该位为 0 时，缓冲寄存器非空。当发送缓冲器为空时，该位自动置 1(非 FIFO 模式，中断或 DMA 请求)；在 FIFO 模式下，如果 Tx FIFO 触发电平设置为 00(空)，则产生中断或者 DMA 请求。如果 UART 使用 FIFO，检查 UFSTAT 寄存器的 Tx FIFO Count 位和 Tx FIFO Full 位，而不对该位检测	1
Receive buffer data ready	[0]	该位为 0 时，缓冲寄存器为空；当接收缓冲器通过 RxDn 端口接收到的数据包含有效数据时，该位自动置 1(非 FIFO 模式，中断或 DMA 请求)；如果 UART 使用 FIFO，检查 UFSTAT 寄存器的 Tx FIFO 计数位和 Tx FIFO Full 位，不对该位检测	0

(6) 错误状态寄存器 UERSTATn。

表 5-19 列出了 UERSTATn 各位的意义，寄存器可读，它可以反映芯片当前的错误类型。有 4 个错误状态寄存器 UERSTAT0、UERSTAT1、UERSTAT2、UERSTAT3，地址分别为 0xE290_0014、0xE290_0414、0xE290_0814、0xE290_0C14。

表 5-19 UERSTATn

位名称	位	描 述	初始状态
Reserved	[31:3]	保留	0
Break Detect	[3]	当已接收到中断信号时，该位自动置 1；该位为 0 时，表示没有接收到中断信号	0
Frame Error	[2]	当接收出现帧错误时，该位自动置 1；该位为 0 时，表示接收无帧错误	0
Parity Error	[1]	当接收到奇偶校验错误时，该位自动置 1；该位为 0，表示没有接收到奇偶校验错误	0
Overrun Error	[0]	当接收到溢出错误时，该位自动置 1；该位为 0，表示没有接收到溢出错误	0

注：当串口错误状态寄存器被读取时，这些位(UERSATn[3:0])自动清零。

(7) FIFO 状态寄存器 UFSTATn。

表 5-20 列出了 UFSTATn 各位的意义，寄存器可读，通过它读出目前 FIFO 是否满以及其中的字节数。有三个 FIFO 状态寄存器 UFSTAT0、UFSTAT1、UFSTAT2，地址分别为 0xE290_0018、0xE290_0418、0xE290_0818。

表 5 - 20　UFSTATn

位名称	位	描　　述	初始状态
Reserved	[31:25]	保留	0
Tx FIFO Full	[24]	当传送 FIFO 为 full 时，该位自动置 1；该位为 0 表示 Not Full	0
Tx FIFO Count	[23:16]	Number of data in Tx FIFO	0
Reserved	[15:10]	保留	0
Rx FIFO Full	[9]	当 Rx FIFO 包含来自帧错误、奇偶校验错误或者中断信号的无效数据时，该位自动置 1；	0
Tx FIFO Count	[8]	当接收 FIFO 为 full 时，该位自动置 1；该位为 0 表示 Not Full	0
Rx FIFO Count	[7:0]	Number of data in Rx FIFO	0

(8) 发送缓冲寄存器 UTXH 和接收缓冲寄存器 URXH。

表 5 - 21 和表 5 - 22 列出了 UTXH 和 URXH 各位的意义。这两个寄存器存放着发送和接收的数据，当然只有一个字节 8 位数据。需要注意的是，在发生溢出错误时，接收的数据必须被读出来，否则会引发下次溢出错误。

发送缓冲寄存器有 UTXH0、UTXH1、UTXH2、UTXH3，地址分别为 0xE290_0020、0xE290_0420、0xE290_0820、0xE290_0C20，寄存器可写。

表 5 - 21　UTXH

位名称	位	描　　述	初始状态
Reserved	[31:8]	保留	—
UTXHn	[7:0]	Transmit data for UARTn	—

接收缓冲寄存器有 URXH0、URXH1、URXH2、URXH3，地址分别为 0xE290_0024、0xE290_0424、0xE290_0824、0xE290_0C24，寄存器可读。

表 5 - 22　URXH

位名称	位	描　　述	初始状态
Reserved	[31:8]	保留	—
URXHn	[7:0]	Receive data for UARTn	—

(9) 波特率分频寄存器 UBRDIVn。

表 5 - 23 列出了 UBRDIVn 各位的意义，该寄存器可读写。有四个波特率分频寄存器 UBRDIV0、UBRDIV1、UBRDIV2、UBRDIV3，地址分别为 0xE290_0028、0xE290_0428、

0xE290_0828、0xE290_0C28，可读写。

表 5-23 UBRDIVn

位名称	位	描　　述	初始状态
Reserved	[31:16]	保留	0
UBRDIVn	[15:0]	波特率分频值(当 PCLK 是 UART 的时钟源，UBRDIVn 必须>0)	0x0000

注：如果 UBRDIV 值为 0，UART 波特率不受 UDIVSLOT 值影响。

(10) UART 通道波特率除数寄存器 UDIVSLOTn。

表 5-24 列出了 UDIVSLOTn 各位的意义，该寄存器可读写。有四个波特率分频寄存器 UDIVSLOT0、UDIVSLOT1、UDIVSLOT2、UDIVSLOT3，地址分别为 0xE290_002C、0xE290_042C、0xE290_082C、0xE290_0C2C。使用 UDIVSLOT 可以更精确地生产波特率。

表 5-24 UDIVSLOTn

位名称	位	描　　述	初始状态
Reserved	[31:16]	保留	0
UDIVSLOTn	[15:0]	选择时钟生成器分频时钟源的槽	0x0000

① UART 波特率配置。

UBRDIVn 的值必须在 1～($2^{16}-1$)之间。

DIV_VAL＝UBRDIVn ＋ (num of 1's in UDIVSLOTn)/16

当选用 PCLK 时钟，DIV_VAL1＝(int)(PCLK/bps×16)－1；

当选用 SCLK 时钟，DIV_VAL1＝(int)(SCLK_UART/bps×16)－1。

例如：在系统时钟 SCLK_UART 为 40 MHz，波特率取 115200 bps 时，

UBRDIVn＝(int)[40000000/(115200×16)] －1＝int(21.7)－1＝21－1＝20＝0×14

(num of 1's in UDIVSLOTn)/16＝0.7，(num of 1's in UDIVSLOTn)＝11

所以，UDIVSLOTn 可以是 0b1110_1110_1110_1010 或者 0b0111_0111_0111_0101 等。

② UART 时钟和 PCLK 的关系。

PCLK 与 UARTCLK 之间有时钟频率的约束，即 UARTCLK 的频率必须不超过 5.5/3 倍的 PCLK 的频率。

频率 FUARTCLK≤5.5 / 3×FPCLK　　FUARTCLK＝波特率×16

这样做就可以有足够的时间把接收的数据写入到 Rx FIFO。

(11) UART 中断等待寄存器 UINTPn。

表 5-25 列出了 UINTPn 各位的意义，该寄存器可读写。有四个中断等待寄存器 UINTP0、UINTP1、UINTP2、UINTP3，地址分别为 0xE290_0030、0xE290_0430、0xE290_0830、0xE290_0C30。如果以上 4 位中的某一位是逻辑 1，则相应 UART 通道产生中断。

表 5－25 UINTPn

位名称	位	描　　述	初始状态
Reserved	[31:4]	保留	0
MODEM	[3]	产生调制解调中断	0
TXD	[2]	产生发送中断	0
ERROR	[1]	产生错误中断	0
RXD	[0]	产生接收中断	0

(12) UART 中断源等待寄存器 UINTSPn。

表 5－26 列出了 UINTSPn 各位的意义，该寄存器可读写。有四个中断源等待寄存器 UINTSPn、UINTSP1、UINTSP2、UINTSP3，地址分别为 0xE290_0034、0xE290_0434、0xE290_0834、0xE290_0C34。中断源等待寄存器包含产生的中断信息，不论中断屏蔽寄存器的值为多少。

表 5－26 UINTSPn

位名称	位	描　　述	初始状态
Reserved	[31:4]	保留	0
MODEM	[3]	产生调制解调中断	0
TXD	[2]	产生发送中断	0
ERROR	[1]	产生错误中断	0
RXD	[0]	产生接收中断	0

(13) UART 中断屏蔽寄存器 UINTMn。

表 5－27 列出了 UINTMn 各位的意义，该寄存器可读写。有四个中断屏蔽寄存器 UINTM0、UINTM1、UINTM2、UINTM3，地址分别为 0xE290_0038、0xE290_0438、0xE290_0838、0xE290_0C38。

表 5－27 UINTMn

位名称	位	描　　述	初始状态
Reserved	[31:4]	保留	0
MODEM	[3]	屏蔽调制解调中断	0
TXD	[2]	屏蔽发送中断	0
ERROR	[1]	屏蔽错误中断	0
RXD	[0]	屏蔽接收中断	0

中断屏蔽寄存器包含那些中断源被屏蔽的信息。如果一个特定的位被设置为1，中断控制器将不产生中断请求信号，即使相应的中断产生了。即使在这种情况下，所对应的位UINTSPn寄存器也被设置为1。如果屏蔽位是0，则对相应中断源的中断请求提供服务。如图5-42所示为三种中断寄存器之间的关系。

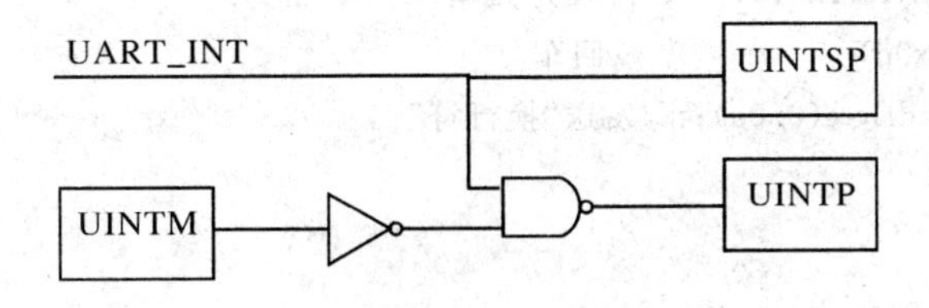

图5-42 三种中断寄存器之间的关系

5. 实验说明

串口在嵌入式系统中是一个重要的资源，常用作输入输出设备，在后续的实验中将使用串口的功能。串口的基本操作有三个：串口初始化、发送数据和接收数据，这些操作都是通过访问上面所述的串口控制寄存器进行，下面将分别说明。

端口配置寄存器设置参见表5-3，此处利用GPA0[1:0]引脚设置为UART_2_TXD、UART_2_RXD功能。实验相应寄存器参照UART2的各类寄存器设置。

串行接口电路原理图如图5-7所示。UART2作为调试通信口用。UART0作为外设通信口或ZigBee模块接口，UART1作为GPS的通信口，UART3为GPRS通信口。

(1) 实验Main.c程序如下：

```
#include "s5pc210.h"
#include "uart.h"
/*************************************
// Function name：delay
// Description    ：延时子程序
// Return type：void
// Argument       ：count，延时的数值
*************************************/
void delay( int count )
{
    int cnt;
    for( count=count; count>0; count--)
        for( cnt=0; cnt < 1000; cnt++);
}

int main()
{
    uart_init(115200);     //选择波特率
    Uart_Select(2);        //选择串口2作为调试通信口用

printf("CVT S5PV210 Jtag Uart Test...\n");
```

```
while(1){
    unsigned char ch='a';

    ch=Uart_Getch();          //接收数据
    Uart_SendByte(ch);        //发送数据
    if(ch==0x0d)              //回车
      Uart_SendByte(0x0a); //发送"换行符"
    }
}
```

(2) Uart.c 如下:

```
#include "s5pc210.h"
void putc(const char data)
{
UART2.UTXH2=data;                    //将数据写到数据端口
while(!(UART2.UTRSTAT2 & 0x2));    //等待发送缓冲器为空
if(data=='\n')
putc('\r');
}
void puts(const  char  * pstr)
{
while( * pstr != '\0')
putc( * pstr++);
}

static int whichUart=0;
void Uart_Select(int ch)
{
    whichUart=ch;
}
GPA1.GPA1CON=0x22;
    UART2.UFCON2=0x00;   //禁止 FIFO 模式
UART2.UMCON2=0x00;   //禁止 AFC
UART2.ULCON2=0x03;   //8 位数据位
UART2.UCON2  =0x305;    //
UART2.UBRDIV2=0x23; //
UART2.UDIVSLOT2=0x3;

void uart_init(int baud)          //串口初始化
{
GPA0.GPA0CON=0x22; //0010 0010，设置 GPA0 的引脚功能    UART0.UFCON0=0x00;
//禁止 FIFO 模式
UART0.UMCON0=0x00; //禁止 AFC
UART0.ULCON0=0x03; ///8 位数据位
```

```
UART0.UCON0   =0x305; //参照表 5-14
UART0.UBRDIV0=0x23; //代入波特率 115200
UART0.UDIVSLOT0=0x3;

GPA0.GPA0CON=0X22<<16;                    //enable GPA0 pin function mode
    UART1.UFCON1=0X00;                    //disable  fifo
UART1.UMCON1=0X00;                        //disable AFC
UART1.ULCON1=0X03;                        //data length 8 bit
UART1.UCON1   =0X305;                     //
UART1.UBRDIV1=0X23;                       // Baud rate divisior register 115200
UART1.UDIVSLOT1=0X3;

GPA1.GPA1CON=0X22;                        //enable GPA0 pin function mode
    UART2.UFCON2=0X00;                    //disable  fifo
UART2.UMCON2=0X00;                        //disable AFC
UART2.ULCON2=0X03;                        //data length 8 bit
UART2.UCON2   =0X305;                     //
UART2.UBRDIV2=0x23;                       // Baud rate divisior register 115200
UART2.UDIVSLOT2=0X3;
}

char utxh(int ch){
if(whichUart==0)
    {
UART0.UTXH0=(unsigned char)(ch);
    }
else if(whichUart==1)
    {
UART1.UTXH1=(unsigned char)(ch);
    }
else if(whichUart==2)
    {
UART2.UTXH2=(unsigned char)(ch);
    }
}

char Uart_Getch(void)
{
if(whichUart==0)
    {
while(!(UART0.UTRSTAT0 & 0x1)); //接收数据准备
return UART0.URXH0;
    }
```

```
else if(whichUart==1)
    {
while(!(UART1.UTRSTAT1 & 0x1)); //Receive data ready
return UART1.URXH1;
    }
else if(whichUart==2)
    {
while(!(UART2.UTRSTAT2 & 0x1)); //Receive data ready
return UART2.URXH2;
    }
}

void Uart_SendByte(int data)
{
if(whichUart==0)
    {
if(data=='\n')
        {
while(!(UART0.UTRSTAT0 & 0x2));
            //Delay(10);                    //because the slow response of hyper_terminal
            utxh('\r');
        }
while(!(UART0.UTRSTAT0 & 0x2));     //Wait until THR is empty.
        //Delay(10);
        utxh(data);
    }
if(whichUart==1)
    {
if(data=='\n')
        {
while(!(UART1.UTRSTAT1 & 0x2));
            //Delay(10);                    //because the slow response of hyper_terminal
            utxh('\r');
        }
while(!(UART1.UTRSTAT1 & 0x2));     //Wait until THR is empty.
        //Delay(10);
        utxh(data);
    }
if(whichUart==2)
    {
if(data=='\n')
        {
while(!(UART2.UTRSTAT2 & 0x2));
```

```
                //Delay(10);                    //because the slow response of hyper_terminal
                utxh('\r');
            }
        while(! (UART2.UTRSTAT2 & 0x2));     //Wait until THR is empty.
            //Delay(10);
            utxh(data);
        }
    }
```

6. 实验步骤

(1) 首先打开 Eclipse 软件，指定工作目录。

(2) 打开 Uart 工程，点击工具栏的 File，然后点击 Import；点击 Existing Project into Workspace；再点击 Browse 按钮，进入目录 D：\Eclipse_projects\Uart\；点击Finish按钮，成功添加工程到 Eclipse 中。

(3) 编写串口操作函数实现如下功能：循环接收串口送来的数据，并将接收到的数据发送回去。

(4) 需要把 Makefile 的 LDPATH 和 COMMON 换成自己的路径：

```
CROSS_COMPILE=arm-none-eabi-
LDPATH="C:\Program Files\yagarto\lib\gcc\arm-none-eabi\4.6.2\include"
OUTPATH=/mnt/hgfs/share
NAME=main
COMMONPATH="D:\Eclipse_projects\Uart\common\include"
```

(5) 编译 UART，生成 uart.elf 文件，如图 5-43 所示。

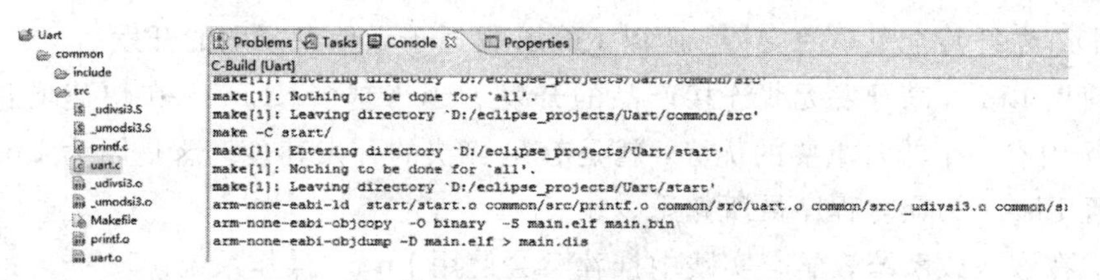

图 5-43　程序工作目录和编译结果

(6) 将计算机的串口接到开发板的 UART0 上。

(7) 连接好仿真器，实验箱通电。打开 FS-JTAG 调试工具，连接成功。

设置 Debug Configurations。执行 Debug 后，Eclipse 进入 Debug 调试界面，可以看到程序停在 main()的位置。调试模式成功，全速运行。

(8) 运行超级终端，选择正确的串口号，并将串口设置为：波特率(115200)、奇偶校验(None)、数据位数(8)和停止位数(1)，无流控，打开串口。

(9) 实验结果。

运行程序，在超级终端中键盘输入的数据，将回显到串口超级终端上，如图 5-44 所示。

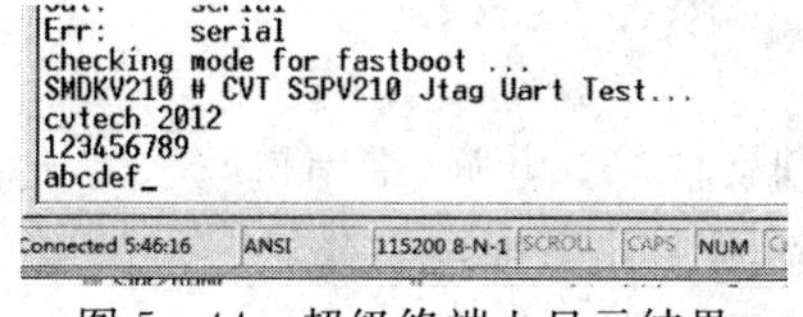

图 5-44　超级终端上显示结果

5.4　嵌入式 Linux 系统实验

嵌入式 Linux 的应用领域非常广泛，主要的应用领域有信息家电、PDA、机顶盒、智能手机、触摸屏、数据网络、以太网交换机、路由器、集线器、远程访问服务器、ATM 取款机、远程通信、医疗电子、交通运输计算机外设、工业控制、航空航天领域等。

嵌入式 Linux 的优势具体如下：

(1) Linux 是开放源代码的，不存在黑箱技术，遍布全球的众多 Linux 爱好者又是 Linux 开发者的强大技术支持；

(2) Linux 的内核小、效率高，内核的更新速度很快，Linux 是可以定制的，其系统内核最小只有约 134KB。

(3) Linux 是免费的 OS，在价格上极具竞争力。

(4) Linux 还有着嵌入式操作系统所需要的很多特色，突出的就是 Linux 适应于多种 CPU 和多种硬件平台，是一个跨平台的系统。到目前为止，它可以支持二、三十种 CPU。而且性能稳定，裁剪性很好，开发和使用都很容易。很多 CPU 包括家电业芯片，都开始做 Linux 的平台移植工作。移植的速度远远超过 Java 的开发环境。也就是说，如果今天用 Linux 环境开发产品，那么将来更换 CPU 就不会遇到困扰。

(5) Linux 内核的结构在网络方面是非常完整的，Linux 对网络中最常用的 TCP/IP 协议有最完备的支持。提供了包括十兆、百兆、千兆的以太网络以及无线网络、Toker ring(令牌环网)、光纤甚至卫星的支持。所以 Linux 很适于做信息家电的开发。

(6) 使用 Linux 来开发无线连接产品的开发者越来越多。Linux 在快速增长的无线连接应用主场中有一个非常重要的优势，就是有足够快的开发速度。这是因为 Linux 有很多工具，并且 Linux 为众多程序员所熟悉。

因此，在嵌入式系统教学与实践中推荐学会使用 Linux 操作系统。

5.4.1　BootLoader 实验

1. 实验目的

(1) 了解 BootLoader 在嵌入式系统中的作用。

(2) 熟悉 Ubuntu Linux 主机环境。

(2) 熟悉 U - Boot 编译方法，掌握 U - Boot 的基本功能、操作。

2. 实验内容

(1) 学习 U - Boot 的基础知识和常用命令，并按照实验步骤实践 U - Boot 的用法。

(2) 编译引导 Linux 系统的 BootLoader。

3. 实验设备

(1) 硬件：CVT - A8 系列实验箱，电脑(带串口)。

(2) 软件：PC 机操作系统、Ubuntu 系统环境。

4. 实验原理

1) BootLoader 的概念

回忆一下 PC 的体系结构可知，PC 机中的引导加载程序由 BIOS(其本质就是一段固件程序)和位于硬盘 MBR 中的引导程序一起组成。BIOS 在完成硬件检测和资源分配后，将硬盘 MBR 中的引导程序读到系统的 RAM 中，然后将控制权交给引导程序。引导程序的主要运行任务就是将内核映象从硬盘上读到 RAM 中，然后跳转到内核的入口点去运行，也即开始启动操作系统。而在嵌入式系统中，通常并没有像 BIOS 那样的固件程序(有的嵌入式系统也会内嵌一段短小的启动程序)，因此整个系统的加载启动任务就完全由 BootLoader 来完成。比如在一个基于 ARM920T 核的嵌入式系统中，系统在上电或复位时都从地址 0x00000000 开始执行，而在这个地址处安排的通常就是系统的 BootLoader 程序。

简单地说，BootLoader 就是在操作系统内核或用户应用程序运行之前运行的一段小程序。通过这段小程序，我们可以初始化硬件设备、建立内存空间的映射图，从而将系统的软硬件环境带到一个合适的状态，以便为最终调用操作系统内核或用户应用程序准备好正确的环境。对于一个嵌入式系统来说，可能有的包括操作系统，有的小型系统也可能只包括应用程序，但是在这之前都需要 BootLoader 为它准备一个正确的环境。通常，BootLoader 是依赖于硬件而实现的，特别是在嵌入式领域，为嵌入式系统建立一个通用的 BootLoader 是很困难的。当然，我们可以归纳出一些通用的概念来，以便我们了解特定 BootLoader 的设计与实现。

(1) BootLoader 的移植和修改。

每种不同的 CPU 体系结构都有不同的 BootLoader。除了依赖于 CPU 的体系结构外，BootLoader 实际上也依赖于具体的嵌入式板级设备的配置，比如板卡的硬件地址分配，RAM 芯片的类型，其他外设的类型等。对于两块不同的嵌入式板而言，即使它们是基于同一种 CPU 而构建的，如果他们的硬件资源和配置不一致的话，要想让运行在一块板子上的 BootLoader 程序也能运行在另一块板子上，也还是需要作一些必要的修改。

(2) BootLoader 的安装。

系统加电或复位后，所有的 CPU 通常都从 CPU 制造商预先安排的地址上取指令。比如，S3C2410X 在复位时都从地址 0x00000000 取它的第一条指令。而嵌入式系统通常都有某种类型的固态存储设备(比如：ROM、E^2PROM 或 Flash 等)被安排在这个起始地址上，因此在系统加电后，CPU 将首先执行 BootLoader 程序。也就是说对于基于 S3C2410X 的这套系统，我们的 BootLoader 是从 0 地址开始存放的，而这块起始地址需要采用可引导的固态存储设备如 Flash。

(3) 用来控制 BootLoader 的设备或机制。

串口通信是最简单也是最廉价的一种双机通信设备，所以往往在 BootLoader 中主机和目标机之间都通过串口建立连接，BootLoader 程序在执行时通常会通过串口来进行 I/O，比如：输出打印信息到串口，从串口读取用户控制字符等。当然如果认为串口通信速度不够，也可以采用网络或者 USB 通信，那么相应的在 BootLoader 中就需要编写各自的驱动。

(4) BootLoader 的启动过程。

多阶段的 BootLoader 能提供更为复杂的功能，以及更好的可移植性。从固态存储设备上启动的 BootLoader 大多都是 2 阶段的启动过程，即启动过程可以分为 stage 1 和 stage 2

两部分，具体功能将在下一节介绍。

(5) BootLoader 的操作模式。

大多数 BootLoader 都包含两种不同的操作模式：启动加载模式和下载模式，这种区别仅对于开发人员才有意义。但从最终用户的角度看，BootLoader 的作用就是用来加载操作系统，而并不存在所谓的启动加载模式与下载工作模式的区别。

启动加载(Bootloading)模式：这种模式也称为"自主"(Autonomous)模式，即 BootLoader 从目标机上的某个固态存储设备上将操作系统加载到 RAM 中运行，整个过程并没有用户的介入。这种模式是 BootLoader 的正常工作模式，因此在嵌入式产品发布的时候，BootLoader 显然必须工作在这种模式下。

下载(Downloading)模式：在这种模式下，目标机上的 BootLoader 将通过串口连接或网络连接等通信手段从主机下载文件，比如：下载应用程序、数据文件、内核映像等。从主机下载的文件通常首先被 BootLoader 保存到目标机的 RAM 中，然后再被 BootLoader 写到目标机上的固态存储设备中。BootLoader 的这种模式通常在系统更新时使用。工作于这种模式下的 BootLoader 通常都会向它的终端用户提供一个简单的命令行接口。

(6) BootLoader 与主机之间进行文件传输所用的通信设备及协议。

最常见的情况就是，目标机上的 BootLoader 通过串口与主机之间进行文件传输，传输可以简单的采用直接数据收发，当然在串口上也可以采用 xmodem/ymodem/zmodem 协议以及在以太网上采用 TFTP 协议。

此外，在论及这个话题时，主机方所用的软件也要考虑。比如，在通过以太网连接和 TFTP 协议来下载文件时，主机方必须有一个软件用来提供 TFTP 服务。

(7) 通常一个嵌入式 BootLoader 提供以下特征：

① 初始化硬件，尤其是内存控制器。

② 提供 Linux 内核的启动参数。

③ 启动 Linux 内核。

此外，大多数 BootLoader 也提供简化开发过程的特征，具体如下：

① 读写存储器。

② 通过串口或者以太网口上载新的二进制映像文件到目标板的 RAM。

③ 从 RAM 中拷贝二进制映像文件到 FLASH 存储器中。

2) U-Boot 简介

U-Boot，全称 Universal Boot Loader，是遵循 GPL 条款的开放源码项目。从 FADSROM、8xxROM、PPCBOOT 逐步发展演化而来。U-Boot 是开放源码的，支持多种嵌入式操作系统内核，如 Linux、NetBSD、VxWorks、QNX、RTEMS、ARTOS、LynxOS；支持多个处理器系列，如 PowerPC、ARM、x86、MIPS、XScale；具有较高的可靠性和稳定性，高度灵活的功能设置，适合 U-Boot 调试、操作系统不同引导要求、产品发布；具有丰富的设备驱动源码，如串口、以太网、SDRAM、Flash、LCD、NVRAM、E^2PROM、RTC、键盘等；具有较为丰富的开发调试文档与强大的网络技术支持。

U-Boot 的源码目录、编译形式与 Linux 内核很相似，事实上，不少 U-Boot 源码就是相应的 Linux 内核源程序的简化，尤其是一些设备的驱动程序，U-Boot 源码的注释中能体现这一点。U-Boot 的用户接口类似于 Linux 的 shell 界面，通过串口连接以后，用户可以交互式输入命令和看到结果。U－Boot 的启动界面如图 5－45 所示。

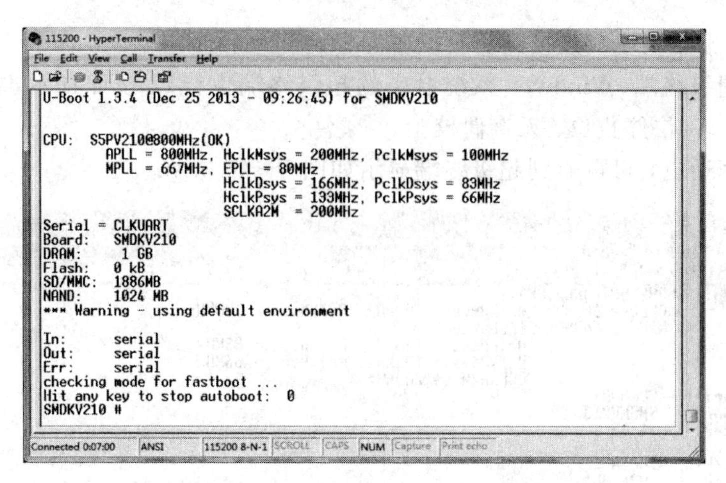

图 5－45　U－Boot 的启动界面

启动时，首先检查系统配置，上述结果中可以知道，该系统的 CPU 为 S5PV210，RAM 配置为 1GB，Flash 配置为 1024 MB。然后开始进入命令行界面(以提示符“SMDK210 ＃表示”)，在该命令行界面中用户可以输入操作命令。

3) U－Boot 环境变量

U－Boot 环境被保存于非易失性存储器(如 Flash)的一段区域，当 U－Boot 启动的时候被拷贝到 RAM。它用于保存配置系统的环境变量。U－boot 环境采用 CRC32 校验和保护。本节列举了大多数重要的环境变量。

用户可以使用以下这些变量配置 U－Boot：

(1) baudrate：控制台波特率的十进制数值。当使用“setenv baudrate …”命令改变波特率时，U－Boot 将切换控制台终端的波特率并在进入新的速度设置后等待一个换行符。如果失败，将不得不复位目标板(由于没有保存新的设置，因此系统将保持老的波特率)，如果没有“baudrate”变量被定义，缺省的波特率是 115200。

(2) bootcmd：改变量定义一个命令字符串，当初始化倒数计时没有被中断时，该字符串将被自动执行。该命令仅仅在 bootdelay 也被定义时被执行。

(3) bootdelay：系统复位后，在执行 bootcmd 变量的内容前，U－Boot 将等待 bootdelay秒。在这段时间，将显示倒计时，可以通过按下任意键中断 bootcmd 的运行。如果希望不作任何延时请设置该变量为 0。

(4) ethaddr：第一个以太网接口的以太网 MAC 地址(Linux 中的 eth0)。该变量只能被设置一次，U－Boot 拒绝在设置后输出或者覆盖该变量。

(5) ipaddr：本机 IP 地址，tftp 命令使用。

(6) serverip：TFTP 服务器 IP 地址，tftp 命令需要。

(7) bootlinux：从 flash 引导 Linux 系统启动。

(8) bootandroid：从 flash 引导 Android 系统启动。

(9) loadlinuxramdisk：从网络 TFTP 服务器下载内核、RamDisk 文件系统到内存中，并且运行下载的 Linux 系统。

(10) burnlinuxzImage：烧写 sd 卡中的 zImge 文件到 Flash 中的 Kernel 区。

5. 实验步骤

(1) 把 PC 电脑的串口连接到实验设备的串口 2。

(2) 打开超级终端(Windwos 系统自带的超级终端也行),按照提示选择 115200 波特率、8 位数据位、1 位停止位、无奇偶校验。

(3) 实验箱通电,可以看到超级终端显示如图 5-46 所示。

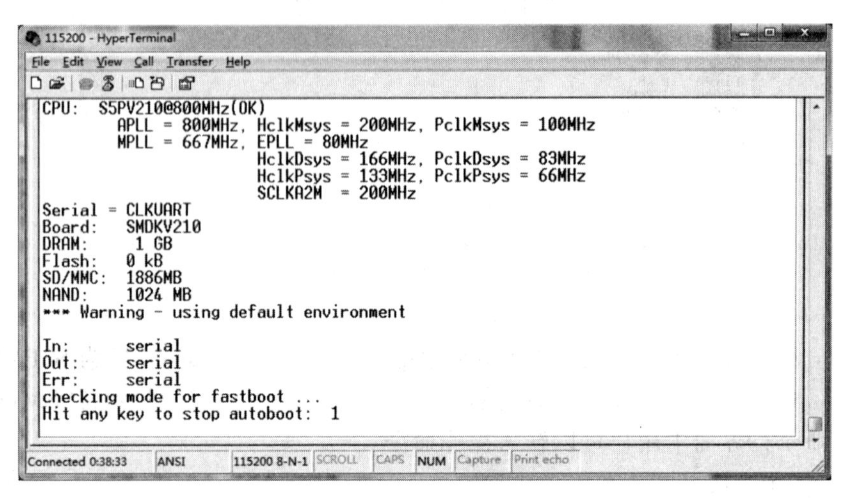

图 5-46 超级终端显示界面

(4) 在"Hit any key to stop autoboot: 1"倒数到 0 之前,点击键盘的任意按键,进入 U-Boot 命令行状态。

(5) U-Boot 基本命令实验。

如图 5-47 及图 5-48 所示,分别在 U-Boot 中输入如下命令,并观察实验结果:

```
SMDK210 #help          //打印帮助信息
SMDK210 #bdinfo        //打印目标板配置信息
SMDK210 #printenv      //打印目标板环境变量信息
```

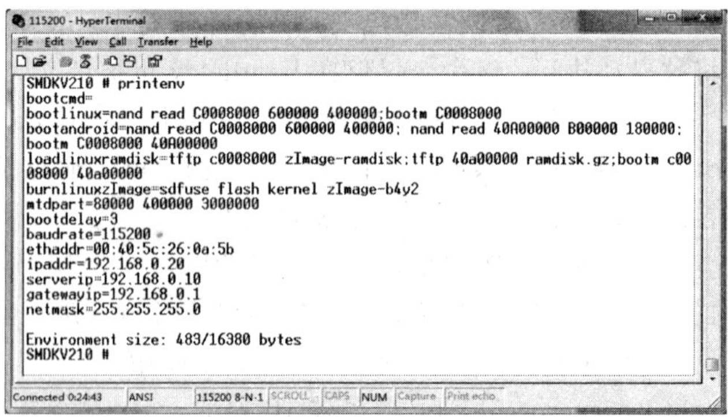

图 5-47 打印目标板配置信息界面　　图 5-48 打印目标板环境变量信息界面

(6) tftp 程序下载和引导操作实验。

首先打开 tftp 服务器,指定下载文件的目录。

tftp 服务器准备完成后,用网线连接 PC 与实验箱的网口,在超级终端中输入命令:

```
SMDK210 #tftp C0008000 zImage
```

```
SMDK210 # bootm C0008000
```

在 U - Boot 中输入以上命令，可实现将主机上的 zImage 程序通过 tftp 下载到 0xC0008000 地址，并从该地址处运行 zImage 程序。

(7) U - Boot 环境变量操作实验。

① 通过 setenv 命令修改环境变量，重新设置实验箱 IP 地址以及服务器 IP 地址，并用 saveenv 命令保存修改过后的环境变量。

```
SMDK210 setenv ipaddr 192.168.1.45
SMDK210 # setenv servierip 192.168.1.180
SMDK210 # saveenv
```

之后通过 printenv 命令查看修改结果。

② 在 U - Boot 中输入如下命令，创建一个环境变量，并运行该环境变量。

```
SMDK210 # printenv
SMDK210 # setenv test ‘echo this is a test’
SMDK210 # printenv
SMDK210 # saveenv
SMDK210 # run test
```

③ 在 U - Boot 中输入如下命令，创建一个环境变量，实现 tftp 下载功能。

```
SMDK210 # printenv
SMDK210 # setenv test ‘tftp C0008000 zImage; bootm C0008000’
SMDK210 # printenv
SMDK210 # saveenv
SMDK210 # run test
```

④ 在 U - Boot 中输入如下命令，实现自主引导，U - Boot 启动后自动执行第二步中创建的 test 环境变量。如果修改了 bootcmd，请务必在实验结束后，还原 bootcmd 环境变量。

```
SMDK210 # setenv bootcmd ‘run test’
SMDK210 # saveenv
SMDK210 # reset
```

(8) 编译启动引导程序 U - Boot

① 解压 U - Boot。

把 u - boot - s5pv210.tar.gz 拷贝到 Linux 主机的工作目录下，用命令解压 u - boot - s5pv210.tar.gz，并进入 U - Boot 目录，如图 5 - 49 所示。

```
# tar  zxvf  u-boot-s5pv210.tar.gz
# cd  u-boot-s5pv210
```

② 清理 U - Boot。

```
# make clean
```

③ 配置 U - Boot。

检查 Makefile，配置正确的交叉编译路径，这里用的是工具链 arm - none - linux - gnueabi - ifeq(S(ARCH), arm)

```
CROSS COMPILE=arm-none-Linux-gnueabi.
```

```
root@VirtualOS:/home/cvtech/u-boot-s5pv210# ls
api                            examples          lib_sh                  ppc_config.mk
api_examples                   fs                lib_sparc               README
arm_config.mk                  i386_config.mk    m68k_config.mk          rules.mk
avr32_config.mk                image_split       MAINTAINERS             sd_fusing
blackfin_config.mk             include           MAKEALL                 sh_config.mk
board                          lib_arm           Makefile                sparc_config.mk
CHANGELOG                      lib_avr32         microblaze_config.mk    System.map
CHANGELOG-before-U-Boot-1.1.5  lib_blackfin      mips_config.mk          tools
Changelog_Samsung              libfdt            mkconfig                u-boot
common                         lib_generic       mkmovi                  u-boot.bin
config.mk                      lib_i386          nand_spl                u-boot.dis
COPYING                        lib_m68k          net                     u-boot.lds
cpu                            lib_microblaze    nios2_config.mk         u-boot.map
CREDITS                        lib_mips          nios_config.mk          u-boot.srec
disk                           lib_nios          onenand_bl1
doc                            lib_nios2         onenand_ipl
drivers                        lib_ppc           post
```

图 5-49　操作指令及显示结果

U-Boot 的目录结构如下：

• board：目标板相关文件，主要包含 SDRAM、Flash 驱动。

• common：独立于处理器体系结构的通用代码，如内存大小探测与故障检测。

• cpu：与处理器相关的文件。如 mpc8xx 子目录下含串口、网口、LCD 驱动及中断初始化等文件。

• drivers：通用设备驱动，如 CFI Flash 驱动(目前对 INTEL Flash 支持较好)。

• doc：U-Boot 的说明文档。

• examples：可在 U-Boot 下运行的示例程序，如 hello_world. c，timer. c。

• include：U-Boot 头文件，尤其 configs 子目录下与目标板相关的配置头文件是移植过程中经常要修改的文件。

• lib_xxx：处理器体系相关的文件，如 lib_ppc，lib_arm 目录分别包含与 PowerPC、ARM 体系结构相关的文件。

• net：与网络功能相关的文件目录，如 bootp、nfs、tftp。

• post：上电自检文件目录，尚有待于进一步完善。

• rtc：RTC 驱动程序。

• tools：用于创建 U-Boot S-RECORD 和 bin 镜像文件的工具。

④ 编译 U-Boot。

在 U-Boot 的根目录下执行如下命令进行编译，编译结果如图 5-50 所示。

```
# make
```

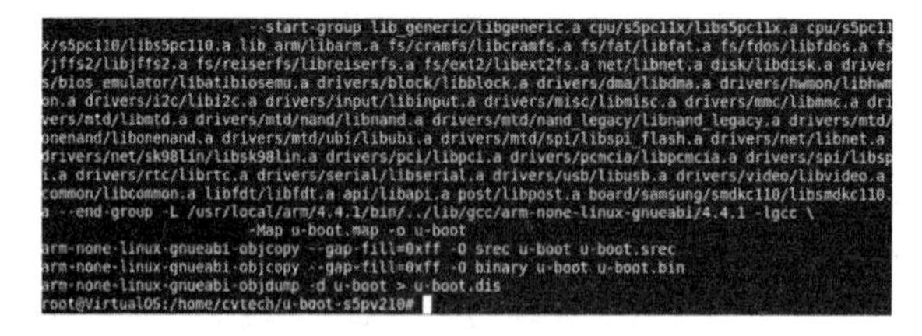
```
                --start-group lib_generic/libgeneric.a cpu/s5pc11x/libs5pc11x.a cpu/s5pc11
x/s5pc110/libs5pc110.a lib_arm/libarm.a fs/cramfs/libcramfs.a fs/fat/libfat.a fs/fdos/libfdos.a fs
/jffs2/libjffs2.a fs/reiserfs/libreiserfs.a fs/ext2/libext2fs.a net/libnet.a disk/libdisk.a driver
s/bios_emulator/libatibiosemu.a drivers/block/libblock.a drivers/dma/libdma.a drivers/hwmon/libhwm
on.a drivers/i2c/libi2c.a drivers/input/libinput.a drivers/misc/libmisc.a drivers/mmc/libmmc.a dri
vers/mtd/libmtd.a drivers/mtd/nand/libnand.a drivers/mtd/nand_legacy/libnand_legacy.a drivers/mtd/
onenand/libonenand.a drivers/mtd/ubi/libubi.a drivers/mtd/spi/libspi_flash.a drivers/net/libnet.a
drivers/net/sk98lin/libsk98lin.a drivers/pci/libpci.a drivers/pcmcia/libpcmcia.a drivers/spi/libsp
i.a drivers/rtc/librtc.a drivers/serial/libserial.a drivers/usb/libusb.a drivers/video/libvideo.a
common/libcommon.a libfdt/libfdt.a api/libapi.a post/libpost.a board/samsung/smdkc110/libsmdkc110.
a --end-group -L /usr/local/arm/4.4.1/bin/../lib/gcc/arm-none-linux-gnueabi/4.4.1 -lgcc \
                -Map u-boot.map -o u-boot
arm-none-linux-gnueabi-objcopy --gap-fill=0xff -O srec u-boot u-boot.srec
arm-none-linux-gnueabi-objcopy --gap-fill=0xff -O binary u-boot u-boot.bin
arm-none-linux-gnueabi-objdump -d u-boot > u-boot.dis
root@VirtualOS:/home/cvtech/u-boot-s5pv210#
```

图 5-50　编译结果

编译完成，检验 u-boot. bin 是否已生成，如图 5-51 所示。

```
-rwxr-xr-x  1 root   root    916111 2012-05-07 09:45 u-boot*
-rwxr-xr-x  1 root   root    278528 2012-05-07 09:45 u-boot.bin*
-rw-r--r--  1 root   root   2059142 2012-05-07 09:45 u-boot.dis
-rw-r--r--  1 cvtech cvtech     922 2011-03-21 15:15 u-boot.lds
-rw-r--r--  1 root   root    185492 2012-05-07 09:45 u-boot.map
-rwxr-xr-x  1 root   root    835682 2012-05-07 09:45 u-boot.srec*
root@VirtualOS:/home/cvtech/u-boot-s5pv210#
```

图 5-51　检验 u-boot. bin 是否生成

至此，U - Boot 编译结束。

5.4.2　Linux 内核移植实验

1. 实验目的

(1) 掌握交叉编译环境的建立和使用。

(2) 熟悉 Linux 开发环境，掌握 Linux 内核的配置和裁剪。

(3) 了解 Linux 的启动过程。

2. 实验内容

(1) 了解 Linux 基础知识以及 Linux 开发环境。

(2) 根据教学实验系统的硬件资源，配置并编译 Linux 核心。

(3) 下载并运行 Linux 核心，检查运行结果。

3. 实验设备

(1) 硬件：CVT - A8 教学实验箱、PC 机。

(2) 软件：PC 机操作系统＋虚拟机＋Linux 开发环境。

4. 实验原理

从本实验开始的 Linux 相关实验均是在 Linux 操作系统下进行，推荐使用 Fedora10。

1) Linux 内核移植

Linux 内核的移植可以分为板级移植和片级移植。对于 Linux 发行版本中已经支持的 CPU 通常只需要针对板级硬件进行适当的修改即可，这种移植叫做板级移植。而对于 Linux 发行版本中没有支持的 CPU 则需要添加相应 CPU 的内核移植，这种移植叫做片级移植。片级移植相对板级移植来说要复杂许多，需要对 Linux 内核有详尽的了解，不适合于教学。本实验采用的 Linux 中已经包含 S5PV210 处理器的移植包，本实验将在此基础上介绍 Linux 板级移植的基本过程和方法。

图 5 - 52 所示为本实验所采用的实验环境以及开发流程。在主机的 Fedora10 操作系统下安装 Linux 发行包以及交叉编译器。然后对 Linux 进行配置(make menuconfig)并选择适合本实验系统的相关配置，配置完成后进行编译生成 Linux 映像文件 zImage。然后使用 U - Boot将该内核镜像文件通过网络下载到目标板并执行。

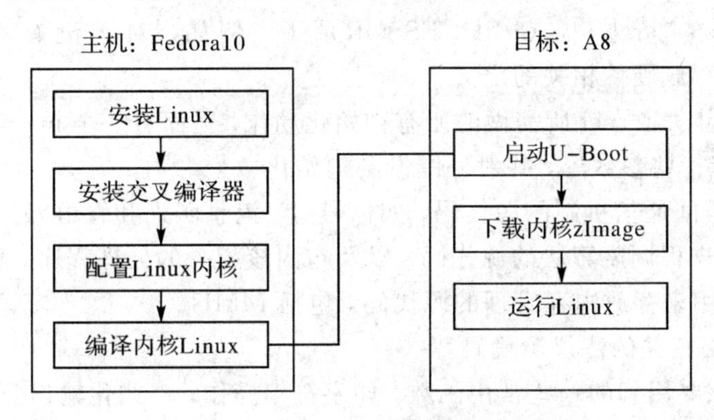

图 5 - 52　CVT - A8 Linux 开发流程

2) Linux 内核源代码的安装

本实验系统的 Linux 发行文件为 kernel-s5pv210.tar.gz，在 Fedora 下将该文件拷贝到/opt/cvtech 目录下，然后在该目录下执行 tar zxvf kernel-s5pv210.tar.gz，当 tar 程序运行完毕后，在/opt/cvtech 目录下会有一个 kernel-s5pv210 的新目录，这个目录就是 Linux 的源码根目录，里面有进行 Linux 内核开发的所有的源代码。

3) Linux 交叉编译环境的建立和使用

通常，程序是在一台计算机上编译，然后再分布到将要使用的其他计算机上。当主机系统(运行编译器的系统)和目标系统(产生的程序将在其上运行的系统)不兼容时，该过程就叫做交叉编译。

除了兼容性之外，交叉编译还由于以下两个原因而显得非常重要：

(1) 当目标系统对其可用的编译工具没有本地设置时；

(2) 当主机系统比目标系统要快得多，或者具有多得多的可用资源时。

本实验的主机采用 x86 体系结构的 Fedora10，目标系统是 S5PV210 处理器。

GNU 的交叉编译器，包括以下组件：

(1) gcc 交叉编译器，即在宿主机上开发编译目标上可运行的二进制文件。

(2) Binutils 辅助工具，包括 objdump、objcopy 等。

(3) gdb 调试器。

4) Linux 内核的配置和编译

(1) Linux 源代码结构

Linux 的源代码组织成如下结构：根目录是/opt/cvtech/ kernel-s5pv210。

内核的文件组织结构为：

arch/arm：与架构和平台相关的代码都放在 arch 目录下。针对 ARM 的 Linux，有一个子目录和它对应——arm。

drivers：这个目录包含了所有的设备驱动程序。驱动程序又被分成“block”、“char”、“net”等几种类型。

fs：这里有支持多种文件系统的源代码，几乎一个目录就是一个文件系统，如MSDOS、VFAT、proc 和 ext2 等。

include：相关的头文件，它们被分成通用和平台专用两部分。目录“asm-$(ARCH)”包含了平台相关的头文件，与板子相关的头文件放在“arch-$(MACHINE)”下，与 CPU 相关的头文件放在“arch-$(PROCESSOR)”下。例如，对于没有 MMU 的处理器，“arch-arm”用于存放硬件相关的定义。

init：含一些启动 kernel 所需做的所有初始化动作，里面有一个 main.c，针对 kernel 做初始化动作，设置一些参数等，并对外围设备初始化。

ipc：提供进程间通信机制的源代码，如信号量、消息队列和管道等。

kernel：包含进程调度算法的源代码，以及与内核相关的处理程序，例如系统调用。

mm：该目录用来存放内存管理的源代码，包括 MMU。

net：支持网络相关的协议源代码。

lib：包含内核要用到的一些常用函数。如字符串操作，格式化输出等。

script：这个目录中包含了在配置和编译内核时要用到的脚本文件。

（2）配置和编译 Linux 核心。

① 配置内核。

```
$ cd /opt/cvtech/kernel - s5pv210
$ make menuconfig
```

如图 5 - 53 所示为 CVT - A8 Linux 配置。

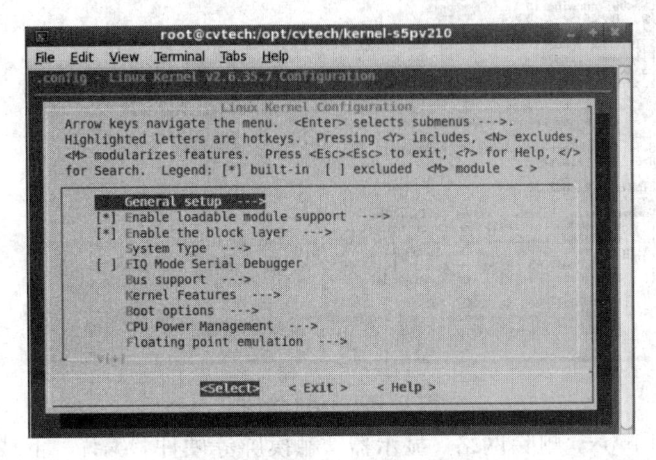

图 5 - 53　CVT - A8 Linux 配置

启动菜单配置工具后，选择“Load an Alternate Configuration File”选项，然后确认(用上下移动键，将蓝色光标移动选择到“Load an Alternate Configuration File”，然后键入回车键)。该选项将载入 CVT - A8 的标准配置文件 config - s5pv210 - b4y2，该文件保存在/opt/cvtech/kernel - s5pv210 目录下，请不要修改这个文件。

在提示框中键入 config - s5pv210 - b4y2 配置文件名，然后选择“OK”确认，将退回到主菜单。然后按“Esc”键退出，之后将提示是否保存，请选择“Yes”保存。

② 编译。可以通过 make 或者 make zImage 进行编译，差别在于 make zImage 将 make 生成的核心进行压缩，并加入一段解压的启动代码，本实验采用 make zImage 编译。

```
$ make zImage
```

生成的 Linux 映像文件 zImage 保存在/opt/cvtech/kernel - s5pv210/arch/arm/boot/目录下。

5）下载 Linux 核心并运行

编译成功后的 Linux 核心为/opt/cvtech/kernel - s5pv210/arch/arm/boot/zImage。通过 U - Boot 将该核心 zImage 下载到 SDRAM 中。

下载过程参照 5.4.1 tftp 程序下载和引导操作实验的内容。

5. 实验步骤

（1）编译 Linux 核心。

```
$ cd /opt/cvtech/kernel - s5pv210
$ make menuconfig
```

选择“Load an Alternate Configuration File”，加载 config - s5pv210 - b4y2 配置文件，保存并退出。

```
$ make zImage
```

编译成功后，拷贝 zImage 到下载目录。

$ cp /opt/cvtech/kernel-s5pv210/arch/arm/boot/zImage /mnt/hgfs/share

(2) 下载 Linux 核心并运行，运行结果如图 5-54 所示。

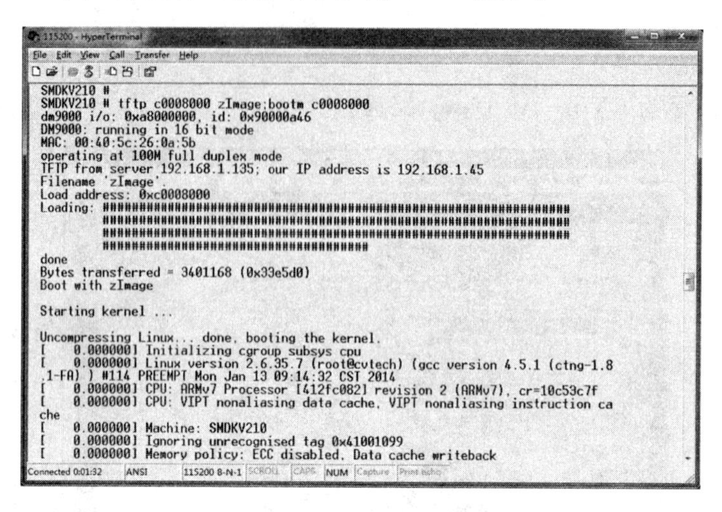

图 5-54 运行结果

(3) 重新配置 Linux，删除网络、显示器、触摸屏等硬件，编译、下载并运行。

5.4.3 Linux 操作系统实验

1. Linux 基本应用程序(helloworld)编写实验

1) 实验目的

(1) 熟悉 CVT-A8 教学系统中的 Linux 开发环境。

(2) 掌握简单的 Linux 应用程序 helloworld 的编译。

(3) 掌握 CVT-A8 教学系统中 Linux 应用程序的调试。

2) 实验内容

(1) 编写 helloworld 应用程序。

(2) 编写 Makefile 文件。

(3) 编译 helloworld 应用程序。

(4) 下载并调试 helloworld 应用程序。

3) 实验设备

(1) 硬件：CVT-A8 实验箱，PC 机。

(2) 软件：PC 机操作系统+虚拟机+Linux 开发环境。

4) 实验原理

helloworld 程序是一个只在输出控制台(计算机屏幕或者串口控制台)上打印出“Hello, World!”字串的程序。该程序通常是计算机程序设计语言的初学者所要学习编写的第一个程序。它还可以用来确定该语言的编译器、程序开发环境以及运行环境已经正确安装。

本实验也将 helloworld 程序作为第一个学写的程序，并通过实际的动作让学生了解嵌入式 Linux 应用程序开发和 PC 机中 Linux 应用程序开发的异同。

(1) 交叉编译。

由于 CVT-A8 教学实验箱中的 Linux 本身不具有自己的编译工具，因此我们必须在

Fedora10 中进行交叉编译，编译完成后将执行码下载到 CVT－A8 教学实验箱中的 Linux，然后运行或者调试。这样做的另外一个好处是，采用 Fedora10 的主机系统通常其 CPU 速度、接口等软硬件资源都比 CVT－A8 教学实验箱中的 Linux 要丰富得多，因此在其上进行交叉编译效率要高得多。

在同一平台编译能够运行在不同平台上的程序最主要差别是所采用的编译器不同。在 Fedora10 中编译 x86 平台的采用 gcc 编译器，而编译 ARM 平台的采用 arm－elf－gcc 或 arm－linux－gcc 编译器。在本实验箱中，所有 Linux 实验均采用 arm－linux－gcc 编译器编译。

（2）helloworld 的编译。

helloworld 可以说是最简单的应用程序，通过如下命令进行编译：

```
gcc -o helloworld helloworld.c
```

其中-o 指定输出文件到 helloworld，helloworld.c 为编译的源文件。该命令执行后，将对 helloworld.c 文件进行编译，并将生成 helloworld 可执行文件。这个文件就是在指定平台上可以运行的执行程序，如果使用 gcc 进行编译即为可在 x86 平台上运行的程序，如果使用 arm－linux－gcc 进行编译则为可以在 ARM 平台上运行的程序。

（3）Makefile 文件。

Makefile 文件的作用有点类似于 DOS 下的批处理文件，通过编写 Makefile 文件，用户可以将一个很复杂的程序(可能包含上百个甚至更多的源文件或者目录)通过简单的 make 命令进行编译。

5）实验步骤

（1）建立工作目录。

本实验以及后续的所有实验中用“$”符号表示在主机的 Linux 控制台上输入的命令行。用“#”符号表示在目标机的 Linux 控制台上输入的命令行。

```
$ cd /opt/cvtech/examples
$ cd helloworld
```

（2）编写程序源代码。

在 Linux 下的文本编辑器有许多，常用的是 vim、Xwindows 界面下的 gedit 等，我们在开发过程中推荐使用 gedit，用户需要学习 gedit 的操作方法。

实际的源代码较简单，如下：

```
#include <stdio.h>
int main(){
        printf("Hello, World! \n");
}
```

（3）在主机端编译并运行 helloworld 程序。

```
$ gcc -o helloworld helloworld.c
$ ./helloworld
```

正确的结果将在主机的显示器上打印如下字符串：

```
Hello, World!
```

（4）编译在目标机运行的 helloworld 程序。

```
$ arm-linux-gcc -o helloworld helloworld.c
```

由于编译器采用的是 arm - linux - gcc 编译器，因此使用上述命令编译出来的程序只能在 ARM 处理器上运行，不能在 x86 平台下运行，如果在 Fedora10 中运行该程序将出现如下错误结果。

```
$./helloworld
bash: ./helloworld: cannot execute binary file
```

(5) 下载 helloworld 程序到 CVT - A8 中调试。

CVT - A8 通过将主机的/tftpboot/目录挂接到目标机的/mnt/ 目录中，因此，需要将第四步编译的程序 helloworld 拷贝到主机的/tftpboot/目录或其子目录下。

```
$cp helloworld /tftpboot/
```

在 PC 电脑的超级终端输入如下命令将主机端/tftpboot/目录挂接到/mnt 目录下：

```
#mount 192.168.1.180: /tftpboot/ /mnt/  -o lock
```

然后就可以运行 helloworld 程序：

```
#cd /mnt
#./helloworld
```

正确的结果将在超级终端上打印如下字符串：

```
Hello, World!
```

(6) 编写 Makefile 文件。

使用 vi 编辑工具编辑 Makefile，请注意文件名的 M 必须大写，其余为小写，如下所示(注意其中每行前面的空格位置必须使用"Tab"键)：

```
CC=arm-linux-gcc
LD=arm-linux-ld
EXEC=helloworld
OBJS=helloworld.o
CFLAGS +=
LDFLAGS +=
all: $(EXEC)
$(EXEC): $(OBJS)
	$(CC) $(LDFLAGS) -o $@ $(OBJS) $(LDLIBS$(LDLIBS_$@))
	cp $(EXEC) /tftpboot/
clean:
	-rm -f $(EXEC) *.elf *.gdb *.o
```

上述为一个典型的 Makefile 脚本文件的格式。下面简单介绍一下各个部分的含义：

① 所采用的编译器和链接器。

```
CC=arm-linux-gcc
LD=arm-linux-ld
```

② 生成的执行文件和链接过程中的目标文件。

```
EXEC=helloworld
OBJS=helloworld.o
```

③ 编译和链接的参数。

```
$(EXEC): $(OBJS)
CFLAGS +=
```

LDFLAGS +=

④ 编译命令，执行完成将生成 helloworld 映像文件。

$(CC) $(LDFLAGS) -o $@ $(OBJS) $(LDLIBS $(LDLIBS_ $@))

⑤ 清除。

clean：

-rm -f $(EXEC) *.elf *.gdb *.o $(OBJS)；

⑥ 使用 make 进行编译。

使用如下命令编译 ARM 平台的 helloworld 程序。

```
$ make clean
$ make
arm-linux-gcc      -c -o helloworld.o helloworld.c
arm-linux-gcc   -o helloworld helloworld.o
```

使用如下命令编译 x86 平台的 helloworld 程序。

```
$ make clean
$ make CC=gcc
gcc      -c -o helloworld.o helloworld.c
gcc   -o helloworld helloworld.o
```

分别参照步骤(3)和步骤(5)运行两种不同版本的程序，将得到相同的结果，如图 5-55 所示。

图 5-55　实验结果

总结一下实验步骤如下：

$ cd /opt/cvtech/examples

$ cd helloworld

$ make

$ cp helloworld /tftpboot/

连接好串口，并打开超级终端工具。

打开实验箱，启动 Linux。

在超级终端下输入：

mount 192.168.1.180：/tftpboot /mnt/　- o nolock

cd /mnt/

./helloworld

2. Linux 串口通信实验

1）实验目的

(1) 了解 Linux 下串行端口程序设计的基本原理。

(2) 掌握终端的主要属性及设置方法，熟悉终端 IO 函数的使用。

2）实验设备

(1) 硬件：CVT-A8 实验箱+电脑。

(2) 软件：PC 机操作系统 Fedora10 + Linux 开发环境。

3) 实验内容

(1) 编写 serial 应用程序。

(2) 编写 Makefile 文件。

(3) 下载并调试 serial 应用程序。

4) 实验原理

Linux 操作系统从一开始就对串行口提供了很好的支持，为进行串行通信提供了大量的函数，本实验主要是为掌握在 Linux 中进行串行通信编程的基本方法。

(1) 串口编程相关头文件。

```
#include <stdio.h> /* 标准输入输出定义 */
#include <stdlib.h> /* 标准函数库定义 */
#include <unistd.h> /* linux 标准函数定义 */
#include <sys/types.h>
#include <sys/stat.h>
#include <fcntl.h> /* 文件控制定义 */
#include <termios.h> /* PPSIX 终端控制定义 */
#include <errno.h> /* 错误号定义 */
#include <pthread.h> /* 线程库定义 */
```

(2) 打开串口。

在 Linux 下串口文件是位于/dev 下，串口 1 为/dev/ttySAC0，串口 2 为/dev/ttySAC1，打开串口是通过使用标准的文件打开函数操作：

```
int fd;
/* 以读写方式打开串口 */
fd=open( "/dev/ttyS0", O_RDWR);
if (-1==fd){
perror("error");
}
```

(3) 设置串口。

最基本的设置串口包括波特率设置，校验位和停止位设置。串口的设置主要是设置 struct termios 结构体的各成员值。

```
struct termio {
unsigned short c_iflag; /* 输入模式标志 */
unsigned short c_oflag; /* 输出模式标志 */
unsigned short c_cflag; /* 控制模式标志 */
unsigned short c_lflag; /* local mode flags */
unsigned char c_line; /* line discipline */
unsigned char c_cc[NCC]; /* control characters */
};
```

① 波特率设置。

下面是修改波特率的代码：

```
struct termios Opt;
```

```
tcgetattr(fd, &Opt);
cfsetispeed(&Opt, B19200); /* 设置为 19200Bps */
cfsetospeed(&Opt, B19200);
tcsetattr(fd, TCANOW, &Opt);
```

② 校验位的设置。

无校验 8 位：

```
Option.c_cflag &=~PARENB;
Option.c_cflag &=~CSTOPB;
Option.c_cflag &=~CSIZE;
Option.c_cflag |=~CS8;
```

奇校验(Odd) 7 位：

```
Option.c_cflag |=~PARENB;
Option.c_cflag &=~PARODD;
Option.c_cflag &=~CSTOPB;
Option.c_cflag &=~CSIZE;
Option.c_cflag |=~CS7;
```

偶校验(Even) 7 位：

```
Option.c_cflag &=~PARENB;
Option.c_cflag |=~PARODD;
Option.c_cflag &=~CSTOPB;
Option.c_cflag &=~CSIZE;
Option.c_cflag |=~CS7;
```

Space 校验 7 位：

```
Option.c_cflag &=~PARENB;
Option.c_cflag &=~CSTOPB;
Option.c_cflag &=&~CSIZE;
Option.c_cflag |=CS8;
```

③ 设置停止位。

1 位：

```
options.c_cflag &=~CSTOPB;
```

2 位：

```
options.c_cflag |=CSTOPB;
```

需要注意的是，如果不是开发终端之类的，只是串口传输数据，而不需要串口来处理，那么使用原始模式(Raw Mode)方式来通信，设置方式如下：

```
options.c_lflag &=~(ICANON | ECHO | ECHOE | ISIG); /* Input */
options.c_oflag &=~OPOST; /* Output */
```

(4) 读写串口。

设置好串口之后，读写串口就很容易了，把串口当作文件读写就可以了。

发送数据如下：

```
char buffer[1024];
int Length=1024;
int nByte;
```

```
nByte=write(fd, buffer , Length);
```

读取串口数据使用文件操作 read 函数读取，如果设置为原始模式(Raw Mode)传输数据，那么 read 函数返回的字符数是实际串口收到的字符数。可以使用操作文件的函数来实现异步读取，如 fcntl 或者 select 等来操作。

```
char buff[1024];
int Len=1024;
int readByte=read(fd, buff, Len);
```

(5) 关闭串口。

关闭串口就是关闭文件。

```
close(fd);
```

5) 实验步骤

(1) 建立工作目录。

```
$ cd /opt/cvtech/examples
$ cd serial
```

(2) 编写 serial 程序源代码。

参照上节内容以及程序流程图编写串口通信程序，从串口接收数据，并将接收到的数据打印出来。

(3) 编写 Makefile 文件。

(4) 编译 serial 程序。

```
$ make clean
$ make
$ cp serial /tftpboot
```

编译正确，将生成 serial 程序。

(5) 下载 serial 程序到 CVT - A8 中调试。

通过 ftp 或者将第四步编译的程序 serial 下载到 CVT - A8 的 Linux 的/mnt/ 目录下。

下载完成后，可以使用 ls 命令查看该文件是否存在，如图 5 - 56 所示，如果存在，然后在控制台输入如下命令：

```
# mount 192.168.1.180: /tftpboot/ /mnt
# cd /mnt
# ./serial
```

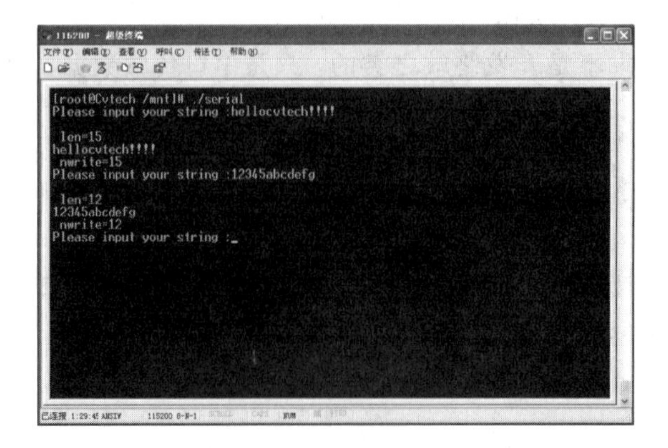

图 5 - 56　实验结果

3. Linux 数码管驱动以及应用程序编写实验

1）实验目的

(1）掌握 Linux 混杂字符设备驱动程序 SEG 的编程。

(2）掌握 Linux 应用程序加载驱动程序的方法。

(3）掌握 Linux 动态加载驱动程序模块的方法。

2）实验设备

(1）硬件：CVT－A8 嵌入式实验箱。

(2）软件：PC 机操作系统 Fedora10 ＋ Linux 开发环境。

3）实验内容

(1）编写 seg. c 驱动程序。

(2）编写 Makefile 文件。

(3）编写 segtest 应用程序。

(4）编译 seg 和 segtest 应用程序。

(5）下载并调试 seg 和 segtest 应用程序。

4）实验原理

(1）Linux 驱动程序。

在 Linux 中，系统调用是操作系统内核和应用程序之间的接口，设备驱动程序是操作系统内核和机器硬件之间的接口。设备驱动程序为应用程序屏蔽了硬件的细节，这样对于应用程序来说，硬件设备只是一个设备文件，应用程序可以像操作普通文件一样对硬件设备进行操作。设备驱动程序是内核的一部分，它完成以下的功能：

① 对设备初始化和释放。

② 把数据从内核传送到硬件和从硬件读取数据。

③ 读取应用程序传送给设备文件的数据和回送应用程序请求的数据。

④ 检测和处理设备出现的错误。

在 Linux 操作系统下有三类主要的设备文件类型，字符设备、块设备和网络设备。字符设备和块设备的主要区别是：在对字符设备发出读/写请求时，实际的硬件 I/O 一般就紧接着发生了，块设备则不然，它利用一块系统内存作缓冲区，当用户进程对设备请求能满足用户的要求，就返回请求的数据，如果不能，就调用请求函数来进行实际的 I/O 操作。块设备是主要针对磁盘等慢速设备设计的，以免耗费过多的 CPU 时间来等待。

用户进程通过设备文件来与实际的硬件打交道。每个设备文件都有其文件属性(c/b)，表示是字符设备还是块设备，另外每个文件都有两个设备号，第一个是主设备号，标识驱动程序，第二个是从设备号，标识使用同一个设备驱动程序的不同的硬件设备，比如有两个软盘，就可以用从设备号来区分他们。设备文件的主设备号必须与设备驱动程序在登记时申请的主设备号一致，否则用户进程将无法访问到驱动程序。

混杂设备也是一种字符设备，主设备号固定为 10。相对于普通字符设备驱动，它不需要自己去生成设备文件。

① 声明使用的头文件：

```
#include <linux/miscdevice.h>
```

② 定义一个混杂设备：

```
static struct miscdevice miscDevice={. minor=MISC_DYNAMIC_MINOR//自动分配从设备号
name="设备名称",
fops=&dev_fops//设备文件操作指针
};
```

③ 注册混杂设备:

```
misc_register(&miscDevice) //成功返回 0
```

④ 注销混杂设备:

```
misc_deregister(&miscDevice);
```

(2) 编写简单的驱动程序。

本实验将编写一个简单的字符设备驱动程序。虽然它的功能很简单,但是通过它可以了解 Linux 的设备驱动程序的工作原理。该程序 cvtech_seg 实现对 CVT - A8 中的跑马灯进行控制。它主要包含如下几个部分:

① 模块初始化。

由于用户进程是通过设备文件同硬件打交道,对设备文件的操作方式不外乎就是一些系统调用,如 open,read,write,close 等等,注意,不是 fopen、fread,但是如何把系统调用和驱动程序关联起来呢?这需要了解一个非常关键的数据结构:

```
struct file_operations {
    int ( * seek) (struct inode * , struct file * , off_t , int);
    int ( * read) (struct inode * , struct file * , char , int);
    int ( * write) (struct inode * , struct file * , off_t , int);
    int ( * readdir) (struct inode * , struct file * , struct dirent * , int);
    int ( * select) (struct inode * , struct file * , int , select_table * );
    int ( * ioctl) (struct inode * , struct file * , unsined int , unsigned long);
    int ( * mmap) (struct inode * , struct file * , struct vm_area_struct * );
    int ( * open) (struct inode * , struct file * );
    int ( * release) (struct inode * , struct file * );
    int ( * fsync) (struct inode * , struct file * );
    int ( * fasync) (struct inode * , struct file * , int);
    int ( * check_media_change) (struct inode * , struct file * );
    int ( * revalidate) (dev_t dev);
}
```

这个结构的每一个成员的名字都对应着一个系统调用。用户进程利用系统调用在对设备文件进行诸如 read/write 操作时,系统调用通过设备文件的主设备号找到相应的设备驱动程序,然后读取这个数据结构相应的函数指针,接着把控制权交给该函数。这是 linux 的设备驱动程序工作的基本原理。既然是这样,则编写设备驱动程序的主要工作就是编写子函数,并填充 file_operations 的各个域。如下所示,seg 实现了 ioctl 的文件操作,其处理函数分别为 device_ioctl。并在模块初始化函数 dev_init 中调用 misc_register 函数进行注册。

```
static int __init dev_init(void)
{
    int ret;
```

```
        ret=misc_register(&misc);

        io_base1=ioremap(0x88007000, 1);
    if (io_base1==0)
    {
        printk("failed to ioremap() region\n");
    }
    else
    {
        printk("io_base=%p\n", io_base1);
        writeb(0x00, io_base1);
    }
    io_base2=ioremap(0x88009000, 1);
    if (io_base2==0)
    {
        printk("failed to ioremap() region\n");
    }
    else
    {
        printk("io_base=%p\n", io_base2);
        writeb(seg7table[15], io_base2);
    }

    printk ("[ * * * " DEVICE_NAME " * * * ]: initialized\n");

        return ret;
    }
```

ioctl函数实现程序如下：

```
    static long seg_ioctl(struct file *filp, unsigned int cmd, unsigned long arg)
    {
        switch(cmd) {
            case 0:
            writeb(seg7table[arg], io_base2);
            return 0;
            default:
            return -EINVAL;
        }
    }
```

② 模块退出操作。

模块退出时，必须删除设备驱动程序并释放占用的资源，使用unregister_chrdev删除设备驱动程序。代码如下所示：

```
    static void __exit dev_exit(void)
```

```
{
    misc_deregister(&misc);
    iounmap(io_base1);
    iounmap(io_base2);
}
```

5）实验步骤

(1）建立工作目录。

```
$ cd /opt/cvtech/
$ cd kernel - s5pv210
```

(2）编写 cvtech_seg 驱动程序源代码。

数码管的驱动程序在内核的目录/opt/cvtech/kernel - s5pv210/drivers/char/cvtech_seg. c 中。

```
$ gedit /opt/cvtech/kernel - s5pv210/drivers/char/cvtech_seg. c
```

查看驱动源码，熟悉编写驱动过程。

(3）编译 seg 驱动程序。

```
$ make menuconfig
```

启动配置菜单，进到

Devices Drivers ->Character devices

选择 seg 驱动为 * 方式，也就是静态方式加载，如图 5 - 57 所示。

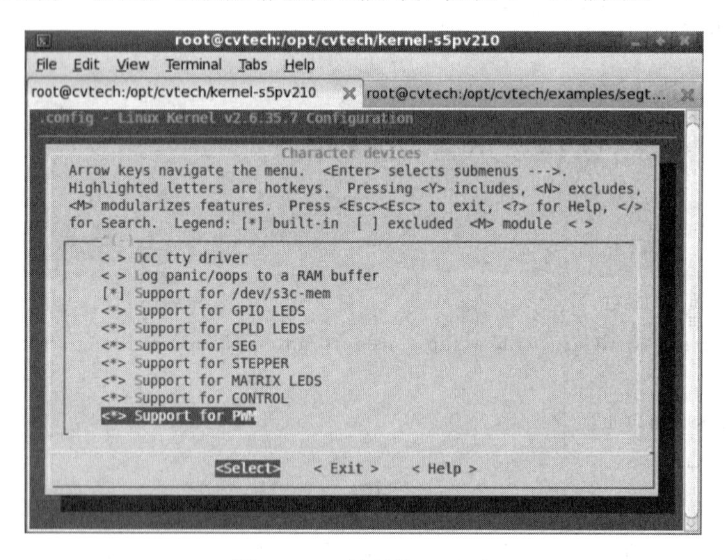

图 5 - 57　数码管配置图

配置完成后，保存，退出，对内核进行编译。

```
$ make zImage
```

出厂时候烧写的 linux 已经带有 seg 驱动，所以可以不必重新烧写。

(4）编译 segtest 应用程序。

```
$ cd /opt/cvtech/examples/seg
$ make
$ cp segtest /tftpboot/
```

如果正确，将生成 segtest 文件，这个文件就是测试 seg. o 的应用程序。

（5）下载 segtest 两个文件到到 CVT－A8 中。

```
#mount 192.168.1.180:/tftpboot/ /mnt/  -o nolock
#cd /mnt
```

然后运行 segtest 测试程序：

```
#./segtest
```

出现正确的结果，数码管正确显示。

4. Linux 下 Web 服务器的移植与建立实验

1）实验目的

（1）掌握 Linux 下建立 Web 服务器的方法。

（2）掌握 CVT－A8 Linux 动态 Web 技术的实现方法。

2）实验设备

（1）硬件：CVT－A8 嵌入式实验箱。

（2）软件：PC 机操作系统 Fedora10 ＋ Linux 开发环境。

3）实验内容

（1）建立 boa Web 服务器。

（2）设计一个简单的 CGI 程序。

4）实验原理

Linux 具有良好的网络支持，在上面建立 Web 服务器和设计动态 Web 网页是比较容易的事情。本实验讲述如何在 CVT－A8 教学实验系统中建立嵌入式 Web 服务器，以及怎样建立动态 Web 页面。

下面的移植步骤供参考，在实验箱提供的 examples 目录中，包含已经移植过的 boa 和 CGI 程序。同样，提供的文件系统中，也添加了 boa 和 CGI。

（1）移植 boa。

① 下载 boa 源码包。

下载地址：https://sourceforge.net/project/showfiles.php? group_id＝78

得到 boa－0.94.36.2.tar.gz，解压到工作目录中

```
$ tar zxvf  boa-0.94.36.2.tar.gz  -C  /opt/cvtech/
```

② 配置。

配置 boa：

```
$ cd  /opt/cvtech/boa-0.94.36.2/src
$ ./configure
```

会在 boa－0.94.36.2/src 目录下面生成 Makefile 文件，修改 Makefile：

```
$ vi  Makefile
```

在 31、32 行，指定交叉编译器，修改如下：

```
CC=/opt/cvtech/4.3.3/bin/arm-linux-gcc
CPP=/opt/cvtech/4.3.3/bin/arm-linux-g++ -E
```

修改 src/boa.c 文件：

```
$ vi  src/boa.c
```

注释掉 225 到行 227 的内容

```
//if (setuid(0) ! =-1) {
  //      DIE("icky Linux kernel bug!");
 // }
```

修改 src/compat.h 文件：

```
$ vi src/compat.h
```

修改 120 行内容如下：

```
#define TIMEZONE_OFFSET(foo) foo->tm_gmtoff
```

③ 编译并且优化。

```
$ cd src
$ make
$ /usr/local/arm/4.3.3/bin/
arm-linux-strip    boa
```

到此移植 boa 结束。

(2) 移植 cgic 库。

① 下载 cgic 库，地址为：http://www.boutell.com/cgic/cgic205.tar.gz

下载后，解压到工作目录：

```
$ tar  zxvf  cgic205.tar.gz   -C  /opt/cvtech/
```

② 配置编译条件。

```
$ cd /opt/cvtech/cgic205
$ vi Makefile
```

③ 修改 Makefile 内容如下：

```
CFLAGS=-g -Wall
CC=/opt/cvtech/4.3.3/bin/arm-linux-gcc
AR=/opt/cvtech/4.3.3/bin/arm-linux-ar
RANLIB=/opt/cvtech/4.3.3/bin/arm-linux-ranlib
LIBS=-L./ -lcgic
all: libcgic.a cgictest.cgi capture
install: libcgic.a
cp libcgic.a /usr/local/lib
cp cgic.h /usr/local/include
@echo libcgic.a is in /usr/local/lib. cgic.h is in /usr/local/include.
libcgic.a: cgic.o cgic.h
rm -f libcgic.a
$(AR) rc libcgic.a cgic.o
$(RANLIB) libcgic.a
#mingw32 and cygwin users: replace .cgi with .exe
cgictest.cgi: cgictest.o libcgic.a
$(CC) $(CFLAGS) cgictest.o -o cgictest.cgi ${LIBS}
capture: capture.o libcgic.a
$(CC) $(CFLAGS) capture.o -o capture ${LIBS}
clean:
rm -f *.o *.a cgictest.cgi capture
```

④ 编译并优化。

编译，生成capture的可执行文件和测试用的cgictest.cgi文件：

```
$ make
$ /opt/cvtech/4.3.3/bin/
arm-linux-strip  capture
```

(3) 配置Web服务器。

① 在文件系统中配置boa：

```
$  cd  /opt/cvtech/A8fs/root_qtopia_2.2.0_2.6.30.4
```

如果ramdisk.gz没有解压，请先解压，解压后才会出现rd目录：

```
$ mkdir  web  etc/boa
```

拷贝刚移植生成的boa到文件系统的sbin/目录下：

```
$ cp  /opt/cvtech/boa-0.94.36.2/src/boa  sbin
```

拷贝boa的配置文件boa.conf到etc/boa目录下：

```
$ cp  /opt/cvtech/boa-0.94.36.2/boa.conf  etc/boa
```

修改boa.conf，配置如下：

Port 80

//监听的端口号，缺省都是80，一般无需修改

Listen 192.168.1.6

//bind调用的IP地址

User root

Group root

//作为哪个用户运行，即它拥有该用户组的权限，一般都是root，需要在/etc/group文//件中有root组

ErrorLog /dev/console

//错误日志文件。如果没有以/XXX开始，则表示从服务器的根路径开始。如果不需要//错误日志，则用/dev/null。系统启动后看到的boa的打印信息就是由/dev/console得到

ServerName yellow

//服务器名称

DocumentRoot /web

//非常重要，这个是存放html文档的主目录

DirectoryIndex index.html

//html目录索引的文件名

KeepAliveMax 1000

//一个连接所允许的http持续作用请求最大数目

KeepAliveTimeout 10

//http持续作用中服务器在两次请求之间等待的时间数，以秒为单位，超时将关闭连接

MimeTypes /etc/mime.types

//指明mime.types文件位置

DefaultType text/plain

CGIPath /bin:/usr/bin:/usr/local/bin

//提供CGI程序的PATH环境变量值

ScriptAlias /cgi-bin/ /web/cgi-bin/

//非常重要，指明 CGI 脚本的虚拟路径对应的实际路径

② 配置 CGIC 库。

```
$ cd /opt/cvtech/A8fs/root_qtopia_2.2.0_2.6.30.4/web
$ mkdir cgi-bin
```

拷贝刚移植的 cgic 库和 cgic 测试文件到文件系统的 web/cgi - bin 目录下：

```
$cp /opt/cvtech/cgic205/capture   cgi-bin/
#cp /opt/cvtech/cgic205/cgictest.cgi   cgi-bin/
```

保存，并生成新的文件系统 e. yaffs

重现烧写到实验箱中，开机启动。

(4) 测试

① 静态测试。

Linux 启动后，启动 boa：

```
[root@Cvtech /]#  boa
```

然后在 PC 端，打开网页浏览器，输入测试网址 http：//192.168.1.6，就会出现如图 5 - 58所示的网页。

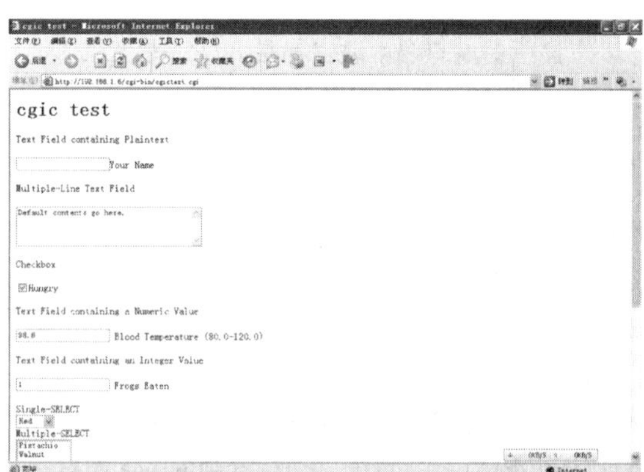

图 5 - 58　网页测试界面

② cgi 脚本测试。

打开浏览器，输入：http：//192.168.1.6/cgi - bin/cgictest.cgi，即可打开测试界面。

5. Linux 下 GPRS 模块实验

1) 实验目的

(1) 熟悉 CVT - A8 综合实验平台。

(2) 熟悉并掌握 Linux 环境的搭建及使用。

(3) 了解 GPRS 无线通信模块的基本知识，熟悉 GPRS 模块使用过程。

2) 实验设备

(1) 硬件：CVT - A8 嵌入式实验箱、PC 机 Pentium500 以上，硬盘 10G 以上。

(2) 软件：PC 机操作系统 Fedora10 + Linux 开发环境+超级终端通信程序。

(3) CVT - GPRS 扩展模块。

3) 实验内容

(1) 了解 GPRS 模块工作原理，掌握 AT 命令集用法。

(2) 通过计算机串口控制GPRS模块，调试GPRS模块通话。

4) 实验原理

(1) GPRS简介。

业界通常将移动通信分为三代。第一代是模拟的无线网络，第二代是数字通信包括GSM、CDMA等，第三代是分组型的移动业务，称为3G。GPRS是通用无线分组业务(General Packet Radio System)的缩写，是介于第二代和第三代之间的一种技术，通常称为2.5G，目前通过升级GSM网络实现。称之为2.5G是比较恰当的，因为它是一个混合体，采用TDMA方式传输语音，采用分组的方式传输数据。

GPRS是欧洲电信协会GSM系统中有关分组数据所规定的标准。它可以提供高达115 kb/s的空中接口传输速率。GPRS使若干移动用户能够同时共享一个无线信道，一个移动用户也可以使用多个无线信道。实际不发送或接收数据包的用户仅占很小一部分网络资源。有了GPRS，用户的呼叫建立时间大为缩短，几乎可以做到“永远在线”(always online)。此外，GPRS使营运商能够以传输的数据量而不是连接时间为标准来计费，从而令每个用户的服务成本更低。

GPRS采用信道捆绑和增强数据速率改进实现高速接入，目前GPRS的设计可以在一个载频或8个信道中实现捆绑，将每个信道的传输速率提高到14.4 kb/s，因此GPRS方式最大速率是8×14.4=115.2 kb/s。GPRS发展的第二步是通过增强数据速率改进(EDGE)将每个信道的速率提高到48 kb/s，因此第二代的GPRS设计速率为384 kb/s。

GPRS是在现有GSM网络上开通的一种新型的分组数据传输技术。相对于原来GSM以拨号接入的电路交换数据传送方式，GPRS是一项高速数据处理的科技，方法是以“分组”的形式传送资料到用户手上。虽然GPRS是作为现有GSM网络向第三代移动通信演变的过渡技术，但是它在许多方面都具有显著的优势，如：永远在线、自如切换、高速传输等。

我国卫星定位技术应用于车辆联网服务可划分为两个阶段：

① 专用网络服务阶段：其技术特点是采用专用频段的无线专网，如自组无线数据网CDPD网、集群网、短波网等作为信息传输平台，实时性高是该阶段服务的特点，但建设投资大、无线盲点多、用户容量小等不利因素限制了其公共车辆服务的应用。

② 公众网络服务阶段：随着公共移动通信网络的发展，特别是GSM网络服务质量高及短数据业务的发展，为车辆信息服务系统的发展提供了适宜的通信平台，GSM系统虽有实时性差(5秒)，但建设投资少、无线盲点极少、用户容量大等特点使其在车辆服务方面的应用中占主导地位。

各种类型的卫星车辆信息服务系统已应用多年了，由于受短信息服务费高、服务中心接入限制、数据传输的延时及服务质量较差等因素困扰，业务的开展在一定程度上受到了阻碍，用户的要求也不能很好地满足，各厂家所提供的服务大同小异，存在的问题也极为相似。GSM/GPRS和CDMA/1X无线数据通信技术给车辆信息服务系统带来了希望，解决了上述两个技术发展阶段存在的问题，为系统服务质量的提高奠定了基础。

因此，GSM/GPRS和CDMA/1X无线数据通信技术业务在全国性的服务运营商、公安、公交、出租、物流、私家车辆等管理调度、定位上的应用，改善了系统性能指标、提高了终端稳定性，基于GPRS或CDMA/ 1X车辆信息服务系统应用及发展是必然的。

计算机作为 DTE(数字终端设备),GPRS 模块作为 DCE(数字电路设备)。在 DTE 和 DCE 之间,用一套 AT 命令实现各种功能,GSM/GPRS 的各种功能都由依赖于 DTE 向 DCE 发送的命令实现,所以 AT 命令可以视为 DTE 和 DCE 之间的软件接口。

AT 命令语法集如表 5-28 所示。

表 5-28 AT 命令语法集

定　义	命　令	内　容
厂家认证	AT+CGMI	获得厂家的标识
模式认证	AT+CGMM	查询支持频段
修订认证	AT+CGMR	查询软件版本
生产序号	AT+CGSN	查询 IMEI NO.
TE 设置	AT+CSCS	选择支持网络
查询 IMSI	AT+CIMI	查询国际移动电话支持认证
卡的认证	AT+CCID	查询 SIM 卡的序列号
功能列表	AT+GCAP	查询可供使用的功能列表
重复操作	A/	重复最后一次操作
关闭电源	AT+CPOF	暂停模块软件运行
设置状态	AT+CFUN	设置模块软件的状态
活动状态	AT+CPAS	查询模块当前活动状态
报告错误	AT+CMEE	报告模块设备错误
键盘控制	AT+CKPD	用字符模拟键盘操作
拨号命令	ATD	拨打电话号码
挂机命令	ATH	挂机
回应呼叫	ATA	当模块被呼叫时回应呼叫
详细错误	AT+CEER	查询错误的详细原因
DTMF 信号	AT+VTD/VTS	+VTD 设置长度,+VTS 发送信号
重复呼叫	ATDL	重复拨叫最后一次号码
自动拨号	AT%Dn	设备自动拨叫号码
自动接应	ATS0	模块自动接听呼叫
呼入载体	AT+CICB	查询呼入的模式,DATA or FAX or SPEECH
增益控制	AT+VGR/VGT	+VGR 调整听筒增益,+VGT 调整话筒增益
静音控制	AT+CMUT	设置话筒静音
声道选择	AT+SPEAKER	选择不同声道(两对听筒和话筒)

续表一

定　　义	命　　令	内　　容
回声取消	AT+ECHO	根据场所选择不同回声程度
单音修改	AT+SIDET	选择不同回声程度
初始声音参数	AT+VIP	恢复到厂家对声音参数的默认设置
信号质量	AT+CSQ	查询信号质量
网络选择	AT+COPS	设置选择网络方式(自动/手动)
网络注册	AT+CREG	当前网络注册情况
网络名称	AT+WOPN	查询当前使用网络提供者
网络列表	AT+CPOL	查询可供使用的网络
输入 PIN	AT+CPIN	输入 PIN 码
输入 PIN2	AT+CPIN2	输入第二个 PIN 码
保存尝试	AT+CPINC	显示可能的各个 PIN 码
简单上锁	AT+CLCK	用户可以锁住状态
改变密码	AT+CPWD	改变各个 PIN 码
选择电话簿	AT+CPBS	选择不同的记忆体上存储的电话簿
读取电话簿	AT+CPBR	读取电话簿目录
查找电话簿	AT+CPBF	查找所需电话目录
写入电话簿	AT+CPBW	增加电话簿条目
电话号码查找	AT+CPBP	查找所需电话号码
动态查找	AT+CPBN	查找电话号码的一种方式
用户号码	AT+CNUM	选择不同的本机号码(网络服务支持不同)
避免电话簿初始化	AT+WAIP	选择是否防止电话簿初始化
选择短消息服务	AT+CSMS	选择是否打开短消息服务以及广播服务
短消息存储	AT+CPMS	选择短消息优先存储区域
短消息格式	AT+CMGF	选择短消息支持格式(TEXT or PDU)
保存设置	AT+CSAS	保存+CSCA and +CSMP 参数设置
恢复设置	AT+CRES	恢复+CSCA and +CSMP 参数设置
显示 TEXT 参数	AT+CSDH	显示当前 TEXT 模式下结果代码
新消息提示	AT+CNMI	选择当有新的短消息来时系统提示方式

续表二

定　　义	命　　令	内　　容
读短消息	AT＋CMGR	读取短消息
列短消息	AT＋CMGL	将存储的短消息列表
发送短消息	AT＋CMGS	发送短消息
写短消息	AT＋CMGW	写短消息并保存在存储器中
从内存中发短消息	AT＋CMSS	发送在存储器中保存的短消息
设置 TEXT 参数	AT＋CSMP	设置在 Text 模式下条件参数
删除短消息	AT＋CMGD	删除保存的短消息
服务中心地址	AT＋CSCA	提供短消息服务中心的号码
选择广播类型	AT＋CSCB	选择系统广播短消息的类型
广播标识符	AT＋WCBM	读取 SIM 卡中系统广播标识符
短消息位置修改	AT＋WMSC	修改短消息位置
短消息覆盖	AT＋WMGO	写一条短消息放在第一个空位
呼叫转移	AT＋CCFC	设置呼叫转移
呼入载体	AT＋CLCK	锁定呼入载体以及限制呼入或呼出
修改 SS 密码	AT＋CPWD	修改提供服务密码
呼叫等待	AT＋CCWA	控制呼叫等待服务
呼叫线路限定	AT＋CLIR	控制呼叫线路认证
呼叫线路显示	AT＋CLIP	显示当前呼叫线路认证
已连接线路认证	AT＋COLP	显示当前已连接线路认证
计费显示	AT＋CAOC	报告当前费用
累计呼叫	AT＋CACM	累计呼叫费用
累计最大值	AT＋CAMM	设置累计最大值
单位计费	AT＋CPUC	设置单位费用以及通话计时
多方通话	AT＋CHLD	保持或挂断某一通话线路(支持多方通话)
当前呼叫	AT＋CLCC	列出当前呼叫
补充服务	AT＋CSSN	设置呼叫增值服务
非正式补充服务	AT＋CUSD	非正式的增值服务
保密用户	AT＋CCUG	选择是否在保密状态

续表三

定　义	命　令	内　容
载体选择	AT+CBST	选择数据传输的类型
选择模式	AT+FCLASS	选择发送数据 or 传真
服务报告控制	AT+CR	是否报告提供服务
结果代码	AT+CRC	报告不同的结果代码
设备速率报告	AT+ILRR	是否报告当前传输速率
协议参数	AT+CRLP	设置无线连接协议参数
其他参数	AT+DOPT	设置其他的无线连接协议参数
传输速度	AT+FTM	设置传真发送的速度
接收速度	AT+FRM	设置传真接收的速度
HDLC 传输速度	AT+FTH	设置传真发送的速度(使用 HDLC 协议)
HDLC 接收速度	AT+FRH	设置传真接收的速度(使用 HDLC 协议)
停止传输并等待	AT+FTS	停止传真的发送并等待
静音接收	AT+FRS	保持一段静音等待
固定终端速率	AT+IPR	设置数据终端设备速率
其他位符	AT+ICF	设置停止位、奇偶校验位
流量控制	AT+IFC	设置本地数据流量
设置 DCD 信号	AT&C	控制数据载体探测信号
设置 DTR 信号	AT&D	控制数据终端设备准备信号
设置 DSR 信号	AT&S	控制数据设备准备信号
返回在线模式	ATO	返回到数据在线模式
结果代码抑制	ATQ	是否模块回复结果代码
DCE 回应格式	ATV	决定数据通信设备回应格式
默认设置	ATZ	恢复到默认设置
保存设置	AT&W	保存所有对模块的软件修改
自动测试	AT&T	自动测试软件
回应	ATE	是否可见输入字符
回复厂家设置	AT&F	软件恢复到厂家设置
显示设置	AT&V	显示当前的一些参数的设置
认证信息	ATI	显示多种模块认证信息
区域环境描述	AT+CCED	用户获取区域参数

续表四

定　　义	命　　令	内　　容
自动接收电平显示	AT+CCED	扩展到显示接收信号强度
一般显示	AT+WIND	
数据计算模式	AT+CRYPT	
键盘管理	AT+EXPKEY	
PLMN 上的信息	AT+CPLMN	
模拟数字转换测量	AT+ADC	
模块事件报告	AT+CMER	
选择语言	AT+WLPR	选择可支持的语言
增加语言	AT+WLPW	增加可支持的语言
读 GPIO 值	AT+WIOR	
写 GPIO 值	AT+WIOW	
放弃命令	AT+WAC	用于放弃 SMS、SS and PLMN
设置单音	AT+WTONE	设置音频信号(WMOi3)
设置 DTMF 音	AT+WDTMF	设置 DTMF 音(WMOi3)

接下来以几个实例来熟悉一下 AT 命令的使用。

① 查询 SIM 卡 AT 命令。

格式为 AT+CCID。

命令发送成功后，可以看到超级终端上显示了 SIM 卡的序列号。

② 电话主叫 AT 命令呼叫电话 stringnum。

格式为 ATD<stringnum>。

比如，要拨打电话 61234567 则操作为 ATD61234567。

注意打电话命令要以分号结尾。如果成功地和被叫方取得联络，可以听到回铃音，否则模块返回 BUSY(网络忙)或 NO CARRIER(脱网或网络拒绝服务)；如果对方摘机，模块将返回 OK，表明建立了正确的话音通路；通话结束后，如果对方挂机，模块返回 NO CARRIER，如果主叫方想挂机，发送 ATH 命令，模块返回 OK 后，语音通路被解除。

③ 电话被叫 AT 命令。

拨打模块的号码超级终端的屏幕上会显示“RING”，为了使被叫具有来电显示功能我们要发送如下命令：

AT+CR=1

AT+CLIP=1

两条命令分开发送，每条命令正确发送后都应该返回 OK 提示。这时再拨模块号码，超级终端上会显示被叫号码。

④ 短消息有关的 AT 命令。

在收发短信方面，按时间产生先后，共产生了三种模式：Block Mode、基于 AT 指令的 Text Mode、基于 AT 指令的 PDU Mode，Text Mode 比较简单，多款诺基亚手机均支持该模式。

西门子的手机大多只支持 PDU 模式，PDU 模式是发送或接收手机 SMS 信息的一种方法，短信息正文经过十六进制编码后被传送。

下面具体说明如何发送接收查看短消息：

① 发送短消息。

使用最简单的文本方式(1 是选择文本方式)，步骤为：

AT＋CMGF＝1；执行命令后，模块返回 OK

AT＋CSCA＝“＋8613800100500(北京局)”　　　；执行命令后，模块返回 OK

AT＋CMGS＝“1355XXXX663”；等模块返回“＞”符号

＞0123456789(以^Z 结束)　　　　　；发送成功后，返回 OK，失败返回 ERROR

② 接收查看短消息。

同样，可以选择 PDU 格式或文本格式，这里使用 PDU 格式(0 是选择 PDU 方式)。

AT＋CMGF＝0；执行命令后，模块返回 OK

AT＋CMGL＝“ALL”；执行命令后，模块返回 OK

与短信相关指令如表 5－29 所示。

表 5－29　短信相关指令

AT 指令	功　能
AT＋CMGC	Send an SMS command(发出一条短消息命令)
AT＋CMGD	Delete SMS message(删除 SIM 卡内存的短消息)
AT＋CMGF	Select SMS message formate(选择短消息信息格式：0——PDU；1——文本)
AT＋CMGL	List SMS message from preferred store(列出 SIM 卡中的短消息 PDU/text：0/"REC UNREAD"——未读，1/"REC READ"——已读，2/"STO UNSENT"——待发，3/"STO SENT"——已发，4/"ALL"——全部的)
AT＋CMGR	Read SMS message(读短消息)
AT＋CMGS	Send SMS message(发送短消息)
AT＋CMGW	Write SMS message to memory(向 SIM 内存中写入待发的短消息)
AT＋CMSS	Send SMS message from storage(从 SIN|M 内存中发送短消息)
AT＋CNMI	New SMS message indications(显示新收到的短消息)
AT＋CPMS	Preferred SMS message storage(选择短消息内存)
AT＋CSCA	SMS service center address(短消息中心地址)
AT＋CSCB	Select cell broadcast messages(选择蜂窝广播消息)
AT＋CSMP	Set SMS text mode parameters(设置短消息文本模式参数)
AT＋CSMS	Select Message Service(选择短消息服务)

这时可以看到短消息列表，如图 5 - 59 所示。

其中：

“REC　UNREAD”未读短信

“REC　READ”已读短信

“ST0　UNSENT”存储但未发送短信

“ST0　SENT”存储且已发送短信

“ALL”全部短信

按照表 5 - 29 所列命令可以对短信进行操作，接收查看短消息结果如图 5 - 59 所示。

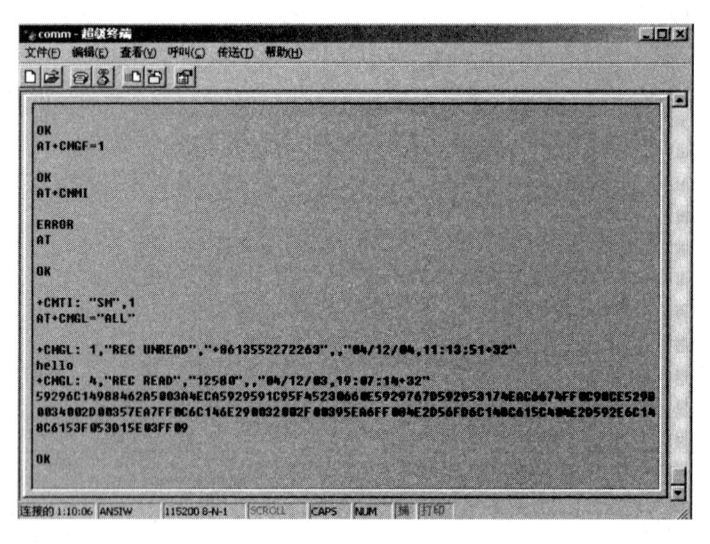

图 5 - 59　接收查看短消息结果

5) 实验说明

(1) CVT - A8 外部扩展口硬件说明。

GPRS/GPS

GPRS 串口：S3C2410 串口 3

GPS 串口：S3C2410 串口 3

在 Linux 应用程序中，操作 ARM 的串口 3，根据 GPRS 协议，进行对应的串口 3 数据收发就可以使模块正常工作。

(2) Linux GPRS 应用程序分析。

应用程序为 example/gprstest/gprs. c。

首先把 SIM 卡插入 GPRS 模块的卡槽，实验箱通电后，等待“GPRS ACTIVE”灯闪亮，如果不闪亮，点击“S1”按钮，复位 GPRS 模块，直到“GPRS ACTIVE”灯闪亮。此时模块处于正常工作模式。

既然是对串口 3 的数据收发，那么代码中需要初始化串口 3，关键代码如下：

```
void gprs_init()
{
    int pfd;
    int cfd;
    /* 初始化串口 */
```

```
    struct termios oldtio, newtio;
    char *dev="/dev/s3c2410_serial3";
    ttyfd=OpenDev(dev);
    if (ttyfd>0){
        tcgetattr(ttyfd, &oldtio); /*备份现在的串口状态 */
    }
    else
    {
        printf("Can't Open Serial Port! \n");
        exit(0);
    }
    bzero(&newtio, sizeof(newtio));
    comcontrol(ttyfd);
    set_speed(ttyfd, 115200);
    set_Parity(ttyfd, 8, 1, 'N');
    usleep(1000000);
}
```

然后，通过串口往GPRS模块发送AT命令，如果返回OK，则说明模块工作正常(具体命令需要参照GPRS模块协议)：

```
//发送AT命令
strcpy(gprs_cmd_send_string, "\r");
write(ttyfd, gprs_cmd_send_string, strlen(gprs_cmd_send_string));
printf("Send ->%s\n", gprs_cmd_send_string);
usleep(10000);      //very important
strcpy(gprs_cmd_send_string, "AT\r");
write(ttyfd, gprs_cmd_send_string, strlen(gprs_cmd_send_string));
printf("Send ->%s\n", gprs_cmd_send_string);
for(loopcnt=0; loopcnt < 5; loopcnt++){
    //获取结果，如果读取到OK，认为复位成功，否则重新复位
        res=read(ttyfd, gprs_cmd_recv_string, 512); //非标准输入方式，立即返回，收到多
    少字符就返回多少
        gprs_cmd_recv_string[res]=0;
        printf("Recive<-%s|size: %d\n", gprs_cmd_recv_string, res);
        if(strstr(gprs_cmd_recv_string, "OK") ! =0)
        break;
        usleep(1000);
}
```

之后通过对应的ATD命令，拨打电话：

```
strcpy(gprs_cmd_send_string, "ATD10086; \r");
write(ttyfd, gprs_cmd_send_string, strlen(gprs_cmd_send_string));
printf("Send ->%s\n", gprs_cmd_send_string);
```

6）实验步骤

```
$ cd /opt/cvtech/examples
```

```
$ cd gprstest
$ make
$ cp gprs /tftpboot/
```

连接好串口，并打开超级终端工具。

打开实验箱，启动 Linux。

在超级终端下输入：

```
# mount 192.168.1.180：/tftpboot /mnt/   - o nolock
# cd /mnt/
# ./gprs
```

GPRS 操作界面和呼叫界面如图 5-60 及图 5-61 所示。

(1) 按下"初始化"按钮，提示栏提示"GPRS init OK!!!"。

(2) 按下号码后，点击"呼出"按钮，提示"xxxxxxx GSM PHONE CALLING!!!"，然后对应手机响起。

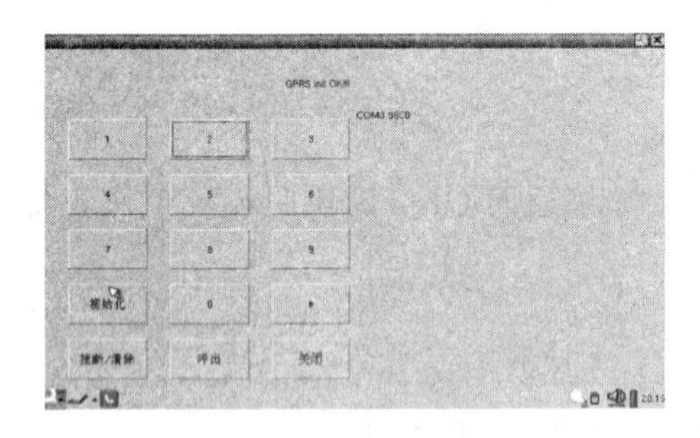

图 5-60　GPRS 操作界面

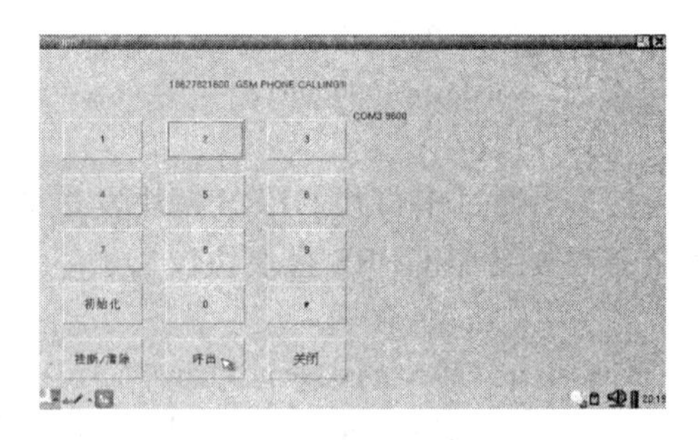

图 5-61　GPRS 呼叫界面

6. Linux 下 GPS 模块实验

1) 实验目的

(1) 熟悉 CVT-A8 综合实验平台。

(2) 熟悉并掌握 Linux 环境的搭建及使用。

(3) 熟悉并掌握 Linux GPS 模块使用过程。

2) 实验设备

(1) 硬件：CVT-A8 嵌入式实验箱+CVT-GPS 扩展模块。

(2) 软件：PC 机操作系统 Fedora10+Linux 开发环境+超级终端通信程序。

3) 实验内容

(1) 熟悉 GPS 模块工作原理。

(2) 下载并调试 GPS 模块通话。

4) 实验原理

(1) GPS 简介。

GPS 即全球定位系统(Global Positioning System)的简称。GPS 是美国国防部(U. S. Department Of Defense)从 20 世纪 70 年代开始研制，历时 20 年，耗资一百多亿美元，于 1994 年全面建成。GPS 是具有在海、陆、空进行全方位实时三维导航与定位能力的新一代卫星导航与定位系统。我国测绘等部门通过近 10 年的使用表明，GPS 具有全天候、高精度、高效率、多功能等显著特点，目前已赢得广大测绘工作者的信赖，并成功地应用于大地测量、工程测量、航空摄影测量、运载工具导航和管制、地壳运动监测、工程变形监测、水文测试、资源勘察、地球动力学等多种学科，从而给测绘领域带来了一场深刻的技术革命。同时，欧洲建立了伽利略导航计划，我国也已建立了北斗导航系统，并逐步推向市场应用。

由于GPS定位技术具有精度高、速度快、成本低的显著优势，因而已成为目前世界上应用最广泛的全球精密授时、测距、导航的定位系统。

GPS由以下三个独立的部分组成：

① 空间部分——GPS卫星星座。GPS卫星星座由24颗卫星组成，其中21颗为工作卫星，3颗为备用卫星。24颗卫星均匀分布在6个轨道平面上，即每个轨道平面上有4颗卫星。由于卫星的位置精确可知，在GPS观测中，我们可得到卫星到接收机的距离，利用三维坐标中的距离公式，利用3颗卫星，就可以组成3个方程式，解出观测点的位置(X，Y，Z)。考虑到卫星的时钟与接收机时钟之间的误差，实际上有4个未知数，X、Y、Z和钟差，因而需要引入第4颗卫星，形成4个方程式进行求解，从而得到观测点的经纬度和高程。

② 地面控制部分——地面监控系统。地面监控系统主要由1个主控站(Master Control Station，MCS)、4个地面天线站(Ground Antenna)和6个监测站(Monitor Station)组成。

③ 用户设备部分——GPS信号接收机。GPS信号接收机的主要作用是从GPS卫星收到信号并利用传来的信息计算用户的三维位置及时间。GPS卫星接收机种类很多，根据型号分为测地型、全站型、定时型、手持型、集成型；根据用途分为车载式、船载式、机载式、星载式、弹载式。事实上，接收机往往可以锁住4颗以上的卫星，这时，接收机可按卫星的星座分布分成若干组，每组4颗，然后通过算法挑选出误差最小的一组用作定位，从而提高精度。由于卫星运行轨道、卫星时钟存在误差，大气对流层、电离层对信号的影响，以及人为的SA保护政策，使得民用GPS的定位精度只有100米。为提高定位精度，普遍采用差分GPS(DGPS)技术，建立基准站(差分台)进行GPS观测，利用已知的基准站精确坐标，与观测值进行比较，从而得出一修正数，并对外发布。接收机收到该修正数后，与自身的观测值进行比较，消去大部分误差，得到一个比较准确的位置。实验表明，利用差分GPS，定位精度可提高到5米。

GPS的通信接口协议采用美国的NMEA(National Marine Electronics Association) 0183 ASCII码协议，NMEA 0183是一种航海、海运方面有关于数字信号传递的标准，此标准定义了电子信号所需要的传输协议和传输数据时间。

这里只介绍我们要用的位置信息〈GGA〉语句：

$GPGGA，161229.487，3723.2475，N，12158. 3416，W，1，07，1.0，9.0，M，，M，，，0000，*18

GGA讯息格式如表5－30所示。

表5－30　GGA讯息格式说明

名　称	实　例	单　位	叙　述
讯息代号	$GPGGA		GGA规范抬头
标准定位时间	161229.487		时时分分秒秒.秒秒秒
纬度	3723.2475		度度分分.分分分分

续表

名　称	实　例	单　位	叙　　述
北半球或南半球指示器	N		北半球(N)或南半球(S)
经度	12158.3416		度度度分分. 分分分分
东半球或西半球指示器	W		东(E)半球或西(W)半球
定位代号指示器	1		
使用中的卫星数目	07		00～12
水平稀释精度	1.0		0.5～99.9 米
海拔高度	9.0	米	－9999.9～99999.9 米
单位	M	米	
地表平均高度		米	－999.9～9999.9 米
单位	M	米	
差分修正 DGPS			(RTCM SC - 104)数据年限，上次有效的 RTCM 传输至今的秒数(若非 DGPS，则数字为 0)
偏差修正(DGPS)			参考基地代号，0000 至 1023。(0 表非 DGPS)
插分参考基站代码 ID	0000		
总和检查码	*18		
<CR><LF>			讯息终点

我们主要查看时间、经度、纬度数据。

GPS 显示的时间是格林威治时间，北京时间＝格林威治时间＋8 小时。上例中的数据 031736.594，其中 03 代表时，17 代表分，36.594 代表秒，那么北京时间为 11 点 17 分 36 秒。经度、纬度读出为北纬 3957.1451，东经 11618.8424，通过电子地图即可以查到具体位置。

(2) CVT - A8 外部扩展口硬件说明。

GPRS/GPS

GPRS 串口：S3C2410 串口 3

GPS 串口：S3C2410 串口 3

那么在 Linux 应用程序中，操作 ARM 的串口 3，根据 GPS 协议，进行对应的串口 3 数据解析就可以得到模块定位的信息。

(3) Linux GPS 应用程序分析。

查找应用程序 examples/gpstest/gps.c，初始化模块部分代码如下(同样也是初始化串口 2，波特率 4800)：

```
void gps_init()
{
    int pfd, cfd;
    int nread;
    char buff[512];
    char *dev="/dev/s3c2410_serial3";
```

```
        ttyfd=OpenDev(dev);
        printf("test1\n");
        if (ttyfd>0)
            set_speed(ttyfd, 4800);
        else
        {
            printf("Can't Open Serial Port! \n");
                exit(0);
        }
        if (set_Parity(ttyfd, 8, 1, 'N')==FALSE)
        {
            printf("Set Parity Error\n");
            exit(1);
        }
        printf("test2\n");
    }
```

然后数据解析部分如下：

```
    void gps_proc()
    {
        printf("gps_proc\n");
        while (1)
        {
            nread=read(ttyfd, cmd_str, 100);
            cmd_str[nread]='\0';
                printf("read: %s", cmd_str);
                        // GPS 定位信息解析
                        GPSReceive(&info, cmd_str, strlen(cmd_str));
                        //打印定位信息
                        if(info.bIsGPGGA==1)
                        TRACE_MSG(&info);
        }
    }
```

5）实验步骤

（1）如图 5-62 所示，首先在 Linux 下调用以下命令：

```
$ cd /opt/cvtech/examples
$ cd gps
```

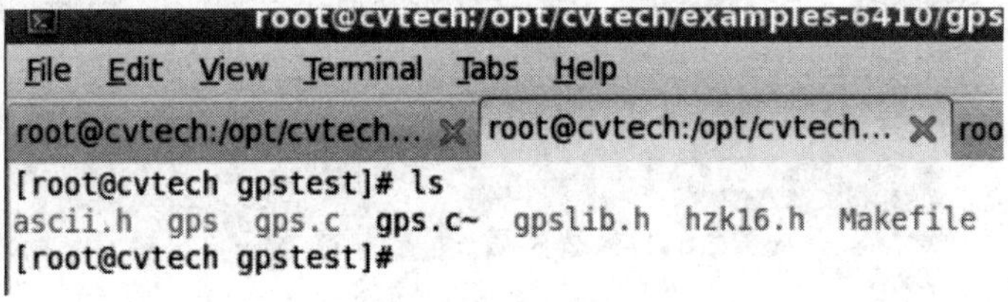

```
root@cvtech:/opt/cvtech/examples-6410/gps
File  Edit  View  Terminal  Tabs  Help
root@cvtech:/opt/cvtech...  root@cvtech:/opt/cvtech...  roo
[root@cvtech gpstest]# ls
ascii.h  gps  gps.c  gps.c~  gpslib.h  hzk16.h  Makefile
[root@cvtech gpstest]#
```

图 5-62　当前目录

(2) 执行下列命令:

```
$ make
$ cp gps /tftpboot/
```

(3) 连接好串口,并打开超级终端工具。

(4) 打开实验箱,启动 Linux。

(5) 在超级终端下输入:

```
# mount 192.168.1.180: /tftpboot /mnt/    - o nolock
# cd /mnt/
# ./gps
```

7. Linux 下 ZigBee 传感器数据显示实验

1) 实验目的

(1) 学习 CVT - A8 作嵌入式网关采集传感器类型 1 数据。

(2) 学习 Linux 下将网关采集的传感器数据显示。

2) 实验设备

(1) 硬件:CVT - A8 嵌入式实验箱+ CVT - SENOR0 传感板。

(2) 软件:PC 机操作系统 Fedora10 + Linux 开发环境。

3) 实验内容

(1) 传感器类型 1 包括 A/D 传感器、2530 温度传感器、节点板温度传感器、温湿度传感器、光照度传感器、振动传感器、人体感应传感器。

(2) 通过 A/D 传感器、2530 温度传感器、节点板温度传感器、温湿度传感器、光照度传感器、振动传感器、人体感应传感器采集数据,并把采集的数据通过 ZigBee 发送给 CVT - A8嵌入式网关,通过串口将结果打印在超级终端中。

4) 实验原理

CVT - A8 嵌入式网关上的 ZigBee 收到数据后发送给网关 A8 的串口 1(UART1),应用程序采集串口 1(UART1)的数据,并解析,得到对应的数据,并通过串口 0(UART0)打印到超级终端中显示,如图 5 - 63 所示。

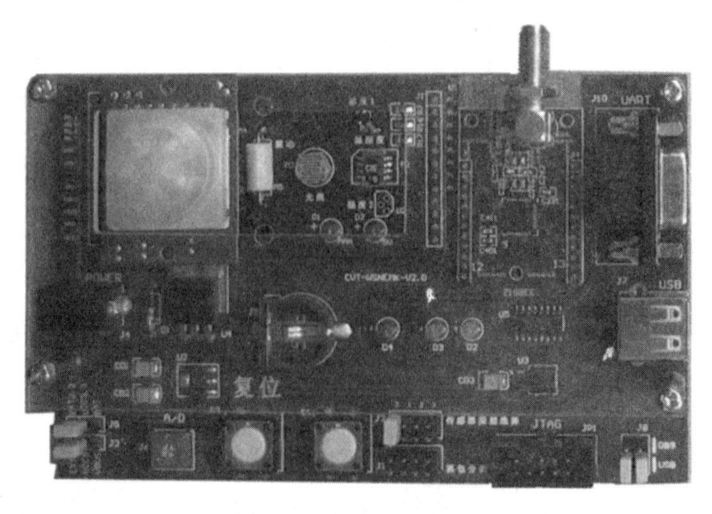

图 5 - 63　ZigBee 模块

网关到 ARM 协议如表 5-31 所示。

表 5-31　传感器类型 0 采集的传感器数据说明

传感器类型	数据格式
A/D 传感器	1 个字节，0 为 0 V，0x7F 为 3.3 V
CC2530 温度传感器	1 个字节，单位为℃
传感器板温度	1 个字节，单位为℃
温湿度传感器温度	1 个字节，单位为℃
温湿度传感器湿度	1 个字节，单位为%
光照度传感器	1 个字节，0～0x7F
振动传感器	1 个字节，1 为有振动，0 为无振动
人体感应传感器	1 为有人体靠近，0 为无人体靠近

传感器数据说明如表 5-32 所示。

表 5-32　传感器数据说明

位	位设置
Byte 0	0x2(帧头)
Byte 1	len(包长度，Byte2 到 FCS 前的字节数，即 n-1 或有效数据长度+6)
Byte 2、3	0x46B9(cmd，控制命令，低字节在前)
Byte 4	0xF1(cmdEndPoint，命令端节点号)
Byte 5、6	SrcShortAddr(两个字节源短地址，低字节在前，网关上电时为 0x0000)
Byte 7	任务号(一般为 1)
Byte 8、9	ParentShortAddr(两个字节短地址，低字节在前，网关上电时为 0x0000)
Byte 10	D7D6 为节点类型(00 为网关节点，01 为路由节点，10 为端节点) D5～D0 为传感器板类型代码(独立供电目前从 0x0～0x9，集中供电目前从 0x0～0xF)
Byte 11～n	采集的传感数据
Byte n+1	FCS(Byte 1～n 的字节异或值)

部分源码如下：

```
int serial_init(void)
{
```

```
    char *Dev="/dev/s3c2410_serial1";
    int i;
    serial_fd=OpenDev(Dev);
    if(serial_fd > 0)
    set_speed(serial_fd, 115200);
    else
    {
        printf("Can't Open Serial Port! \n");
        exit(0);
    }
    if(set_Parity(serial_fd, 8, 1, 'N')==FALSE)
    {
        printf("Set parity Error\n");
        exit(1);
    }
    return 0;
}
void serial_rw()
{
    int i;
    char buff[1024];
    while(1)
    {
        pthread_mutex_lock(&mutex);
        if((nread=read(serial_fd, buff, 1024))>0)
        {
            buff[nread]='\0';
            for(i=0; i<nread; i++)
        {
            Recbuff[sRecDataLen + i]=buff[i];
        }
        for(i=0; i<sRecDataLen; i++)
        {
            //printf("%02x", Recbuff[i]);
        }

        for(i=0; i<nread; i++)
        {
            //printf("%02x", Recbuff[sRecDataLen + i]);
        }
            sRecDataLen=sRecDataLen + nread;
            scan();
    }
```

```
            pthread_mutex_unlock(&mutex);
        }
    }

    Scan()
    {
    if((byte10 & 0x7)==0x0)
    {
        printf("A/D电压：%.2f V \n 2530 温度：%d ℃\n 板温度：%d ℃\n 温度：%d ℃\n 湿度：%d %\n 光照度：%d\n", ScanADdata(byte11), byte12, byte13, byte14, byte15, byte16);
        if(byte17==0x00)
        {
            printf("振动传感器：无震动\n");     }
        else if(byte17==0x01)
        {
            printf("振动传感器：有震动\n");
        }
        if(byte18==0x00)
        {
            printf("人体感应：无人体感应\n");
        }
        else if(byte18==0x01)
        {
            printf("人体感应：有人体感应\n");
        }
        }
    }
    int main()
    {
        serial_init();
        pthread_t serialr;
        pthread_mutex_init(&mutex, NULL);
        pthread_create(&serialr, NULL, (void *)&serial_rw, NULL);
        pthread_create(&serialw, NULL, (void *)&writer_function, NULL);
        //while(1);
        return 0;
    }
```

5）实验步骤

(1) CVT-A8嵌入式网关开机。

(2) 传感器类型1节点板通电。

如果不按这个步骤操作，请复位传感器类型1节点板。

(3) 打开虚拟机，进入对应工作目录。

```
$ cd /opt/cvtech/examples
$ cd wsnserial
```

(4) 编写 wsnserial 程序源代码。

参照串口测试程序，编写 wsnserial 程序。

(5) 编写 Makefile 文件。

(6) 编译 wsnserial 程序。

```
$ make clean
$ make
$ cp wsnserial /tftpboot
```

如果正确将生成 wsnserial 程序

(7) 下载 wsnserial 程序到 CVT - A8 中调试。

通过 ftp 或者 nfs 将第 6 步编译的程序 wsnserial 下载到 CVT - A8 Linux 的/mnt/目录下。

下载完成后，可以使用 ls 命令查看该文件是否存在，如果存在，然后在超级终端输入如下命令：

```
# mount 192.168.1.180:/tftpboot/ /mnt/ -o nolock
# cd /mnt
# ./wsnserial
```

实验结果如图 5 - 64 所示。

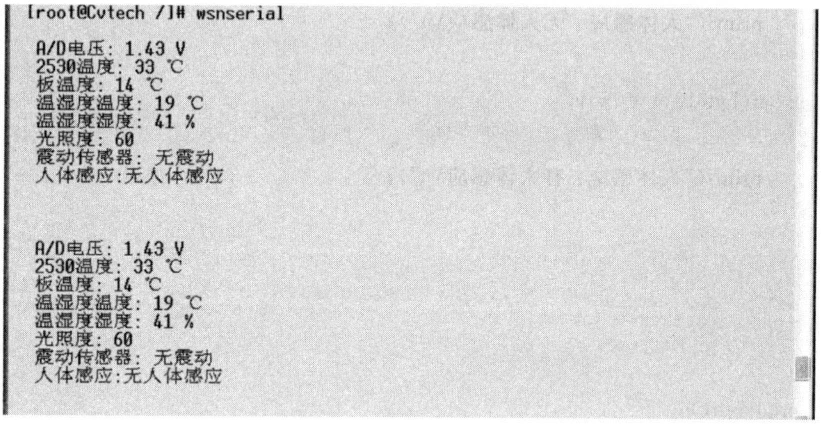

```
[root@Cvtech /]# wsnserial

 A/D电压: 1.43 V
 2530温度: 33 ℃
 板温度: 14 ℃
 温湿度温度: 19 ℃
 温湿度湿度: 41 %
 光照度: 60
 震动传感器: 无震动
 人体感应:无人体感应


 A/D电压: 1.43 V
 2530温度: 33 ℃
 板温度: 14 ℃
 温湿度温度: 19 ℃
 温湿度湿度: 41 %
 光照度: 60
 震动传感器: 无震动
 人体感应:无人体感应
```

图 5 - 64　实验结果

5.4.4 Linux 下图形界面 Qt 实验

1. Linux Qt 的几个相关概念

Qt 是 Trolltech 公司的一个标志性产品。Trolltech 公司 1994 年成立于挪威，公司的核心开发团队已经在 1992 年开始了 Qt 产品的研发，并于 1995 年推出了 Qt 的第一个商业版，直到现在 Qt 已经被世界各地的跨平台软件开发人员使用，而 Qt 的功能也得到了不断的完善和提高。

Qt 是一个支持多操作系统平台的应用程序开发框架，它的开发语言是 C++。Qt 最初主要是为跨平台的软件开发者提供统一的、精美的图形用户编程接口，但是现在它也提供了统一的网络和数据库操作的编程接口。正如微软当年为操作系统提供了友好、精致的用户界面一样，今天由于 Trolltech 的跨平台开发框架 Qt 的出现，也使得 UNIX、Linux 这些操作系统以更加方便、精美的人机界面走近普通用户，如图 5-65 所示。

Qt 是以工具开发包的形式提供给开发者的，这些工具开发包包括了图形设计器、Makefile 制作工具、字体国际化工具、Qt 的 C++类库等等。Qt 的类库也是等价于 MFC 的开发库，但是 Qt 的类库是支持跨平台的类库。

Qt/Embedded 是一个为嵌入式设备上的图形用户接口和应用开发而定做的 C++工具开发包。它通常可以运行在多种不同的处理器上部署的嵌入式 Linux 操作系统上。除了类库以外，Qt/Embedded 还包括了几个提高开发速度的工具，使用标准的 Qt API，用户可以非常熟练地在 Windows 和 UNIX 编程环境里开发应用程序。

Qt/Embedded 提供了一种类型安全的被称为信号与插槽的真正的组件化编程机制，这种机制和以前的回调函数有所不同。Qt/Embedded 还提供了一个通用的 widgets 类，这个类可以很容易地被子类化为客户自己的组件或是对话框。针对一些通用的任务，Qt 还预先为客户定制了像消息框和向导这样的对话框。

Qt/Embedded 包括了它自身的窗口系统，并支持多种不同的输入设备。

Qt 的图形设计器(designer)可以用来可视化地设计用户接口，设计器中有一个布局系统，它可以使你设计的窗口和组件自动根据屏幕空间的大小而改变布局。开发者可以选择一个预定义的视觉风格，或是建立自己独特的视觉风格。使用 UNIX/Linux 操作系统的用户，可以在工作站上通过一个虚拟缓冲帧的应用程序仿真嵌入式系统的显示终端。Qt/Embedded 也提供了许多特定用途的非图形组件，例如国际化，网络和数据库交互组件。

Qt/Embedded 是成熟可靠的工具开发包，它在世界各地被广泛使用。除了在商业上的许多应用以外，Qt/Embedded 还是为小型设备提供的 Qtopia 应用环境的基础。Qt/Embedded 以简洁的系统、可视化的表单设计和详致的 API 让代码编写变得愉快和舒畅。

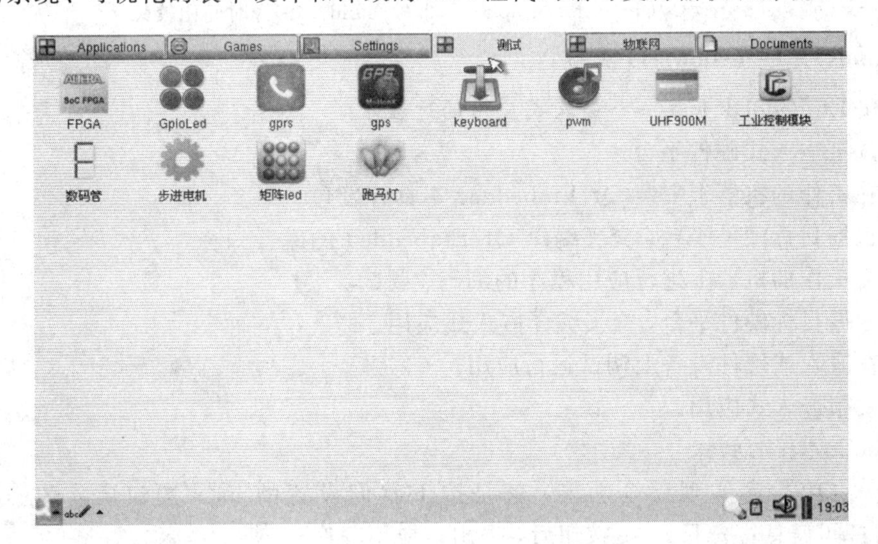

图 5-65　Qt 显示图标

2. Linux 环境的编译及建立

(1) 拷贝光盘目录中 Qte 目录中所有文件到虚拟机中的 Linux 的共享目录。

(2) 在 Linux 中，输入如下命令：

[root@cvtech /]# vi /etc/profile，添加如图 5 - 66 所示内容。

```
# /etc/profile

# System wide environment and startup programs, for login setup
# Functions and aliases go in /etc/bashrc

pathmunge () {
        if ! echo $PATH | /bin/egrep -q "(^|:)$1($|:)" ; then
           if [ "$2" = "after" ] ; then
              PATH=$PATH:$1
           else
              PATH=$1:$PATH
           fi
        fi
}

# Path manipulation
if [ `id -u` = 0 ]; then
        pathmunge /sbin
        pathmunge /usr/sbin
        pathmunge /usr/local/sbin
        pathmunge /usr/local/arm/crosstools_3.4.5_softfloat/gcc-3.4.5-glibc-2.3.6/arm-linux/bin
fi

pathmunge /usr/X11R6/bin after
```

图 5 - 66　Linux 环境的编译

使用不同的编译器，那么这里的路径自然不同。

[root@cvtech /]# cd　/opt/cvtech/

[root@cvtech /]# mkdir　Qte

[root@cvtech /]# cp /mnt/hgfs/share/Qte/ *　.

[root@cvtech /]# source /etc/profile

[root@cvtech /]# arm - linux - gcc　- v 使编译器生效

[root@cvtech /]# ./x86 - qtopia - 2.2.0_build　　编译时间比较长(可不做)

[root@cvtech /]# ./cvt - arm - qtopia - 2.2.0 _build　　编译时间比较长

3. Linux 下 Qt helloworld 实验

1) Qt/Embedded 开发一个嵌入式应用的过程

(1) 选定嵌入式硬件平台。

(2) 在工作的机器上安装 Qt/Embedded 工具开发包。

(3) 根据目标硬件平台，交叉编译 Qt/Embedded 的库。

(4) 在工作的机器上进行应用程序的编码、调试。

(5) 根据目标硬件平台，交叉编译嵌入式应用。

(6) 在嵌入式硬件设备上调试运行应用。

(7) 发布嵌入式应用。

2) "hello"Qt 的初探

第一次 Qt 程序实现一个功能，就是按下我们设置的 user 按钮后，显示出"hello cvtech"的打印信息，按下 close 按钮后，退出该应用程序。

(1) 建立工程文件。

在 PC 的 Linux 的"/opt/cvtech/Qte/arm - qtopia - 2.2.0/pro/"目录下新建一个名为："hello"的目录，命令如下：

cd　/opt/cvtech/Qte/arm - qtopia - 2.2.0/pro/

```
# mkdir  hello
# cd  hello
```

在后台启动 Qt 的设计器，命令如下：

```
# /opt/cvtech/Qte/x86 - qtopia - 2.2.0/qt2/bin/designer &
```

新建项目文件，选择工具栏 File →new→Widget ，然后点击“OK”按钮。设置 Form1 的属性，修改“name” 为 hello，修改“caption”为 Hello Cvtech!!!。

然后添加两个按钮 OK，分别修改“name”分别为 obutton 和 cbutton，修改 “text”分别为 open 和 close，如图 5 - 67 所示。

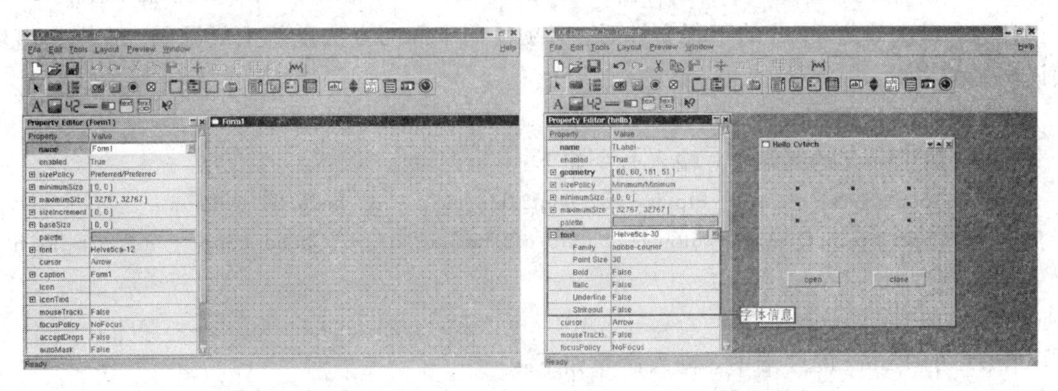

图 5 - 67　Qt 编辑界面

然后再添加一个 text 图标 A，修改“name”为 Tlabel，修改“text”为空。这里也可以设置 text 的字体大小。

完成以上工作后，需要添加函数，使按钮能够对其进行响应，方法如下：选择工具栏中的 Edit→slot，新建两个函数，分别为 open()和 close()，如图 5 - 68 所示。

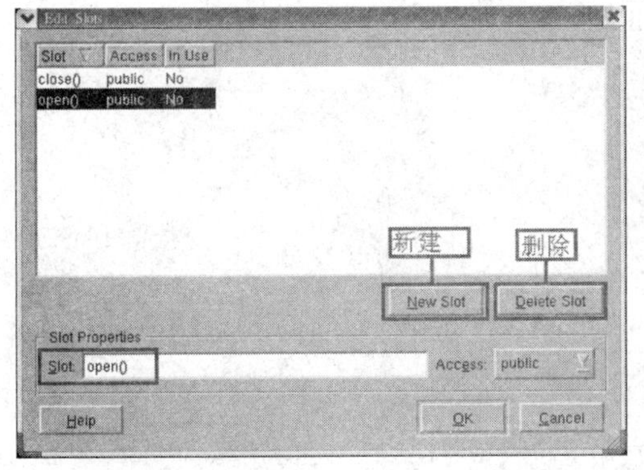

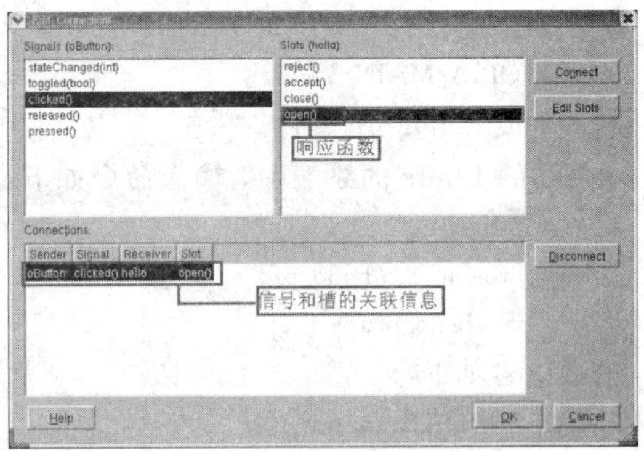

图 5 - 68　Qt 编辑界面

下面的操作涉及 Qt 中的信号和槽的概念，可以理解为按钮的操作时信号，槽就是该操作所响应的函数。如图 5 - 68 所示，完成 open 按钮和 close 按钮的链接。

首先点击按钮，然后点住 open 按钮不要松开，向上拉动到 Form1 的空白地方，如图 5 - 69 所示。同样的方法建立 close 按钮的响应关联，如图 5 - 70 所示。然后在 Edit→Slot 中去除 close()函数。

完成以上操作后，保存图形文件，点击工具栏 File→ Save，如图 5 - 71 所示。

然后退出设计器。

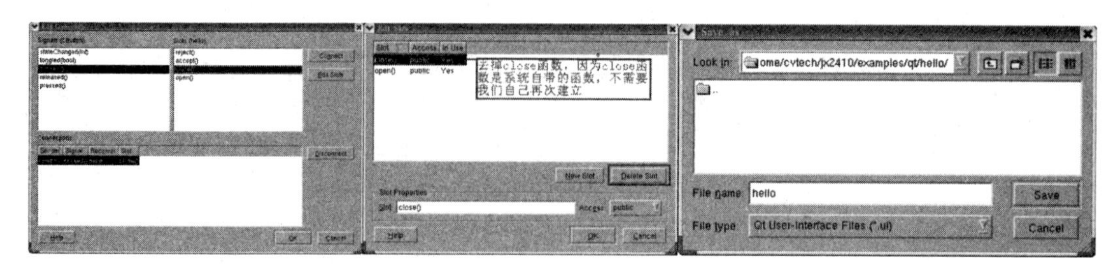

图 5 - 69　Qt 关联界面　　图 5 - 70　Qt 编辑界面　　图 5 - 71　保存图形文件

注意，每次修改 *.ui 的工程文件后，必须使用下面的方法重新生成源码，否则会出现编译出错的情况。

(2) 产生源代码。

在 PC 的 Linux 的终端中，输入命令如下：

```
# /opt/cvtech/Qte/x86-qtopia-2.2.0/qt2/bin/uic  -o  hello.h  hello.ui
# /opt/cvtech/Qte/x86-qtopia-2.2.0/qt2/bin/uic  -o  hello.cpp  -impl  hello.h
hello.ui
```

(3) 添加 main.cpp 文件。

在 PC 的 Linux 的终端中，输入命令如下：

```
# vi  main.cpp
```

添加代码如下所示：

```
#include "hello.h"
#include <qapplication.h>
#include <qtopia/qpeapplication.h>

QTOPIA_ADD_APPLICATION("hello", hello)
QTOPIA_MAIN
```

(4) 生成 hello.pro 文件。

在 PC 的 Linux 的终端中，输入命令如下：

```
# progen
# progen  -o hello.pro
# vi  hello.pro
```

修改内容如下：

```
TEMPLATE=app
CONFIG=qtopia warn_on release
HEADERS=hello.h
SOURCES=hello.cpp \
  main.cpp
INTERFACES=hello.ui
```

(5) 生成 Makefile 文件。

在 PC 的 Linux 的终端中，输入命令如下：

```
# soure setX86_QpeEnv
```

```
# tmake  -o  Makefile  hello.pro
```

如图 5-72 所示，此时得到的 Makefile 文件编译出来的 hello，是在 PC 的 Linux 上可以运行的。

```
#  make
```

```
root@localhost:/home/cvtech/jx2410/examples/qt/hello
文件(F)  编辑(E)  查看(V)  终端(T)  转到(G)  帮助(H)
[root@localhost hello]# ls
hello  hello.cpp  hello.h  hello.pro  hello.ui  main.cpp
[root@localhost hello]# qmake hello.pro
[root@localhost hello]# make
g++ -c -pipe -Wall -W -O2 -march=i386 -mcpu=i686 -g -DGLX_GLXEXT_LEGACY -fno-use-cxa-at
exit -fno-exceptions  -DQT_NO_DEBUG -I/usr/lib/qt-3.1/mkspecs/default -I. -I/usr/lib/qt
-3.1/include -o hello.o hello.cpp
g++ -c -pipe -Wall -W -O2 -march=i386 -mcpu=i686 -g -DGLX_GLXEXT_LEGACY -fno-use-cxa-at
exit -fno-exceptions  -DQT_NO_DEBUG -I/usr/lib/qt-3.1/mkspecs/default -I. -I/usr/lib/qt
-3.1/include -o main.o main.cpp
/usr/lib/qt-3.1/bin/moc hello.h -o moc_hello.cpp
g++ -c -pipe -Wall -W -O2 -march=i386 -mcpu=i686 -g -DGLX_GLXEXT_LEGACY -fno-use-cxa-at
exit -fno-exceptions  -DQT_NO_DEBUG -I/usr/lib/qt-3.1/mkspecs/default -I. -I/usr/lib/qt
-3.1/include -o moc_hello.o moc_hello.cpp
g++  -o hello hello.o main.o moc_hello.o  -L/usr/lib/qt-3.1/lib -L/usr/X11R6/lib -lqt-m
t -lXext -lX11 -lm
[root@localhost hello]#
```

图 5-72　生成的 Makefile 文件

得到可执行文件 hello，在 PC 的 Linux 的终端中，输入命令如下：

```
# ./hello
```

得到界面如图 5-73 所示。

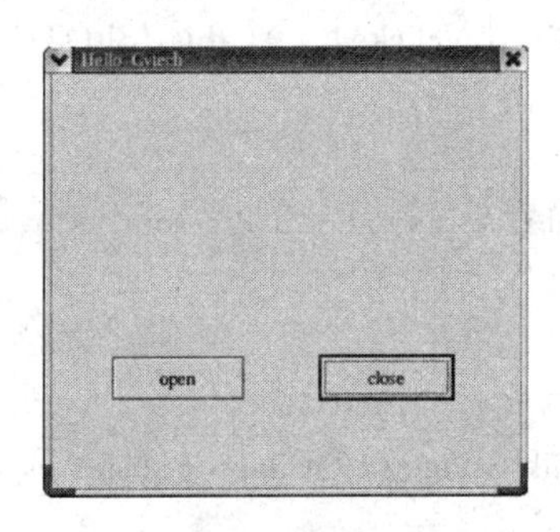

图 5-73　操作按钮

(6) 修改 hello.cpp 文件。

为了实现前面讲到的按下 open 按钮，出现"hello cvtech"的打印信息，还需要修改 hello.pro 文件，以下为源码内容：

```
#include "hello.h"
#include <qlabel.h>
#include <qpushbutton.h>
#include <qlayout.h>
#include <qvariant.h>
#include <qtooltip.h>
#include <qwhatsthis.h>
hello::hello( QWidget* parent,  const char* name, bool modal, WFlags fl )
    : QDialog( parent, name, modal, fl )
{
    if ( ! name )
```

```
setName( "hello" );
    resize( 312, 280 );
    setCaption( tr( "Hello Cvtech" ) );

    cButton=new QPushButton( this, "cButton" );
    cButton->setGeometry( QRect( 180, 190, 91, 31 ) );
    cButton->setText( tr( "close" ) );

    oButton=new QPushButton( this, "oButton" );
    oButton->setGeometry( QRect( 40, 190, 91, 31 ) );
    oButton->setText( tr( "open" ) );
    TLabel=new QLabel( this, "TLabel" );
    TLabel->setGeometry( QRect( 30, 60, 250, 51 ) );
    QFont TLabel_font(  TLabel->font() );
    TLabel_font.setPointSize( 30 );
    TLabel->setFont( TLabel_font );
    TLabel->setText( tr( "" ) );
    // signals and slots connections
    connect( oButton, SIGNAL( clicked() ), this, SLOT( open() ) );
    connect( cButton, SIGNAL( clicked() ), this, SLOT( close() ) );
}
/*
 *  Destroys the object and frees any allocated resources
 */
hello::~hello()
{
    // no need to delete child widgets, Qt does it all for us
}
/*
 *  Main event handler. Reimplemented to handle application
 *  font changes
 */
bool hello::event( QEvent* ev )
{
    bool ret=QDialog::event( ev );
if ( ev->type()==QEvent::ApplicationFontChange ) {
    QFont TLabel_font(  TLabel->font() );
    TLabel_font.setPointSize( 30 );
    TLabel->setFont( TLabel_font );
    }
    return ret;
}
```

```
void hello::open()
{
    TLabel->setText(tr("Hello Cvtech!"));
    //qWarning( "hello::open(): Not implemented yet!" );
}
```

在上面的open()函数中添加了对按下open按钮响应的处理功能，即按下按钮后，打印出"Hello Cvtech!"这句话到主界面中。修改完成后保存，重新编译#make。

再次执行# ./hello按下open按钮，结果如图5-74所示。

图5-74　操作按钮

(7) 将hello移植到CVT-A8实验箱。

重新生成修改Makefile：因为是要在实验箱上运行，那么编译器也必须是交叉编译，就需要新的Makefile文件。使用tmake产生Makefile，在PC的Linux终端中输入命令：

```
# source  /opt/cvtech/Qte/setARM_QpeEnv
# tmake  -o  Makefile  hello.pro
```

修改Makefile文件如下：

```
CC=arm-linux-gcc
CXX=arm-linux-g++
CFLAGS=-pipe -Wall -W -O2 -DNO_DEBUG
CXXFLAGS=-pipe -DQWS -fno-exceptions -fno-rtti -Wall -W -O2 -DNO_DEBUG
INCPATH=-I$(QTDIR)/include -I$(QPEDIR)/include
LINK=arm-linux-gcc
LFLAGS=
LIBS=$(SUBLIBS) -L$(QPEDIR)/lib -L$(QTDIR)/lib -lm -lqpe -lqtopia -lqte
MOC=$(QTDIR)/bin/moc
UIC=$(QTDIR)/bin/uic
TAR=tar -cf
GZIP=gzip -9f
####### Files
HEADERS=hello.h
SOURCES=hello.cpp \
        main.cpp
OBJECTS=hello.o \
        main.o
INTERFACES=hello.ui
```

```
UICDECLS=hello.h
UICIMPLS=hello.cpp
SRCMOC=moc_hello.cpp
OBJMOC=moc_hello.o
DIST=
TARGET=hello
INTERFACE_DECL_PATH=.
####### Implicit rules
.SUFFIXES: .cpp .cxx .cc .C .c
.cpp.o:
    $(CXX) -c $(CXXFLAGS) $(INCPATH) -o $@ $<
.cxx.o:
    $(CXX) -c $(CXXFLAGS) $(INCPATH) -o $@ $<
.cc.o:
    $(CXX) -c $(CXXFLAGS) $(INCPATH) -o $@ $<
.C.o:
    $(CXX) -c $(CXXFLAGS) $(INCPATH) -o $@ $<
.c.o:
    $(CC) -c $(CFLAGS) $(INCPATH) -o $@ $<
####### Build rules
all: $(TARGET)
    cp hello /tftpboot
    cp hello.png /tftpboot
    cp hello.desktop /tftpboot
$(TARGET): $(UICDECLS) $(OBJECTS) $(OBJMOC)
    $(LINK) $(LFLAGS) -o $(TARGET) $(OBJECTS) $(OBJMOC) $(LIBS)
moc: $(SRCMOC)
tmake: Makefile
Makefile: hello.pro
    tmake hello.pro -o Makefile
dist:
    $(TAR) hello.tar hello.pro $(SOURCES) $(HEADERS) $(INTERFACES) $(DIST)
    $(GZIP) hello.tar
clean:
    -rm -f $(OBJECTS) $(OBJMOC) $(DESKTOP) $(ICON) $(TARGET)
    -rm -f *~ core
####### Sub-libraries
###### Combined headers
####### Compile
hello.o: hello.cpp \
        hello.h \
        hello.ui
main.o: main.cpp \
```

```
        hello.h \
        /opt/cvtech/Qte/arm-qtopia-2.2.0/qtopia/include/qtopia/qpeapplication.h
hello.h: hello.ui
    $(UIC) hello.ui -o $(INTERFACE_DECL_PATH)/hello.h
hello.cpp: hello.ui
    $(UIC) hello.ui -i hello.h -o hello.cpp
moc_hello.o: moc_hello.cpp \
        hello.h
moc_hello.cpp: hello.h
    $(MOC) hello.h -o moc_hello.cpp
```

修改完成后保存，重新编译＃ make，得到新的 hello，这时候用 ./hello 是不能运行的，因为编译器是 arm 的编译器。下面需要把得到的 hello 放到实验箱的 Qt 中去运行。

拷贝一个启动器，修改为所需要的启动器，命令如下：

```
# cd   /opt/qtopia/Applications/
# cp   worldtime.desktop   hello.desktop
# chmod   777   *
# vi   hello.desktop
```

修改 hello.pro 如下：

```
[Desktop Entry]
Comment=Hello Cvtech
Exec=hello
Icon=CityTime
Type=Application
Name=Hello Cvtech
Name[no]=Verdensur
Name[de]=Weltzeituhr
```

保存，然后拷贝 hello 到 应用程序文件夹，在 PC 的 Linux 的终端输入命令如下：

```
# cp   /opt/cvtech/Qte/arm-qtopia-2.2/pro/hello/hello   /opt/qtopia/bin
```

5.5 Android 系统实验

Android(中文名安卓、安致)是一种以 Linux 为基础的开放源码操作系统，主要使用于便携设备。Android 操作系统最初由 Andy Rubin 开发，最初主要支持手机。2005 年由 Google 收购注资，并拉拢多家制造商组成开放手机联盟开发改良，逐渐扩展到到平板电脑及其他领域上。2010 年末数据显示，仅正式推出两年的操作系统 Android 已经超越称霸十年的诺基亚 Symbian 系统，跃居全球最受欢迎的智能手机平台。市场占有率排名先后为 Android、苹果的 iOS、微软的 Windows Phone、RIM 的 Blackberry OS、Tizen 等。采用 Android 的系统的主要厂商包括台湾的 HTC(第一台谷歌手机 G1 由 HTC 生产代工)、美国摩托罗拉等，中国大陆的厂商有华为、中兴、联想、小米、魅族、酷派、OPPO、vivo、TCL、锤子、金立、海信、奇酷等。

Android 是构建在 Linux 内核基础之上的一个分层的环境，它包含了丰富的功能。它通过提供对 2D 和 3D 图形的内置支持，包括 OpenGL 库，解决了图形方面的挑战。对于数据存储，Android 平台包括了流行的开源 SQLite 数据库。Android 包括一个在 WebKit 基础上构建的可嵌入式浏览器。Android 提供的连接选项有 Wi - Fi、蓝牙和通过 cellular 连接的无线数据传输(例如 GPRS、EDGE 和 3G)；还有 Google 地图的链接技术，以及 GPS 定位服务和摄像支持等。

在深入研究 Android 之前，首先必须获得一套 Android 的源代码。Google 提供官方 Android 源代码，可通过如下网址获取：https：//source. android. com/source/downloading. html。

从图 5 - 75 中可以看出，Android 系统架构由 5 部分组成，分别是 Linux 内核层、系统运行库层、应用程序框架层、应用程序层的四层结构。

对应的安卓开发层次如图 5 - 76 所示。

图 5 - 75 Android 系统架构

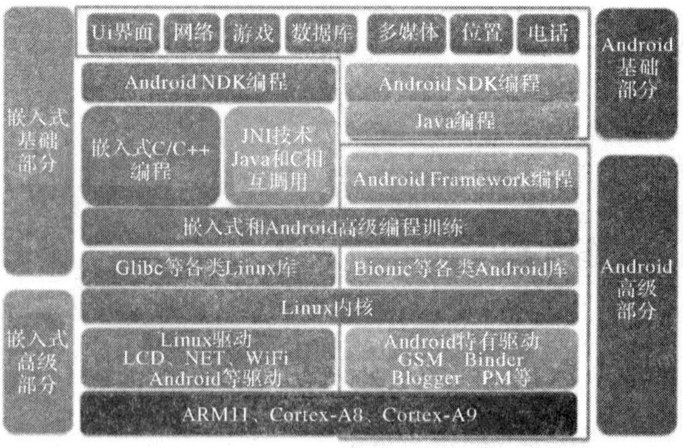

图 5 - 76 安卓系统开发

1) *Linux 内核层*

Android 基于 Linux 2.6 提供核心系统服务，例如：安全、内存管理、进程管理、网络堆栈、驱动模型。Linux Kernel 也作为硬件和软件之间的抽象层，它隐藏具体硬件细节而为上层提供统一的服务。

Android 的硬件抽象层(HAL)是以封闭源码形式提供硬件驱动模块的，其目的是为了把应用程序框架层(Android framework)与 Linux 内核层隔开，让 Android 不至过度依赖 Linux 内核，以达成内核独立的概念，也让应用程序框架层的开发能在不考量驱动程序实现的前提下进行发展。

2) *系统运行库层*

系统运行库层可以分成两部分：系统库和 Android 运行环境。

系统库是应用程序框架的支撑，是连接应用程序框架层与 Linux 内核层的重要纽带。Android 包含一个 C/C＋＋库的集合，供 Android 系统的各个组件使用。这些功能通过 Android 的应用程序框架(application framework)暴露给开发者。Android 包含了 WebKit，即 Web浏览器引擎。Surface flinger 是将 2D 或 3D 的图像内容显示到屏幕上。媒体框架(Media Framework)用来实现音视频的播放和录制功能。FreeType 实现位图与矢量字体渲染。Android采用 OpenCORE 作为基础多媒体框架。Android 使用 skia 为核心图形引擎，SGL 实现 2D 图像引擎，搭配 OpenGL/ES 实现 3D 图像加速。SSL 实现数据加密与安全传输的函数库。Android 的多媒体数据库采用 SQLite 关系数据库系统。数据库又分为共用数据库及私用数据库。用户可通过ContentResolver类(Column)取得共用数据库。

Android应用程序采用Java语言编写，程序在Android运行时中执行，其运行时分为Java核心库和Dalvik虚拟机两部分。Java核心库提供了Java语言API中的大多数功能，同时也包含了Android的一些核心API，如android. os、android. net、android. media等。Dalvik虚拟机实现基于Linux内核的线程和底层内存管理，每一个Android应用程序是Dalvik虚拟机中的实例，运行在各自的进程中。Dalvik虚拟机的可执行文件格式是. dex，dex格式是专为Dalvik设计的一种压缩格式，适合内存和处理器速度有限的系统。

3）应用程序框架层

应用程序框架层是从事Android开发的基础，很多核心应用程序是通过这一层来实现其核心功能的。该层简化了组件的重用，开发人员可以直接使用其提供的组件来进行快速的应用程序开发，也可以通过继承而实现个性化的拓展。

其中，资源管理器(Resource Manager)为允许应用程序使用非代码资源，位置管理器(Location Manager)为管理与地图相关的服务功能，通知管理器(Notification Manager)为允许应用程序在状态栏中显示提示信息。

通过提供开放的开发平台，Android使开发者能够编制极其丰富和新颖的应用程序。开发者可以自由地利用设备硬件优势、访问位置信息、运行后台服务、设置闹钟、向状态栏添加通知等等。开发者可以完全使用核心应用程序所使用的框架APIs。应用程序的体系结构旨在简化组件的重用，任何应用程序都能发布它的功能且任何其他应用程序可以使用这些功能(需要服从框架执行的安全限制)。这一机制允许用户替换组件。

4）应用程序层

Android平台不仅仅是操作系统，也包含了许多应用程序，诸如SMS短信客户端程序、电话拨号程序、图片浏览器、Web浏览器、通信录、日历等应用程序。这些应用程序都是用Java语言编写的，并且这些应用程序都可以被开发人员开发的其他应用程序所替换，这点不同于其他手机操作系统固化在系统内部的系统软件，所以更加灵活和个性化。E-clipse开发环境中的安卓项目目录如图5－77所示。

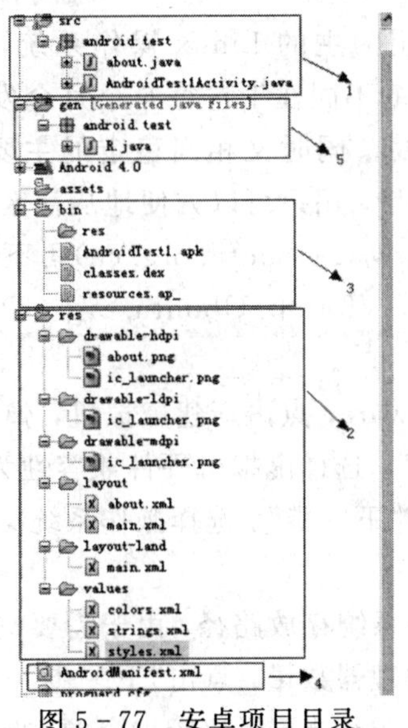

图5－77　安卓项目目录

(1) src 目录。这里面一般存放 Java 类，也就是 activity 类。

(2) res 目录。它是项目中的资源目录，项目中的资源都是存放在该目录中的。其中该目录中的前三个文件夹是用来存放图片资源的。layout 文件夹里面存放 activity 界面的定义页面。values 文件夹定义了一些信息资源，比如说 css 样式、按钮的显示文本等，其中定义形式都是用 xml 的方式定义的。

(3) bin 文件夹，存放编译生成的一些文件。

(4) xml 文件是应用程序文件。比如定义项目中要使用的 activity，还有一些权限的设定等。在 Android 应用程序中，界面都是用 xml 来定义的，都存放在 res 文件夹下的 layout 文件夹下面。所以，首先打开 layout 文件夹下的 main. xml，这个 main. xml 就是用来定义应用程序的主界面的。

(5) gen 文件夹。该文件用来存放访问 res 文件夹下资源信息的类(R)，该类是由 Eclipse自动生成。

5.5.1 Android 系统编译环境搭建

1. 安装 VMware 软件

VMware(Virtual Machine ware)是一个“虚拟 PC”软件公司。它的产品可以使你在一台机器上同时运行两个或更多 Windows、DOS、Linux 系统。与“多启动”系统相比，VMware采用了完全不同的概念。多启动系统在一个时刻只能运行一个系统，在系统切换时需要重新启动机器。VMware 是真正同时运行多个操作系统在主系统的平台上，就像标准 Windows 应用程序那样切换。而且每个操作系统都可以进行虚拟的分区、配置而不影响真实硬盘的数据，甚至可以通过网卡将几台虚拟机用网卡连接为一个局域网，非常方便，比较适合学习和测试。

我们使用的是在 Windows 下安装虚拟机 VMware(建议使用 6.5 以上版本)。

2. 安装 Ubuntu 操作系统

Ubuntu 是一个以桌面应用为主的 Linux 操作系统，Ubuntu 基于 Debian 发行版和 GNOME 桌面环境，与 Debian 的不同在于它每 6 个月会发布一个新版本。Ubuntu 的目标在于为一般用户提供一个最新的、同时又相当稳定的主要由自由软件构建而成的操作系统。Ubuntu 具有庞大的社区力量，用户可以方便地从社区获得帮助。

在 Ubuntu 官网(http://www. Ubuntu. org. cn)可下载各个版本的 Ubuntu 并查询信息。在 Ubuntu 官方论坛(http://forum. Ubuntu. org. cn)可以找到大量的实用的 Ubuntu 资源。

(1) 打开已经安装好的 vmware，点击新建虚拟机，弹出新建虚拟机向导，选择类型配置为自定义，然后点击“下一步”。选择虚拟机硬件兼容性为 6.5－7. x，点击“下一步”。

(2) 暂时不指定系统，点击“下一步”。选择操作系统类型为 Linux，版本为 Ubuntu，点击“下一步”。

(3) 输入虚拟机名称，指定系统存放路径，由于需要空间比较大，尽量使用大的空间存放，点击“下一步”。然后分配处理器数量，点击“下一步”。

(4) 分配内存大小，由于 Android 编译比较占资源，此处至少使用 1 GB 以上，点击“下一步”。然后选择网络连接类型：使用网络地址的翻译，点击“下一步”。

(5) 选择I/O控制器类型：LSL Logic(推荐)，点击“下一步”，然后创建一个新的虚拟磁盘，点击“下一步”。

(6) 选择磁盘类型：SCSI(推荐)，点击“下一步”。选择分配给系统的磁盘空间，由于编译Android需要比较大的空间，这里分配了20G，考虑到硬盘格式问题和便于携带，选择虚拟磁盘拆分成多个文件，点击“下一步”。

(7) 输入磁盘文件名称，点击“下一步”。定制硬件时可以把不使用的硬件比如软驱、打印机等删除掉，指定光驱到下载好的Ubuntu系统镜像文件，点击“完成”。

(8) 点击图标菜单中的绿色三角形，开启虚拟机，选择语言为中文简体。选择好语言后，安装Ubuntu，回车。

3. 配置Ubuntu操作系统

(1) 启用root用户，为了方便今后的开发，我们一般都会使用最高权限的用户root，

此用户相当于Windows里面的Administrator，在默认情况下Ubuntu10.10是将该用户禁用掉的，所以我们需要启用root用户。

首先打开终端，应用程序→附件→终端，在终端中输入以下命令，给root用户设置密码，这样就可以启用root用户了：

```
$ sudo passwd root
```

点击屏幕右上角图标，选择注销系统，然后点击“其他…”，用户名使用root，再输入密码，这样就已经使用root用户登录了(可以观察到，之前终端前面是“$”符号，使用root用户，终端前面是“#”，这就表示已经使用的是最高权限了)。

(2) 关闭防火墙，在终端中输入以下命令：

```
# ufw disable
```

(3) 安装配置NFS服务，在终端中输入以下命令：

```
# apt - get install nfs - kernel - server
# gedit /etc/exports
```

NFS是Network File System的简写，即网络文件系统，是FreeBSD支持的文件系统中的一种。NFS允许一个系统在网络上与他人共享目录和文件。通过使用NFS，用户和程序可以像访问本地文件一样访问远端系统上的文件。

在最后面加入下面一行：

```
/ *(rw, sync, no_root_squash)
#/etc/exports: the access control list for filesystems which may be exported
#                to NFS clients. See exports(5).
#Example for NFSv2 and NFSv3:
#/srv/homes       hostnamel(rw,sync, no_subtree_check) hostname2(ro, sync, no_subtree_
check)
#
#Example for NFSv4:
#/srv/nfs4      gss/krb5i(rw, sync, fsid=0, crossmnt, no_subtree_check)
#/srv/nfs4      gss/krb5i(rw, sync, no_subtree_check)
#
```

```
/*(rw, sync, no_root_squash)
```

重启 nfs 服务：

```
#/etc/init.d/nfs-kernel-server restart
```

(4) 安装配置 samba 服务，在终端中输入以下命令：

```
# apt-get install samba
# apt-get install smbfs
# gedit /etc/samba/smb.conf
```

Samba 是在 Linux 和 UNIX 系统上实现 SMB 协议的一个免费软件，由服务器及客户端程序构成。

在最后面加入下面几句：

```
[share]
comment= *
path=/
public=yes
writable=yes
available=yes
browseable=yes
```

在前面对应的位置修改：

```
security=share
guest account=root
;   preexec=/bin/nount/cdrom
;   postexec=/bin/umount/cdrom
[share]
comment= *
path=/
public=yes
writable=yes
available=yes
browseable=yes
```

重启 samba 服务：

```
# /etc/init.d/smbd restart
```

5.5.2 Android 系统开发环境搭建

1. 安装交叉编译器

在一种计算机环境中运行的编译程序，能编译出在另外一种环境下运行的代码，我们就称这种编译器为交叉编译器。这个编译过程就叫交叉编译。简单地说，就是在一个平台上生成另一个平台上的可执行代码。这里需要注意的是所谓平台，实际上包含两个概念：体系结构(Architecture)和操作系统(Operating System)。同一个体系结构可以运行不同的操作系统；同样，同一个操作系统也可以在不同的体系结构上运行。举例来说，我们常说的 x86 Linux 平台实际上是 Intel x86 体系结构和 Linux for x86 操作系统的统称；而 x86 WinNT平台实际上是 Intel x86 体系结构和 Windows NT for x86 操作系统的简称。

要进行交叉编译，需要在主机平台上安装对应的交叉编译工具链，然后用这个交叉编译工具链编译源代码，最终生成可在目标平台上运行的代码。

常见的交叉编译例子如下：

(1) 在 Windows PC 上，利用 ADS(ARM 开发环境)，使用 armcc 编译器，则可编译出针对 ARM CPU 的可执行代码。

(2) 在 Linux PC 上，利用 arm - Linux - gcc 编译器，可编译出针对 Linux ARM 平台的可执行代码。

(3) 在 Windows PC 上，利用 cygwin 环境，运行 arm - elf - gcc 编译器，可编译出针对 ARM CPU 的可执行代码。

实验步骤如下：

(1) 以 root 身份登录 Ubuntu(确保已经安装好了 Ubuntu 操作系统)。

(2) 然后将光盘中源码包内的 4.4.1.tar.gz 拷到主机工作目录下。

(3) 解压并安装，具体请执行如下命令：

```
# tar  zxvf4.4.1.tar.gz  -C  /
```

(4) 设置环境变量，执行如下命令：

```
# gedit  /etc/profile
```

在最后面添加一行

```
export PATH=$PATH:/usr/local/arm/4.4.1/bin
```

重启 Ubuntu。

(5) 测试是否配置成功，打开终端，输入以下命令：

```
# arm-none-Linux-gnueabi-gcc  -v
```

若成功，结果如图 5 - 78 所示。

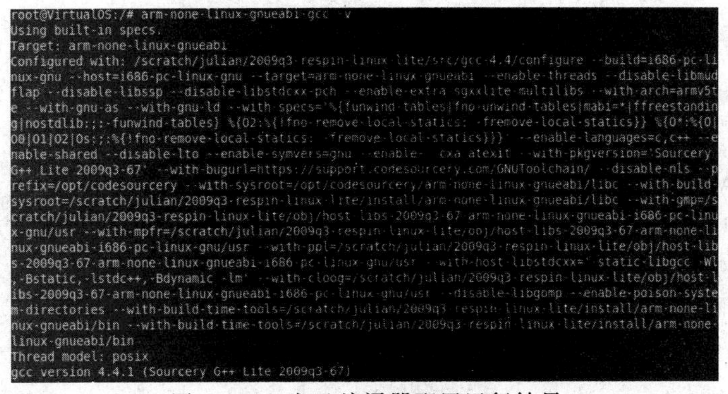

图 5 - 78　交叉编译器配置运行结果

若没有成功显示版本信息，请仔细检查(1)～(4)步配置。

2. 安装 Android 编译环境

JDK(Java Development Kit)是 Sun Microsystems 针对 Java 开发员的产品。自从 Java 推出以来，JDK 已经成为使用最广泛的 Java SDK。JDK 是整个 Java 的核心，包括了 Java 运行环境，Java 工具和 Java 基础的类库。JDK 是学好 Java 语言编程的第一步。而专门运行在 x86 平台的 Jrocket 在服务端运行效率也要比 Sun JDK 好很多。从 SUN 的 JDK5.0 开始，提供了泛型等非常实用的功能，其版本也不断更新，运行效率得到了非常大的提高。

Android 系统是用到 JDK 来编译的。

Android2.2 使用的是 JDK1.5，而 Android2.3 使用的是 JDK1.6，目前已有 JDK1.7 版本。不同版本 Android 平台选择不同的 JDK 工具，这里以 Android2.3 为例进行说明。

安装 Java JDK 步骤如下：

(1) 将系统光盘中的 jdk1.6.0_26/usr/java/拷到 jdk - 6u26 - Linux - i586.bin (官方下载的 jdk)主机工作目录下，执行以下命令：

```
# sh   jdk-6u26-Linux-i586.bin
# mkdir   /usr/java
# mv   jdk1.6.0_26/   /usr/java/
# gedit   /etc/profile
```

(2) 在最后面添加以下语句：

```
export JAVA_HOME=/usr/java/jdk1.6.0_25/
export CLASSPATH=.:$JAVA_HOME/lib/dt.jar:$JAVA_HOME/lib/tools.jar
export PATH=$PATH:$JAVA_HOME/bin
if["$PS1"];then
if["$PS1"];then
PS1='\u@\h:\w\$'
if[—f/etc/bash.bashrc];then if
    fi • /etc/bash.bashrc
    else
      if["'id-u'"—eqo];then
        PS1='#'
      else
        PS1='S'
    fi
    fi
fi
export JAVA_HOME=/usr/java/jdk1.6.0_26
export CLASSPATH=$CLASSPATH:#JAVA_HOME/lib:$JAVA_HOME/jre/lib
export PATH=$PATH:$JAVA_HOME/bin:$JAVA_HOME/jre/bin
export ANDROID_JAVA_HOME=$JAVA_HOME
export PATH=$PATH:/usr/local/arm/4.4.1/bin
```

重新启动系统。

(3) 测试 Java JDK 是否配置成功。

若没有成功显示版本信息，请仔细检查前面各步骤配置。

(4) 在超级终端下执行如下命令(请保持 PC 处于连接到互联网状态下)：

```
#apt-get install git-core gnupg flex bison gperf libsdl-dev libesd0-dev lib-
wxgtk2.6-dev build-essential zip curl libncurses5-dev zlib1g-dev uboot-mkimage
```

3. 编译 Android 的启动引导程序 U - Boot

(1) 解压 U - Boot。

把 U - Boot - s5pv210.tar.gz 拷贝到 Linux 主机的工作目录下，用命令解压 u - boot -

s5pv210. tar. gz，并进入 U－Boot 目录。

```
# tar  zxvf  u-boot-s5pv210.tar.gz
# cd  u-boot-s5pv210
```

（2）清理 U－Boot。

```
# make clean
```

（3）配置 U－Boot。

检查 Makefile，配置正确的交叉编译路径，这里用的是工具链 arm－none－Linux－gnueabi－。

```
ifeq  ($(ARCH), arm)
CROSS COMPILE=arm-none-linux-gnueabi-
```

（4）编译 U－Boot。

在 U－Boot 的根目录下执行如下命令进行编译：

```
# make
```

编译完成，检验 u－boot. bin 是否已生成。

至此，U－Boot 的编译结束。

4. 编译 Android 的内核程序 Linux

（1）解压 Kernel。

把 kernel－s5pv210. tar. gz 拷贝到 Linux 主机的工作目录下，用命令解 kernel－s5pv210. tar. gz，并进入 Kernel 目录。

```
# tar  zxvf  kernel-s5pv210.tar.gz
# cd  kernel-s5pv210
```

（2）清理 Kernel。

```
# make clean
```

（3）配置 Kernel。

检查 Makefile，配置正确的 CPU 架构和交叉编译工具路径。

```
ARCH            ?=arm
CROSS_COMPILE         ?=arm-none-linux-gnueabi-
```

进入内核的图形配置界面。

```
# make menuconfig
```

System Type→ARM system type 选中 Samsung S5PV210/S5PC110，如图 5－79 所示，保存退出。

```
[*] MMU-based Paged Memory Management Support
    ARM system type (Samsung S5PV210/S5PC110)  --->
    *** Boot options ***
```

图 5－79　ARM system type

（4）编译 Kernel。

在内核源码的根目录下执行如下命令进行编译。

```
# make
```

编译完成，检查一下内核镜像 arch/arm/boot/zImage 是否已生成。

至此，内核的编译结束。

5. 编译 Android

AndroidGingerbread 需要四个文件系统才能正常地运行，分别是：ramdisk、cache、system 和 data。其中 ramdisk 是比较小的根文件系统，其他镜像分别挂载到根文件系统相应的目录下：/cache、/system 和/data。

(1) 解压 Android。

把 Android-s5pv210.tar.gz 拷贝到 Linux 主机的工作目录下，用命令解压 Android-s5pv210.tar.gz，并进入 Android-s5pv210 目录。

```
# tar  zxvf  Android-s5pv210.tar.gz
# cd  Android-s5pv210
```

(2) 配置 Android。

修改脚本 build_Android.sh，配置 KERNEL DIR 为正确的内核路径。

```
ROOT_DIR=$(pwd)
KERNEL_DIR=../kernel-s5pv210
```

确保 JDK 的版本是 JDK 1.6。

```
# java  -version
```

如果不是 JDK1.6，请参考前面配置 Java JKD 部分进行配置。

(3) 编译 Android。

运行脚本 build_Android.sh，编译 Android(请确认使用的内存在 1GB 以上)。

```
# ./build_Android.sh
```

编译过程可能要很长时间，普通双核 CPU 需要 3 个小时左右，编译完成后如图 5-80 所示。

```
Total compile time is 832 seconds

[[[[[[[ Make ramdisk image for u-boot ]]]]]]]

Image Name:   ramdisk
Created:      Tue May  8 11:32:09 2012
Image Type:   ARM Linux RAMDisk Image (uncompressed)
Data Size:    142326 Bytes = 138.99 kB = 0.14 MB
Load Address: 0x40800000
Entry Point:  0x40800000


[[[[[[[ Transfer images to s5pv210_iamges ]]]]]]]

/home/cvtech/android-s5pv210/out/target/product/smdkv210/ramdisk-uboot.img -> s5pv210_images
/home/cvtech/android-s5pv210/out/target/product/smdkv210/system.img -> s5pv210_images
/home/cvtech/android-s5pv210/out/target/product/smdkv210/userdata.img -> s5pv210_images

[[[[[[[ Make additional images for fastboot ]]]]]]]

boot.img -> /home/cvtech/android-s5pv210/out/target/product/smdkv210
/home/cvtech/android-s5pv210/out/target/product/smdkv210/boot.img -> s5pv210_images
update.zip -> /home/cvtech/android-s5pv210/out/target/product/smdkv210
updating: android-info.txt (stored 0%)
updating: boot.img (deflated 1%)
updating: system.img (deflated 39%)

ok success !!!
root@VirtualOS:/home/cvtech/android-s5pv210#
```

图 5-80 编译结果

如图 5-81 所示，检查一下目录 S5PV210_images 是否已生成 ramdisk-uboot.img，boot.img，system.img 和 userdata.img 这几个镜像，其中 boot.img 是 zImage 和 ramdisk-uboot.img 打包成的，方便快速烧写镜像，这就是为什么刚才要设置一下内核的路径了。

```
root@VirtualOS:/home/cvtech/android-s5pv210# ls s5pv210_images/
boot.img  ramdisk-uboot.img  system.img  userdata.img
root@VirtualOS:/home/cvtech/android-s5pv210#
```

图 5-81 生成的目录

到此编译完成。

6. 搭建 Android 系统应用程序开发环境

1) Android SDK

Android SDK 提供了在 Windows/Linux/Mac 平台上开发 Android 应用的一系列开发组件，同时包含了在 Android 平台上开发移动应用的各种工具集。

Android SDK 包含各种各样的定制工具，其中最重要的工具是 Android 模拟器和 Eclipse的 Android 开发工具插件(ADT)。

2) 实验步骤

(1) 安装 Java JKD (光盘下：开发环境\ Eclipse\jdk - 6u25. exe)。

因为开发 Android 需要用到 Eclipse。而 Eclipse 必须要有 Java JDK 的支持，所以首先需要安装好 Java JDK。安装界面如图 5 - 82 所示。

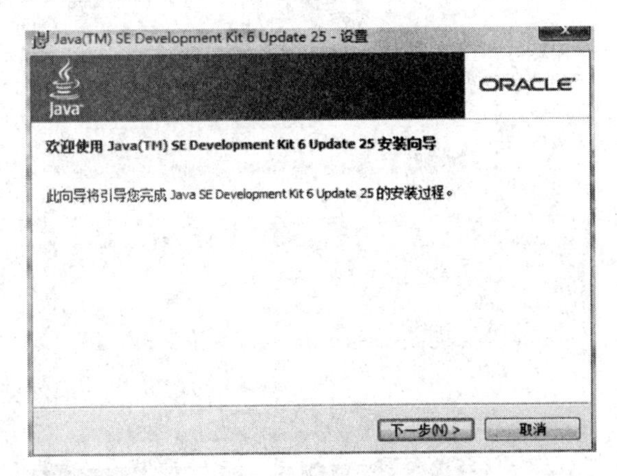

图 5 - 82　安装 Java JDK

要下载 Oracle 公司的 JDK 可以百度“JDK”进入 Oracle 公司的 JDK 下载页面(当前下载页面地址为 http: //www. oracle. com/technetwork/java/javase/downloads/index. html)，选择自己电脑系统的对应版本即可。

下载到本地电脑后双击进行安装。JDK 默认安装成功后，会在系统目录下出现两个文件夹，一个代表 jdk，一个代表 jre。

JDK 的全称是 Java SE Development Kit，也就是 Java 开发工具箱。SE 表示标准版。JDK 是 Java 的核心，包含了 Java 的运行环境(Java Runtime Environment)，一堆 Java 工具和给开发者开发应用程序时调用的 Java 类库。打开 JDK 的安装目录下的 bin 目录，里面有许多后缀名为 exe 的可执行程序，这些都是 JDK 包含的工具。

JDK 包含的基本工具主要有以下几种：

javac：Java 编译器，将源代码转成字节码。

jar：打包工具，将相关的类文件打包成一个文件。

javadoc：文档生成器，从源码注释中提取文档。

jdb：debugger，调试查错工具。

java：运行编译后的 Java 程序。

(2) 解压 Eclipse(光盘下：开发环境\ Eclipse\Eclipse - java - helios - SR2. zip)。

Eclipse 为 Java 应用程序及 Android 开发的 IDE(集成开发环境)。Eclipse 不需要安装，下载后将解压包解压后，剪切 Eclipse 文件夹到你想安装的地方，打开时设置你的工作目录即可。

也可到 Eclipse 官网(http：//www. eclipse. org/)下载适用 PC 系统的版本。

(3) 安装 Android 开发工具扩充套件(ADT)。

在 Eclipse 安装 ADT 插件，这个插件能让 Eclipse 和 Android SDK 关联起来。

① 打开解压好的 Eclipse 程序。

② 选择 Help→Install New Software…→Add…按钮。

③ 点击 Archive…，选择光盘：开发环境\ADT 离线包\ADT - 14. 0. 0. zip，Name 可以输入 ADT，点击 OK，如图 5 - 83 所示。若出现错误，到工具栏 Windows→Preference→Install/Update→Available Software Sites 下将之前添加的项删除掉。

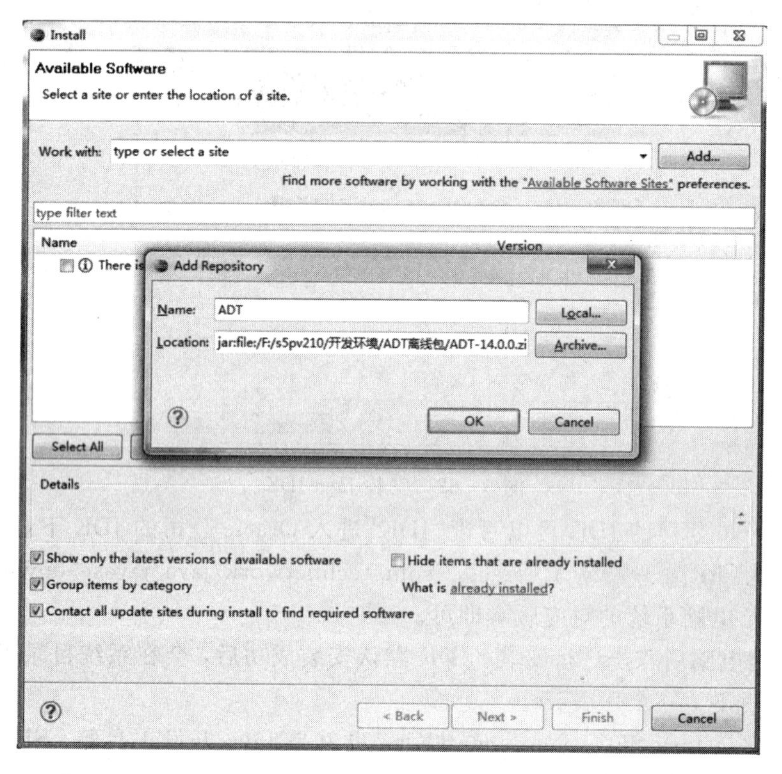

图 5 - 83　安装 ADT

④ 如图 5 - 84 所示，全选所有项目，点击 Next。

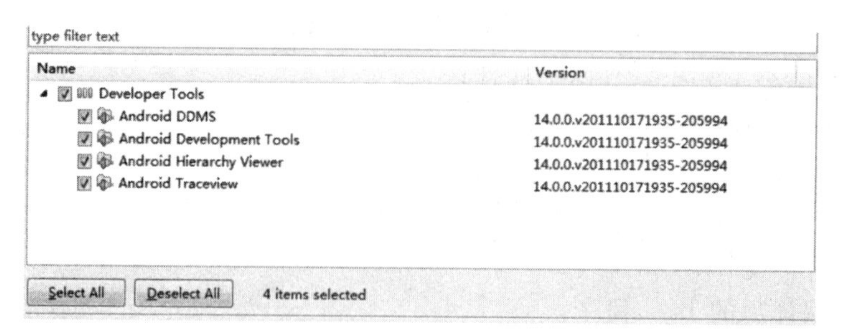

图 5 - 84　安装 ADT 工具

⑤ 等待安装完成，Eclipse 可能会出现假死状态，这是其 BUG，不用管它，点击 next。

⑥ 选择 I accept…，点击 Finish。

⑦ 安装过程中会弹出如图 5 - 85 所示提示，选择 OK。

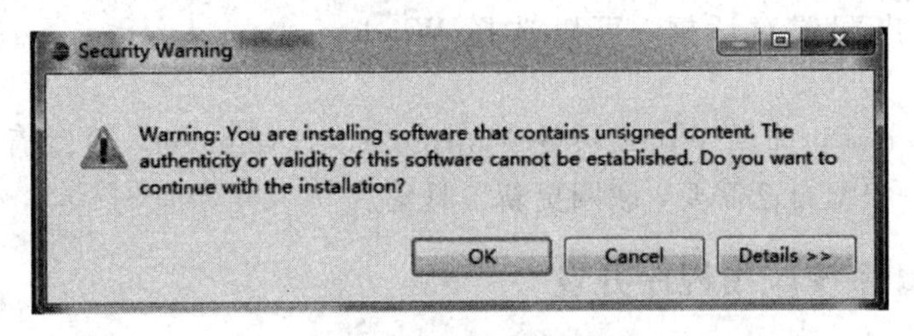

图 5 - 85　安装过程提示界面

⑧ 如图 5 - 86 所示，安装完成后，会提示重启 Eclipse，选择 Restart Now。

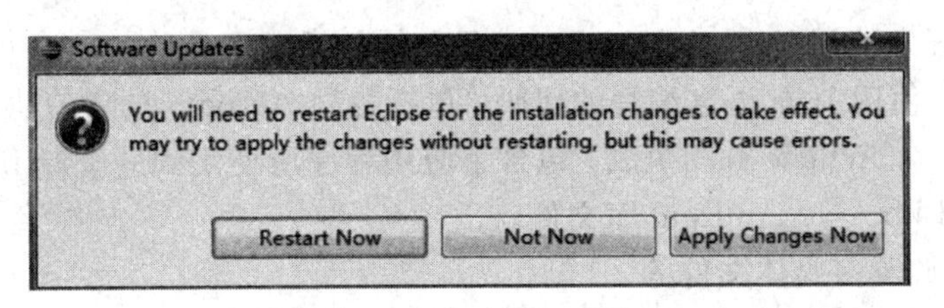

图 5 - 86　安装完成界面

(4) 设置 Android SDK(离线安装)。

Android SDK 提供了开发 Android 应用程序所需的 API 库和构建、测试及调试 Android应用程序所需的开发工具。打开 http://developer.android.com/sdk/index.html，会发现 google 提供了集成了 Eclipse 的 Android Developer Tools，因为这次是已经下载了 Eclipse，所以此处选择单独下载 Android SDK，如图 5 - 87 所示。

Packages

Name	API	Rev.	Status
Tools			
Android SDK Tools		16	Installed
Android SDK Platform-tools		10	Installed
Android 2.3.3 (API 10)			
SDK Platform	10	2	Installed
Samples for SDK	10	1	Installed
Android 2.2 (API 8)			
SDK Platform	8	3	Installed
Samples for SDK	8	1	Installed
Extras			
Android Support package		6	Installed

Show: Updates/New　Installed　Obsolete　Select New/Updates　Install packages...

Sort by: API level　Repository　Deselect All　Delete packages...

图 5 - 87　设置 Android SDK

① 将光盘"开发环境(\Eclipse\Android - sdk_r14 - windows.zip)"解压到 Eclipse 程序目录下。

② 将光盘"开发环境\SDK 离线包\所有压缩包"解压到 Eclipse 程序目录下的

Android-sdk-windows 目录，提示需要覆盖的，全部替换。

③ 运行 Eclipse，有提示配置 SDK 的对话框，选择 Use existing SDKs，目录选择为 Eclipse程序目录下的 Android-sdk-windows 目录。

如果没有弹出配置对话框，可以选择 Windows→preferences→Android，在 SDK Location中指定。

④ 如果配置正确，选择 Windows→Android SDK Manager，可以看到已经安装好的 SDK。此处也可以根据自己需要，联网更新工具集。

5.5.3 Android 系统应用程序开发

1. 开发 Android 系统程序 HelloWorld 实验

1) Android 工程文件组成

Android 的开发使用 Eclipse+ADT，工程文件包括以下 9 种。

(1) 源文件：使用 Java 语言编写的代码，包括各种 Activity 的实现。

(2) R. java：由 Eclipse 自动生成，包含了应用程序所使用到的资源 ID。

(3) Android library：Android 库文件。

(4) assets：放置多媒体文件等。

(5) res：应用程序所需的资源文件，如图标、动画、颜色等。

(6) drawable：图片资源。

(7) layout：描述了 Activity 的布局。

(8) values：定义字符串、颜色等。

(9) Android Manifest. xml：应用程序的配置文件。在该文件中声明应用程序的名称，使用到的 Activity、Service、Receive、权限等。

2) Android 应用程序组成

Android 程序包括以下四部分：

(1) Activity。

Activity 一般代表手机屏幕的一屏，相当于浏览器的一个页面。在 Activity 中添加 view，实现应用界面和用户交互。一个应用程序一般由多个 Activity 构成，这些 Activity 之间可互相跳转，可进行页面间的数据传递。每个 Activity 都有自己的生命周期。

(2) Broadcast Intent Receiver。

Intent 是一次对将要执行的操作的抽象描述。通过 Intent，可实现 Activity 与 Activity 之间的跳转。Intent 最重要的组成部分是 Intent 的动作(Action)和动作对应的数据(data)。与 Intent 相关的一个类叫 Intent Filters，它用来描述 Intent 能够用来处理哪些操作。Broadcast Intent Receiver 用于响应外部事件。BroadcastReceiver 不能生成 UI，所以对用户来说是不可见的。

(3) Server。

一个服务 Service 就是运行在后台、没有用户直接交互的任务，与 UNIX daemon 类似。

比如要做一个音乐播放器，可能会被另一个活动激活，但音乐是需要作为背景音乐播放的，那么这种程序就可以考虑作为一种服务 Service。然后别的活动可以来操作这个播放器。Android 中内置了很多服务，可以方便的使用 API 进行访问。

(4) Content Provider。

一个 Content Provider 提供了一组标准的接口，从而能够让应用程序保存或读取 Content Provider 的各种数据类型。一个应用程序可通过它将自己的数据暴露出去。对于外界的应用程序来说，它不需要关心这些数据的存储方式、存储位置，只需要通过 Content Provide提供的 r 接口访问这些数据即可。当然这涉及到数据访问的权限问题。

3) 实验步骤

(1) 如图 5 - 88 所示，打开 Eclipse，点击 File → New → project …，选择 Android Project。

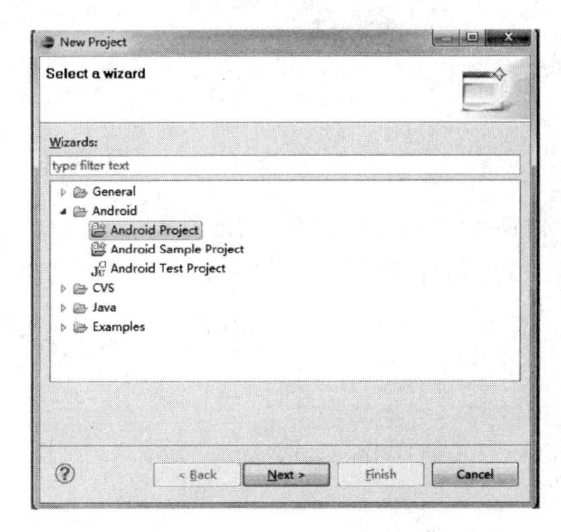

图 5 - 88　打开安卓工程

(2) 填写工程名称以及修改存放的路径，点击 Next，如图 5 - 89 所示。

(3) 选择目标平台。尽量选择版本低的平台，如果选择的平台版本比目标的平台版本高，程序将正常无法运行。

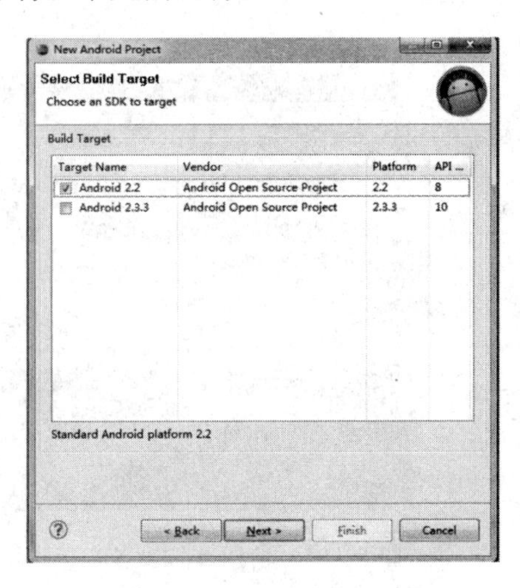

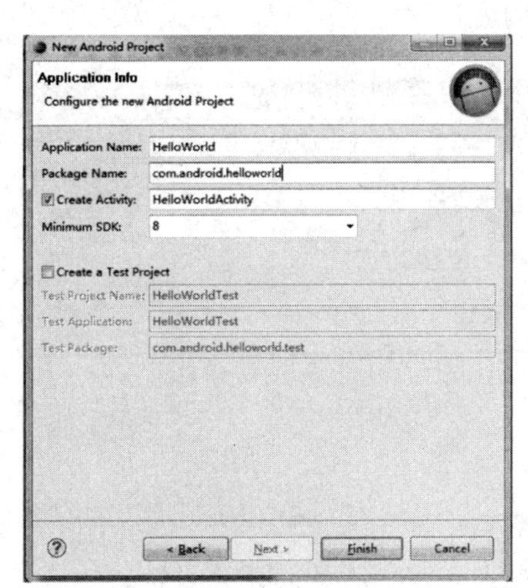

图 5 - 89　填写工程信息

(4) 填写程序相关信息，点击 Finish。

(5) 建立工程完成，打开 Package Explorer，如图 5 - 90 所示。

① Android 图形界面设计。如图 5 - 91 所示，工程目录中的 res/layout/main. xml 为主图形界面，Eclipse 提供有界面设计器，可以直接修改界面，或者通过代码来修改界面。

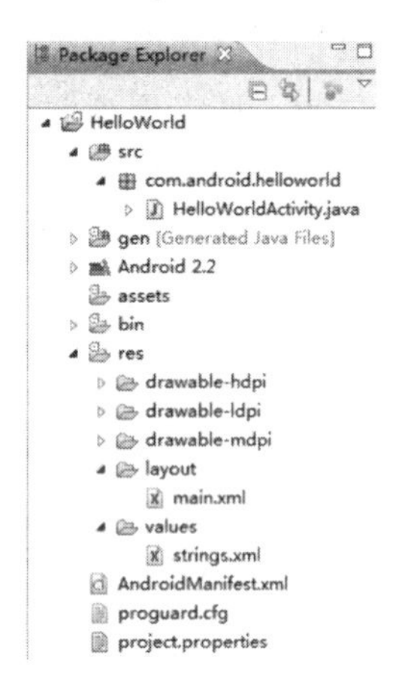

图 5 - 90　工程文件目录

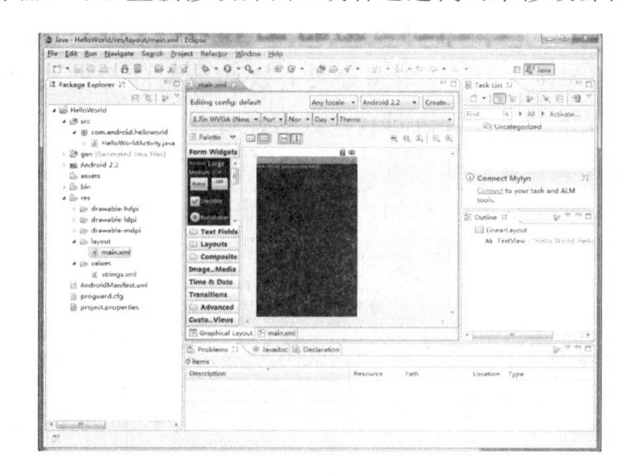

图 5 - 91　Android 图形界面设计

② Android 程序设计。如图 5 - 92 所示，程序文件都是放在 src 目录下的，可以根据自己程序的需要编写程序。如果使用到 Java 或者 Android 包，可以使用 Ctrl＋Shift＋O 来自动载入包。

(6) 使用虚拟设备运行应用程序(见图 5 - 93)。

① 建立虚拟 Android 设备，选择 Windows→AVD Manager，选择 New，建立新的虚拟 Android 设备。

② 设定虚拟 Android 设备的名称，选择虚拟 Android 设备的平台版本，以及设置虚拟设备的分辨率，点击 Create AVD。

③ 启动虚拟 Android 设备，点击 Launch。

④ 启动虚拟 Android 设备，需要大概 2～3 分钟，如果需要切换横竖屏，使用Ctrl＋F12。

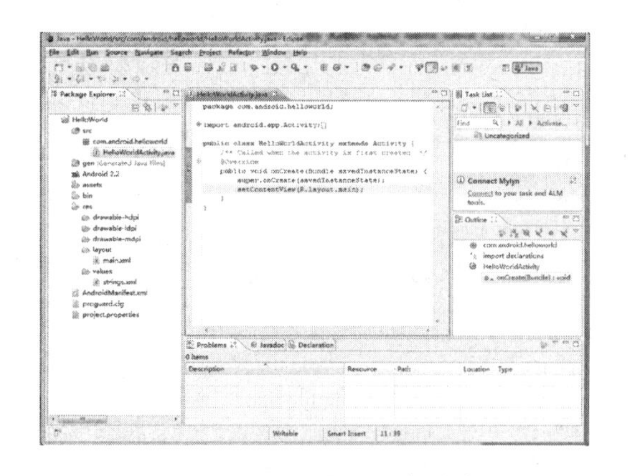

图 5 - 92　Android 程序设计

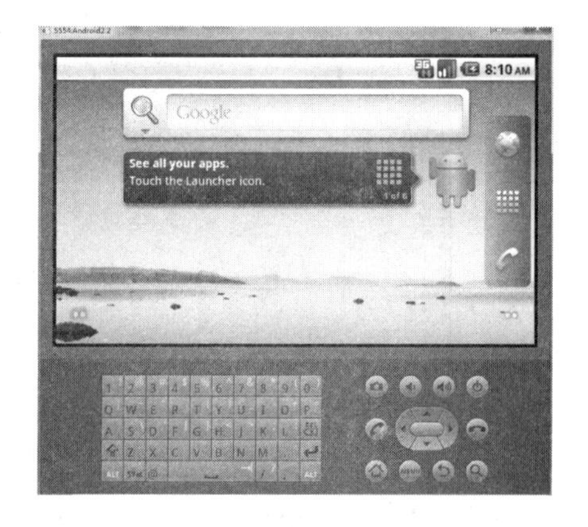

图 5 - 93　使用虚拟设备运行应用程序

⑤ 程序运行配置。选择 Run→Run Configrations…，选择 Android Application 右键 New，新建运行配置，如图 5 - 94 所示。输入配置的名称，选择运行的工程，设置目标平台，点击 Apply。

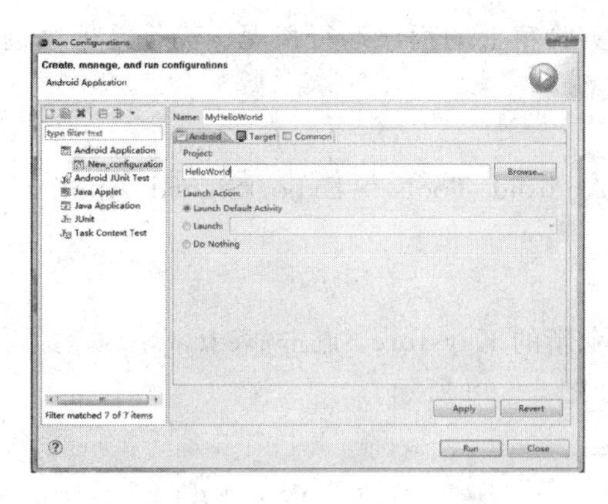

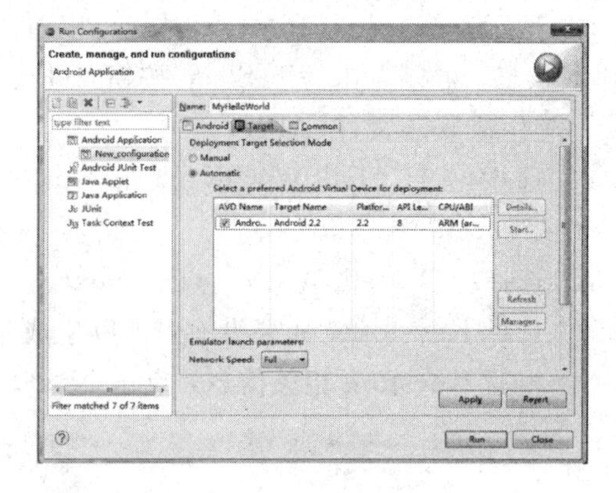

图 5－94　程序运行配置

⑥ 运行程序，点击 Run。

下次需要运行程序，直接点击 Run 即可，不需要重新新建配置，程序运行结果如图 5－95 所示。

图 5－95　程序运行结果

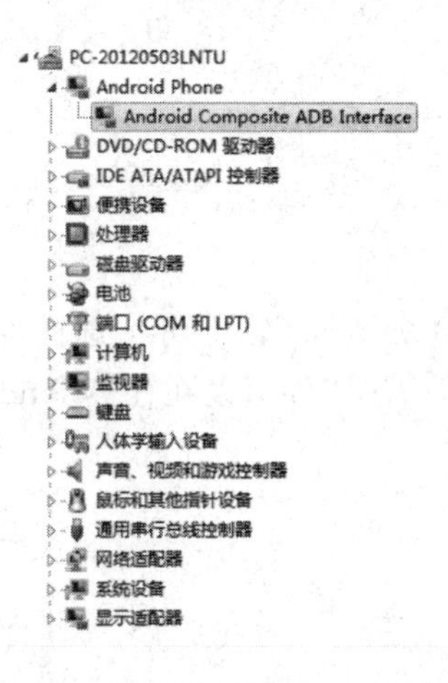

图 5－96　设备管理器窗口下安装驱动

(7) 使用实验箱运行应用程序。

① 启动实验箱，使用 mini USB 线连接实验箱及 PC 机，安装 USB 驱动(驱动程序在光盘“开发环境\usb_driver”下)，驱动安装完成，会在设备管理器中出现 Android Phone，如图 5－96 所示。

② 如图 5－97 所示，修改程序运行配置(可参考上一节)，将目标平台设置为 Manual。点击 Apply。

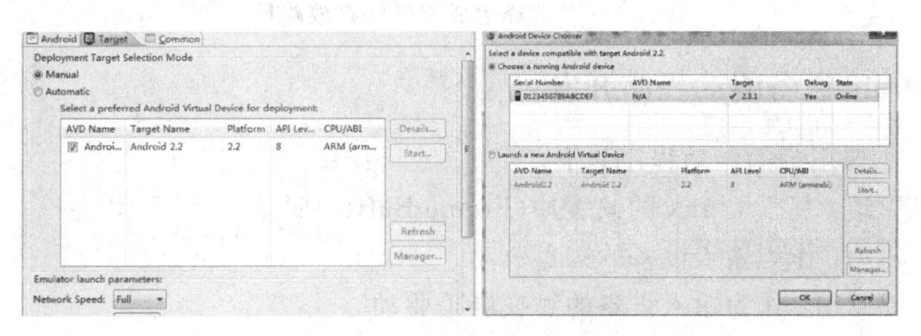

图 5－97　修改程序运行配置

③ 运行程序，点击 Run，此时就可以看到实验箱上的程序运行情况。若此处程序进入了睡眠状态，可以点击一下 Sleep 按钮，进行唤醒。

(8) 生成安装文件(APK)。

① 选中项目 HelloWorld，点击右键→Android Tools→ExportSigned Application Package。

② 选择项目 HelloWorld，点击 Next。

③ 选择 Keystore，如果没有，可以生成一个新的 Keystore，点击 Next。

④ 填写 Keystore 相关信息，点击 Next，如图 5 - 98 所示。

图 5 - 98　生成安装文件

⑤ 如图 5 - 99 所示，选择生成文件的存放路径，点击 Finish，这样就完成了 APK 文件的生成，该文件可以在任意 Android 设备上运行，当然 Android 版本必须要高于程序设定的版本。

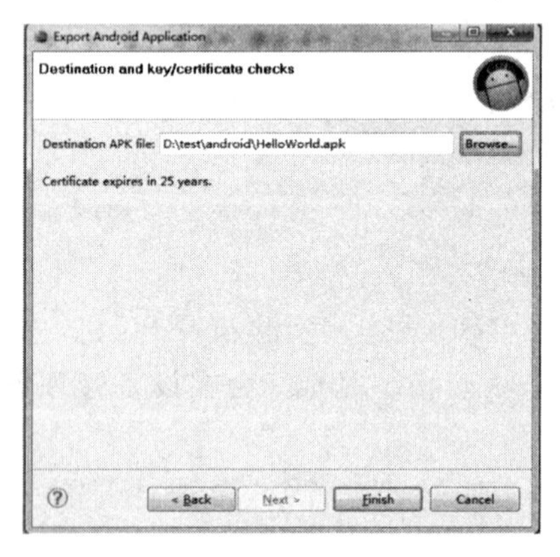

图 5 - 99　选择生成文件的存放路径

5.5.4　Android 设备驱动程序开发

安卓系统主要用到的驱动程序如下。

(1) 显示驱动：基于 Linux 的帧缓冲(Frame Buffer)驱动。

(2) 键盘驱动：作为输入设备的键盘驱动。

(3) 触摸屏驱动：作为输入设备的触摸屏幕驱动。

(4) Flash 驱动：作为 MTD 的 Flash 驱动。

(5) 照相机驱动：基于 Linux 的 v412(Video for Linux)驱动。

(6) 音频驱动：基于高级 Linux 声音体系框架驱动。

(7) Wi-Fi 驱动：基于 IEEE802.11 标准的驱动。

(8) 电源管理。

(9) 蓝牙驱动：基于 IEEE802.11 标准的无线传输技术。

下面以摄像头驱动为例进行讲解。

Camera 模组的型号是 OV3640，支持预览、拍照和录像功能，最高分辨率达到 300 万像素，支持 1080P 编码功能。

1) 内核选项

内核源码路径：kernel - s5pv210/ drivers/media/video/samsung/fimc/ov3640.c，ov3640.h。

内核选项设置为：Make menuconfig→Device Drivers→Multimedia support→Video capture adapters→Select Camera(cameraov3640)，如图 5-100 所示。

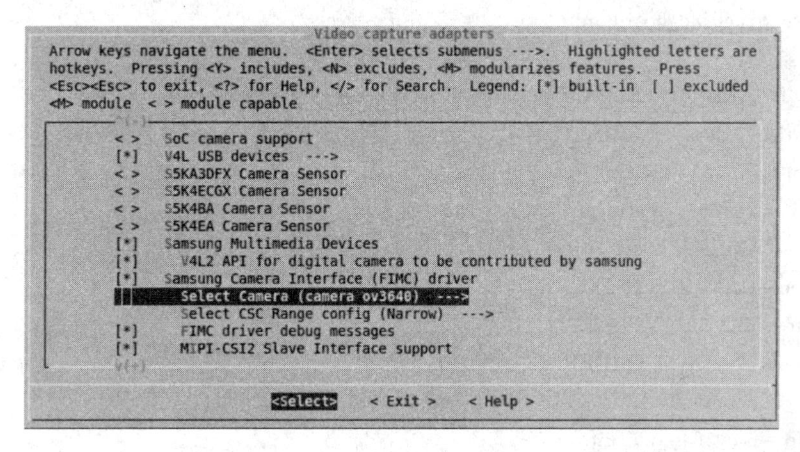

图 5-100　内核选项设置

2) 关键代码

关键代码在文件 arch/arm/mach-s5pv210/mach-smdkc110.c 中，具体代码如下。

```
#ifdef CONFIG_CAMERA_OV3640
static int smdkv210_OV3640_power(int onoff)//low_reset GPE1_4
{
int err;
err=gpio_request(S5PV210_GPE1(4), "GPE1_4");
if (err)
printk(KERN_ERR "#### failed to request GPE1_4 for RESET\n");
s3c_gpio_setpull(S5PV210_GPE1(4), S3C_GPIO_PULL_NONE);
gpio_direction_output(S5PV210_GPE1(4), 0);
mdelay(1);
gpio_direction_output(S5PV210_GPE1(4), 1);
gpio_free(S5PV210_GPE1(4));
err=gpio_request(S5PV210_GPH2(1), "GPH2_1");
if (err)
```

```
printk(KERN_ERR "#### failed to request GPH2_1 \n");
s3c_gpio_setpull(S5PV210_GPH2(1), S3C_GPIO_PULL_NONE);
gpio_direction_output(S5PV210_GPH2(1), 1);
gpio_free(S5PV210_GPH2(1));
return 0;
}
static struct ov3640_platform_data ov3640_plat=
{
.default_width=640,
.default_height=480,
.pixelformat=V4L2_PIX_FMT_VYUY,
.freq=40000000,
.is_mipi=0,
};
static struct i2c_board_info  ov3640_i2c_info=
{
I2C_BOARD_INFO("OV3640", 0x78>>1),
.platform_data=&ov3640_plat,
};
static struct s3c_platform_camera ov3640={
.id=CAMERA_PAR_A,
.type=CAM_TYPE_ITU,
.fmt=ITU_601_YCBCR422_8BIT,
.order422=CAM_ORDER422_8BIT_YCBYCR,
.i2c_busnum=0,
.info=&ov3640_i2c_info,
.pixelformat=V4L2_PIX_FMT_VYUY,
.srclk_name="mout_mpll",
.clk_name="sclk_cam0",
.clk_rate=40000000,
.line_length=640,
.width=640,
.height=480,
.window={
.left=0,
.top=0,
.width=640,
.height=480,
},
/* Polarity */
.inv_pclk=0,
.inv_vsync=0,
.inv_href=0,
```

```
.inv_hsync=0,
.initialized=0,
.cam_power=smdkv210_OV3640_power,
};
#endif
```

Camera 的 I^2C 读写地址是 0x3C，使用了 CPU 的通道 Camera A，camera 的类型是 ITU。

3）Android Camera 的概述

（1）Camera 的 Java 程序的路径。

Camera 的 Java 程序的路径为：packages/apps/Camera/src/com/Android/camera/，其中 Camera.java 是主要实现的文件。frameworks/base/core/java/Android/hardware/Camera.是 Camera.java 的接口定义文件。

（2）Camera 的 Java 本地调用部分(JNI)。

frameworks/base/core/jni/Android_hardware_Camera.cpp 这部分内容编译成为目标是 libAndroid_runtime.so 。

（3）主要的头文件在 frameworks/base/include/ui/目录中。

（4）Camera 底层库在 frameworks/base/libs/ui/目录中，这部分的内容被编译成库libui.so。

（5）Camera 服务部分为 frameworks/base/camera/libcameraservice/，这部分内容被编译成库 libcameraservice.so。

（6）Camera 硬件接口层为 frameworks/base/include/ui/CameraHardwareInterface.h。

为了实现一个具体功能的 Camera，在最底层还需要一个硬件相关的 Camera 库(例如通过调用 video for Linux 驱动程序和 JPEG 编码程序实现)。

这个库将被 Camera 的服务库 libcameraservice.so 调用。

4）Android Camera 构架分析

Android 的 Camera 包含取景(preview)和拍摄照片(take picture)的功能，其程序的架构分成客户端和服务器两个部分。它们建立在 Android 的进程间通信 Binder 的结构上。Android 中 Camera 模块同样遵循 Andorid 的框架，Camera Architecture Camera 模块主要包含了 libAndroid_runtime.so、libui.so 和 libcameraservice.so 等几个库文件。

在 Camera 模块的各个库中，libui.so 位于核心的位置，它对上层提供的接口主要是 Camera 类。libcameraservice.so 是 Camera 的 server 程序，它通过继承 libui.so 中的类实现 server 的功能，并且与 libui.so 中的另外一部分内容通过进程间通信(即 Binder 机制)的方式进行通信。ibAndroid_runtime.so 和 libui.so 两个库是公用的，其中除了 Camera 还有其他方面的功能。

整个 Camera 在运行的时候，可以大致上分成 Client 和 Server 两个部分，它们分别在两个进程中运行，它们之间使用 Binder 机制实现进程间通信。这样在 Client 调用接口，功能则在 Server 中实现，但是在 Client 中调用就好像直接调用 Server 中的功能，进程间通信的部分对上层程序不可见。从框架结构上来看，源码中 ICameraService.h、ICamera Client.h和 ICamera.h 三个类定义了 MeidaPlayer 的接口和架构，ICameraService.cpp 和

Camera.cpp 两个文件则用于 Camera 架构的实现，Camera 的具体功能在下层调用硬件相关的接口来实现。

在 Camera 的整体结构上，类 Camera 是整个系统核心，ICamera 类提供了 Camera 主要功能的接口，在客户端方面调用；CameraService 是 Camera 服务，它通过调用实际的 Camera 硬件接口来实现功能。

5）Camera 工作流程

(1) App_main process 进程通过 AndroidRuntime 调用 register_jni_procs 向 JNI 注册模块的 native 函数供 JVM 调用。

(2) AndroidRuntime：：registerNativeMethods(env，"Android/hardware/Camera"，camMeth-ods，NELEM(camMethods))；

(3) Mediaserver proces 进程注册了以下几个 server：AudioFlinger、MediaPlayerServer、CameraService。

6）实验步骤

Camera 功能测试，插上 Camera 模组到通道 Camera 插槽中，在 Android 中启动相机(Camera)应用，程序即可显示。

Camera 支持预览、拍照、录像等功能，默认输入分辨率为 2048×1536(300 万像素)，默认拍照图片格式为 2048×1536 的 jpg 图片，默认录像视频格式为 1080 P 的 3gp 视频，其中 Video 硬编码的默认编码格式为 H.263，Audio 的默认编码格式为 amr。拍照和录像都存储在 SD 卡的 DCIM\Camera 目录中。

习　题

1. 在 RS232-C 串口通信中，表示逻辑 1 的电平是________。

A. 0 V　　B. 3.3 V　　C. +5 V～+15 V　　D. −5 V～−15 V

2. 在 I^2C 协议的设备连接串行连接线为________。

A. SCL 和 RTX　　B. RCX 和 RTX　　C. SCL 和 SDA　　D. SDA 和 RCX

3. 嵌入式系统最常用的数据传送方式是________。

A. 查询　　B. 中断　　C. DMA　　D. I/O 处理机

4. 总线是各种信号线的集合。嵌入式系统中按照总线所传送的信息类型，可以分为三种，除了________。

A. 数据总线　　B. 地址总线　　C. 控制总线　　D. CAN 总线

5. 触摸屏按工作原理可以分为以下几种，除了________。

A. 表面声波屏　　B. 电阻屏　　C. 液晶屏　　D. 电容屏

6. 在处理器工作时，采用中断方式的优点之一是________。

A. 简单且容易实现　　B. CPU 可以不工作

C. 可实时响应突发事件　　D. 传送速度最快

7. 简述看门狗定时器的功能。

8. 简述 BootLoader 的功能。

9. 5.1 一节电路设计建议学生自行绘图、制作 PCB 板。

习题解答

第1章

1. C　2. B　3. D　4. A　5. A　6. C　7. D

8. (1) 嵌入式系统以应用为中心，以计算机技术为基础，软硬件可裁剪，是对功能、可靠性、成本、体积、功耗等有严格要求的专用计算机系统。

(2) 嵌入式系统可由硬件层、中间层、系统软件层和应用软件层组成。嵌入式系统的硬件一般包括处理器、存储器、总线、IO口和电源等。软件一般由移植代码、操作系统、应用软件等构成。

9. (1) Flash Memory主要有两种技术，即NAND和NOR型Flash。

(2) NAND Flash适用在大容量的多媒体应用，存储数据信息；NOR Flash适用在代码存储介质中，存储程序信息。

第2章

1. B　2. C　3. A　4. C　5. D　6. A　7. C　8. D、C　9. B　10. A

11. 用户、FIQ、管理、ARM、0x0000 0000

12. Cortex、Cortex-M、Cortex-A，

复位中断，0x00；未定义指令中断，0x04；软件中断，0x08；预取中止，0x0C；

数据中止，0x10；IRQ中断，0x18；快速中断，0x1C。

13. ARM芯片选择的一般原则有：性价比、内核、时钟频率、芯片内存容量、片内外围组件；工作电压、温度要求、体积封装、功耗和电源管理、价格、是否长期供货、抗干扰功能和可靠性、支持的开发环境及资源的丰富性、产品应用案例、产品成熟度、售后服务与技术支持等。

14. (1) 链接寄存器R14_irq保存：被执行指令地址+4；

(2) 状态寄存器SPSR_irq保存：CPSR寄存器的内容；

(3) 状态寄存器CPSR的位[4:0]=0b10010；

(4) CPSR位[5]清0，[6]位不变；

(5) CPSR的位[7]置1；

(6) 如采用大端配置，则PC=0xffff0018，否则PC=0x00000018。

15. (1) 链接寄存器R14_fig保存：被执行指令地址+4；

(2) 状态寄存器SPSR_fig保存：CPSR寄存器的内容；

(3) 状态寄存器CPSR的位[4：0]=0b10001；

(4) CPSR的位[5]清0；

(5) 寄存器CPSR的位[6]置1；

(6) 寄存器CPSR的位[7]置1；

(7) 若采用高向量地址，PC=0xffff001c，否则PC=0x0000001c。

16. (1) 苹果：iPhone 6及iPhone 6 Plus采用的手机操作系统iOS 8、A8四核处理器；

(2) 三星：Galaxy Note4 N9100 4G手机采用的Android 4.4、高通骁龙四核处理器；

(3) 华为：Ascend P7 4G 手机采用华为 Emotion 系统 2.3、海思 Kirin 910T 四核处理器；

(4) 酷派：大神 F2 移动版 4G 手机采用 Android 4.4、联发科 MT6592 八核处理器。

第 3 章

1. B　2. C　3. B　4. D　5. C　6. A　7. C　8. B

9. RSB R1, R2, R2, LSL ＃2 或 ADD R1, R2, R2, LSL ＃1

10. (1) LDR　R0, [R1, ＃0x4]!　　R0＝0x02020202, R1＝0x00009004

(2) LDR　R0, [R1, ＃0x4]　R0＝0x02020202, R1＝0x00009000

(3) LDR　R0, [R1], ＃0x4　R0＝0x01010101, R1＝0x00009004

11. R1＝0x01, R2＝0x02, R3＝0x03, R0＝0x80018

12. R1＝0x00000002, R4＝0x00000003, SP＝0x000800010

13. MRS R0, CPSR　　　　; R0＝0xd3

BIC R0, R0, ＃0x80　　; R0＝0x53

14. (1) MOV 指令用于将数据从一个寄存器传送到另一个寄存器中，或者将一个常数传送到一个寄存器中，但是不能访问内存。

(2) LDR 指令用于从内存中读取数据放入寄存器中。

15.

指　令	含　义	用　法
B	跳转指令	B　label
BL	带返回的跳转指令	BL　label，如 BL DELAY
BLX	带返回和状态切换的跳转指令	BLX　Rm
BX	带状态切换的跳转指令	BX　Rm

16. (1) 堆栈是 CPU 用来临时存储信息的一段读/写存储区(RAM)；堆栈是一种存储部件，即数据的写入跟读出不需要提供地址，而是根据写入的顺序决定读出的顺序。

(2) 当异常或者中断时，ARM 状态下采用 STM、LDM 指令实现入栈和出栈操作。

Thumb 状态下，采用 PUSH 和 POP 指令实现入栈和出栈操作。

17. (1) LDR R0, [R1, ＃6]　; ARM 指令，取出以 R1＋6 为地址里面的存储内容送到 R0 里。

(2) LDR R0,＝0x999　; 伪指令，把 0x999 这个常数送到 R0 里。

第 4 章

1. B　2. C

3. 嵌入式系统开发的一般流程。主要包括系统需求分析、体系结构设计、软硬件及机械系统设计、系统集成、系统测试，最终得到最终产品。

4. 嵌入式处理器、时钟、复位、电源、存储器和调试测试接口。

5. 以数字机顶盒为例：

(1) 市场需求(视频网络化、数字电视、3C 融合、有线电视信号费用较高等因素)；目前，市场上出现了小米盒子、华为荣耀盒子、创维电视盒等系列产品，网络视频和原创视频资源日益丰富、更新很快，产品应满足人们对生活品质提高、个人自我提高等方面的需求。

(2) 功能分析：数字机顶盒，是一个连接电视机与外部信号源的设备。它可以将压缩的数字信号转成电视内容，并在电视机上显示出来。数字机顶盒不仅是用户终端，还是网络终端，它能使模拟电视机从被动接收模拟电视转向交互式数字电视(如视频点播等)，并能接入因特网，使用户享受电视、数据、语言等全方位的信息服务。

(3) 硬件实现：从结构上看，机顶盒一般由主芯片、内存、调谐解调器、回传通道、CA接口、外部存储控制器以及视音频输出等几大部分构成，处理器可采用 ARM9/11 或者 Cortex－A8/9 系列处理器实现系统控制。

(4) 软件设计：机顶盒中的软件可以分成：应用层、中间层、Android 操作系统和驱动层，每一层都包含了诸多的程序或接口等，界面美观、流畅等。

第 5 章

1. D　2. C　3. B　4. D　5. C　6. C

7. 当系统程序出现功能错乱，引起系统程序死循环时，能中断该系统程序的不正常运行，恢复系统程序的正常运行。嵌入式系统由于运行环境的复杂，及所处环境有较强的干扰信号，或系统程序本身的不完善，不能排除系统程序不会出现死循环现象。在系统中加入看门狗部件，当系统程序出现死循环时，看门狗定时器产生一个具有一定时间宽度的复位信号，迫使系统复位，恢复系统正常运行。

8. BootLoader 就是在操作系统内核运行之前运行的一段小程序。通过这段小程序，可以初始化硬件设备、建立内存空间的映射图，从而将系统的软硬件环境带到一个合适的状态，以便为最终调用操作系统内核准备好正确的环境。大多数 BootLoader 都包含两种不同的操作模式："启动加载"模式和"下载"模式 。

启动加载(BootLoading)模式：BootLoader 从目标机上的某个固态存储设备上将操作系统加载到 RAM 中运行，整个过程并没有用户的介入。

下载(Downloading)模式：BootLoader 通过串口连接或网络连接等通信手段从主机(Host)下载文件，比如下载内核映像和根文件系统映像等。

Boot 的一般步骤为：

(1) 设置中断向量表。

(2) 初始化存储设备。

(3) 初始化堆栈。

(4) 初始化用户执行环境。

(5) 呼叫主应用程序。

附录　start.s 启动程序

```
.extern   mmu_setmtt;
.text
.global _start
_start:                                ;设置异常向量表
        b       reset
        ldr     pc, _undefined_instruction
        ldr     pc, _software_interrupt
        ldr     pc, _prefetch_abort
        ldr     pc, _data_abort
        ldr     pc, _not_used
        ldr     pc, _irq
        ldr     pc, _fiq
_undefined_instruction: .word  _undefined_instruction
_software_interrupt:     .word  _software_interrupt
_prefetch_abort: .word  _prefetch_abort
_data_abort: .word  _data_abort
_not_used: .word  _not_used
_irq: .word  irq_handler
_fiq: .word  _fiq
reset:
        mrs     r0, cpsr
        bic     r0, r0, #0x1f
        orr     r0, r0, #0xd3
        msr     cpsr, r0          ; enable svc mode of cpu
        msr     cpsr_c, #0xd3
cpu_init_crit:
        bl disable_l2cache
        mov     r0, #0x0
        mov     r1, #0x0; i
        mov     r3, #0x0
        mov     r4, #0x0
lp1:
        mov     r2, #0x0; j
lp2:
        mov     r3, r1, LSL #29; r3=r1(i) <<29
        mov     r4, r2, LSL #6     ; r4=r2(j)<<6
        orr     r4, r4, #0x2          ; r3=(i<<29)|(j<<6)|(1<<1)
        orr     r3, r3, r4
        mov     r0, r3     ; r0=r3
```

```
        bl      CoInvalidateDCacheIndex
        add     r2, #0x1                        ; r2(j)++
        cmp     r2, #1024                       ; r2 < 1024
        bne     lp2                             ; jump to lp2
        add     r1, #0x1                        ; r1(i)++
        cmp     r1, #8                          ; r1(i) < 8
        bne     lp1                             ; jump to lp1
        bl      set_l2cache_auxctrl
        bl      enable_l2cache
        bl      disable_l2cache
        bl      set_l2cache_auxctrl_cycle
        bl      enable_l2cache
/* Invalidate L1 I/D */
        mov     r0, #0                          ; set up for MCR
        mcr     p15, 0, r0, c8, c7, 0           ; invalidate TLBs
        mcr     p15, 0, r0, c7, c5, 0           ; invalidate icache
/* disable MMU stuff and caches */
        mrc     p15, 0, r0, c1, c0, 0
        bic     r0, r0, #0x00002000             ; clear bits 13 (--V-)
        bic     r0, r0, #0x00000007             ; clear bits 2:0 (-CAM)
        orr     r0, r0, #0x00000002             ; set bit 1 (--A-) Align
        orr     r0, r0, #0x00000800             ; set bit 12 (Z---) BTB
        mcr     p15, 0, r0, c1, c0, 0
        ldr     sp, =0xd0036000                 /* end of sram dedicated to u-boot */
        sub     sp, sp, #12                     /* set stack */
        mov     fp, #0
        b main
        .align  5                               ; 2^5=32 位，字对齐方式
irq_handler:                                    ; 初始化 irq 中断
        sub     lr, lr, #4
        stmfd   sp!, {r0-r12, lr}
        bl      do_irq
        ldmfd   sp!, {r0-r12, pc}^
.global mmu_disable
mmu_disable:
        mrc     p15, 0, r0, c1, c0, 0
        bic     r0, r0, #1
        mcr     p15, 0, r0, c1, c0, 0
        movs    pc, lr
.globalmmu_enable
mmu_enable:
        mrc     p15, 0, r0, c1, c0, 0
        orr     r0, r0, #1
        mcr     p15, 0, r0, c1, c0, 0
```

```
            mov     pc, lr
stacktop:           .word                       stack+4*512
.data
stack:              .space  4*512

    .align  5
.global disable_l2cache
disable_l2cache:
            mrc     p15, 0, r0, c1, c0, 1
            bic     r0, r0, #(1<<1)
            mcr     p15, 0, r0, c1, c0, 1
            mov     pc, lr

    .align 5
CoInvalidateDCacheIndex:
            /* r0=index */
            mcr     p15, 0, r0, c7, c6, 2
            mov     pc, lr

    .align  5
.global set_l2cache_auxctrl
set_l2cache_auxctrl:
            mov     r0, #0x0
            mcr     p15, 1, r0, c9, c0, 2
            mov     pc, lr

    .align  5
.global enable_l2cache
enable_l2cache:
            mrc     p15, 0, r0, c1, c0, 1
            orr     r0, r0, #(1<<1)
            mcr     p15, 0, r0, c1, c0, 1
            mov     pc, lr

    .align  5
.global set_l2cache_auxctrl_cycle
set_l2cache_auxctrl_cycle:
            mrc     p15, 1, r0, c9, c0, 2
            bic     r0, r0, #(0x1<<29)
            bic     r0, r0, #(0x1<<21)
            bic     r0, r0, #(0x7<<6)
            bic     r0, r0, #(0x7<<0)
            mcr     p15, 1, r0, c9, c0, 2
            mov     pc, lr
```

参考文献

[1] 马忠梅. ARM嵌入式处理器结构与应用基础. 北京：北京航空航天大学出版社，2002.
[2] 杜春雷. ARM体系结构与编程. 北京：清华大学出版社，2003.
[3] 王田苗. 嵌入式系统设计与实例开发. 北京：清华大学出版社，2003.
[4] 滕英岩. 嵌入式系统开发基础：基于ARM微处理器和Linux操作系统. 北京：电子工业出版社，2008.
[5] 王田苗，魏洪兴. 嵌入式系统设计与实例开发：基于ARM微处理器与μC/OS-Ⅱ实时操作系统. 3版. 北京：清华大学出版社，2008.
[6] 周立功. ARM嵌入式系统基础教程. 2版. 北京：北京航空航天大学出版社，2009.
[7] 金建设. 嵌入式系统基础教程. 大连：大连理工大学出版社，2009.
[8] 田泽. 嵌入式系统开发与应用教程. 北京：北京航空航天大学出版社，2010.
[9] 沈连丰，许波，夏玮玮. 嵌入式系统及其开发应用. 2版. 北京：电子工业出版社，2011.
[10] 王桐，陈立伟. 零点起步：嵌入式Linux编程入门与开发实例. 北京：机械工业出版社，2011.
[11] 熊茂华，熊昕，钟锦辉. 嵌入式应用项目设计与开发典型案例详解. 北京：清华大学出版社，2012.
[12] 卢有亮. 嵌入式实时操作系统μC/OS原理与实践. 北京：电子工业出版社，2012.
[13] 教育部考试中心. 全国计算机等级考试3级教程：嵌入式系统开发技术. 北京：高等教育出版社，2013.
[14] 胡文. Android嵌入式系统程序开发(基于Cortex-A8). 北京：机械工业出版社，2013.
[15] 杨胜利，刘洪涛. ARM嵌入式体系结构与接口技术. 北京：人民邮电出版社，2013.
[16] 黄智伟，邓月明，王彦. ARM9嵌入式系统设计基础教程. 2版. 北京：北京航空航天大学出版社，2013.
[17] 李登峰，汪贵平. 嵌入式系统及应用. 北京：高等教育出版社，2013.
[18] 张涵. ARM Cortex-M0嵌入式系统设计与应用. 北京：电子工业出版社，2013.
[19] 刘洪涛，甘炜国. ARM处理器开发详解. 北京：电子工业出版社，2014.
[20] 强世锦. 物联网技术导论. 北京：机械工业出版社，2014.
[21] 王青云. ARM Cortex-A8嵌入式原理与系统设计. 北京：机械工业出版社，2014.
[22] 建新，王健，宋健建. 嵌入式系统基础教程. 2版. 北京：机械工业出版社，2015.
[23] 马维华. 嵌入式微控制器技术及应用. 北京：北京航空航天大学出版社，2015.
[24] 马洪连. 培养嵌入式系统创新人才的探索与实践. CESC 2006年第一届全国嵌入式系统学术交流会论文集. 2006.
[25] 田景文，高扬，廖文江. 以嵌入式系统为核心的项目教学、案例教学模式在应用型本科专业建设中的探索与实践. 第四届全国高校电气工程及其自动化专业教学改革研讨会论文集. 2008.
[26] 陈丽珍，林小薇. 嵌入式ARM微处理器选型指南. 单片机与嵌入式系统应用，2009(6)：75-76.
[27] 付丽辉，尹文庆. 基于嵌入式系统的洪泽湖水产养殖污染环境的远程数据采集与监测. 安徽农业科学，2012，40(13)：7884-7886.
[28] 刘远书，曹鹏飞. 论南水北调东线洪泽湖蓝藻暴发的可能性. 水利规划与设计，2014(1)：9-12.
[29] 郑丽娜，王威，周悦. 中国第三方软件测试发展现状分析. 软件产业与工程，2012，5(17)：38-41.
[30] 杨耀. 基于物联网的智能家居系统的设计与实现[学位论文]. 南京邮电大学，2014.
[31] 杨晶，黄俊，吴福海. 基于Qt的智能家居管理软件设计与实现. 电视技术，2015，39

(4)：102 - 104.

[32] 易成强，李威宣. 基于 LabVIEW 的智能家居传感网络测控系统研究. 机电信息，2015 (3)：107 - 108.

[33] 北京博创科技. UP - NETARM2410 - S 平台培训. 2008.

[34] 广州周立功单片机发展有限公司. Cortex - M3 技术参考手册. 2008.

[35] 杭州立宇泰电子有限公司. S3C2410A 中文数据手册. 2010.

[36] 北京博创科技. ARM11 教学科研平台实验指导书. 2013.

[37] 武汉创维特信息技术有限公司. CVT - S5PV210 教学平台实验教程. 2013.

[38] 三星 S3C2440A 32 - BIT RISC MICROPROCESSOR USER'S MANUAL, 2014.

[39] Ubuntu 系统安装. http：//archive. canonical. com/dists.

[40] 麦动网. http：//www. maidong100. com/Index. aspx.

[41] 中科物联网. http：//www. iotbay. com.

[42] ARMmbed 主页. https：//www. mbed. com/zh - cn.

[43] Engadget 中国. http：//cn. engadget. com.

[44] 众筹网——科技众筹. http：//www. zhongchou. com/keji.

[45] 江苏省环境信息中心. http：//www. jshb. gov. cn/jshbw/qkxx/jsshjjcgztxl/2011hjjc_1_1_1_1.

[46] 南京物联传感技术有限公司. 物联智能家居解决方案. www. wulian. cc.

[47] 合肥云联电子科技有限公司. 智能家居集中控制系统平台. http：//www. yunlians. com/mod_article - article_content - article_id - 119. html.

[48] 华清远见. 2013 - 2014(第六届)中国嵌入式开发从业人员调查报告. http：//blog. csdn. net/farsight2009/article/details/39008785.